KB089776

역 사

HISTORIAI

헤로도토스 지음

하

박광순 옮김 / **완역본**

역 사 ⓗ

차 례

제5권

트라키아 및 마케도니아 공략

다레이오스가 유럽에 남겨 두었던 메가바조스 휘하의 페르시아군은 헬레스폰토스 부근의 도시 가운데 다레이오스에게 복종하지 않으려 한 페린토스를 최초로 제압했다. 이 도시는 전에도 파이오니아족에 의해 유린당한 경험이 있었다. 스트리몬 강변에 사는 파이오니아족은 페린토스를 공략하라는 신탁을 받았었는데, 다만 대치한 페린토스군이 파이오니아족의 이름을 부르며 도전해 올 경우에만 공격하고 그러지 않으면 후퇴하라는 주의가 있었다. 그리하여 결국 파이오니아인은 신탁이 명하는 대로 행동했는데, 그때의 상황은 이러했다. 페린토스군은 교외에서 침입군과 대치하여 전열을 갖추자 도전장을 내어 세 종류의 대결을 벌이자고 제안했다. 즉 사람과 사람, 말과 말, 개와 개 사이의 일 대 일 대결이었다. 그리하여 이 세 가지 격투 중 두 가지에서 이긴 페린토스측이 기쁜 나머지 '이에 파이온' 하고 승리의 함성을 올리자, 파이오니아군은 곧 이것이야말로 앞서 신탁이 예언했던 바라고 판단하고,[1] "바야흐로 신탁이 명한 대로 됐다. 이번에는 우리가 실행할 차례

---

1) '이에 파이온'이란 단순히 승리의 함성이었을 뿐인데, 음이 비슷해서 '파이오니아인이여, 어서 오라'라는 뜻으로 파악했던 것이다.

다" 하고 서로 외치며 즉시 페린토스군을 공격하여 여지없이 대파해 버렸다. 그리하여 페린토스인 중 살아 남은 자는 손으로 꼽을 정도였다.

이러한 사건이 오래 전에도 있었는데, 이번 경우에도 페린토스인은 자유를 위해 용감히 싸웠지만 메가바조스가 지휘하는 페르시아군의 압도적인 숫자에 밀려 패배하고 말았다. 페린토스 공략 후 메가바조스는 트라키아 지방으로 군대를 진격시켜 이 지방의 도시 및 민족을 모두 페르시아 왕에게 귀속시켰다. 이것은 모두 트라키아를 평정하라는 다레이오스로부터의 지령에 따른 것이었다.

트라키아인은 전세계에서 인도인 다음으로 가장 인구가 많은 대민족이다. 이것은 어디까지나 내 생각이지만, 만약 이 민족이 한 사람에 의해 통합되거나 전 민족이 단결만 한다면, 아마도 세계에서 가장 강력한 민족이 되어 어느 민족도 감히 맞서지 못할 것이다. 그러나 사실상 그것은 실현 가능성이 없기에 이 민족은 약할 수밖에 없다. 그들은 지방에 따라 각각 다른 이름을 갖고 있지만, 습속은 모든 면에서 비슷하다. 다만 게타이족, 트라우소이족, 그리고 크레스토나이오이족 북쪽에 사는 부족만은 예외다.

이들 부족 중 불사(不死)를 믿고 있는 게타이족의 풍습에 관해서는 이미 서술한 바 있다.[2] 트라우소이족의 풍습은 다른 트라키아인과 대동소이하지만, 자식이 태어났을 때와 사람이 죽었을 때에는 다음과 같이 행동한다. 자식이 태어나면 가족은 그 아이 주위에 앉아 무릇 인간의 몸에 일어나는 온갖 불행을 열거하면서 이 세상에 태어난 이상 이러한 수많은 고난을 겪지 않으면 안 된다는 생각에 탄식하며 슬퍼한다. 그러나 사망했을 경우에는 수많은 불행에서 마침내 벗어나 지복(至福)의 경지에 들어갔다 하여 즐거워하며, 웃고 떠들면서 땅에 묻는다.

다음으로 크레스토나이오이족 북쪽에 사는 부족의 풍속은 이러하다. 이 부족의 남자는 모두 많은 아내를 거느린다. 그런데 남편이 죽으면

---

2) 제4권 참조.

어떤 아내가 죽은 남편에게 가장 사랑받았을까 하는 문제를 둘러싸고 아내들 사이에서 격렬한 경쟁이 벌어진다. 게다가 죽은 남편의 친구들도 이편 저편으로 나뉘어 심한 논쟁을 벌인다. 그리하여 평결 결과 선정되는 영예를 얻는 여자는 남녀를 불문하고 부족민 전체로부터 찬사를 받으며, 그녀의 가장 가까운 친족의 손에 의해 남편의 묘소 위에서 살해되어 남편과 함께 매장된다. 한편 다른 아내들은 자신의 불운을 한탄한다 ──그녀들에게는 이보다 더한 치욕이 없기 때문이다.

그 밖의 트라키아인에게는 다음과 같은 풍습이 있다. 그들은 자기 자식들을 타국에 팔아 넘긴다. 또한 미혼의 딸들은 마음에 드는 남자와 내키는 대로 관계하도록 방치하지만, 기혼녀들은 엄중히 감시한다. 그들은 막대한 돈을 치르고 아내를 그녀의 양친으로부터 사들인다. 또한 문신(文身)을 새겨 넣은 자는 고귀한 태생으로 여겨지고, 문신이 없는 자는 비천한 출신으로 간주된다. 노동을 하지 않는 자를 가장 훌륭한 인간으로 여기고, 토지를 경작하는 자를 제일 하찮게 생각한다. 전쟁과 약탈로 생계를 유지하는 것을 가장 훌륭한 생활 방식으로 존중한다. 그들의 풍속 중 특별히 주목되는 것은 이상과 같다.

그들이 숭상하는 신으로서는 아레스, 디오니소스, 아르테미스 등[3]이 있을 뿐이다. 그러나 왕들은 일반 부족민과는 달리 신들 가운데서 헤르메스를 가장 숭배하며, 이 신에게만 맹세를 한다. 그리고 스스로 헤르메스의 후예라고 칭하고 있다.

트라키아의 부자(富者)가 죽었을 때는 다음과 같이 장례식을 거행한다. 유해를 사흘간 안치해 두고 먼저 호곡(號哭)의 예를 행한 다음 갖가지 짐승을 도살하고 연회를 벌인다. 그런 후에는 유해를 화장하여 묻거나 그대로 매장한 다음 무덤을 쌓아올리고 온갖 종류의 경기를 개최한다. 그 경기장에서는 일 대 일 승부에 ──그 난이도에 따라── 가

---

3) 이들 호칭은 물론 그 성격이 유사한 그리스 신의 이름을 갖다 붙인 데 불과하다. 예컨대 아르테미스에 해당하는 트라키아 신의 이름은 코티스라든지 벤디스라 했다.

장 많은 상품이 주어진다. 이상이 트라키아인의 장례 풍습이다.

트라키아 북쪽 지방에는 어떤 인간이 살고 있는지 누구도 확실히 알지 못하고 있다. 그러나 이스트로스 강을 넘으면 무인 지대가 끝없이 전개되고 있는 듯하다. 이스트로스 강 저편에 살고 있다고 내가 들을 수 있었던 유일한 민족은 시긴나이라는 민족인데, 그들은 페르시아풍의 의상을 입는다고 한다. 이 지방의 말은 털북숭이로 털의 길이가 5닥틸로스(약 10센티미터)나 된다. 몸집은 작고 코는 납작하며, 사람을 태울 수는 없지만 수레를 끄는 속도는 무척 빠르다. 그리하여 이 지방 사람들은 늘 수레를 타고 다닌다 한다. 이 민족의 국경은 아드리아 해변에 살고 있는 에네토이족(베네티족) 부근에까지 이른다. 본래 메디아로부터 식민해 왔다고 스스로 말하지만, 그들이 어떻게 그럴 수 있었는지 나로서는 상상하기 어렵다——물론 장기간에 걸쳐서는 어떤 일도 일어날 수 있는 것이지만 말이다. 마사리아(마르세유) 북쪽에 살고 있는 리기에스족(리구리아족)은 시긴나이라는 말을 '행상인(行商人)'이라는 의미로 사용한다. 다만 키프로스어로는 '창(槍)'을 뜻한다.

트라키아인의 이야기에 의하면 이스트로스 강 건너편 지역은 꿀벌[4]이 밀집해서 살고 있기 때문에 앞으로 나아갈 수 없다고 한다. 그러나 내 생각에는 이런 일은 있을 법하지 않다. 왜냐하면 꿀벌이란 동물은 추위를 꺼리는 심성이 있기 때문이다. 오히려 나는 북극 지방에 사람이 살지 않는 것도 추위 때문이라고 생각한다.

이 지방에 대해 전해지고 있는 바는 이상과 같은데, 메가바조스는 이 지방의 해안 일대를 페르시아에 귀속시켰던 것이다.

헬레스폰토스를 건너 사르데스로 귀환한 다레이오스는 곧 전에 밀레토스인 히스티아이오스가 자신에게 보여 주었던 충성심과 미틸레네인 코에스가 훌륭한 건의를 해주었던 일을 상기했다. 그는 곧 두 사람을

---

4) 여기서 꿀벌이라는 것은 오히려 모기라든지 파리매와 같은 해충을 가리킨다고 보는 것이 타당할 것이다.

사르데스로 불러 그에 대한 보답으로 무엇을 원하느냐고 물었다. 히스티아이오스는 이미 밀레토스의 독재자였기 때문에 더 이상 다른 도시의 지배권을 요구하지 않고 에도노이족[5]의 땅인 미르키노스에 새로운 도시를 건설하고 싶으니 그 땅을 달라고 말했다. 히스티아이오스는 지금 말한 것처럼 미르키노스의 땅을 원했지만, 이에 반해서 코에스 쪽은 아직 권력이 없는 일개 사인(私人)에 지나지 않았기 때문에 미틸레네의 독재권을 얻고 싶다고 말했다.

소망을 이룬 두 사람은 각각 그들이 선택한 곳으로 떠났다. 한편 다레이오스는 때마침 다음과 같은 사건을 겪고 나서 메가바조스에게 파이오니아족을 유럽에서 아시아로 강제로 이주시키라는 명령을 내리게 되었다.

파이오니아인 중에 피그레스와 마스티에스라는 두 형제가 있었는데, 이 두 사람이 다레이오스가 아시아로 돌아온 후 파이오니아족의 독재권을 수중에 넣고자 키가 늘씬하고 아름다운 누이 한 사람을 대동하고 사르데스에 왔다. 그들은 다레이오스가 재판을 하기 위해 리디아 수도(사르데스)의 성문 밖으로 행차할 때를 가늠하여 다음과 같이 행동했다. 즉 온갖 수단을 다 써서 누이를 아름답게 꾸미고 물을 길어 오도록 내보냈다. 여자는 물동이를 머리에 이고 한쪽 팔로는 말의 고삐를 끌며 손으로는 마사(麻絲)를 자으면서 물을 길으러 갔다. 여자가 다레이오스 앞을 지나갈 때 그 모습이 왕의 주의를 끌었다. 여자가 이런 행동을 하는 것을 페르시아나 리비아에서는 물론 아시아의 어느 나라에서도 본 적이 없기 때문이었다. 왕은 그 여자에게 흥미를 느끼자 몇 명의 측근에게 여자가 말을 어떻게 다루는지 잘 보고 오라고 명했다.

그들이 여자 뒤를 따라가자, 여자는 강가에 이르러 말에게 물을 먹이고 물동이에 물을 채운 다음 다시 왔던 길로 되돌아갔다. 앞서와 마찬가지로 물동이를 머리에 이고 한쪽 팔로 말을 끌며 손으로는 물레가

---

5) 에도노이는 트라키아의 한 부족의 명칭. 미르키노스는 뒤에 다시 언급된다.

락을 돌리면서.

다레이오스는 그의 측근들로부터 그들이 목격한 바를 보고받고 또한 자기 눈으로 직접 본 바도 있고 해서 크게 감탄하여 그 여자를 자기 앞으로 데려오게 했다. 그녀는 곧 그다지 멀지 않은 곳에서 그 광경을 쭉 지켜 보고 있었던 그녀의 두 형제와 함께 왔다.

다레이오스가 여자에게 어느 나라 사람이냐고 묻자, 두 청년은 자신들은 파이오니아인으로 그녀는 자기들의 누이라고 대답했다. 다레이오스는 그 말을 듣고 다시 파이오니아인이란 어떤 인종이며, 어느 곳에 살고 있는가, 그리고 그들은 무슨 목적으로 사르데스에 왔는가 등을 물었다. 두 사람은 왕에게 자기들 일신을 맡기기 위해 왔다고 말하고, 파이오니아국은 헬레스폰토스에서 그다지 멀지 않은 스트리몬 강변에 있으며 파이오니아족은 그 근원을 밝히면 트로이의 테우크로이[6] 일족의 이주민이라고 설명했다. 두 형제가 이상의 사항을 자세히 설명하자, 왕은 파이오니아의 여자들이 모두 이 여자처럼 열심히 일하느냐고 물었다. 이 질문이야말로 그들이 꾸몄던 연극의 최종 목표였기 때문에, 두 사람은 정말 그러하다고 말하며 이 점을 적극적으로 강조했다.

그리하여 다레이오스는 트라키아에 남겨 두고 온 지휘관 메가바조스에게 서한을 보내 파이오니아족을 그 정주지에서 이주시켜 처자식과 함께 페르시아로 보내라고 지령했다. 곧 기병 한 사람이 명령을 받고 헬레스폰토스로 급행하여 바다를 건넌 다음 그 서한을 메가바조스에게 건넸다. 메가바조스는 그것을 읽자 트라키아에서 길 안내인을 구한 다음 파이오니아를 향해 군대를 진격시켰다.

파이오니아족은 페르시아군이 공격해 오고 있다는 소식을 듣자 해변

---

6) 트로이 왕가의 시조 테우크로이의 이름에서 비롯된 것으로, 트로이인을 가리킨다. 다만 파이오니아인이 말한 이 전승은 트로이 전쟁이 일어나기 이전에 속하는 사항으로, 트로이인과 미시아인이 유럽에 원정했을 때 스트리몬 강변에 식민지를 개척한 것이 파이오니아족의 기원이었다는 것이다(제7권 참조).

에 집결하여 진을 구축했다. 페르시아군이 이 방면으로 침입해 들어오리라고 생각했기 때문이었다.

파이오니아족이 이처럼 메가바조스군을 맞아 싸울 태세를 완전히 갖추고 있을 때, 페르시아군은 파이오니아인이 집결하여 해안으로부터의 침입에 대비하고 있음을 알고는 곧 안내인을 활용하여 내륙 쪽으로 우회한 다음 파이오니아인의 허를 찌르며 남자들이 없는 그들의 도시로 침입해 들어갔다. 물론 무방비 상태였기 때문에 페르시아군은 쉽게 그곳을 점령해 버렸다.

파이오니아군은 도시가 적의 수중에 떨어지게 된 사실을 알게 되자 곧 사방으로 흩어져 각자 페르시아군에 항복해 버렸다. 이리하여 파이오니아인 중 시리오파이오네스족과 파이오플라이족, 그리고 프라시아스 호에 이르는 지역에 살고 있는 자들이 정주지를 떠나 아시아로 옮겨 가게 되었던 것이다.

그러나 판가이온 산 주변과 프라시아스 호 위에 살고 있는 자들에게는[7] 메가바조스도 전혀 손을 쓸 수가 없었다. 물론 후자의 경우 강제 이주도 일단 시도해 보기는 했었지만 말이다. 실제로 이 부족의 호수 위 생활은 다음과 같이 이루어지고 있다.

긴 말뚝으로 고정된 마루가 호수 가운데 서 있고 육지 쪽으로는 좁은 다리가 하나 나 있을 뿐이다. 마루를 받치고 있는 말뚝은 옛날에는 부락민이 공동으로 협력해서 세웠지만, 그 후로는 다음과 같은 방식으로 말뚝을 박고 있다. 즉 부락의 남자는 아내를 얻을 때마다 아내 한 사람당 세 개의 말뚝을 오르벨로스라는 산에서 베어 와 박아야만 하게

---

7) 전승하는 텍스트를 그대로 옮기면 '판가이온 산 일대의 드벨레스족, 아게리아네스족, 오드만토이족에 근접하여 사는 부족 및 프라시아스 호 주변의 부족'으로 되지만, 드벨레스족에서 오드만토이족까지의 부분은 후세의 삽입일 것이라는 이유로 삭제하는 학자가 많다. 왜냐하면 이 세 부족 중 오드만토이족을 제외한 나머지 두 부족은 모두 파이오니아족에 속한다는 것을 제7권에서도 확인할 수 있기 때문이다. 프라시아스 호는 오늘날의 텔키노 호라 하기도 하고, 그보다 약간 동북쪽에 있는 프토코바 호라 하기도 한다.

되어 있다(이곳의 남자는 모두 많은 아내를 거느린다).

부락민은 각자 앞에서 말한 마루 위에 오두막을 짓고 그 안에서 거주하는데, 각각의 오두막에는 호수로 통하는 뚜껑문이 마루에 달려 있다. 그리고 어린 아기들이 그곳으로 굴러 떨어지지 않도록 발에 끈을 매어 놓는다. 또한 말이나 운반용 동물은 물고기를 사료로 해서 기른다. 어류 자원은 매우 풍부하여, 예의 그 뚜껑문을 열고 커다란 빈 바구니를 줄에 매어 호수 속에 던지고 곧바로 끌어올려도 바구니가 물고기로 가득 찰 정도다. 물고기에는 두 종류가 있는데, 그들은 이것들을 각각 파프라크스와 틸론이라 부른다.

어쨌거나 파이오니아족 가운데 정복된 부족은 아시아로 이주하게 되었다. 한편 파이오니아족을 제압한 메가바조스는 휘하 부대 내에서 자기 다음으로 명망이 높은 7인의 페르시아인을 선발하여 사절단으로 마케도니아에 보냈다. 아민타스왕에게 파견된 이 사절단의 목적은 다레이오스왕에 대한 복종의 표시로서 물과 땅을 요구하려는 데 있었다.

프라시아스 호에서 마케도니아까지의 거리는 매우 짧다. 호수에 인접하여 광산이 있는데, 후에 하루에 1탈란톤의 은을 산출하여 알렉산드로스[8]의 재원(財源)이 되었다. 이 산을 지나 다시 디소론이라는 이름의 광산을 넘으면 바로 마케도니아국이다.

그런데 이 페르시아의 사절 일행은 아민타스왕의 궁전에 도착하자 곧 왕을 배알하고 페르시아 왕에게 땅과 물을 바칠 것을 요구했다. 아민타스는 그 요구에 따르겠다고 대답하고, 미리 준비해 놓은 호화로운 연회로 사절들을 초대하여 정중히 환대했다. 식사가 끝나고 아직 술잔이 돌고 있을 때 한 페르시아인이 이렇게 말했다.

"아민타스 전하, 저희 페르시아에서는 이같이 성대한 연회를 베풀 때에는 아내나 첩들도 연회 자리에 불러들여 시중들게 하는 것이 관습

---

8) 아민타스의 아들로 다음에 이어지는 이야기의 주인공. 유명한 알렉산드로스 대왕은 아니다.

으로 되어 있습니다. 전하께서는 저희를 정중히 맞아 환대해 주셨고, 나아가 다레이오스 대왕께 땅과 물을 헌납하겠다고 말씀하셨습니다. 그러하오니 이왕이면 저희들의 관습대로 해주시는 것이 어떠하올는지요?"

아민타스는 이에 대해 다음과 같이 대답했다.

"페르시아에서 오신 손님들이여, 우리 나라에는 그러한 풍습이 없고 남자와 여자는 동석하지 않게 되어 있소. 그렇지만 그대들은 이제부터 우리가 모실 분들이니, 그렇게 바라는 이상 희망대로 해드리겠소."

아민타스는 이렇게 말하고 여자들을 불러오게 했다. 여자들이 와 페르시아인들 맞은편에 나란히 앉았다. 그러자 페르시아인들은 아름다운 여자들을 보고 아민타스를 향해 이렇게 말했다.

"이러시면 정말 곤란합니다. 모처럼 여자들이 왔는데 옆에 앉히지도 않으시고 마주 보고만 있게 하시니 말입니다. 이러시면 차라리 처음부터 오지 않게 하는 편이 나았을 것 같습니다. 그냥 바라만 보고 있으면 뭐합니까? 마음만 상하지요."

그리하여 하는 수 없이 아민타스는 여자들에게 명하여 손님들 옆에 앉게 했다. 여자들이 명령대로 하자 이미 몹시 취해 있던 페르시아인은 돌연 여자들의 가슴을 더듬기 시작하고, 개중에는 입까지 맞추려 하는 자도 있었다.

아민타스는 이 광경을 바라보면서 화가 치밀어올랐지만, 페르시아인을 몹시 두려워하고 있었기 때문에 꾹 참았다. 그러나 곁에서 페르시아인들의 행동을 지켜 보고 있던 아민타스의 아들 알렉산드로스는 나이가 어리고 아직 험난한 세상 물정을 몰랐기 때문에 더 이상 참지 못하고 분에 못 이겨 아민타스에게 이렇게 말했다.

"아바마마는 연로하시니 이제 돌아가셔서 쉬도록 하십시오. 술도 이 이상 과음하시면 안 됩니다. 이곳에는 제가 남아 적절히 손님 접대를 할 테니까요."

이에 대해 아민타스는 알렉산드로스가 무엇인가 경솔한 짓을 하려

하고 있음을 깨닫고 이렇게 말했다.

"얘야, 네 말을 들으니 몹시 화가 나 있는 것 같구나. 그리고 너는 나를 돌려보낸 후 무엇인가 불온한 짓을 하려는 모양인데, 내가 부탁하거니와 저 사람들에게 절대로 손을 대서는 안 된다. 만약 네가 그런 짓을 한다면 우리 가문은 이제 끝장나고 만다. 험한 꼴을 보더라도 부디 참도록 해라. 나는 네 말대로 이 자리를 떠나도록 하겠다."

아민타스가 이렇게 당부하고 그 자리를 떠나자 알렉산드로스는 페르시아인들에게 다음과 같이 말했다.

"손님 여러분, 이 여자들은 전적으로 여러분의 손에 맡기겠습니다. 마음에 드시는 어떤 여자와도, 아니 그 전부와도 잠자리를 같이하셔도 좋습니다. 말씀만 하십시오. 그런데 지금 잠드실 시간이 가까워졌고, 제가 보건대 기분좋게들 취하신 것 같으니, 이의가 없으시면 이 여자들을 잠시 내보내 목욕을 하게 한 후 다시 여러분들을 모시게 하겠습니다."

이렇게 말하자 페르시아인들도 이에 동의하였으므로, 알렉산드로스는 여자들에게 모두 자기 처소로 돌아가라고 말한 후 같은 수만큼 아직 수염이 나지 않은 청년들을 모아 이들에게 여자 의상을 입히고 단검을 휴대시킨 다음 연회석으로 데리고 들어왔다. 그러고 나서 알렉산드로스는 페르시아인들에게 이렇게 말했다.

"페르시아에서 오신 손님 여러분, 당신들은 더할 나위 없는 환대를 받았다고 생각합니다. 우리는 갖고 있는 모든 것과 가질 수 있는 모든 것을 당신들께 제공하였습니다. 아니 그뿐만 아니라 이것이야말로 최대의 향응이라고 하겠습니다만, 우리들의 어머니와 자매들까지 당신들을 모시게 하고 있습니다. 그러니 우리가 당신들께 조금도 실례가 되지 않도록 어떻게 당신들을 소중히 모시고 있는가를 잘 깨달으시고, 또한 당신들을 사절로 파견하신 대왕께 마케도니아의 영주인 그리스인이 당신들을 식사뿐만 아니라 잠자리 시중에서도 정중히 환대하였다고 아뢰어 주시기 바랍니다."

이렇게 말하고 알렉산드로스는 여자로 위장한 마케도니아 청년들로 하여금 페르시아인들을 한 사람 한 사람 시중들게 했다. 그리고 페르시아인들이 그들을 여자로 생각하고 더듬기 시작하자, 청년들은 그들을 단검으로 살해해 버렸다.

페르시아의 사절단은 이렇게 하여 모두 그 종말을 맞이했으며, 그 시종들 또한 주인들과 함께 살해됐다. 사절 일행은 수레나 시종 외에 막대한 양에 이르는 갖가지 화물도 휴대했는데, 이것도 역시 주인들과 함께 모두 자취를 감추고 말았다.

그 후 곧 페르시아측은 사절단에 대한 대대적인 수색 활동을 폈다. 그러나 알렉산드로스는 수색대장이었던 페르시아인 부바레스에게 막대한 양의 금과 자신의 누이동생 기가이아를 주고 그를 매수하여, 교묘하게 수색을 저지시키는 데 성공했다. 이리하여 페르시아 사절단 살해사건은 흐지부지되어, 끝내 발각되지 않았다.

마케도니아인들은 페르디카스에서부터 시작되는 자기 나라의 역대 왕이 모두 그리스인이라고 주장하는데, 나 자신도 그렇게 믿고 있다. 그리고 그들이 그리스인이라는 사실은 뒷장(章)에서 다시 증명할 것이다. 게다가 올림피아 경기를 주최하는 임원들도 이 사실을 인정한 바 있다. 그것은 알렉산드로스가 경기에 참여하고자 올림피아에 왔을 때 경쟁자인 그리스인들이 외국인은 참여할 수 없다는 이유를 들어 그를 배제하려 했을 때의 일이었다. 이곳에서 알렉산드로스는 스스로 아르고스인의 혈통임을 증명해 보이고 그리스인으로서 판정받았다. 그리고 경주에 참여하여 일등과 호각지세를 이루는 성적을 거두었던 것이다.

히스티아이오스와 아리스타고라스

한편 메가바조스는 파이오니아족을 인솔하고 헬레스폰토스로 가, 거기에서 바다를 건넌 다음 사르데스에 도착했다. 그런데 그때 밀레토스인 히스티아이오스는 자기가 이스트로스 강의 다리를 수비한 공적[9]에 대한 은상으로서 다레이오스에게 요청하여 얻은, 스트리몬 강변에 있는 미르키노스에 이미 성벽을 쌓고 새로운 도시 건설에 착수하고 있었다. 그때 그 히스티아이오스의 행동에 주목한 메가바조스는 파이오니아족을 이끌고 사르데스에 도착하자마자 다레이오스에게 이렇게 말했다.

"왕이시여, 히스티아이오스와 같이 유능한 그리스인에게 트라키아에 도시를 건설하도록 허락하시다니요, 정말 경솔한 행동을 하셨습니다. 트라키아에는 선박과 노(櫓)를 만드는 데 필요한 수목이 울창하게 들어서 있고 은광산도 있습니다. 또한 그 주변 일대에는 그리스인과 그 밖의 민족이 밀집해 있습니다. 만일 그자가 그들의 지도자로서 군림하게 된다면 그들은 그자가 명하는 대로 밤낮을 가리지 않고 행동할 것입니다. 그러하오니 전하의 영지 내에서 전란(戰亂)이 일어나지 않기를 바라신다면, 그자가 하고 있는 일을 중지시키십시오. 제 생각에는 계책을 꾸며 그자를 이리로 불러들여 그 일에 더 이상 손을 못 대게 하는 것이 좋을 듯합니다. 그리고 일단 그자를 불러들인 후 그자로 하여금 다시는 그리스로 돌아가지 못하도록 하십시오."

메가바조스는 장래의 일을 잘 꿰뚫어 보고 있었기 때문에 쉽게 다레이오스를 설득할 수 있었다. 그리하여 다레이오스는 미르키노스로 사자를 보내 다음과 같이 전하게 했다.

"왕 다레이오스가 히스티아이오스에게 전한다. 곰곰이 생각해 보건대 그대만큼 충성을 다해 나의 번영에 힘 쏟는 사람은 내 주위에 없는 것 같다. 그리고 그대는 그것을 말이 아니라 행동으로 증명해 왔다. 헌데 지금 나는 중대한 일을 벌이려 하고 있으며 그것을 그대에게 전하고 싶으니, 꼭 내게 와주기 바라노라."

히스티아이오스는 왕의 말을 믿고 또한 왕의 자문역을 맡게 된 것에 크게 우쭐해했다. 히스티아이오스가 사르데스에 도착하자 다레이오스는 이렇게 말했다.

"히스티아이오스여, 그대를 부른 까닭은 다름이 아니오. 내 스키타

---

9) 제4권 참조.

이로부터 귀환한 후 그대를 못 보게 된 지 얼마 되지는 않지만, 무엇보다도 그대를 다시 만나 이야기하게 되기를 간절히 원해 왔소. 왜냐하면 나는 재지(才智)와 충성심을 겸비한 친구야말로 그 어떤 재보(財寶)보다 귀중하다는 사실을 깨달았기 때문이오. 나 자신이 경험해서 알지만, 그대는 이 두 가지 덕을 겸비하고 있소. 여하튼 참 잘 와주었소. 그래서 하는 말인데, 어떻소, 밀레토스와 그대가 트라키아에 새로이 지은 도시 따위는 잊어버리고 나와 함께 수사로 가지 않겠소? 가서 나의 연회에 배석도 하고 자문도 해주오. 이제 수사에 있는 내 재산은 모두 그대의 것이오. "

다레이오스는 이렇게 말한 다음 그의 이복 동생인 아르타프레네스를 사르데스의 총독으로 임명하고 히스티아이오스를 대동한 채 수사를 향해 떠났다. 다레이오스는 이때 해변 지역의 지휘권도 오타네스라는 자에게 위임했는데, 이 오타네스의 아버지 시삼네스는 한때 캄비세스왕의 치하에서 왕실 재판소의 판사로서 근무한 적이 있는 자였다. 그러나 금품을 받고 부정한 판결을 하여 캄비세스는 그를 처단하고 그 피부를 모두 벗겼다. 그리고 그 벗겨 낸 피부를 띠처럼 재단하여 시삼네스가 재판시 늘 앉았던 의자에 씌워 놓게 했다. 그러고 나서 캄비세스가 그 후임으로 그의 아들을 임명한 다음, 그에게 재판을 할 때마다 자신이 앉아 있는 의자가 어떤 것인가를 잊지 말라고 말했던 것이다.

이러한 과거가 있는 의자에 앉아 재판을 하던 오타네스가 이때 메가바조스의 후임으로 군대를 지휘하게 되었던 것이다. 오타네스는 그 후 비잔티움과 칼케돈을 점령하고, 다시 트로아스 지방의 안탄드로스 및 람포니온을 공략한 다음, 레스보스로부터 함선을 탈취하고 렘노스와 임브로스 두 섬까지 점령했다. 이 두 섬에는 당시에도 역시 펠라스고이족이 살고 있었다.

렘노스인은 완강히 저항하며 상당 기간 동안 버텼지만 결국 굴복하고 말았다. 그리하여 페르시아는 사모스의 왕 마이안드리오스의 동생 리카레토스를 총독으로 임명하고 살아 남은 섬 주민들을 통치하게 했

다. 리카레토스는 재임중에 렘노스에서 사망했다. ……[10] 오타네스가
이 모든 민족을 정복하고 노예화하려 했던 이유는, 어떤 민족은 스키
타이 원정시에 페르시아군에서 이탈했기 때문이고, 다른 민족은 다레이
오스 군대가 스키타이에서 귀국할 때 습격한 적이 있었기 때문이었다.

오타네스가 페르시아군의 지휘관이 된 후 쌓은 업적은 이상과 같았
다. 그리고 그 후 당분간 소강 상태가 계속됐다. 그러나 이번에는 이
오니아의 낙소스와 밀레토스에 의해 다시 환난(患難)이 일어났다.

당시 낙소스는 에게 해의 섬들 가운데서 가장 부강함을 자랑하고 있
었으며, 밀레토스도 사상 최대의 번성기에 접어들어 이오니아의 영광
을 구가하고 있었다. 그러나 이 밀레토스도 이전에는 내분 때문에 두
세대에 걸쳐 극도로 피폐한 적이 있었다. 그러다가 파로스인이 개입하
여 겨우 다시 일어섰는데, 밀레토스인은 전 그리스인 중에서 특별히
파로스인을 택하여 내분의 조정 역할을 맡겼던 것이 주효했다.

그때 파로스인은 다음과 같은 방식으로 내분을 수습했다.

파로스의 유력자들이 밀레토스를 방문해 그 피해가 광범위함을 알고
밀레토스 국토를 빠짐없이 살펴보도록 허락해 달라고 요청했다. 그들
은 전 국토를 돌아다니며 황폐한 국토에서 때때로 잘 경작된 농경지를
발견하면 그때마다 그 농경지의 소유자 이름을 기입해 놓았다.

그러나 전 국토를 다 돌았는데도, 그러한 농경지는 손으로 꼽을 정
도였다. 그 후 그들은 도시로 돌아오자마자 곧 민회(民會)를 소집하고
농경지를 잘 보살핀 사람들에게 국정을 맡기기로 했다. 이런 사람들이
라면 공공의 일도 자신의 일과 같이 잘 돌볼 것이라 생각했기 때문이
다. 그리고 다른 밀레토스인들은 이 새로운 위정자들의 명령에 복종해
야 한다고 선포했던 것이다.

이야기를 다시 원점으로 돌려 낙소스와 밀레토스로 인해서 이오니아

---

10) 여기에 약간의 빠진 문장이 있었다고 보는 것이 타당할 것 같다. 리카레토
스의 죽음에 관한 기술 후 이야기가 재차 오타네스 쪽으로 되돌아가기 때
문에, 이 상태로는 매우 어색하다.

에 재난이 일어나게 된 경위를 설명하겠다.

낙소스의 자산(資産) 계급 중 몇 명이 민중파(民衆派)에 의해 추방당해 밀레토스로 망명해 왔다. 당시 밀레토스는 몰파고라스의 아들 아리스타고라스가 임시로 통치하고 있었다. 아리스타고라스는 다레이오스 왕이 수사에 억류하고 있던, 리사고라스의 아들 히스티아이오스의 조카로서 그의 사위이기도 했다. 밀레토스의 지배권은 본래 히스티아이오스에게 있었는데, 그의 옛 친구들이었던 낙소스인들이 밀레토스에 도착했을 때는 그는 마침 수사에 있었던 것이다.

밀레토스로 망명해 온 낙소스인들은 고국에서 그들이 누렸던 지위를 회복하고자 아리스타고라스에게 군대를 원조해 달라고 요청했다. 그러자 아리스타고라스는 만약 이들이 귀국할 수 있도록 도와 준다면 낙소스의 지배권을 장악할 수 있으리라 생각하고, 그들과 히스티아이오스 간의 옛정을 구실로 다음과 같이 제안했다.

"나로서는 지금 낙소스를 좌지우지하고 있는 일파의 뜻을 거슬려 가며 그대들의 귀국을 강행할 수 있을 만큼 강력한 군대를 제공하겠다고 약속할 수 없소. 낙소스에는 8천 명의 중무장병(重武裝兵)과 강력한 함대가 있다고 듣고 있기 때문이오. 그러나 난 최선을 다해 그대들을 도울 수 있는 방법을 강구해 볼 생각이오.

내 계획은 이렇소. 다행히 아르타프레네스와 나는 절친한 친구 사이요. 그대들도 알아 두어야 되는데, 아르타프레네스는 히스타스페스의 아들로 다레이오스와는 형제간이오. 그리고 아시아의 해안 지방 일대를 지배하고 있고, 대군과 수많은 함선을 휘하에 거느리고 있소. 그에게 요청하면 틀림없이 우리들을 원조할 것이오."

이 말을 들은 낙소스의 망명자들은 가능한 한 잘 조처해 달라고 아리스타고라스에게 부탁하고, 또한 아르타프레네스에 대한 사례(謝禮)와 군대 동원에 따른 경비는 모두 자신들이 갚을 테니 상대방과 그렇게 약속해 달라고 요청했다. 왜냐하면 그들은 자신들이 낙소스에 모습을 나타내면 낙소스인뿐만 아니라 키클라데스 제도(諸島)의 섬 주민들도 모두 자신들의 명령에 복종하리라고 자신만만해 있었기 때문이다. 당시 키클라데스 제도는 그 어느 섬도 아직 다레이오스의 지배하에 들어 있지 않았다.

그러자 아리스타고라스는 사르데스로 가 아르타프레네스에게, 낙소스는 그렇게 큰 섬은 아니지만 이오니아 해안 가까이에 있는 아름답고 비옥한 섬으로서 재보(財寶)와 노예도 풍부하다고 말했다. 그러고는 이어서 이렇게 덧붙였다.

"그러하오니 청컨대 부디 이 나라를 쳐 망명자들이 귀국할 수 있도록 해주십시오. 만약 그렇게 하신다면 각하께 두 가지 이득이 돌아올 것입니다. 우선 첫째로 군대 동원에 따른 경비는 물론 저희들이 조달할 것이지만 그 외에 거액의 금을 각하를 위해 준비해 놓고 있습니다. 둘째로 각하께서는 이 원정으로 낙소스는 물론 낙소스에 종속되어 있는 파로스나 안드로스 등 이른바 키클라데스의 다른 섬들도 또한 왕의 지배 아래 끌어들일 수 있을 것입니다. 또한 이들 섬을 기지(基地)로 삼게 되면 에우보이아도 쉽게 공략할 수 있을 것입니다. 에우보이아는 부유하고 키프로스에 못지않은 큰 섬으로, 쉽게 점령할 수 있는 곳입니다. 함선 100척만 동원하면 이들 섬을 모두 정복할 수 있을 것입니다."

이에 대해 아르타프레네스는 다음과 같이 대답했다.

"실로 그대는 우리 페르시아 왕가를 위해 훌륭한 제안을 해주었다고 생각하오. 그대의 건의는 어느 모로 보나 지극히 합당하지만, 단 한 가지 함선의 수만큼은 마음에 들지 않소. 봄이 되면 100척이 아니라 200척의 함선을 그대를 위해 준비해 놓겠소. 그러나 이 계획은 먼저 대왕의 인가를 받아야만 하오."

아리스타고라스는 이 대답을 듣고 크게 기뻐하며 밀레토스로 돌아갔다. 한편 아르타프레네스는 수사로 사자를 보내 아리스타고라스의 제안을 보고하고, 다레이오스로부터 승낙이 떨어지자 200척의 삼단노선과 페르시아군 및 동맹군으로 편성된 강력한 군대를 준비하기 시작했

다. 그리고 그 총지휘관에는 아카이메네스 가(家) 출신으로 다레이오
스에게도, 그 자신에게도 사촌동생이 되는 메가바테스를 임명했다. 뒷
날의 이야기이지만——만약 그 풍설(風說)이 거짓이 아니라면——스파
르타의 클레옴브로토스의 아들 파우사니아스가 전 그리스를 제패하고
자 하는 야망에서 이 메가바테스의 딸과 약혼한 일이 있다.

어쨌든 아르타프레네스는 메가바테스를 총지휘관에 임명하고 그 원
정군을 아리스타고라스에게로 파견했다.

메가바테스는 아리스타고라스를 비롯한 이오니아 파견군과 낙소스
의 망명자들을 함께 함선에 태우고 마치 헬레스폰토스로 항해하는 것
처럼 꾸민 다음 밀레토스를 출범했다. 그러나 키오스 섬에 도착하자
선단을 카우카사 항에 정박시키고 북풍이 부는 대로 곧 낙소스로 향할
태세를 갖추었다. 그런데 다음과 같은 돌발 사건이 일어나, 낙소스는
이 원정군에 의해 멸망되는 운명으로부터 벗어나게 되었다.

메가바테스가 함대의 경비 상황을 순찰하고 있을 때, 마침 민도스[11]
에서 온 배에는 경비병이 한 사람도 없었다. 메가바테스는 이에 격노
하여 자신의 친위병에게 명하여 이 배의 함장인 스킬락스라는 자를 수
색 포박하여 머리는 배 밖으로, 동체는 배 안으로 향하도록 배의 노공
(櫓孔)에 밀어 넣게 했다.

스킬락스가 포박된 후, 어떤 자가 아리스타고라스에게 달려가 그와
친한 민도스인 함장을 메가바테스가 포박하여 굴욕적인 벌을 가하고
있다고 알렸다. 그래서 아리스타고라스는 메가바테스에게로 가 그를
풀어 달라고 요청했다. 그러나 메가바테스가 이 요구를 들어 주지 않
자, 스스로 달려가 함장을 결박에서 풀어 주었다.

이 소식을 듣고 메가바테스가 아리스타고라스를 향해 분노를 터뜨렸
지만, 아리스타고라스는 이렇게 답했다.

---

11) 민도스는 소아시아 남쪽에 있었던 도리스계 도시. 헤로도토스가 태어난 할
리카르나소스 부근에 있었다.

"이것은 그대와 아무 관계도 없는 일이오. 본래 아르타프레네스 각하께서 그대를 파견할 때, 내 지시에 복종하고 내가 지시하는 곳으로 배를 움직이라고 명하지 않으셨소? 쓸데없는 간섭은 그만두시오."

분개한 메가바테스는 곧 해가 지기를 기다려 작은 배로 사람을 낙소스에 보내 그들에게 앞으로 닥칠 사태를 귀띔해 주도록 했다.

실제 낙소스인은 이번 원정이 자신들을 목표로 하고 있는지는 꿈에도 모르고 있었다. 그러나 그것을 알게 되자 곧 성밖에 있는 물자를 성안으로 옮기고 농성할 결의를 굳히는 한편, 식량과 물을 준비하고 성벽도 보수했다.

낙소스측이 전쟁은 불가피하다고 보고 준비를 게을리하지 않았기 때문에, 원정군이 함대를 키오스에서 낙소스로 진격시켰을 때에는 상대방은 이미 방비 태세를 완전히 갖추고 있었다. 이리하여 포위 공격전이 4개월에 걸쳐 계속됐다. 이윽고 페르시아군이 준비해 왔던 군자금이 바닥을 보이고 게다가 아리스타고라스 개인이 부담한 돈도 거액에 이르러, 포위전을 계속하기 위해서는 다시 거액의 전비(戰費)를 염출해야 하는 사태에 직면할 형편이었다. 그리하여 마침내 원정군은 낙소스의 망명자들을 위해 성벽을 쌓아 준 다음, 참담한 상태로 대륙으로 철군했다.

이리하여 아리스타고라스는 아르타프레네스와의 약속을 지킬 수 없었다. 아울러 출정 비용을 독촉받는 궁지에 빠지고, 또한 원정의 실패와 메가바테스와의 불화가 불안의 씨앗이 되어, 이러다가는 밀레토스의 지배권을 잃게 되지는 않을까 하고 고민하기 시작했다. 걱정한 나머지 그는 마침내 모반을 기도하게 되었다. 왜냐하면 때마침 이 무렵 수사로부터 히스티아이오스가 페르시아 왕에 대한 모반을 지령하기 위해 머리에 입묵(入墨)을 한 노예 한 사람을 보내 왔기 때문이다. 히스티아이오스는 아리스타고라스에게 이반(離反)을 지령하고 싶었지만, 바깥으로 통하는 길이 모두 엄중히 경계되고 있었기 때문에 안전하게 지령을 전할 길이 없었던 것이다. 거기에서 노예 가운데 가장 믿을 수

있는 자를 골라 머리털을 자르고 머리에 입묵을 한 다음 다시 머리털
이 자라기를 기다렸다. 머리털이 자라자마자 그자를 밀레토스로 파견
하고, 다른 말은 일절 하지 말고 다만 밀레토스에 도착하면 아리스타
고라스에게 자신의 머리털을 자르고 머리를 보여 주라고 지시했던 것
이다. 물론 입묵의 내용은 이미 전에 말했던 것처럼 페르시아에 대해
반란을 일으키라는 지령이 담긴 것이었다.

히스티아이오스가 이렇게 행동한 것은, 더 이상 수사에 억류되어 있
는 상태를 견딜 수 없었고, 또한 반란이 일어난다면 그 문제를 해결하
기 위해 자신을 해안 지방으로 파견할 가능성이 있지만, 밀레토스가
모반을 기도하지 않는 한 다시는 밀레토스로 돌아갈 수 없으리라고 생
각했기 때문이었다.

히스티아이오스는 위와 같은 생각에서 사자를 보냈던 것인데, 아리
스타고라스측에서 보면 이들 사건이 모두 일시에 마치 계획했던 것처
럼 일어났던 것이다. 이렇게 되자 그는 자기의 지지자들을 불러모아
자신의 의견을 말하고 히스티아이오스로부터 당도한 지령 등을 이야기
해 주었다. 그리하여 이들 모두가 반란에 동의하게 되었지만, 단 한
사람 사전(史傳) 작가인 헤카타이오스[12]만은 다레이오스의 지배하에 있
는 민족들을 일일이 열거하고 그 군사력을 평가한 다음 페르시아 왕을
향해 전쟁을 일으키는 것은 불가하다고 주장했다. 그러나 자신의 주장
이 관철되지 않자, 이번에는 차선책으로 해상을 제압할 수 있는 대책
을 세우라고 충고했다. 계속해서 그는 밀레토스의 약한 전력(戰力)을
잘 알고 있는바, 자신이 보는 견지에서는 이 계획을 실현할 수 있는
길은 단 한 가지밖에 없다는 것이었다. 그것은 브란키다이 신전[13]에서

---

12) 헤카타이오스(기원전 550~476년)는 그리스의 선구적인 역사가로, 헤로도토
스도 그에게 많은 것을 의존하고 있다. 그에 대해서는 뒤에 다시 언급한다.
13) 브란키다이란 '브란코스 일족'이라는 뜻. 델포이인 브란코스를 시조로 내
세우는 신관(神官)의 가계로, 밀레토스 부근에 있는 디디마의 아폴론 신전
을 지키고 그 신탁을 관리했다. 브란키다이는 그 지방의 명칭으로도 사용

리디아의 왕 크로이소스가 봉납했던 재보를 탈취하는 것이며, 그렇게 된다면 생각건대 제해권을 쉽게 장악할 수 있을 것이고 어찌 되었거나 재보도 마음대로 사용할 수 있게 될 것이며 그 재보가 적의 수중에 떨어지는 것도 방지할 수 있을 것이라고 말했다. 이 재보가 막대한 가치를 지니고 있었다는 것은 이미 본서의 제1권에서 서술한 바 있다.

헤카타이오스의 의견은 채택되지 않았지만, 반란을 일으키기로 결의한 그들은 먼저 첫 단계로서 일당 중 한 명을 배에 태워 미우스로 보내 낙소스 원정에서 돌아와 그곳에 정박중인 함대의 지휘관들을 어떻게든 사로잡아 보기로 했다. 이 목적을 위해 이아트라고라스가 파견되어, 모략에 의하여 밀라사인 이바놀리스의 아들 올리아토스, 테르메라인 팀네스의 아들 히스티아이오스, 에르크산드로스의 아들 코에스(다레이오스가 은상으로서 미틸레네를 주었던 그 인물), 키메인 헤라클레이데스의 아들 아리스타고라스 등과 그 밖의 많은 자들을 사로잡았다. 이렇게 하여 아리스타고라스는 다레이오스에게 대항할 수 있는 만반의 음모를 꾸며 가면서 점차 공공연하게 반기를 들었던 것이다.

아리스타고라스는 먼저 밀레토스인이 자진해서 자신의 모반에 가담해 온 것처럼 꾸미기 위해, 본심은 어쨌든 명목상으로는 밀레토스의 독재제를 폐지하고 만민 평등의 민주제를 시행하기로 하고, 나아가 계속해서 다른 이오니아의 지역에서도 같은 정책을 실시하도록 몇몇 독재자들을 추방했다. 그리고 또한 그와 함께 낙소스 원정에 참가했던 선단에서 사로잡아 온 독재자들을, 각각의 도시 주민들로부터 지지를 얻을 목적으로 각기 그들의 출신 도시에 인계했다.

미틸레네인은 코에스가 인도되자 곧 그를 교외로 끌고 나가 돌로 쳐 죽였지만, 키메에서는 과거의 독재자를 방면했다. 다른 도시들도 대부분 키메의 예를 따랐다.

됐다(제1권 참조).

이리하여 이오니아의 모든 도시에서 독재제가 폐지된 후, 밀레토스인 아리스타고라스는 그들 도시에 각각 사령관을 임명하고 그 자신은 사절로서 전함을 타고 스파르타로 향했다. 그로서는 강대한 동맹국을 발견할 필요가 있었던 것이었다.

스파르타의 정세와 원조 요청 실패

스파르타를 다스리던 레온의 아들 아낙산드리데스는 이미 왕위에 있지 않았다. 왜냐하면 그는 죽고 그의 아들 클레오메네스가 왕위를 계승했기 때문이다. 클레오메네스가 왕위에 오른 것은 그의 자질이 우수했기 때문이 아니라 단지 그가 왕의 아들이기 때문이었다. 아낙산드리데스는 자기 누이의 딸을 아내로 맞이하였고 그녀를 몹시 사랑했지만 소생이 없었다. 그러자 감독관(에포로이)[14]은 왕의 출두를 요청하고 이렇게 말했다.

"전하께서 자기 일에 관심을 두지 않으시는 것은 전하의 자유입니다만, 저희들로서는 에우리스테네스[15] 가의 혈통이 끊기는 것을 그냥 좌시할 수는 없습니다. 그러하오니 현재의 왕비마마께서 왕자를 생산하시지 못하는 이상 그분과는 헤어지시고 다른 왕비를 맞이하시기 바랍니다. 그렇게 하시면 스파르타의 국민들도 기뻐할 것입니다."

이에 아낙산드리데스는, 자기는 그 어느 쪽 제안도 실행할 의사가 없고, 아무런 허물도 없는 아내와 이별하고 다른 여자를 아내로 맞이하라고 한 감독관의 진언은 실로 천만부당한 것이기 때문에, 그러한 요구에는 응할 수 없다고 말했다.

그러자 감독관과 장로들은 다시 협의를 거친 결과 이번에는 다음과 같이 제안했다.

---

14) 에포로이란 감독자라는 뜻으로, 스파르타에서는 전 국민 가운데서 5명이 선출되어 1년간 복무했다. 장로회와 함께 행정 사법의 실권을 장악하고 왕에 대해서조차 감독권을 행사할 수 있었다.
15) 에우리스테네스는 스파르타 왕가의 조상이었다.

"전하께서 왕비마마를 얼마나 아끼고 계신가 잘 알았습니다. 그러하오니 지금부터 말씀드리는 것에 대해서는 부디 반대하지 말아 주시기 바랍니다. 만약 저희들 제안을 거절하신다면 스파르타의 국민들이 전하에 대해 예기치 않은 행동을 할지도 모릅니다. 저희들로서는 현재의 왕비마마와 헤어져 주십사고 요구하지는 않겠습니다. 그분께는 현재와 같은 신분과 특권을 계속 누리게 하셔도 좋습니다. 다만 왕자를 생산할 수 있도록 다른 분을 다시 왕비로 맞아 주시기 바랍니다."

위의 제안에 아낙산드리데스도 동의하여, 그 후부터는 두 명의 아내를 갖게 됨으로써 두 가정을 거느리게 되었다. 이러한 일은 스파르타의 습속에는 전혀 어긋나는 것이었다.

그 후 얼마 되지 않아 둘째 왕비가 앞서 말한 바 있는 클레오메네스를 낳았다. 그런데 운명의 장난인지, 둘째 왕비가 스파르타의 왕위 계승자를 생산함과 때를 같이하여 이때까지 자식을 낳지 못했던 첫째 왕비가 임신을 했다. 왕비의 임신은 거짓이 아니었지만, 둘째 왕비의 근친들은 이 소식을 듣고는 한바탕 소동을 벌였다. 그들은 왕비가, 거짓으로 임신했다고 낭설을 퍼뜨리며 가짜 자식과 슬쩍 바꿔치려 하고 있다고 떠들어 댔다. 그들의 선전이 얼마나 요란했던지, 감독관조차 의심을 품게 되어 출산 시기가 임박하자 왕비의 분만에 입회까지 했다.

첫째 왕비는 이렇게 도리에우스를 낳은 후 곧 레오니다스를 잉태하고, 그 후 다시 클레옴브로토스를 잉태했다. 일설에 의하면 레오니다스와 클레옴브로토스는 쌍둥이였다고 한다. 그러나 클레오메네스를 출산한 둘째 왕비는——그녀는 데마르메스의 아들 프리네타데스의 딸이었다——더 이상 자식을 낳지 못했다.

그런데 이 클레오메네스는 두뇌가 정상이 아니었고, 광기까지 있었다 한다. 한편 도리에우스는 동년배들 사이에서 가장 두각을 나타냈고, 재질이 있는 자신이 왕위를 계승하게 되리라고 굳게 믿고 있었다. 그러나 아낙산드리데스가 죽은 후 스파르타인이 관습법에 따라 장자인 클레오메네스를 왕으로 세우자, 도리에우스는 이에 격분하여 클레오메네스의 통치하에서는 살 수 없다고 생각하고 국민에게 청원하여 식민지 개척단의 지휘자로서 출국하게 되었다. 그러나 도리에우스는 그때 어느 땅에 식민지를 건설해야 좋을지에 대하여 델포이의 신탁도 구하지 않고, 또한 그럴 때 행하도록 되어 있었던 예로부터의 관행도 전혀 지키지 않은 채, 격분한 상태 그대로 테라인들을 해상 안내인으로 고용하여 리비아를 향해 출범했다. 도리에우스는 키닙스 강 부근에 도착하자 리비아에서 가장 훌륭한 이 강변에 도시를 건설했다. 그러나 3년째에 접어들어 리비아의 마카이족과 카르타고인에 의해 그 땅에서 추방되어 펠로폰네소스로 돌아오고 말았다.

이때 안티카레스라는 한 엘레온[16]인이 '라이오스의 신탁'[17]을 근거로 그에게 시켈리아에 헤라클레아라는 도시를 건설하라고 권유했다. 그의 주장에 따르면 에릭스[18] 땅은 모두 헤라클레스가 몸소 점령했던 곳이기 때문에 헤라클레스의 후예에게 속한다는 것이었다. 도리에우스는 이 말을 듣고 그가 목표로 하는 땅을 실제로 점유할 수 있을지에 대해 신탁을 구하기 위해 델포이로 갔다. 델포이의 무녀가 그 땅을 점유할 수 있다는 신탁을 내리자 그는 앞서 리비아로 인솔해 갔던 그 개척단 일행을 이끌고 이탈리아 해안을 따라 시켈리아로 향했다.

시바리스[19]인이 말하는 바에 따르면 이 무렵 그들과 그들의 왕 텔리스는 크로톤 시를 공격하려 했는데, 그에 깜짝 놀란 크로톤[20]측이 도리에우스에게 구원을 요청하고 그의 원조를 얻는 데 성공하여, 도리에우스는 크로톤인과 함께 시바리스를 점령했다고 한다.

---

16) 보이오티아의 도시.
17) 그 내용은 물론, 라이오스가 유명한 오이디푸스왕의 아버지를 가리키는지, 혹은 한 예언자의 이름이었는지에 대해서도 밝혀지지 않는다. 다만 보이오티아는 예로부터 유명한 예언가를 많이 배출했다. 헤로도토스의 저작에서 여러 번 등장하는(제8권) 바키스가 특히 유명했다.
18) 시켈리아 서부의 지명. 같은 이름의 산이 있었고, 아프로디테를 숭배하는 곳으로 이름이 높았다.
19), 20) 시바리스, 크로톤 모두 남이탈리아에 있었던 그리스 식민지.

그러나 크로톤인의 주장에 의하면, 그들은 대(對) 시바리스전에서 엘리스 출신의 예언자이자 이아미다이 가[21] 출신이었던 칼리아스 외에는 그 어떤 외국인의 도움도 받지 않았다고 한다. 이 칼리아스는 처음에는 시바리스에 있었는데, 대 크로톤전의 결과를 점치기 위해 희생식을 행하던 중 점괘가 흉(凶)으로 나와 시바리스 왕 텔리스로부터 탈주하여 크로톤으로 도망쳐 왔던 것이다. 이것이 크로톤측의 주장이다.

쌍방 모두 자기 주장을 뒷받침하는 증거를 들고 있는데, 시바리스인이 증거로서 들고 있는 것은 크라티스 강물이 말라붙은[22] 하상(河床) 주위에 있는 신전과 그 일대의 성역으로, 이 신전은 도리에우스가 크로톤군을 도와 시바리스 시를 점령한 후 그 땅에 자신과 인연이 깊은 아테네 크라티아스(크라티스의 아테네)를 위해 건립한 것이라 한다. 또한 도리에우스의 죽음이 무엇보다 좋은 증거라 한다. 즉 도리에우스는 신탁에 위배된 행동을 했기 때문에 죽었는데, 만약 그가 자신에게 부여된 사명대로만 행동하고 본분에서 이탈하지 않았다면 에릭스 땅을 점령하여 확보할 수 있었을 것이며, 또한 그 자신과 군대도 파멸당하지 않았을 것이라는 말이다.

이에 대해 크로톤측이 자기 주장의 증거로서 들고 있는 것은, 앞에서 서술한 엘리스인 칼리아스에게 영유를 허락한 땅이 크로톤의 영토 내에 적지 않게 있다는 것으로, 이들 영지는 우리 시대에 이르기까지 칼리아스 자손의 소유로 되어 있었다. 그에 반해서 도리에우스나 그의 자손에게 허락된 영지는 전혀 없었다. 그러나 만약 도리에우스가 실제 대 시바리스전에 참전했다면 당연히 칼리아스보다 훨씬 더 많은 영지를 증여받았을 것이라는 말이다.

이상이 두 도시가 들고 있는 논거(論據)이다. 우리로서는 각각 자신

---

21) 이아미다이 가는 올림피아(엘리스 지방에 있는)의 예언자 겸 신관의 가문이었다.

22) 크로톤인은 시바리스에 홍수가 일어나게 하기 위해 크라티스 강의 물길을 바꾸어 버렸다 한다.

이 납득할 수 있는 쪽에 동의하면 되리라 생각한다.

도리에우스 외에도, 그의 식민지 건설에 협력할 목적으로 행동을 함께한 스파르타인이 몇 명 있었다. 테살로스, 파라이바테스, 켈레에스, 에우릴레온 등이 그들이다. 개척단 일행은 시켈리아에 도착한 후 페니키아인(카르타고인)과 에게스타[23]인과의 싸움에서 패해 거의 다 전사하고 말았으나, 개척단의 간부 중에서 에우릴레온 한 사람만이 그 재난을 면할 수 있었다. 그리하여 에우릴레온은 개척단의 생존자들을 이끌고 셀리누스 시[24]의 식민지인 미노아를 점령하고, 나아가 셀리누스인을 도와 그들을 독재자 페이타고라스로부터 해방시켰다. 페이타고라스를 타도한 후 그는 이번에는 자신이 셀리누스의 독재권을 장악하고자 하는 야망을 품었다. 그리고 실제로 독재자로서 얼마 동안 군림했으나, 그 후 셀리누스 시민이 봉기하여 '아고라(시장)의 제우스' 제단으로 피신했지만 살해되고 말았다.

그 밖에 도리에우스와 행동을 함께하다가 결국 그와 운명을 같이한 자들 가운데 크로톤인 부타키데스의 아들 필리포스가 있었다. 그가 시바리스의 독재자였던 텔리스의 딸과 혼약을 했다는 이유로 크로톤에서 추방되자 그 혼약은 깨어지고 말았다. 실망한 필리포스는 배를 타고 키레네로 도주했고, 여기에서 자신의 군선을 준비한 다음 자비(自費)로 승무원을 고용하고 도리에우스 일행에 가담했던 것이다. 그는 올림피아 경기의 우승자였고, 또한 그의 미모(美貌)는 당시 그리스에서 최고로 손꼽혔다. 그 미모 덕분에 그는 에게스타 시에서 다른 누구도 누리지 못한 영예를 누렸다. 즉 에게스타인이 그의 묘소 위에 영웅묘(英雄廟)를 짓고 지금까지 공물을 바치며 숭상하고 있는 것이다.

도리에우스는 이렇게 최후를 마쳤지만, 만약 그가 클레오메네스의 통치를 감수하고 스파르타에 그대로 머물러 있었다면 곧 스파르타의

---

23) 에게스타는 세게스타라고도 했다. 시켈리아 서북부, 현재의 팔레르모(옛 지명은 파놀모스) 근처에 있었던 도시.
24) 셀리누스는 시켈리아 남안에 있었던 도리스계 식민 도시.

왕위에 올랐을 것이다. 클레오메네스의 치세는 오래 계속되지 않았고, 후계자 없이 고르고라는 딸 혼자만 남겨 두고 죽었기 때문이다.

다시 이야기를 원점으로 돌리면, 밀레토스의 독재자 아리스타고라스는 클레오메네스 치하의 스파르타에 도착하자 왕과 면담에 들어갔다. 스파르타인이 말하는 바에 따르면, 이때 아리스타고라스는 전세계의 지형과 함께 해양과 하천 등이 모두 새겨져 있는 동판(銅板)[25]을 휴대하고 있었다 한다.

아리스타고라스는 왕과의 회담에서 이렇게 말했다.

"클레오메네스 전하, 제가 이렇게 황급히 전하를 뵈오러 온 것에 대해 너무 놀라지 마시기 바랍니다. 이렇게 하지 않으면 안 될 정도로 저희 상황이 몹시 절박하기 때문입니다. 이오니아의 동포가 자유를 빼앗기고 노예의 상태로 지내고 있는 것에 대해 단지 저희 이오니아인 자신뿐만 아니라 다른 그리스인, 그 중에서도 특히 그리스 세계의 영도자이신 전하를 비롯한 스파르타인들도 더할 나위 없는 모욕과 슬픔을 느끼고 계시리라 믿습니다. 그러하오니 우리들 그리스인이 모두 숭상하는 신들의 이름으로, 원컨대 부디 동포인 이오니아인을 굴종의 질곡에서 구원해 주십시오. 게다가 이 일은 스파르타에게는 매우 손쉬운 일입니다. 왜냐하면 이들 이방인은 그다지 무력이 강하지 못한 데 반해서 스파르타는 군사력에 관한 한 세계에서 최고이기 때문입니다. 페르시아인의 전투 방식에 관해 말씀드리면, 무기로서는 활과 단창(短槍)을 사용하며, 바지를 입고 터번을 두른 상태로 전투에 임하기 때문에, 그들과 싸워 이기기란 아주 쉽습니다. 더욱이 대륙에 거주하는 그들에게는 다른 모든 나라의 그것을 합한 것보다 더 풍부한 자원이 있습니다. 금을 비롯해서 은, 동, 곱고 아름다운 직물, 운반용 동물, 노

---

25) 지도는 아낙시만드로스가 발명했다고 한다. 그리고 그 후 밀레토스의 사가(史家) 헤카타이오스도 지도를 제작했다고 한다. 헤카타이오스는 아리스타고라스 일당 중의 한 사람이었으므로, 이 지도는 그의 직접적인 또는 간접적인 협력으로 이루어졌다고 생각할 수 있을 것이다.

예 등 이런 것들을 원하기만 하면 모두 가지실 수 있습니다. 지금부터 제가 말씀드리겠지만, 여기에는 여러 국민이 서로 경계를 이루며 거주하고 있습니다. 여기 이오니아인의 이웃에는 리디아인이 거주하고 있습니다. 리디아인이 살고 있는 지역은 매우 비옥하며 은의 산출량도 비할 데 없이 많습니다."

아리스타고라스는 휴대해 온, 동판에 새겨진 세계 지도를 보이면서 이렇게 말했다.

"리디아인의 동편에는 프리기아인이 있습니다. 제가 아는 한 이 나라는 세계에서 가장 가축과 곡물량이 풍부한 곳입니다. 프리기아인의 이웃에는 우리가 보통 시리아인이라고 부르고 있는 카파도키아인이 살고 있으며, 이와 인접해서 해안에 이르기까지는 킬리키아인이 거주하고 있습니다. 그리고 그 해안에는 키프로스 섬이 떠 있습니다. 이 킬리키아인들로부터는 매년 페르시아 왕에게 500탈란톤의 연공(年貢)이 바쳐지고 있습니다. 이 킬리키아인의 이웃에는 아르메니아인이 살고 있는데, 이 나라도 역시 가축이 풍부한 나라입니다. 다음으로 아르메니아인의 이웃인 주변 일대에서는 마티에노이라는 민족이 살고 있습니다. 그 이웃이 키시아국으로, 이 나라에 바로 이 코아스페스 강을 연해 대왕(大王)이 살고 있는 유명한 수사가 있습니다. 물론 보고(寶庫)도 역시 이곳에 있습니다.

스파르타가 이 도시를 점령한다면 감히 제우스신과도 그 부(富)를 견줄 수 있을 것입니다. 그렇다면 땅의 넓이에 있어서나 부에 있어서도 대륙에 비교가 안 되는 좁은 영토를 놓고, 군사력에서 귀국에 못지 않은 메세니아나 금도 은도 전혀 나오지 않는 아르카디아나 아르고스 등과 위험을 무릅쓰고 싸울 필요가 어디 있습니까? 금이나 은 때문이라면 싸우다 죽어도 그만한 가치가 충분히 있지만 말입니다.

아시아 전역을 쉽게 지배할 수 있는 기회가 있는데도 그것을 버리고 다른 길을 선택하시겠습니까?"

이에 대해 클레오메네스는 다음과 같이 답했다.

"밀레토스에서 오신 손님이여, 이틀간만 여유를 주시오. 3일째 되는 날 회답을 드리겠소."

이때 두 사람의 회담은 여기까지 진행되었는데, 회답하기로 약속된 날 두 사람이 약속된 장소에서 만나자 클레오메네스는 아리스타고라스에게 이오니아 해안을 출발해서 대왕이 있는 곳까지 가는 데 며칠이 걸리느냐고 물었다. 그런데 이때까지 만사가 순조롭게 진행되도록 교묘하게 상대방을 구슬려 왔던 아리스타고라스가 여기에서 실수를 하고 말았다. 즉 스파르타를 아시아로 출정시키려면 해안에서 수도까지 3개월이 소요된다는 사실을 말하지 말았어야 했는데, 그만 사실대로 말했던 것이다.

아리스타고라스가 도정에 관해 다시 계속해서 설명하려고 하자 클레오메네스는 이를 막으며 다음과 같이 말했다.

"밀레토스에서 오신 손님이여, 해가 지기 전에 스파르타를 떠나도록 하시오. 그대는 스파르타인을 해안에서 3개월이나 걸리는 곳으로 끌고 가려고 생각중인 모양인데, 그러나 그러한 제안은 도저히 받아들일 수 없소."

클레오메네스는 이렇게 말하고 궁으로 돌아가 버렸다. 그리하여 아리스타고라스는 탄원자의 표지인 올리브 가지를 손에 들고 클레오메네스의 궁을 방문하여 탄원자와 같은 태도를 취하며 자신이 말하고자 하는 바를 부디 경청해 달라고 클레오메네스에게 애원했다. 그런데 그때 마침 여덟 살이나 아홉 살쯤된, 고르고라는 클레오메네스의 무남독녀 외딸이 아버지 곁에 있었다. 그래서 아리스타고라스가 그 여자아이를 내보낸 다음 이야기를 들어 달라고 요청했지만, 클레오메네스는 아이에게는 신경 쓰지 말고 용건만 말해 보라고 했다.

거기에서 아리스타고라스는 만약 자신의 요구를 들어 주면 사례를 하겠다고 말하고, 먼저 10탈란톤으로 흥정을 했다. 그러나 클레오메네스가 고개를 젓자 아리스타고라스는 금액을 차례로 올려 마침내 50탈란톤을 내겠다고까지 말했다. 그러자 갑자기 아이가 큰소리로 이렇게 말했다.

"아바마마, 이젠 자리를 뜨시는 게 좋겠어요. 그러지 않으면 아바마마께서는 이 외국인에게 매수당하고 마실 거예요."

클레오메네스는 아이의 이 충언(忠言)을 기꺼워하며 별실로 들어가 버렸고 아리스타고라스도 수사에 이르는 길에 관해 더 이상 상세히 설명하지 못한 채 영원히 스파르타를 떠나고 말았다.

여기서 잠시 이 길에 관해 설명을 하자면 다음과 같다.

전 도로에 걸쳐 곳곳에 왕실이 공인한 역과 매우 훌륭한 숙박소가 있으며, 또한 계속해서 인가(人家)가 있기 때문에 길은 안전하다.

리디아와 프리기아 사이는 94.5파라산게스26)에 이르는데, 이 사이에는 20개의 역이 있다. 프리기아 저편에는 할리스 강이 있고 여기에는 관문(關門)이 설치되어 있다. 강을 건너가기 위해서는 어떻게 하든 이 관문을 통과해야만 한다. 그런데 이곳에는 관문을 방어하는 강대한 위병소가 있다.

할리스 강을 건너면 카파도키아로 접어들게 된다. 여기에서 킬리키아 국경까지의 거리는 104파라산게스이고 그 사이에는 28개의 역이 있다. 국경에는 두 개의 관문이 있고 각각 위병소가 설치되어 있어 이것을 통과하지 않으면 안 된다.

이것을 지나 킬리키아를 관통하는 도로의 길이는 15.5파라산게스이고 여기에는 세 개의 역이 있다. 킬리키아와 아르메니아 사이에는 국경을 이루는 에우프라테스(유프라테스) 강이 있고, 이곳은 배로 건너야 한다. 아르메니아 영내에 있는 역은 15개, 도로의 길이는 56.5파라산게스이며, 여기에도 또한 위병소가 있다.

아르메니아에서 마티에네 땅으로 접어들면 그 거리는 137파라산게스이고 숙소의 수는 34개다. 배로 항해할 수 있는 네 개의 강이 이 지방

---

26) 파라산게스는 페르시아의 거리 단위로 약 5.5킬로미터. 그리스 단위로 말하면 30스타디온에 해당한다.

을 관류하고 있는데, 계속 앞으로 가기 위해서는 어느 강이나 나룻배를 타고 건너야만 한다. 그 최초의 강은 티그레스(티그리스) 강이고, 그 다음 두번째 세번째 강은 모두 자바토스(자부) 강이라 불리고 있다. 그러나 이 두 강은 서로 다른 강이고, 같은 수원(水源)에서 흘러나오지도 않는다. 전자는 아르메니아에서 흘러나오고, 후자는 마티에네에 그 수원을 두고 있다. 네번째 강은 긴데스라는 강으로, 그 옛날 키루스가 그 흐름을 360개의 운하로 분할했던 바로 그 강이다.

여기에서 키시아 지방으로 들어가 11개의 역과 42.5파라산게스를 지나면 다시 항해가 가능한 코아스페스 강에 이르게 된다. 수사는 바로 이 코아스페스 강변에 건설되어 있다.

이상 역의 총수는 111개로, 요컨대 사르데스에서 수도인 수사에 이르는 사이에 이 만큼의 숙박소가 있었던 셈이다.

이 이른바 '왕도(王道)'의 파라산게스 단위에 의한 측량이 정확하다고 보면, 1파라산게스는 30스타디온[27]에 해당하므로 이 비율로 계산해 볼 때 사르데스에서 이른바 '멤논 궁(宮)'[28]까지의 거리는 450파라산게스, 즉 1만 3500스타디온이 된다. 매일 140스타디온씩 여행한다면 꼭 90일이 걸리게 된다.

따라서 밀레토스의 아리스타고라스가 스파르타의 클레오메네스에게 페르시아 왕이 있는 곳까지의 도정은 3개월이라고 말했던 것은 매우 정확한 표현이었던 셈이다. 그러나 더욱 정확을 기하려 한다면 에페소스에서 사르데스까지의 거리를 가산해야 함을 지적해야만 할 것이다. 그리하여 결국 그리스(에게) 해에서 이른바 '멤논의 도시' 수사까지의 전 거리는 1만 4400스타디온이 된다. 즉 에페소스에서 사르데스까지의 거리는 540스타디온으로, 3개월에서 3일 더 걸리는 거리가 된다.

---

27) 1스타디온은 185미터.
28) 멤논은 전설적인 에티오피아 왕. 트로이측을 지원하여 트로이 전쟁에 참가했다가 아킬레우스에 의해 살해됐다. 그가 수사에 왕궁을 세웠다는 전승에서 비롯된 것이다.

아테네 발전의 자취

한편 아리스타고라스는 스파르타에서 추방된 후 아테네로 갔는데, 당시 아테네는 이미 독재자의 지배로부터 해방되어 있었다. 그간의 사정을 설명하면 다음과 같다.

페이시스트라토스의 아들로 독재자 히피아스의 형제였던 히파르코스는 그에게 닥칠 위험을 예고하는 생생한 꿈을 꾸고 난 뒤, 멀리 게피라이오이족[29]의 혈통을 이어받은 두 인물——아리스토게이톤과 하르모디오스에 의해 살해되었다. 그렇지만 아테네인들은 그가 죽고 난 후 4년 동안에는 이전보다 훨씬 심한 독재자의 압제에 시달렸던 것이다. 그런데 히파르코스가 파나테나이아 축제 전야에 꾼 꿈이란 바로 다음과 같은 것이었다. 꿈속에서 위풍당당하고 잘생긴 남자가 그의 침대 앞에 나타나 수수께끼와 같은 말을 던졌던 것이다.

사자(獅子)여, 견디기 어려운 고난을 겪더라도
강인한 마음을 가지고 이를 감내하라.
무릇 인간으로서 죄를 짓고 그 벌을 받지 않는 자는 없나니.

날이 밝자마자 곧 히파르코스는 그 꿈을 해몽가들에게 확실히 털어놓고 이야기했던 것 같은데, 그럼에도 불구하고 그는 꿈 따위는 잊어버리고 축제 행렬에 참가했다가 그 축제 행렬이 한창 진행될 때 그만 살해되고 말았던 것이다.

히파르코스를 살해한 두 인물이 속하는 게피라이오이인은, 그들의 주장에 따르면, 본래는 에레트리아에서 살고 있었다고 한다. 그러나 내가 면밀히 조사해 본 바에 따르면 그들은 본래 페니키아인으로 카드모스와 함께 오늘날 보이오티아라 불리는 지방으로 이주해 온 무리의 후손이다. 그들은 여기에서 타나그라 지구[30]를 할당받고 정주했다. 그

---

29) 게피라이오이족에 대해서는 바로 그 뒤에 자세히 기술되어 있다.

러나 카드모스 일당이 아르고스인에 의해 이 땅에서 추방된 후, 이어
서 그들도 보이오티아인에 의해 추방되어 아테네로 피신하였던 것이
다. 아테네에서는 그들을 어떤 조건하에서 시민으로 받아들였는데, 권
리면에서 몇 가지 제약이 있었다. 그러나 그 내용은 여기서 언급할 만
한 가치가 없다.

　카드모스와 함께 도래(渡來)한 페니키아인들은——게피라이오이인도
그 일부였는데——이 지방에 정주하여 그리스인에게 여러 가지 지식을
전파했다. 그 중에서도 특히 문자의 전래가 가장 중요한 것이었는데,
내 생각에는 그때까지 그리스인은 문자를 모르고 있었던 것 같다. 페
니키아의 이주민들은 처음에는 다른 모든 페니키아인들이 사용하는 문
자를 사용했지만, 세월이 흘러감에 따라 그 언어가 (그리스어로) 바뀌
고 동시에 문자 형태도 바뀌었던 것이다. 당시 이 페니키아인과 인접
해서 살았던 그리스인은 대부분 이오니아인이었다. 이들은 이 문자를
페니키아인으로부터 배우고 이것을 '페니키아 문자'라 부르며 약간 변
용하여 사용했다. 페니키아인이 그리스로 가지고 들어온 것이므로 이
호칭은 올바르다고 말해야만 할 것이다.

　이오니아인은 또한 예로부터 종이를 '가죽'이라고 부르고 있다. 이
것은 이오니아에서는 옛날에 종이를 구하기가 어려워 산양이나 양의
가죽을 종이 대신 사용했기 때문인데, 오늘날에도 이러한 짐승 가죽에
글을 쓰는 이민족이 적지 않다.

　나는 보이오티아의 테베에 있는 '이스메노스[31]의 아폴론' 신전에서
세발 달린 솥에 '카드모스 문자'가 새겨져 있는 것을 직접 본 일이 있

----

30) 타나그라의 별명이 게피라였던 점에서 이 설이 나왔다고 볼 수 있다. 게피
　　라는 다리(橋)라는 뜻인바, 로마의 요직(要職) pontifex가 pons(다리)와 관련
　　을 갖고 있었던 것과 마찬가지로 이 씨족명도 비슷한 기원에서 생겨났을지
　　도 모른다고 한다.
31) 테베를 관통해 흐르고 있는 이스메노스 강변에 이 신전이 있었다. 또한 이
　　아폴론 신앙은 아주 오랜 역사를 갖고 있었다.

는데, 그 문자는 대체로 이오니아 문자와 비슷했다.

　그러한 솥이 세 개 있었는데, 그 중 하나에 이러한 명문(銘文)이 새겨져 있었다.

　암피트리온[32]이 나를 텔레보아이인으로부터 빼앗아 여기에 봉납했다.

　이것은 카드모스의 증손자이며 폴리도로스의 손자이고 라브다코스의 아들인 라이오스 시대의 일일 것이다.

　다른 한 솥에는 육각운조(六脚韻調)로 다음과 같이 새겨져 있다.

　스카이오스가 권투 경기에서 승리하고,
　참으로 훌륭한 공물로서 나를 궁술가이신 아폴론신께 바쳤도다.

　여기에서 스카이오스란 히포코온의 아들 스카이오스를 가리킬 것이다. 그리고 만약 실제 봉납한 자가 이 스카이오스이며 히포코온의 아들과 같은 이름을 가진 다른 자가 아니라면, 그것은 라이오스의 아들 오이디푸스 시대에 일어난 일일 것이다.

　세번째 솥에도 역시 육각운조로 이렇게 새겨져 있었다.

　라오다마스가 왕위에 있을 때 이 솥을
　참으로 훌륭한 공물로 활의 명수이신 아폴론신께 바쳤도다.

---

32) 암피트리온은 티린스 왕 알카이오스의 아들로 헤라클레스의 명목상의 아버지였다. 그리스 서부의 아카르나니아 지방에 거주하던 타포스인, 즉 텔레보아이인이 미케네에 침입하여 암피트리온의 숙부인 엘렉트리온의 자식들을 살해했다. 엘렉트리온은 타포스인에게 보복을 가하지만 그 후 실수로 암피트리온에게 살해된다. 암피트리온은 엘렉트리온의 딸 알크메네와 함께 테베로 가 테베의 왕 크레온에게 요청하여 살인죄에 따른 부정을 씻어 버리고 알크메네와 결혼한 다음 그녀와의 약속대로 타포스인을 토벌했다는 전설에서 비롯된 것이다.

라오다마스는 에테오클레스의 아들이었는데, 바로 그가 왕위에 있을 때 카드모스 일족은 아르고스인에게 추방당해 엔켈레이스족[33]이 사는 곳으로 피난했던 것이다. 그리고 이때 게피라이오이족은 잔류했었지만 그 후 보이오티아인에게 추방당해 아테네로 이주했던 것이다. 게피라이오이인은 아테네에 자신들을 위한 신전을 몇 개 건립했는데, 다른 아테네인은 이곳에 출입할 수 없었다. 그 중에서도 '데메테르 아카이아'[34] 신전에서는 비밀 의식이 행해졌다.

지금까지 히파르코스의 꿈과 히파르코스를 살해한 자들이 속하는 게피라이오이족에 관해 서술했는데, 이제부터는 다시 본론으로 돌아가 아테네인이 독재자로부터 해방된 경위에 대해 서술하겠다.

독재자 히피아스가 히파르코스 암살에 격분하여 아테네에 폭정을 행하고 있을 때, 아테네의 씨족이면서도 페이시스트라토스 일족에 의해 추방되어 망명 생활을 하던 알크메온 일족이 망명중인 다른 아테네인들과 협력하여 귀국을 꾀하다 실패하고 말았다. 즉 그들은 파이오니아 위편에 있는 레입시드리온에 성을 쌓고 아테네로 복귀하여 조국을 독재 정치에서 해방시키려고 기도했지만 뼈아픈 패배를 맛보고 말았던 것이다. 그러자 알크메온 일족은 페이시스트라토스 가를 치기 위해서는 어떠한 수단도 불사하겠다는 결의를 굳히고, 델포이의 인보동맹(隣保同盟, 암픽티오네스)[35]과 계약을 맺고 신전의 건설을 맡겼다. 이렇게 해서 지어진 것이 현재 그곳에 서 있는 신전이다. 알크메온 일족은 전

---

33) 엔켈레이스족이란 남부 일리리아를 지배했던 왕족으로, 카드모스를 그 시조로 하고 있었다. 또한 카드모스 일가가 아르고스인에 의해 추방됐다는 것은 전설상 '에피고노이의 테베 공격'으로 알려져 있는, 펠로폰네소스 연합군에 의한 제2차 테베 공격을 가리킨다.

34) 이 이름은 딸 페르세포네를 명부의 왕에게 빼앗겨 슬픔에 잠긴 데메테르를 모신 데에서 비롯됐다고 예로부터 해석되어 오고 있었다.

35) 암픽티오네스는 씨족 회의와 같은 의미였는데, 델포이는 그리스 전 민족의 성지로서 그 씨족 회의도 또한 대규모적이었고 강력했다. 그리스 각지에서 온 대표로 구성되어 성지를 관리했고, 격년제로 위원회를 열었다.

통 있는 명가(名家)였고 부유했기 때문에 처음 설계한 것보다 더 훌륭하게 신전을 건설했다. 그 중에서 특기할 만한 것은, 당초 계약에는 신전을 응회암(凝灰岩)으로 건설하기로 했는데, 이것을 전면(前面)만은 파로스 대리석으로 바꾸었다는 점이다.

아테네인들이 이야기하는 바에 따르면, 알크메온 일족은 당시 델포이에 체재하면서 무녀(巫女)를 매수하여 스파르타인이 개인적인 용무나 혹은 공적인 용무로 신탁을 구하러 올 경우에는 아테네를 해방시키는 것이 그들의 의무라고 신탁을 내리게 했다고 한다.

스파르타인들은 언제나 똑같은 신탁을 받았으므로 마침내 명망 높은 아스테르의 아들 안키몰리오스를 지휘관으로 한 군대를 파견해 페이시스트라토스 일족을 추방하려 했다. 페이시스트라토스 가와 스파르타는 매우 친밀한 관계에 있었지만, 스파르타인들은 신의 명령이 인간 관계보다 중요하다고 생각했던 것이다.

해로(海路)로 출발한 안키몰리오스와 휘하 부대는 팔레론 항구에서 군대를 상륙시켰다. 그러나 이미 이에 대한 정보를 입수했던 페이시스트라토스 일족은 테살리아에 원조를 요청했다. 양자 사이에는 동맹 관계가 맺어져 있었기 때문이었다. 테살리아측은 이 요청에 대해 만장일치로 콘노스[36]인인 키네아스왕의 지휘하에 기병 1천 명을 파견하기로 했다.

동맹국으로부터 원조를 받은 페이시스트라토스 일족은 팔레론 주위에 있는 평원의 수목을 잘라 버리고 그 지역에서 기병대가 용이하게 행동하도록 한 다음 기병대를 풀어 적진을 공략케 했다. 이러한 작전이 적중하여 적장(敵將) 안키몰리오스를 비롯하여 수많은 스파르타인을 살해하고, 생존자들도 육지에서 쫓겨나 그들 배로 돌아가고 말았다.

스파르타의 최초의 원정은 이렇게 끝을 맺었는데, 안키몰리오스의

---

36) 사본에는 '코니온'이라고 되어 있지만, 코니온은 프리기아의 지명으로밖에 알려져 있지 않기 때문에 그 대신 테살리아의 지명 콘노스로 바꾸어야 한다는 설에 따라 이렇게 옮겼다.

묘소는 아티카의 알로페케 지역[37]에 있는 키노사르게스의 헤라클레스 사원 부근에 있다.

그 후 스파르타는 재차 강력한 원정군을 아테네에 보냈다. 아낙산드리데스의 아들 클레오메네스왕을 총지휘관에 임명하고, 이번에는 바다를 통하지 않고 육로로 파병했던 것이다.

아티카로 침입해 들어온 스파르타군과 최초로 맞부딪친 것은 테살리아의 기병대였는데, 이들은 곧 궤멸되어 40명 이상의 전사자를 내고 그대로 곧장 테살리아로 철군하고 말았다. 클레오메네스는 아테네 시내에 도착하자 자유를 바라는 아테네 시민과 힘을 합쳐 페라르기콘[38] 성으로 도망친 독재자 일당을 포위했다.

그러나 본래 스파르타측은 성을 공략하려는 의도가 없었고 또한 페이시스트라토스 일족은 식량과 물을 충분히 준비해 두고 있었기 때문에, 예기치 않은 사건이 일어나지 않았더라면 스파르타군은 페이시스트라토스 일족을 타도하지 못하고 고작 며칠간 포위하다가 철군하고 말았을 것이다. 그런데 스파르타 쪽에는 행운이 되고 그것이 다른 한 쪽에는 불행이 되는 사건이 일어났다. 즉 페이시스트라토스 일족의 자녀들이 난을 피하기 위해 국외로 몰래 탈출하다가 체포당하고 말았던 것이다. 이 재난으로 페이시스트라토스 일족은 계획을 전면 수정하고, 자녀들을 돌려 받기 위해 아테네 시민의 제안을 받아들여 5일 이내에 아티카를 떠나기로 할 수밖에 없었다.

페이시스트라토스 일족은 그 후 스카만드로스 강변에 있는 시게이온으로 이주했는데, 그때까지 그들의 아테네 지배 기간은 36년에 이르렀다. 이 일족은 그 내력을 더듬어 보면 필로스인 넬레우스의 후예다. 또한 코드로스나 멜란토스 등의 가문(家門)도 이들과 동족으로, 이들

---

37) 아티카의 한 지역. 아테네 동북부에 있고, 소크라테스가 태어난 곳도 이 지역이다.
38) 페라르기콘 또는 페라스기콘이라고도 한다. 아마도 아크로폴리스 서북 사면(斜面)의 일부의 명칭으로, 여기에 독재자들의 저택이 있었을 것이다.

은 본래 이주자이면서도 아테네의 왕이 되었던 것이다. 히포크라테스가 네스토르의 아들 페이시스트라토스의 이름을 따 자신의 아들에게 똑같이 페이시스트라토스란 이름을 붙인 것은 바로 이와 같은 내력을 기념하기 위해서였다.

어쨌거나 이리하여 아테네는 독재자의 전제(專制)에서 해방되었다. 이제부터는 우선 해방 이후 이오니아가 다레이오스왕에 대해 반란을 일으키기까지, 나아가서는 밀레토스인 아리스타고라스가 아테네를 방문하여 원조를 요청하기까지의 기간 동안에 아테네인이 취했던 행동이나 그들에게 일어났던 사건 가운데 특별히 언급할 만한 가치가 있는 것들을 서술하겠다.

아테네는 그 이전에도 이미 대국(大國)이었지만, 이제 독재자로부터 해방되자 한층 더 강대해졌다. 당시 두 인물이 아테네에서 지배적인 세력을 장악하고 있었다──그 중 한 사람은 알크메온의 일족인 클레이스테네스로 델포이의 무녀를 매수한 것은 바로 이 인물이었다고 하며, 또 한 사람은 테이산드로스의 아들 이사고라스로 그 역시 명문 출신이었다. (나 자신, 그 조상에 관해서는 잘 모른다. 그러나 그의 동족이 '카리아의 제우스'에게 희생을 바치는 것은 사실이다.)

이 두 사람이 정권을 둘러싸고 암투를 벌이던 중, 클레이스테네스는 자기가 완전히 열세에 놓이게 되자 평민을 자기편으로 끌어들이려 했다. 그리하여 4부족으로 나뉘어 있던 아테네 국민을 10부족으로 개편하고, 이온의 네 아들 겔레온, 아이기코레스, 아르가데스 및 호플레스의 이름을 따 명명되었던 4부족의 이름을 폐기하고 다른 영웅의 이름을 따 부족 이름을 제정했다. 이들 영웅은 아이악스를 제외하고는 모두 아테네 출신의 영웅이었다. 아이악스는 이방인이었지만 이웃 동맹국의 영웅이었기 때문에 여기에 포함시켰던 것이다.

내 생각에는 클레이스테네스는 이러한 조치를 취할 때 그의 외조부였던 시키온의 독재자 클레이스테네스의 정책을 모방했던 것 같다. 그 이유는 다음과 같다. 이 클레이스테네스는 아르고스와 전쟁을 벌인 후

먼저 시키온에서 서사시 음송가들의 경연을 중단시켰다. 호메로스의
시에서는 전편에 걸쳐 아르고스인과 아르고스의 도시가 찬미되고 있기
때문이었다.

또한 시키온의 아고라에는 탈라오스의 아들 아드라스토스의 영웅묘
가 있었고——이것은 오늘날에도 현존한다——클레이스테네스는 아드
라스토스가 아르고스의 영웅이라는 이유에서 그의 영향력을 자국에서
말살해 버리고자 했다. 그래서 그는 델포이로 가 아드라스토스에 대한
신앙을 금지해도 좋은지 신탁을 구했다. 그렇지만 델포이의 무녀는
"아드라스토스야말로 시키온의 왕이었지만, 너는 단지 학살자[39]에 불과
하지 않느냐" 하는 내용의 신탁을 내렸다.

신의 승낙이 떨어지지 않자, 클레이스테네스는 귀국하여 아드라스토
스의 영혼으로 하여금 자발적으로 물러나게 하는 방법은 없을까 하고
머리를 짜내기 시작했다. 그리하여 마침내 그 방책을 발견했다고 믿은
그는 보이오티아의 테베로 사자를 보내 아스타코스의 아들인 영웅 멜
라니포스의 영혼을 시키온에 맞아들이고 싶다고 전하게 했다. 이 요청
에 대해 테베인들이 동의하자, 클레이스테네스는 멜라니포스의 왕림을
빌고 시회당(市會堂) 구내에 신역을 정한 다음 그를 봉안했다. 여기에
서 빠뜨려서는 안 되는 것은, 클레이스테네스가 멜라니포스의 왕림을
빈 것은 이 영웅이 아드라스토스의 형제였던 메키스테우스(또는 메키
스테스?)와 그의 사위였던 티데우스를 살해한 인물로, 아드라스토스에
게는 불구대천의 원수였기 때문이었다는 사실이다. 클레이스테네스는
멜라니포스의 성역을 정하자 이때까지 아드라스토스에게 올렸던 희생
과 축제를 멜라니포스에게로 옮겨 버렸다.

시키온인이 아드라스토스를 숭배하는 마음은 예로부터 무척 깊었다.
이 나라는 본래 폴리보스의 영토로, 아드라스토스는 이 폴리보스의 외
손자였다. 폴리보스에게는 후계자가 없었기 때문에 그는 임종시 왕위

---

39) 클레이스테네스가 반대파에 대해 취했던 가혹한 조치를 가리킬 것이다.

를 아드라스토스에게 양위했던 것이다. 시키온인이 아드라스토스를 위해 행하던 수많은 행사 중에 특기할 만한 것은 그의 수난을 기념하여 비극적인 가무(歌舞)를 상연하는 일이다.[40] 요컨대 이곳에서는 아드라스토스가 디오니소스를 대신하여 숭배되었던 셈이다. 클레이스테네스는 이 가무 상연은 디오니소스에 대한 축제 행사로 돌리고, 나머지 희생과 축제는 모두 멜라니포스에게 올렸던 것이다.

클레이스테네스가 아드라스토스에 대해 취했던 조치는 이상과 같았는데, 그는 또한 도리스족의 부족 이름도 바꾸었다. 그것은 시키온과 아르고스에서 같은 이름을 사용하는 것을 피하기 위해서였다. 그러나 이때 클레이스테네스가 취한 방식은 시키온인을 매우 모욕하는 것이었다. 그는 자신이 속하는 부족만 빼고 그 밖의 부족에게는 돼지(히스), 당나귀(오노스), 돼지새끼(코이로스) 등의 말을 단지 어미만 바꿔 붙였던 것이다. 즉 자신의 부족에게는 자신이 지배자라는 것과 관련하여 아르켈라오이(지배족)라는 이름을 붙였지만, 그 밖의 부족에게는 각각 히아타이(돼지족), 오네아타이(당나귀족), 코이레아타이(돼지새끼족)라는 이름을 붙였던 것이다.

시키온에서 이들 부족 이름은, 클레이스테네스의 통치 기간에는 물론, 그가 죽은 후에도 60년 동안이나 사용되었다. 그 후 시민들이 협의를 하여 힐레이스, 팜필로이, 디마나타이라 각각 이름을 바꾸고,[41] 네번째 부족 이름은 아드라스토스의 아들 아이기알레우스의 이름을 따 아이기알레이스로 했다.

그의 외손자로 그와 이름이 같았던 아테네의 클레이스테네스도 필시 이오니아인에 대한 경멸감에서 아테네와 이오니아에 같은 부족 이름이 존재하는 것을 피하려 했고, 그에 따라 외조부의 선례를 따르기로 했

---

40) 이 기술은 그리스 비극의 기원에 관한 논의에서 종종 원용된다.
41) 힐레이스는 헤라클레스의 아들 힐로스의 이름에서, 나머지 두 사람은 도리계의 왕 아이기미오스의 두 아들 팜필로스와 디만의 이름에서 땄을 것이라 한다.

던 것 같다. 이전에는 쳐다보지도 않던 평민을 이때에 이르러 완전히
자기편으로 끌어들이는 데 성공한 클레이스테네스는 곧 부족 이름을
바꾸고 아울러 그 수를 늘렸다. 그리고 종래 4명이었던 부족장(필라르
코스)을 10명으로 늘리고, 전체를 10개의 지역(데모스)으로 나눈 다음
이를 각 부족에게 배분했다. 이리하여 평민을 자기편으로 삼은 클레이
스테네스는 반대파보다 훨씬 우세했던 것이다.

그러자 열세에 처한 이사고라스가 페이시스트라토스 일족을 포위 공
격할 동안 그의 집에 머물러 있었던 스파르타의 클레오메네스에게 구
원을 요청했다. 이 클레오메네스는 이사고라스의 아내와 불륜의 관계
를 가졌다 하여 사실상 세상의 비난을 받고 있던 사람이었다.

클레오메네스는 먼저 아테네로 사자를 보내, 클레이스테네스를 추방
하고 나아가 다른 수많은 아테네인들을 '저주받은 인간들'로서 추방할
것을 요구했다. 이러한 클레오메네스의 요구는 이사고라스의 제안에
따른 것이었다. 왜냐하면 알크메온 일족과 그 무리는 앞에서 말한 살
해 사건에 따른 책임을 추궁당하고 있었지만, 이사고라스나 그의 동조
자들은 그것과는 아무 관계도 없었기 때문이었다.

그런데 아테네에서 '저주받은 인간들'이 그렇게 불리게 된 유래는
이러하다. 아테네에는 올림피아 경기에서 우승한 킬론이란 자가 있었
는데, 이자가 자기를 과신한 나머지 독재를 꿈꾸고 지지자들을 모아
아크로폴리스를 점령하려 했다. 그러나 그는 결국 실패하고 아테네 신
상(神像)에 의지하여 목숨을 구걸하려 했으며, 당시 아테네 행정을 담
당하고 있었던 지방행정구(나우크라리아)[42]의 장관들은 이들 반란자에
게 생명만을 보장하겠다고 약속하고 그들을 피난처에서 물러나게 했

---

42) 나우크라리아는 지방 행정 단위. 그 장관들의 회의는 집정관을 보좌하는
　　주요 기관이었을 것이지만, 집정관을 제치고 통치권을 행사할 정도는 아니
　　었을 것이다. 따라서 알크메온 가의 메가클레스가 당시 아테네의 집정관이
　　었다고 한다면, 그에게 이 사건의 책임을 물었다는 것은 약간 가혹한 처사
　　였다고 볼 수 있다. 그러나 자세한 사정은 명확히 알 수 없다.

다. 그러나 그럼에도 불구하고 결국 그들은 처형됐고, 그런 행위를 한 것은 알크메온 일족이라는 풍문이 떠돌게 됐던 것이다. 이것은 페이시스트라토스 시대 이전에 일어났던 사건이다.

클레오메네스가 사자를 보내 클레이스테네스와 '저주받은 인간들'을 추방할 것을 요구하자, 클레이스테네스만이 아테네를 떠났다. 그러나 클레이스테네스가 떠났음에도 불구하고 클레오메네스는 소수의 병력을 이끌고 계속해서 아테네로 와 이사고라스로부터 통고받았던 아테네의 7백 가족을 저주받은 인간이라 하여 추방해 버렸다.

이와 같은 조치를 취한 후 클레오메네스는 이어서 평의회(부레)[43]를 폐지하고 이사고라스를 지지하는 300명에게 정권을 맡기려 했다. 그러나 평의회가 그의 명령에 따르려 하지 않고 저항하자, 클레오메네스와 이사고라스 및 그의 일파는 아크로폴리스를 점령했다. 그리하여 나머지 아테네인들은 단결하여 그들을 이틀간에 걸쳐 포위 공격했다. 사흘째 되는 날 휴전이 성립되어, 그들 중 스파르타인만은 국외로 철수하는 것이 허용됐다.[44]

클레오메네스에게는 전조(前兆)가 실현된 셈이었다. 왜냐하면 그가 아크로폴리스를 점령하고자 언덕을 올라왔을 때 다음과 같은 일이 있었기 때문이다. 그가 아크로폴리스에 올라와 신에게 참배하고자 아테네 신전으로 막 들어가고 있을 때, 문을 통과하기도 전에 무녀가 의자에서 일어서며 이렇게 외쳤다.

"스파르타에서 오신 분이여, 돌아가시오. 성소 안으로 들어오지 마시오. 이곳은 도리스인은 들어올 수 없는 곳이오."

클레오메네스는 이에 답하여 이렇게 말했다.

"무녀님, 나는 도리스인이 아니고 아카이아인이오.[45]"

---

43) 클레이스테네스에 의해 이전의 400명에서 500명으로 증원됐던 평의회를 가리킨다.
44) 뒤에 기술되어 있는 것처럼 이때 이사고라스 일파도 탈출했다.
45) 그의 조상 헤라클레스가 테살리아의 아카이아 출신인 데서 이와 같이 말했

그리고 그는 경고를 무시하고 계획을 감행하여 아크로폴리스를 점령했지만, 결국 그와 스파르타군은 국외로 추방되었던 것이다. 아테네인들은 남은 자들을 포박하고 이들을 처형했는데, 그 중에는 델포이인 티메시테오스도 끼여 있었다. 그는 뛰어난 완력(腕力)과 용기를 지닌 사람으로, 가능하다면 내가 여기서 그의 수많은 눈부신 공적을 이야기하고 싶을 만큼 대단한 인물이다.

포로들을 처형한 아테네인들은, 클레이스테네스와 클레오메네스에 의해 추방됐던 700가족을 다시 불러들였다. 그리고 페르시아와 동맹을 맺고자 사르데스로 사자를 보냈다. 왜냐하면 아테네측은 이제 스파르타 및 클레오메네스와 완전히 적대 관계에 놓이게 되었음을 깨달았기 때문이었다.

사절단이 사르데스에 도착하여 명령받은 대로 전하자, 사르데스의 총독이었던 히스타스페스의 아들 아르타프레네스는 이렇게 물었다.

"페르시아에 동맹을 구하다니, 그대들 아테네인은 대체 어떤 민족이며 어디에 살고 있는가?"

사절들이 이에 답하자, 그는 한마디로 간단히 페르시아의 입장을 표명했다. 즉 만약 아테네가 다레이오스왕에게 땅과 물을 바친다면 동맹을 맺기로 하겠지만, 그렇지 않다면 즉시 귀국하는 것이 좋을 것이라고 말했다.

그리하여 사절들은 동맹을 성립시키려는 일념에서 독자적으로 페르시아의 요구 조건을 받아들였다. 그러나 그들은 귀국 후 이 문제로 격렬한 비난을 받게 되는 것이다.

한편 클레오메네스는 아테네인이 단지 말뿐만 아니라 행동으로도 자신을 크게 모욕했다고 생각하고, 펠로폰네소스 전역에서 병력을 모았다. 그의 의도는 명백히 표방되지는 않았지만, 아테네 국민에게 보복을 가하고 아크로폴리스에서 철수할 때 그와 행동을 같이했던 이사고

던 것이지만, 이것은 물론 발뺌하는 말이다.

라스를 독재자로 세우려는 데 있었던 것이다.

준비가 완료되자 클레오메네스는 대군을 이끌고 엘레우시스까지 침입하고 동시에 보이오티아인도 그와의 협정에 따라 아티카 국경의 2개 구(區)——오이노에와 히시아이를 점령했다. 한편 칼키스인도 아티카의 다른 방향으로 침입해 이곳을 유린했다. 아테네인은 이렇게 하여 동시에 두 방향에서 위협을 받았지만, 보이오티아인과 칼키스인 문제는 뒤에 처리하기로 하고 우선 엘레우시스에 있는 펠로폰네소스군에 대항하기로 결의했다.

그러나 전투가 벌어지기 직전에 코린토스군이 먼저 자신들의 행동은 옳지 않다고 반성하고 마음을 바꾼 다음 철수하고 말았다. 뒤이어 클레오메네스와 함께 원정군을 지휘하던 또 한 사람의 스파르타 왕, 아리스톤의 아들 데마라토스가 클레오메네스와 의견 차이를 보인 일이 없었음에도 불구하고 역시 철수해 버렸다. 이러한 분열이 있은 후 스파르타에서는 군대가 원정을 떠날 때 두 명의 왕이 모두 출정해서는 안 된다는 새로운 법률이 제정됐다. 그때까지는 두 명의 왕이 함께 종군하도록 되어 있었다. 나아가서 한 명의 왕이 종군을 면함과 동시에 디오스크로이[46]의 두 신(카스토르와 폴리데우케스)도 한쪽은 국내에 머무르게 되었다. 그 이전에는 이 두 신도 모두 관습적으로 군대와 함께 종군하게 되어 있었던 것이다.

그런데 이때 엘레우시스에서는 스파르타 왕들 사이에 의견이 일치하지 않고 코린토스군이 전선에서 이탈하자, 남은 동맹군도 모두 철군하고 말았다.

도리스족이 아티카에 모습을 나타낸 것은 이번이 네번째였다. 그 중두 번은 아테네에 도전하기 위해 침입한 것이었고, 나머지 두 번은 아테네의 민중을 원조하기 위해서였다. 최초의 침입은 도리스족이 메가라 시(市)를 창건했을 때의 일인데, 이 출정은 코드로스가 아테네의

---

46) 물론 이것은 그 신상 혹은 상징을 휴대해 가는 것을 말한다.

왕이었을 때의 일로 보는 것이 아마 정확할 것이다. 제2, 제3의 침입은 페이시스트라토스 일족을 추방하기 위해 멀리 스파르타로부터 진격해 온 일이었고, 네번째 침입은 지금 현재 클레오메네스가 펠로폰네소스군을 이끌고 엘레우시스까지 침공해 온 것이었다.

　이렇게 볼 때 도리스족은 이 당시 아테네에 네번째로 침입한 셈이 된다. 이리하여 결국 이 원정은 불명예스럽게 실패로 끝났는데, 이번에는 아테네인이 복수를 결심하고 먼저 칼키스로 진격해 가기로 했다. 그러자 보이오티아인이 칼키스를 지원하기 위해 에우리포스 해협으로 진출해 왔다. 아테네군은 이 원군을 발견하자 칼키스보다 먼저 보이오티아군을 공격하기로 결정했다. 그리하여 아테네군은 보이오티아군을 습격하여 수많은 적군을 살해하고 700명을 포로로 잡는 대승을 거두었다. 같은 날 아테네군은 해협을 건너 에우보이아로 침입하여 칼키스를 공격했다. 여기서도 승리를 거둔 그들은 '말〔馬〕 소유자(히포보타이)'들의 영지를 4천 명의 개척민에게 배분하고 이 땅에 정주시킨 다음 철수했다. '말 소유자'란 칼키스의 부유 계급에 대한 호칭이다. 이 전투에서 포로로 잡은 자들은 보이오티아군 포로와 함께 족쇄를 채우고 감금했다. 그리고 그 후 1인당 2므나의 금을 받고 이들을 석방하고 포로들에게 채웠던 족쇄는 아크로폴리스에 걸어 놓았다. 이 족쇄는 우리 시대까지 남아 신전 맞은편에 있는, 페르시아군의 방화(放火)로 온통 불타고 그을린 서쪽[47]으로 면한 성벽에 걸려 있었다. 또한 그들은 석방금의 10분의 1로 청동제 사두마 전차를 만들고 이를 아테네 여신에게 봉납했다. 이 전차는 아크로폴리스의 성문(프로필라이아)으로 들어가면 바로 왼쪽에 놓여 있었는데, 여기에는 다음과 같은 명문이 새겨져 있었다.

　아테네의 아들들, 전쟁에서 보이오티아와 칼키스족을 토벌하고

---

47) 엘렉테이온 신전의 서쪽 부분을 가리킬 것이다.

그들을 흑철(黑鐵) 족쇄에 채워 그 교만함을 징계하였도다.
감옥은 고통이었고 몸값은 비쌌나니
전리품의 10분의 1을 팔라스님께 바치고자 이 전차를 봉납하는도다.

이렇게 하여 아테네는 점점 강대해졌고, 자유와 평등이라는 것이 단지 한 가지 면에서만이 아니라 모든 면에서 얼마나 중요한 것인가를 실증했다. 왜냐하면 아테네는 독재하에 있었을 때는 전력(戰力)면에서 어떤 나라도 능가하지 못했었지만, 일단 독재자로부터 해방되고부터는 다른 모든 나라를 누르고 최강국으로 발돋움했기 때문이다. 이것은 명백히 그들이 압제하에 있었을 때는 마치 노예가 그 주인을 위해 일하는 것을 꺼리듯이 독재자를 위해 일하는 것을 고의로 기피했었지만, 자유의 몸이 되고부터는 각자 자신의 이해에 관심을 갖고 일할 의욕을 불태웠음을 보여 주고 있다.

아테네에 대한 적의(敵意)

이상이 아테네의 정황이었는데, 그 후 테베인이 아테네에 보복을 하고자 델포이에 사자를 보내 신탁을 구하게 했다. 그러자 무녀는 테베인만으로는 보복을 할 수 없으니, 일단 그 문제를 다중(多衆)의 토론에 맡기고 가장 가까운 자의 원조를 구하라고 대답했다.

그리하여 사자 일행이 귀국하자 테베 행정관들은 민회(民會)를 소집하고 신탁에 관해 보고했다. 사자들로부터 '가장 가까운 자'의 원조를 구하라는 신탁이 있었다는 말에, 테베인들은 제각기 이렇게 말했다.

"우리와 가장 가까운 이웃 나라라고 하면 타나그라와 코로네이아, 그리고 테스피아이가 아닌가? 그러나 이들 나라는 모두 전쟁이 벌어지면 언제나 우리 편에 서서 최선을 다해 끝까지 함께 싸우지 않았는가 말야. 그러니 지금이라고 새삼스럽게 이들 나라에 원조를 요청할 필요는 없을 텐데, 신탁의 본뜻은 이런 것이 아닐 게야."

이러한 논의가 오가고 있을 때, 갑자기 한 사람이 신탁의 진의(眞

意)를 깨닫고 다음과 같이 말했다.

"내 생각에는 그것은 바로 이런 뜻인것 같소. 즉 전해 들은 바로는 테베와 아이기나는 아소포스의 딸이라 하니, 이 둘은 자매간이므로 가장 가까운 사이요. 따라서 신께서는 우리에게 아이기나에 원조를 요청하라고 말씀하신 것 같소."

그리하여 이보다 더 나은 해결책이 달리 없었으므로, 테베에서는 곧 사자를 아이기나에 보내 서로 '가장 가까운 사이'이니 신탁대로 원조를 해달라고 요청했다. 아이기나인은 테베인의 원조 요청에 대해 영웅 아이아코스 일족(의 신령)을 보내 테베를 구원하기로 동의했다.

테베인은 이들 신령의 원조에 의지하여 아테네에 대한 보복을 시도했지만 아테네군에 의해 여지없이 궤멸당하고 말았다. 거기에서 그들은 다시 아이기나로 사자를 보내 신령을 반환하고 그 대신 군대를 파견해 달라고 요청했다.

당시 아이기나는 대단한 번영을 누리고 있었고 또한 옛날부터 아테네에 대해 적의(敵意)를 품고 있었기 때문에, 어렵지 않게 테베의 요청에 응해 아테네에 대해 정식으로 선전 포고도 하지 않고 전쟁을 시작했다. 아테네가 대(對) 보이오티아전에 전력을 기울이고 있는 사이에, 아이기나는 함대를 동원해 아티카에 침입하여 팔레론 항을 비롯한 연안의 여러 지구를 유린하여 아테네에 막대한 손해를 입혔다.

아이기나인이 오래 전부터 아테네에 대해 적의를 품고 있었던 이유는 이러하다. 오래 전에 에피다우로스[48]가 흉작으로 시달렸던 일이 있었다. 그러자 에피다우로스인은 이 천재(天災)에 관해 델포이의 신탁을 구했다. 이에 무녀는 다미아와 아욱세시아[49] 두 여신의 신상을 봉안하면 사태가 호전될 것이라고 대답했다. 그리하여 다시 에피다우로스인이 신상을 청동재로 해야 하는지 아니면 석재로 만들어야 하는지를

---

48) 펠로폰네소스 반도 동북단에 있었던 도시. 장대한 고대 극장의 유적이 있어 오늘날에도 유명하다.
49) 두 여신 모두 고대의 풍요의 신이었을 것이다.

묻자, 무녀는 그 어느 쪽도 적당하지 않다고 말하고, 재배한 올리브나무를 이용하여 만들라고 권고했다. 그런데 에피다우로스인은 아티카의 올리브나무가 가장 신성하다고 믿고 있었으므로 아테네에 대해 올리브나무를 몇 그루 벌채하게 해달라고 요청했다. 일설에 의하면 당시에는 올리브나무가 아테네에서만 자라고 있었다고 한다. 그런데 아테네측은 에피다우로스가 아테네 폴리아스와 에레크테우스에게 매년 희생을 바친다면 이를 허락하겠다고 대답했다. 에피다우로스인은 이 조건을 수락하고 올리브나무로 신상을 만들어 두 여신에게 봉안했다. 이렇게 하여 에피다우로스에는 풍년이 들게 되었고, 에피다우로스인은 아테네와의 협정을 지켰던 것이다.

　그런데 아이기나는 그때까지 에피다우로스에 종속되어 있었고, 아이기나인은 자신들 사이에 소송 사건이 일어나면 에피다우로스로 가 그 처리를 의뢰하고 있었다. 그러나 이 무렵부터 수많은 함선을 건조하고 점차 자만심을 갖게 되었고, 마침내 에피다우로스에 대해 반란을 일으켰다. 일단 전쟁이 시작되자, 아이기나는 우세한 제해권을 이용하여 에피다우로스에 막대한 타격을 가하고는 앞서 서술한 다미아와 아욱세시아의 신상까지 약탈해 갔다. 그리고 이 신상을 도시에서 약 20스타디온쯤 떨어져 있는, 그 섬 중앙부의 오이에라는 장소에 봉안해 놓았다. 그런 다음 신을 위로하기 위해 희생을 바치는 한편, 여자 가무단을 구성하고 이들로 하여금 춤을 추면서 욕지거리투성이의[50] 노래를 부르게 했다. 그리고 두 여신을 위해 각각 10명씩의 가무 흥행주를 임명하고, 이들로 하여금 가무단을 훈련시키고 그들에게 보수를 주게 했다. 가무단이 비난을 퍼부은 대상은 남자들이 아니라 그 땅의 여자들이었다. 에피다우로스에서도 이와 똑같은 축제가 행해지고 있었지만, 여기에서는 그 밖에 비밀 의식도 행해졌다.

---

50) 아티카의 유명한, 여자들만의 축제였던 테스모포리아도 이와 같은 종류였다. 요컨대 오곡이 풍성하게 자라기를 기원하는 행사였을 것이다. 그리스의 이암보스 시(詩)는 이러한 노래에서 발달한 것이다.

신상을 탈취당하고부터는 에피다우로스는 더 이상 아테네와의 협정을 이행하지 않았다. 이에 분노한 아테네인은 사자를 보내 그 뜻을 전했지만 아무 소용이 없었다. 왜냐하면 에피다우로스인이 그들의 행동에 아무런 잘못도 없음을 증명해 보였기 때문이었다. 즉 신상이 자국 내에 있는 동안은 약속을 지켰지만, 지금 신상을 탈취당한 이 마당에도 희생을 보내는 것은 이치에 어긋난 일이며, 현재 신상을 보유하고 있는 아이기나에 그 의무 이행을 촉구해야 한다는 것이었다. 그러자 아테네는 아이기나에 사자를 보내 신상의 반환을 요구했지만, 아이기나는 아테네와는 아무 관계도 없는 일이라며 한마디로 일축해 버렸다.

그런데 아테네인이 말하는 바에 따르면, 신상의 반환을 요구한 후 아테네는 단 한 척의 삼단노선에 아테네를 대표하는 소수[51]의 시민을 태우고 아이기나로 파견했다 한다. 그리하여 일행은 아이기나에 도착한 후, 두 여신상은 아테네의 목재로 만든 것이므로 자신들의 재산이라 주장하고 자국으로 가져가고자 신상을 대좌에서 떼어 내려 했다. 그러나 그렇게 해서 도저히 움직이지 않자 이번에는 신상에 줄을 매고 끌어당겼다. 그러자 그 순간 천둥이 울리고 지진이 일어났으며, 줄을 당기던 배의 승무원들이 이 천재지변에 놀라 갑자기 미쳐 날뛰며 서로를 죽이기 시작해, 마침내 전 승무원 중 단 한 사람만이 살아 남아 팔레론 항으로 귀환했다 한다.

이러한 아테네측의 이야기는 아이기나인의 이야기와 다르다. 아이기나인은 아테네인이 타고 온 배가 결코 한 척이 아니었다 한다. 한 척이나 몇 척의 배에 불과했다면, 설령 그들에게 배가 없었다 하더라도 쉽게 방어할 수 있지 않았겠느냐 하는 것이 그들의 반론이었다. 그와 반대로 아테네인은 대함대를 동원해 아이기나로 밀어닥쳐 와 그들은 아테네군에 대항하지도 못하고 후퇴했다는 것이다. 그러나 이때 아이기나가 이렇게 아테네군을 피했던 이유가 그들이 해전에서의 열세를

깨달았기 때문이었는지, 아니면 그 뒤에 실제 수행했던 계획을 보다 잘 진행시키기 위해서였는지에 대해서는 아이기나인 자신들도 잘 모르고 있는 것 같다.

아테네인 일행은 아무런 저항도 받지 않고 배에서 내려 신상이 안치되어 있는 곳으로 갔다. 신상을 대좌에서 떼어 내려 했지만 마음먹은 대로 되지 않아, 줄을 매고 끌어당기기 시작했다. 그런데 한창 끌어당기고 있을 때 두 신상이 모두 같은 동작을 취했다 한다(나는 개인적으로는 이 이야기를 믿지 않는데, 혹 믿는 사람도 있을지 모르겠다) —— 요컨대 신상이 끌고 가는 아테네인 앞에 무릎을 꿇었다고 한다.[52] 그리고 그때부터 쭉 그 자세를 그대로 유지하고 있다는 것이다.

아이기나측의 정보에 의하면 아테네는 그렇게 행동했다고 한다. 그런데 아이기나에서는 아테네인이 진공(進攻)해 온다는 것을 사전에 알고 아르고스에 구원을 요청해 놓고 있었다 한다. 그리하여 아테네군이 아이기나 영토에 상륙하자, 이때에 이미 구원하러 달려와 있던 아르고스인과 함께 은밀히 에피다우로스에서 아이기나 섬으로 건너가 함선으로의 퇴로를 차단한 다음 이러한 일을 꿈에도 모르고 있던 아테네군을 불시에 공격했다. 그런데 이때 천둥이 울리고 지진이 일어났다 한다.

이상이 아르고스 및 아이기나측이 전하는 바인데, 단 한 사람만이 살아 남아 아티카로 귀환했다는 점만큼은 아테네측도 인정하고 있다. 그러나 아르고스인은 아르고스 군대가 아테네군을 섬멸한 결과 이 한 명만이 살아 남았다고 주장하는 데 반해서 아테네측은 자기 군대가 신령의 힘에 의해 궤멸되었다고 말하는바, 이 점에서만큼은 서로 엇갈리고 있다.

그리고 이 유일한 생존자조차도 곧 비참하게 최후를 마쳤다 한다. 즉 그가 아테네에 돌아와 비보를 전하자, 아이기나에 출정(出征)했던

---

52) 이것은 물론 무릎을 꿇은 자세를 취하고 있던 신상에 얽힌 설화였을 것이다. 그러나 신상의 자세는 출산중인 여자를 나타냈던 것이라는 설도 있다.

남자들의 아내들이 이 남자 혼자만 살아온 것에 분격하여 그를 둘러싸
고 각자 옷깃을 여미는 데 사용하는 브로치로 그 남자를 찌르면서 자
신의 남편은 어디에 있느냐고 다그쳐 물었다는 것이다. 이렇게 하여
결국 이 남자는 살해되었고, 아테네인들은 아이기나에서의 패전보다
이 여자들의 소행을 더 두렵게 생각했다고 한다. 그러나 이 여자들을
처벌할 별다른 방책이 없었기 때문에 여자들의 의상을 코린토스풍에
가까운 도리스식 의상에서 이오니아풍[53]으로 바꾸었다. 요컨대 브로치
를 사용하는 일이 없도록 아마포 내의(키톤)로 바꾸었던 것이다.

그러나 사실상 이 의상은 본래 이오니아가 아니라 카리아에서 비롯
된 것이었다. 왜냐하면 고대 그리스 여성은 모두 오늘날 도리스풍으로
알려진 의상을 입고 있었기 때문이다. 그런데 아르고스와 아이기나에
서는 아테네의 이러한 조치에 대항하여 다음과 같은 법을 제정했다고
한다. 즉 양국의 여성은 모두 당시 규정되어 있던 치수보다 한 배 반
이 더 큰 브로치를 사용할 것, 또한 앞서 서술한 두 여신의 신전에는
무엇보다도 브로치를 봉납할 것, 그리고 아티카 제품은 도기(陶器)조
차도 신전에는 가지고 가지 말 것, 금후 양국은 음료수 잔으로 모두
자국 제품만을 사용할 것 등이었던 것이다. 이후 오늘에 이르기까지
아르고스 및 아이기나 여성은 아테네에 대한 이러한 적대감에서 이전
보다도 더 큰 브로치를 사용하고 있다.

아이기나가 아테네에 대해 적의를 갖게 된 것은 이상과 같다. 그리
하여 테베로부터 구원 요청을 받은 아이기나는 새삼스럽게 신상 사건
을 상기하고 흔쾌히 보이오티아군을 원조하기 위해 떠났다. 그리고 아
이기나군은 아티카의 해안 지방을 유린하기 시작했다. 이에 맞서서 아
테네가 아이기나로 진격하려 할 때 델포이의 신탁이 내려, 아테네가

---

53) 고대 그리스 여성의 복장은 크게 나누어 이오니아식과 도리스식 두 종류가
   있었다. 도리스식은 소매가 없고 꿰매지 않았기 때문에 어깨 부근에 브로
   치를 사용할 필요가 있었다. 그에 반해서 이오니아식은 소매가 있었고 꿰
   맸기 때문에 브로치가 필요 없었다.

아이기나의 침해(侵害)를 30년간 참고 31년째 되는 해 영웅 아이아코스의 성소를 정하고 여기에 제사를 지낸 다음 대(對) 아이기나전을 개시하면 바라는 대로 일이 전개될 것이지만, 그렇게 하지 않고 곧 군대를 일으키면 궁극적으로는 적을 굴복시키기는 하나 그사이 여러 가지 성과는커녕 많은 재난을 겪게 될 것이라고 계시했다. 이러한 신탁을 듣고 아테네인은 아이아코스의 성소를 정하고 여기에 제사를 지내기는 했지만——이 사원은 지금도 아고라에 있다——아이기나로부터 부당한 침해를 받고도 그 복수를 위해 30년간 기다려야 한다는 것만큼은 받아들일 수가 없었다.

아테네가 보복을 가하기 위해 한창 준비를 갖추고 있을 때, 스파르타측에서 새로운 사건을 일으켜 아테네의 대 아이기나 작전에 지장을 주게 되었다. 이 사건은, 알크메온 일족이 델포이의 무녀를 매수했던 음모와 그 결과 무녀가 스파르타와 페이시스트라토스 일족을 기만했던 것을 스파르타가 발견한 데서 발단됐다. 스파르타인은 이것을 두 가지 의미에서 불행한 사건으로 생각했다. 왜냐하면 그들은 자기들과 매우 친밀한 관계에 있었던 사람들을 그 조국에서 추방했고, 게다가 그러한 행동에 의해서 아테네로부터 아무런 호의도 얻어내지 못했기 때문이었다. 이같은 사정 외에 스파르타인이 보다 적극적으로 행동하게 된 것은 스파르타가 아테네에 의해 갖가지 재난을 겪게 되리라고 예언한 몇 가지 신탁이 발견됐기 때문이었다. 스파르타인은 그때까지 이들 신탁에 대해 전혀 모르고 있었는데, 클레오메네스가 이때 이들 신탁을 스파르타로 갖고 돌아와 비로소 알게 됐던 것이다. 이들 신탁은 전에 페이시스트라토스 일족이 갖고 있다가 추방될 때 아크로폴리스의 신전에 남겨 두었던 것인데, 당시 클레오메네스가 이것을 발견하고 손에 넣었던 것이다.

스파르타인은 이들 신탁을 손에 넣고 동시에 아테네가 나날이 강대해져 이제는 더 이상 그들 마음대로 할 수 없게 되었음을 발견했다. 그리하여 아티카 민족이 자유로운 한 충분히 그들에게 대항할 만한 세력으로 발전할 가능성이 있다고 보고, 그들의 상대 세력을 약화시키고 복종케 할 수 있는 유일한 방책은 아테네에 독재 체제를 확립하는 것임을 깨닫기에 이르렀다. 스파르타인은 헬레스폰토스의 시게이온으로 사자를 보내 페이시스트라토스의 아들 히피아스를 불러들였다. 히피아스가 초청에 응해 스파르타로 오자, 스파르타는 다른 동맹국(同盟國)의 사절들도 부른 다음 이렇게 말했다.

"동맹국 여러분, 우리 스파르타가 커다란 실수를 범했음을 솔직히 인정하겠소. 어쨌든 우리는 거짓 신탁에 놀아나 아테네를 우리들의 지배하에 계속 두기로 약속했던 우리 친구들을 자기 조국에서 추방당하게 하고, 아테네를 배은망덕한 민중의 손에 맡기고 말았기 때문이오. 아테네 국민은 우리의 힘에 의해 해방되어 억눌려 있던 머리를 겨우 쳐들게 되자마자 곧 괘씸하게도 우리와 우리 왕을 추방하더니, 그 후 점차 세력이 강대해져 그 명성 또한 높아가고 있소. 아테네와 이웃하여 살고 있는 보이오티아와 칼키스는 이 사실을 어떤 나라보다도 뼈저리게 느꼈겠지만, 그들을 주의하지 않으면 마침내 다른 나라들도 같은 처지가 될 것이오. 우리는 이와 같은 과오를 범했기 때문에, 이제부터 여러분과 힘을 합쳐 이 과오를 보상하고자 노력할 생각이오. 여기에 계신 히피아스님과 제국의 대표이신 여러분을 오시게 한 것은 바로 이 때문이오. 우리 모두 공동 작전을 세우고 연합군을 편성해 히피아스님을 아테네로 복귀시켜, 우리 손으로 이분으로부터 빼앗은 것을 다시 이분께 되돌려 드리도록 합시다."

스파르타인이 이와 같이 말했지만, 대부분의 동맹국 대표들은 스파르타의 제안에 반대의 뜻을 나타냈다. 그러나 다른 대표들이 모두 침묵을 지키고 있던 중 오직 한 사람 코린토스의 소클레스만이 반대 의견을 표명하여 이렇게 말했다.

"실로 천지가 뒤바뀌어 하늘이 땅 밑으로 숨고 땅이 하늘에 걸리거나, 인간이 바다 속에 살게 되고 물고기가 육지로 이주해 올지도 모르겠소. 만약 그대들 스파르타인이 만민동권(萬民同權)의 원칙을 파기하

고 그리스 여러 나라에 독재제를 부활시키려 한다면 말이오. 이 세상
에 이보다 더 부당하고 잔인한 행위는 없을 것이오. 진실로 독재제를
좋게 생각한다면, 왜 귀국은 다른 나라에 독재제를 확립하려 하기 전
에 먼저 솔선수범하여 자국 내에 독재자를 세우지 않소? 귀국은 독재
정치를 전혀 경험해 보지 못했고 스파르타에서는 그러한 사태가 일어
나지 않도록 실로 엄중한 경계 조치를 취해 놓고 있으면서, 부당하게
도 동맹국에는 그것을 강요하려 하고 있소. 만약 귀국이 우리와 같이
독재제를 경험했다면, 독재제에 대해 지금보다 훨씬 더 현명한 판단을
내렸을 것이오.

우리 코린토스의 국가 체제는 한때 과두정체(寡頭政體, 올리가르키
아)였소. 그리고 바키아다이('바키스 일족'이라는 뜻)라 불리는 일족
이 권력을 장악하고 동족끼리만 결혼하고 있었소. 그런데 이 일족의
한 사람인 암피온이라는 자에게서 라브다⁵⁴⁾라는 절름발이 딸이 태어났
소. 그리하여 바키아다이 문중에서는 누구도 이 여자와 결혼하려 들지
않아 에케크라테스의 아들 에에티온이 이 여자를 아내로 맞이했소. 이
남자는 페트라 구(區) 출신이었는데, 혈통을 따져 보면 라피타이족으
로 카이네우스⁵⁵⁾의 후예였소. 헌데 이 라브다로부터도 또한 다른 아내
로부터도 자식이 태어나지 않아, 에에티온은 자식을 얻을 수 있을지
신탁을 받아 보기 위해 델포이로 갔소. 그런데 그가 신전에 발을 들여
놓자마자 무녀가 그를 향해 다음과 같이 말했다오.

에에티온이여, 실로 존경받아야 할 몸이면서
아무에게도 존경받지 못하고 있구나

---

54) 다리가 밖으로 굽은, 이른바 안짱다리로, 그리스 자모(字母)인 라브다(λ)의
형태와 비슷했기 때문에 이러한 이름이 붙여졌다 한다.
55) 라피타이족은 테살리아에 거주하고 있었다는 전설적인 민족. 켄타우로이
(半人半馬族)와의 투쟁이 파르테논의 메토페의 조각에 의해 널리 알려져 있
는데, 카이네우스는 이 대 켄타우로이전에서 사망했다고 한다.

라브다는 아이를 잉태하고 있어 이윽고 맷돌을 낳으리니
그것이 통치자들 머리 위에 떨어져 코린토스를 징계하게 되리라.

이 에에티온에게 내려진 신탁이 우연치 않게 바키아다이 일족의 귀에 들어가게 되었소. 헌데 이 일족은 그때까지 전에 코린토스에 내려졌던 또 다른 신탁의 의미를 깨닫지 못하고 있었소. 그러나 이제 양자가 동일한 사건에 대해 언급하고 있음이 명백해졌지요. 그전의 신탁이란 바로 이런 것이었소.

바위 위에 있는 독수리가 잉태하여 사자를 낳으리니
이 사자는 용맹하고 사나워 많은 자들을 굴복시키리라.
코린토스인이여, 부디 이것을 잊지 마라
아름다운 샘 페이레네 주위의, 산세 험한 코린토스에 사는 자들이여.

앞서 말했던 것처럼 바키아다이 일족은 이 이전에 내려졌던 신탁의 의미를 깨닫지 못하고 있었는데, 이때 에에티온에게 내려진 신탁에 관해 전해 듣자마자 이것의 진의를 깨닫고 양자가 유사함을 발견했던 것이오.

신탁의 의미를 깨달은 바키아다이 일족은 에에티온의 자식이 태어나면 곧 없애기로 작정하고 당분간 예의 주시하고 있었소. 마침내 라브다가 출산하자 그들은 곧 일가 중 열 명을 에에티온이 거주하는 마을로 보내 아이를 죽이려 했소. 페트라에 도착한 자객들은 에에티온의 저택을 방문하고 아이를 보여 달라고 요청했소. 일행이 어떤 목적을 품고 왔는지 알지 못했던 라브다는 그들이 자기 아버지와의 친분을 생각해서 아이를 보고 싶어하는 것으로 착각하고 아이를 안고 와 일행 중 한 명에게 건넸소. 그들은 페트라로 오는 도중에, 누구든 최초로 아이를 건네 받은 자가 아이를 땅에 내던져 죽이기로 계획을 세워 놓고 있었는데, 라브다가 아기를 안고 와 건넬 때 우연이었는지 아니면

신의 섭리였는지 건네 받은 자를 향해 아기가 방긋 웃었다오. 그 남자
는 그것을 보고 왠지 가여운 생각이 들어 차마 아이를 죽일 수가 없어
서 다른 남자에게 아이를 건네고 말았소. 그리고 그 남자도 다시 옆에
있는 자에게 아이를 건네, 그렇게 하여 마침내 열 명 모두 차례로 아
이를 안아 보게 되었지만, 누구 한 사람 아이를 죽일 수가 없었소. 그
리하여 결국 자객들은 아기를 다시 어머니에게 돌려주고 밖으로 나갔
지요. 그리고 나가다가 문앞에 멈춰 서서 서로 책임을 전가하기 시작
했소. 특히 최초로 아이를 건네 받았던 자에게 미리 계획한 대로 하지
않았다 하여 가장 많은 비난을 퍼부어 댔다더군요. 결국 얼마간 시간
이 흐른 후 다시 논의를 한 끝에 발길을 되돌려, 이번에는 공동으로
아이를 살해하기로 했다오.

  그러나 에에티온의 자식이 코린토스에 닥칠 재난의 원인이 되도록
정해진 운명은 결국 피할 수가 없었소. 왜냐하면 라브다가 그 문 바로
뒤에서 그들이 말하고 있는 것을 모두 엿들었기 때문이오. 그리하여
라브다는 일행이 다시 마음을 바꾸어 아이를 사로잡아 죽일까 두려워,
가장 사람의 눈에 띄지 않을 곳을 찾아 아이를 상자 속에 숨겨 두었
소. 일행이 되돌아올 경우에는 틀림없이 온 집안을 샅샅이 뒤지리라
생각했기 때문이었소. 라브다의 생각대로 자객들은 방안으로 들어와
아이를 찾기 시작했지만, 온통 다 뒤져 봐도 끝내 발견할 수 없었소.
그들은 그곳을 떠나기로 하고, 그들에게 이 일을 지시했던 자들에게는
명령대로 수행했다고 말하기로 약속하고 되돌아가서 꾸민 대로 보고했
답니다.

  에에티온의 아들은 그 후 무럭무럭 자랐고, 상자[56] 덕분에 화를 면
했다 하여 킵셀로스라 이름 지어졌소. 그 후 어른이 된 킵셀로스는 델
포이에서 신탁을 받고, 이 신탁에 따라──이 신탁은 말하자면 양다리

---

56) 올림피아의 헬라이온(헤라 신전)에 '킵셀로스의 상자'라는 유명한 보물이
    있었다는 것은 널리 알려진 사실이다. 킵셀로스가 이 상자 덕분에 난을 피
    할 수 있었다 하여 그 자손이 봉납했다 한다.

걸치는 애매한 것이었소──일을 꾸미고 코린토스를 손아귀에 넣었소. 그런데 그 신탁은 이런 것이었소.

　　지금 내 저택에 들어온 자는 행운아이니
　　에에티온의 아들 킵셀로스, 이름 높은 코린토스의 왕이 되리라.
　　그와 그의 아들들은 행운아지만, 손자 대까지는 미치지 못하리라.

　신탁은 이와 같았는데, 독재자가 된 킵셀로스가 권력을 어떻게 사용했는지를 말한다면, 그는 수많은 코린토스인을 추방하거나 재산을 몰수했고, 그 때문에 생명을 잃은 자는 그보다 훨씬 더 많았답니다.
　킵셀로스는 30년에 걸쳐 코린토스를 통치했고, 번성의 절정기에 일생을 마쳤다오. 그리고 그 뒤를 그의 아들 페리안드로스가 계승했소. 이 페리안드로스는 처음에는 그의 아버지보다 온건하게 통치했지만, 그 후 얼마 안 있어 밀레토스의 독재자 트라시불로스[57]와 사절을 통해 교제하게 되고부터는 킵셀로스를 훨씬 능가하는 잔인한 인간이 되고 말았소. 그 이유는 이러하오. 페리안드로스가 트라시불로스에게 사자를 보내 어떻게 하면 가장 안전하게 정무를 처리할 수 있으며, 또한 나라를 가장 잘 다스릴 수 있는가 묻게 했소. 그러자 트라시불로스는 페리안드로스가 보낸 사자를 데리고 도시 바깥으로 나가 농작물이 자라고 있는 밭으로 들어갔소. 그리고 사자에게 코린토스에서 특별히 방문해 온 목적을 수없이 되풀이해 물으면서, 함께 보리밭을 지나며 다른 이삭보다 눈에 띄게 자란 이삭을 볼 때마다 그것을 잘라내 버렸소. 이리하여 마침내 농작물 중 가장 잘 자라고 작황이 좋은 부분을 완전히 망쳐 놓았던 것이오. 그리고 그 밭을 다 지나자, 충고다운 말은 전혀 하지 않고 사자를 돌려보냈소.
　사자가 돌아오자, 페리안드로스는 즉시 트라시불로스의 충언을 듣고

---

57) 제권 참조.

자 했소. 그러나 사자는 트라시불로스로부터는 아무런 충고도 듣지 못
했다고 대답하고, 덧붙여 트라시불로스 곁에서 본 일을 이야기한 다
음, 스스로 자기 재산을 부수는 미친 사람에게 자신을 보낸 데 놀랐다
고 말했다오.

그러나 페리안드로스는 곧 트라시불로스의 행동을 이해하고, 그가
도시의 유력자들을 살해하라고 충고했음을 알아차렸소. 그리하여 그때
이후로 시민에 대해 온갖 만행을 저지르기 시작했답니다. 킵셀로스가
남겨 놓았던 살육과 추방을 마무리지었고, 또한 자신의 죽은 아내 멜
리사를 위해 하룻동안 코린토스 여성 전체의 옷을 벗긴 일도 있었소.
이 일을 설명하면 이렇소. 페리안드로스가 어느 외국인 친구의 부탁을
받아 맡아 두고 있었던 물건이 분실된 적이 있었소. 그리하여 그는 그
소재를 알기 위해 아케론 강변에 있는 테스프로티스[58]로 사자를 보내
죽은 아내의 영혼으로부터 신탁을 묻게 했소. 그러자 멜리사의 유령이
나타나, 벌거벗은 채로 춥게 지내고 있기 때문에 그 소재를 알려 주고
싶지 않다고 말했소. 페리안드로스가 멜리사의 유해와 함께 묻은 의복
은 태우지 않았기 때문에 아무 소용이 없다는 것이었소. 그리고 멜리
사의 영혼은 자신의 말이 사실임을 알 수 있는 증거로, 페리안드로스
가 불 꺼진 화덕에 빵을 밀어 넣었다고 덧붙여 말했던 것이오. 사자가
이렇게 복명하자, 페리안드로스는 멜리사의 유해와 관계했던 일을 기
억해 내고 아내의 영혼이 한 말이 사실임을 확신했소. 그리하여 그는
그 보고를 듣자마자, 코린토스의 여자는 모두 헤라 신전으로 나오라
고 명령했지요. 여자들이 축제 때처럼 성장(盛裝)을 하고 나오자, 페
리안드로스는 거기에 자신의 호위병을 배치해 자유인이든 하인이든
구별하지 않고 여자들의 옷을 모두 벗긴 다음 그것을 모아 구덩이에
집어넣고 멜리사의 영혼에게 기도하면서 불태워 버렸다오. 페리안드
로스가 이렇게 한 다음 다시 사자를 보내자, 멜리사의 망령은 앞에서

---

58) 그리스 서부 에페이로스에 있는 한 지역.

말한 외국인이 그에게 맡겨 두었던 물건이 있는 장소를 가르쳐 주었던 것이오.

어떻소, 스파르타인 여러분! 독재 정치란 이런 것이오. 독재자가 하는 일은 이렇소. 우리 코린토스인은 처음에 귀국이 히피아스를 불렀다는 소식을 듣고 크게 놀랐소. 그러나 지금 그대들의 말을 듣고는 더욱 놀랐소. 그리스의 신들께 맹세코 말하지만, 그리스 여러 나라에 독재제를 수립하려는 생각은 버리시오. 그러지 않고 그대들이 정의에 반하여 계속 히피아스를 복귀시키려 한다면, 다른 나라는 모르겠지만 최소한 코린토스만은 귀국의 행동에 동조하지 않을 것임을 알아 두시오."

코린토스의 사절 소클레스가 이와 같이 연설을 끝내자, 신탁에 관한 한 누구보다도 잘 알고 있던 히피아스가 같은 신들에게 맹세하며, 코린토스가 아테네에 의해 고배를 마시는 숙명의 날이 다가왔을 때 코린토스야말로 그 어떤 나라보다도 페이시스트라토스 일족의 실각을 아쉬워하게 되리라고 말했다. 한편 이때까지 침묵을 지키고 있던 다른 동맹국의 사절들은 소클레스가 거리낌없이 논하는 소리를 듣자 모두 말문을 열며 소클레스의 의견을 지지하고, 스파르타에 대해 그리스의 다른 도시에 간섭하지 말 것을 촉구했다.

이리하여 이 문제는 해결됐고 스파르타는 그들의 계획을 포기했다. 그리고 히피아스는 스파르타를 떠났다. 그런데 그가 떠나기 전에 마케도니아 왕 아민타스가 그에게 안테무스라는 도시를 주겠다고 제안했다. 그리고 테살리아인은 이올코스 시를 약속했다. 그러나 히피아스는 그 제안을 모두 거절하고 시게이온으로 돌아갔다.

본래 시게이온은, 페이시스트라토스가 미틸레네로부터 무력으로 빼앗은 후, 그와 아르고스 출신의 여자 사이에서 태어난 헤게시스트라토스라는 서자(庶子)를 독재자로 세워 다스리게 했던 도시였다. 그러나 헤게시스트라토스는 아버지로부터 물려받은 이 도시를 지키기 위해 수많은 고통을 겪어야만 했다. 왜냐하면 미틸레네와 아테네가 각각 아킬레이온과 시게이온을 기지(基地)로 삼고 장기간에 걸쳐 전쟁을 벌였기 때문이었다. 미틸레네측은 이 지역의 반환을 요구했으나, 아테네측은 이 요구를 반박했다. 이 일리온(트로이) 지역에 대해서는, 메넬라오스를 도와 헬레네를 유괴해 간 데 대해 보복을 가했던, 아테네를 비롯한 그 밖의 그리스 제국(諸國) 이상의 청구권을 아이올리스인이 갖는 것은 아니라는 점을 논증하려 했던 것이다.

이 전쟁 기간에 일어난 사건으로 특이할 만한 것으로는 이런 일이 있었다. 아테네가 승리를 거둔 한 전투에서 시인(詩人) 알카이오스[59]가 그의 무구(武具)를 버리고 알몸으로 도망쳐, 아테네군은 이것을 시게이온에 있는 아테네 신전에 걸어 놓은 일이 있었다. 알카이오스는 이 일을 시로 읊은 뒤 자신의 재난을 우인(友人) 멜라니포스에게 알리기 위해 그 시를 미틸레네로 보냈다.

양측은 페리안드로스에게 중재를 의뢰했고, 미틸레네와 아테네는 킵셀로스의 아들 페리안드로스의 조정에 따라 화해했다. 페리안드로스가 제시한 중재의 조건은 쌍방 모두 현재 점거하고 있는 지역을 그대로 보유한다는 것이었다. 이렇게 하여 시게이온은 아테네의 영유지로 귀속된 것이다.

히피아스는 스파르타에서 아시아로 돌아오자, 팔방으로 손을 써서 아르타프레네스에게 아테네를 중상 비방하고, 아테네를 자신과 다레이오스왕의 지배하에 두고자 온갖 모략을 다 꾸몄다.

히피아스의 이러한 책동을 알게 된 아테네는 페르시아측이 아테네의 망명자들에게 놀아나지 않도록 하기 위해 사르데스로 사자를 파견했다. 그렇지만 아르타프레네스는 아테네가 안전하기를 바란다면 히피아스를 복권시키라고 요구했다. 아테네측은 그 요구를 거절하고 그 결과를 감수하기로 결의했다. 즉, 이를 통해 공공연히 페르시아에 대한 적

---

59) 레스보스 섬 출신의 유명한 서정시인. 기원전 7세기 후반에서 6세기 전반에 걸쳐 활약. 동시대의 동향인으로 유명한 여류시인 사포가 있다. 여기에 언급되어 있는 시는 거의 의미를 파악할 수 없을 정도로 훼손된 단편 2행만이 전해지고 있을 뿐이다.

대 감정을 표명했던 셈이다.

이오니아의 반란

아테네의 대(對) 페르시아 감정이 이와 같이 움직이고 이미 적대 관계에 들어간 이 시기에, 때마침 클레오메네스에 의해 추방되어 되돌아갔던 밀레토스의 아리스타고라스가 아테네에 도착했다. 그가 아테네를 선택한 이유는, 스파르타 이외의 제국(諸國) 중에서는 아테네가 최강이기 때문이었다.

민회(民會)에 출석한 아리스타고라스는 전에 스파르타에서 사용했던 논리를 그대로 되풀이하며, 아시아에는 풍부한 자원이 있다는 것과 페르시아군은 방패나 창을 쓰지 않기 때문에 쉽게 제압할 수 있다는 따위의 대 페르시아 전술(戰術) 등에 관해 설명했다. 그리고 아리스타고라스는 이에 덧붙여, 밀레토스는 아테네인이 건설한 도시이므로 당연히 강대한 국력을 지닌 아테네가 자기들을 보호해야 한다고 지적하고, 아테네의 도움이 매우 절실한만큼 어떠한 요구에도 응하겠다고 약속하여, 마침내 아테네인을 설득하는 데 성공했다.

스파르타의 클레오메네스 한 사람조차 속이지 못했던 아리스타고라스가 3만 명의 아테네인을 상대로 하여 성공한 것을 보면, 한 사람을 속이기보다 다수의 인간을 기만하는 쪽이 보다 용이함을 알 수 있다.

아테네인은 아리스타고라스에게 설복되어 군선 20척을 이오니아인에 대한 원군(援軍)으로서 파견하기로 의결하고, 그 지휘관으로서 아테네 시민 중 모든 면에서 명성이 높았던 멜란티오스를 임명했다. 이 함대 파견이 그리스와 페르시아 사이에 벌어진 불행한 사건의 발단이었다.

아리스타고라스는 함대보다 앞서서 밀레토스에 도착한 다음 한 가지 계책을 생각해 냈다. 단, 이 계략은 도저히 이오니아에 이익을 줄 수 없는 것이었다. 본래 아리스타고라스가 이 계획을 세울 때 딱히 이오니아에게 이익을 주지 않으려고 한 것은 아니었고, 다만 다레이오스왕을 괴롭히기 위해서였던 것이다.

아리스타고라스는 그 계략에 따라 한 남자를 프리기아의 파이오니아족에게 파견했다. 이 파이오니아인들은 원래 스트리몬 강변에 살고 있었는데, 메가바조스에게 포로가 되어 프리기아의 한 지역에 옮겨진 뒤 여기에 자신들만의 부락을 세워 거주하고 있었다. 파견된 사자가 파이오니아족이 거주하고 있는 곳에 도착하여 이렇게 말했다.

"파이오니아인 여러분, 밀레토스의 독재자이신 아리스타고라스님께서는 나를 보내시며, 만일 그대들이 당신 말대로만 따른다면 그대들을 꼭 구출해 주겠다고 전하라 하셨소. 바야흐로 전 이오니아가 페르시아 왕에 대해 반란을 일으키고 있소. 따라서 그대들도 이제 조국으로 돌아갈 수 있소. 그대들이 자력(自力)으로 해안까지 빠져 나온다면, 그 뒤에는 우리들이 돌보아 주겠소."

파이오니아인은 이 말을 듣자 크게 기뻐하고, 뒤탈을 염려해서 남기를 원하는 소수를 제외하고는 모두 처자식을 이끌고 해안을 향해 도망치기 시작했다. 그들은 해안에서 키오스 섬으로 건너갔다. 그들이 키오스에 도착했을 때, 곧바로 그들을 추적하던 페르시아의 대기병대가 도착했다. 그러나 이미 파이오니아인을 사로잡을 수 없음을 알게 되자, 그들은 키오스로 사자를 보내 파이오니아인에게 귀환하라고 명했다. 하지만 파이오니아인은 그 명령을 거부했고, 키오스인은 그들을 레스보스 섬으로 옮기고 레스보스인은 다시 그들을 도리스코스[60]로 보내 주었다. 그곳에서 그들은 육로를 밟아 파이오니아로 돌아갔다.

한편 아테네군이 20척의 함대와 에레트리아[61]가 파견한 삼단노선 5척을 동반하고 밀레토스에 도착했다. 에레트리아가 이 원정에 참가한 것은 아테네를 위해서가 아니라 밀레토스에 대해 은혜를 갚기 위해서였다. 왜냐하면 예전에 에레트리아가 칼키스와 전쟁을 벌였을 때, 밀레토스가 에레트리아측에 서서 원조한 일이 있었기 때문이었다——이

---

60) 도리스코스는 트라키아 해안 지방에 있는 헤브로스 강변의 평원(제7권 참조).
61) 에레트리아는 칼키스와 함께 에우보이아 섬의 주요 도시였다.

당시 칼키스를 도왔던 것은 사모스였다. 이 밖에 다른 동맹군도 속속 도착하자, 아리스타고라스는 곧 사르데스를 향해 진격을 개시했다. 그러나 아리스타고라스는 밀레토스군의 지휘관으로서 자기 대신에 자신의 형제인 카로피노스와 헤르모판토스라는 이름의 또 다른 밀레토스인을 임명한 후, 그 자신은 원정에 가담하지 않고 밀레토스에 남았다.

이와 같은 진용을 갖춘 이오니아군은 에페소스에 도착해 에페소스 지구의 코레소스에 함선을 남겨 두고 대거 상륙한 다음, 에페소스인을 길잡이로 삼고 카이스트로스 강을 따라 진격했다. 곧 이어 트몰로스 산을 넘어 사르데스에 도착하자, 아무런 저항도 받지 않은 채 사르데스를 점령하고 아크로폴리스 이외의 전 도시를 제압했다. 아크로폴리스는 아르타프레네스 자신이 적지 않은 병력을 거느리고 방어하고 있었기 때문이었다.

그러나 점령 후 다음과 같은 사정 때문에 도시에 대한 약탈은 일어나지 않았다. 사르데스의 인가(人家)는 대부분 갈대로 지어져 있었고, 벽돌로 지은 얼마 안 되는 집조차도 지붕만은 갈대로 이어져 있었다. 그런데 한 병사가 어느 집에 불을 지르게 되자, 불이 집에서 집으로 옮겨 붙어 삽시간에 도시 전체가 화염에 휩싸이게 되었다. 리디아인과 도시에 있었던 페르시아인은 사방이 불로 에워싸이고 도시 외곽이 모두 불길에 휩싸여 도시 밖으로 나갈 수 없게 되자, 아고라와 파크톨로스 강변으로 모여들였다. 파크톨로스 강은 트몰로스 산에서 발원하여 사금을 운반하면서 아고라 중앙부를 통과하는 강으로, 헤르모스 강과 합류한 다음 이윽고 바다로 흘러들어간다. 그리하여 파크톨로스 하안과 아고라에 모인 리디아인과 페르시아인은 좋든 싫든 저항할 수밖에 없게 되었다. 이오니아군은 적이 반격 태세를 갖추고 또 별도로 강력한 부대가 진격해 오고 있는 것을 보자, 두려움에 못 이겨 트몰로스 산 쪽으로 퇴각한 다음 야음을 틈타 배가 있는 곳으로 후퇴했다.

이리하여 사르데스 시는 화재로 온통 불타 없어지고 말았는데, 이때 시내에 있었던 그 땅의 씨족신 키베베[62]의 신전도 동시에 불타 버리고 말았다.

그 후 페르시아군이 그리스의 신전을 불태워 버렸을 때, 언제나 구실로 내세웠던 것은 바로 이 사건이었다.

한편 이때 할리스 강 서쪽에 거주하고 있던 페르시아인은 사전에 이오니아인의 침공 소식을 전해 듣고 집결하여 리디아인을 구원하러 급히 달려왔다. 그러나 이미 사르데스에서는 이오니아군의 모습을 발견할 수 없었으므로 그 뒤를 추격하여 마침내 에페소스에서 그들을 따라잡았다. 이오니아군은 페르시아군을 맞아 분투했지만 대패하고 많은 병력이 페르시아군에게 살해되었는데, 이름 있는 전사자 중에는 에레트리아군의 지휘자 에우알키데스도 끼여 있었다. 이 사람은 경기에서 여러 차례 우승의 영예를 누려, 케오스의 시인 시모니데스[63]가 자신의 시에서 높이 찬미했던 인물이다. 그리고 이 전투에서 살아 남은 자들은 사방으로 흩어져 제각기 자기 나라로 돌아가고 말았다.

전쟁이 끝난 후 아테네는 이오니아를 완전히 포기하고, 아리스타고라스가 여러 번 사자를 보내 원조를 애걸했음에도 불구하고 더 이상 구원하려 하지 않았다. 이리하여 이오니아는 아테네와의 동맹 관계를 상실했지만, 이미 다레이오스왕에 거역하여 행동한 이상 이제 와서 새삼 물러설 수도 없어 페르시아에 대한 전쟁 준비를 게을리하지 않았다. 헬레스폰토스로 함대를 파견해 비잔티움을 비롯한 이 지방의 도시를 모두 자신의 지배하에 두고, 이어서 헬레스폰토스를 떠나 카리아의 대부분을 동맹국으로 삼는 데 성공했다. 이때까지 동맹을 맺으려 하지 않았던 카우노스[64]조차 사르데스의 방화 사건이 있은 후 밀레토스측에

---

62) 키벨레라는 이름으로 더 많이 알려져 있는, 프리기아와 리디아를 중심으로 거의 전 아시아 지역에 걸쳐 숭배됐던 대모신(大母神). 신들의 어머니이며, 생식과 생육의 여신이기도 했다.

63) 에게 해의 작은 섬 케오스 출신의 시인. 기원전 6세기 후반에서 5세기 전반에 걸쳐 활약했다. 핀다로스와 함께 그리스 합창(合唱) 서정시의 쌍벽을 이루었다.

가담했다.

키프로스도 아마투스 시를 제외하고는 모두 자진해서 밀레토스측에 가담해 왔다. 왜냐하면 키프로스인도 다음과 같은 과정을 통해서 메디아로부터 이반(離反)했기 때문이었다.

살라미스의 왕 고르고스에게 오네실로스라는 동생이 있었다. 아버지는 케르시스, 조부는 시로모스, 증조부는 에우엘톤이었다. 이자는 이전부터 여러 번 페르시아 왕으로부터 이반하라고 고르고스에게 촉구하고 있었는데, 때마침 이오니아가 반란을 일으켰다는 소식을 듣자 재차 끈질기게 몰아세우며 고르고스에게 결행할 것을 재촉했다. 그러나 끝내 고르고스가 설복당하지 않자, 오네실로스는 그 일당과 함께 고르고스가 살라미스 시 밖으로 나간 틈을 노려 성문을 폐쇄하고 그를 내쫓고 말았다. 이리하여 고르고스는 나라를 떠나 메디아로 망명했고, 오네실로스는 살라미스의 지배자가 된 후 전 키프로스인을 설득하여 반란에 참여시키려 했다. 이때 다른 자들은 모두 설득할 수 있었지만, 아마투스만은 그를 따르려 하지 않았다. 그리하여 그는 이 도시를 포위하고 공격을 가하기 시작했다.

오네실로스가 아마투스를 포위 공격하고 있을 때, 사르데스가 아테네와 이오니아 연합군에 의해 점령되어 불타 버리고 말았다는 것과 또한 그 연합을 성립시키고 그 계획을 시도한 장본인은 밀레토스의 아리스타고라스였다는 것 등이 다레이오스왕에게 보고되었다.

전해지는 이야기에 따르면, 왕은 그 보고를 들었을 때, 이오니아인에 대해서는 머지않아 그들이 반란에 따른 대가를 치르리라는 것을 잘 알고 있었기 때문에 조금도 개의치 않았지만, 아테네인에 대해서는 그들은 어떤 자들인가 하고 물었다고 한다. 그리고 대답을 듣자, 왕은 활을 집어 들고 화살을 잰 다음 하늘을 향해 쏘며 이렇게 외쳤다고 한다.

---

64) 카리아 지방에 있었던 도시 (제1권 참조).

"제우스여, 아테네인에게 보복할 것을 제게 허락하소서."

다레이오스는 이렇게 말한 후 이번에는 하인 중 한 명에게 식사 시중을 들 때마다 왕을 향해 "전하, 아테네인을 잊지 마소서" 하고 세 번씩 말하라고 명했다는 것이다.

그 후 다레이오스는 그가 다년간에 걸쳐 억류해 두었던 밀레토스인 히스티아이오스를 불러오게 한 다음 이렇게 말했다.

"히스티아이오스여, 그대가 밀레토스의 통치를 위임한 대행자가 나를 향해 모반을 일으켰다는 보고를 받았소. 그자가 다른 대륙에서 병력을 모으고 이오니아인을 설득하여 가담하게 한 다음, 내게서 사르데스를 탈취해 갔소. 물론 우리는 이러한 이오니아 놈들의 소행에 대해 반드시 그 대가를 치러 줄 것이오. 헌데 그대는 그놈들의 이러한 소행을 정당하다고 보고 있소? 애당초 이러한 일이 그대의 사주 없이 어떻게 일어날 수 있었겠소? 필경 그 허물이 그대의 몸에 떨어지지 않도록 될 수 있는 한 조심하시오."

왕의 이 말에 대해 히스티아이오스는 다음과 같이 대답했다.

"왕이시여, 무슨 말씀이십니까? 제가 어떤 일이든 전하를 괴롭혀 드릴 일을 기도했다는 말씀이십니까? 제가 도대체 무엇이 부족하여, 어떤 동기에서 그런 짓을 하리라고 생각하십니까? 저는 전하와 똑같이 아무런 부족함 없이 살도록 허락받고 있고, 또한 황공하옵게도 전하의 계획도 마음대로 들을 수 있도록 허용받고 있습니다. 만약 제 대행자가 전하께 그와 같은 죄를 지었다면, 그것은 그가 제멋대로 저지른 게 틀림없습니다. 밀레토스와 제 대행자가 전하의 나라에 대해 모반을 기도했다는 이야기를 저는 결코 믿지 않습니다만, 만일 전하께서 들으신 대로 그들이 실제 그러한 짓을 저지르고 있다면, 왕이시여, 이제 전하께서도 깨달으셨겠지만 애당초 저를 해안 지방에서 떼어 놓으신 것이 잘못이었던 것입니다. 이오니아인은 제가 모습을 감춘 것을 기화로 오랫동안 품었던 숙원을 결행한 것 같습니다. 만약 제가 거기에 그대로 있었다면 어느 도시도 소동을 벌이지 못했을 것입니다. 그런즉 그 땅의 질서를 원상태로 회복시키고 그러한 소요를 기도한 밀레토스의 제 대행자를 전하께 인도하고 싶사오니, 부디 저를 곧 이오니아로 보내 주십시오. 이 일을 전하께서 만족하시도록 완수한 다음에, 왕가(王家) 의 신들께 맹세하고 말씀드리거니와 세계 최대의 섬인 사르데냐[65]로 하 여금 귀국에 조공을 바치도록 하기까지는 제가 이오니아에 도착했을 때 입고 있을 옷을 절대로 벗지 않겠습니다."

히스티아이오스는 왕을 속이기 위해 이와 같이 말했던 것인데, 다레 이오스는 그의 말을 믿고 약속한 것을 완수하면 다시 수사로 돌아오라 고 분부한 다음 그를 떠나 보냈다.

사르데스 사건이 왕에게 보고되고 앞의 활[弓]사건이 있은 다음 다 레이오스와 히스티아이오스가 회담을 하고, 마침내 히스티아이오스가 다레이오스의 허락을 얻어 내고 해안 지방을 향해 떠나기에 이르기까 지의 기간 동안에, 다른 지방에서는 다음과 같은 사건이 일어나고 있 었다.

살라미스의 독재자 오네실로스가 아마투스를 포위하고 있는 곳으로 페르시아인 아르티비오스가 페르시아 대군을 이끌고 해로(海路)로 침 공(侵攻)해 와 마침내 키프로스에 상륙하리라는 보고가 도착했다. 이 소식을 들은 오네실로스는 이오니아 각 도시에 사자를 보내 그들의 원 조를 구했다. 그러자 이오니아인은 곧 결정을 내리고 대함대를 이끌고 원조하러 왔다. 이오니아군이 키프로스에 도착하자, 한편 페르시아군 도 킬리키아에서 배를 타고 건너와 살라미스를 향해 육로로 진격하기 시작했다. 그리고 또한 페니키아인이 배를 이끌고 그곳을 향해 가면서 '키프로스의 열쇠'란 이름으로 불리는 곳을 회항(回航)하고 있었다.

사태가 이쯤 이르렀을 때, 키프로스인의 독재자들이 이오니아군 지 휘관들을 불러 모으고 이렇게 말했다.

---

65) 사르데냐가 지중해 최대의 섬이라는 잘못된 견해가 오랫동안 믿어지고 있 었다. 본서 제1권과 제6권에서도 이와 똑같은 견해를 발견할 수 있다.

"이오니아인 여러분, 우리 키프로스인은 귀군이 페르시아군과 페니키아군 중 어느 쪽을 상대로 선택하든 그것은 그대들에게 맡기기로 하였소. 만약 육지에 진을 치고 페르시아군과 자웅을 겨루고 싶다면, 지금이야말로 귀군은 하선하여 지상에 진을 구축하고 우리는 귀군의 배에 올라 페니키아인과 싸우기에 적합한 시기요. 아니면 페니키아인을 상대로 싸우고 싶어할지도 모르겠는데, 어쨌든 어느 쪽을 상대로 선택하든 이오니아와 키프로스의 자유를 확보한다는 목적에 어긋나지 않게 최선을 다해 싸워 주기 바라오."

이오니아인은 이에 답하여 이렇게 말했다.

"우리는 전 이오니아의 결의에 따라 해상 수비를 위해 파견되었으므로, 함선을 그대들에게 인도하고 육지에서 페르시아군을 맞아 싸우고 싶진 않소. 우리는 정해진 부서에서 임무를 훌륭히 수행하겠소. 그러니 그대들도 메디아인의 지배하에 있으면서 당했던 수많은 고통을 상기하고 용감히 싸워 주기 바라오."

이윽고 페르시아군이 살라미스 평야에 도착하자, 키프로스의 제왕(諸王)은 살라미스와 솔로이에서 최정예 부대를 선발하여 페르시아 주력군을 상대케 하고 나머지 키프로스군은 그 밖의 적군을 맞아 싸우도록 했다. 그리고 페르시아군의 지휘관 아르티비오스는 오네실로스가 자진해서 맡아 상대했다.

그런데 아르티비오스는 중무장병(重武裝兵)과 맞서게 되면 뒷발로 서서 앞발굽으로 상대방을 공격하도록 훈련되어 있는 말을 타고 있었다. 이 소문을 들은 오네실로스는 그가 부리고 있던, 싸움에 매우 능하고 용감했던 카리아 태생의 병졸에게 이렇게 말했다.

"듣자니 아르티비오스의 말은 뒷발로 서서 맞서는 상대방을 물어뜯기도 하고 앞발로 차 쓰러뜨리기도 한다는데, 만약 너라면 말과 아르티비오스 중 어느 쪽을 노려 공격하겠느냐? 잘 생각해서 말해 보라."

이에 대해 병졸은 이렇게 대답했다.

"전하, 저는 그 양쪽 모두든 어느 한쪽이든 전하의 명령대로 할 각

오가 되어 있습니다. 그렇지만 전하를 위해 최선이라 생각되는 것을 말씀드리면, 본래 왕이나 장군 되시는 분들은 그 싸움 상대도 왕이나 장군을 선택해야 한다고 봅니다. 예컨대 전하께서 적의 장군을 살해하신다면 그것은 대단한 공적이 될 것입니다. 또한 이런 일이 있어서는 안 되겠습니다만, 설사 전하께서 상대방에 의해 돌아가시게 된다 하더라도 명성 있는 자의 손에 의해 최후를 마치시게 된다면 그 불운이 반감될 것입니다. 그러하오니 전하께서는 반드시 아르티비오스와 싸우셔야 합니다. 그에 반해서 저희 같은 자들은 적들도 저희와 신분이 같은 자나 말을 상대로 싸워야 한다고 봅니다. 말에 대해서는 심려하지 마십시오. 제가 책임지고, 그 말이 다시는 어떠한 인간 앞에서도 뒷발로 서지 못하도록 만들어 놓겠습니다."

오네실로스의 병졸은 이와 같이 말했는데, 그 후 양 진영은 곧 육지와 바다에서 전투를 개시했다. 해상에서는 이날 이오니아군이 눈부신 활약상을 보이며——그 중에서도 사모스 파견군이 가장 훌륭한 무훈을 세웠다——페니키아군을 대파했다. 한편 육지에서는 양군이 격돌하며 일진일퇴를 거듭했는데 양 지휘관의 싸움은 다음과 같이 전개됐다.

아르티비오스가 예의 말을 타고 오네실로스에게 달려들자, 오네실로스는 미리 병졸과 짜놓았던 대로, 달려드는 아르티비오스만 노리고 칼을 휘둘렀다.

그리하여 말이 뒷발로 서며 앞발로 오네실로스의 방패를 떨어뜨리려는 순간, 카리아인 병졸이 반월도(半月刀)로 말의 다리를 잘라 내버렸다. 이리하여 페르시아의 지휘관 아르티비오스는 말과 함께 그 자리에 쓰러지고 말았다.

전투는 여전히 계속됐는데, 이 사이에 쿠리온의 독재자 스테세노르가 자기편을 배반하고 적지 않은 수의 휘하 병력과 함께 적측에 가담했다. 이 쿠리온이라는 도시는 아르고스의 식민 도시였다고 한다. 쿠리온 부대의 배반 후 또다시 살라미스 전차 부대가 배반했다. 이들의 배반으로 페르시아군은 키프로스군을 제압하고 우위를 점하게 되었다.

키프로스 진영은 패주하고 수많은 전사자를 냈는데, 그 가운데는 키프로스 반란의 장본인이었던 케르시스의 아들 오네실로스와 솔로이의 왕 아리스토키프로스도 포함되어 있었다.

아리스토키프로스의 아버지는 필로키프로스였는데, 이 필로키프로스는 바로 아테네의 솔론이 키프로스를 방문했을 때 그 시 속에서 그 어떤 독재자보다 높이 찬미했던 인물이다.[66]

아마투스인들은 오네실로스가 자신들을 포위 공격한 일을 분풀이하기 위해 오네실로스의 목을 자른 뒤 아마투스로 가지고 돌아가 이것을 도시 성문에 걸어 놓았다. 그 후 시간이 흘러 이윽고 그 수급이 공동화(空洞化)하자, 꿀벌 떼가 몰려들어 완전히 벌집이 되고 말았다. 이러한 일이 있은 후 아마투스인이 수급의 처리 문제를 놓고 신탁을 구하자, 수급을 내려 매장하고 오네실로스를 영웅으로서 받들며 매년 희생을 바치고 제사를 지내면 국운이 융성하리라는 신탁이 내렸다.

아마투스인은 신탁이 명한 대로 했고, 그 풍습은 오늘날에도 여전히 지켜지고 있다. 키프로스 해전 후, 이오니아군은 오네실로스의 계획이 완전히 실패로 돌아가 살라미스를 제외한 키프로스의 전 도시가 포위되어 있고 그 살라미스에서도 전왕 고르고스에게로 정권이 되돌아갔다는 소식을 듣고는, 곧 이오니아로 귀항하고 말았다. 키프로스의 여러 도시 가운데 가장 오랫동안 포위를 견뎌 낸 것은 솔로이였는데, 페르시아군은 도시를 둘러싸고 있던 성벽 밑을 파고 이것을 무너뜨린 다음 5개월째 되는 달 이 도시를 함락시켰다.

이리하여 키프로스인은 자유의 몸이 된 지 겨우 1년 만에 또다시 페르시아의 질곡(桎梏) 밑으로 되돌아갔다.

한편 다레이오스의 딸을 아내로 맞아들였던 다우리세스, 또한 다레이오스의 사위들이었던 히마이에스와 오타네스 등 페르시아의 여러 지

---

66) 솔론이 필로키프로스를 찬양했던 것을, 그 시의 일부와 함께 플루타르코스 〈솔론전〉에서 볼 수 있다.

휘관들은 사르데스 원정에 참가했던 이오니아인을 추격하여 마침내 선상(船上)에서 이들을 막다른 궁지에 몰아넣고 격파한 후, 분담하여 각 도시를 돌아다니며 점령하고 약탈을 자행했다.

다우리세스는 헬레스폰토스 일대에 있는 도시들을 향해 진격하여, 다르다노스를 비롯하여 아비도스, 페르코테, 람프사코스, 파이소스 등의 도시를 차례로 공략했다. 다우리세스는 이들 도시를 하루에 한 도시 꼴로 점령하고 있었는데, 파이소스에서 파리온으로 향하던 중 카리아인이 이오니아인과 기맥을 통하고 페르시아로부터 이반했다는 보고를 접하자 방향을 돌려 군대를 헬레스폰토스에서 카리아 쪽으로 진격시켰다.

그런데 어찌 된 일인지, 다우리세스가 카리아에 도착하기도 전에 이 소식이 카리아인에게 전해졌다. 정보에 접한 카리아인은 마르시아스 강변 ——마르시아스 강은 이드리아스[67] 지방에서 발하여 마이안드로스 강으로 흘러들어가고 있다——에 있는 '흰 기둥(레우카이 스테라이)' 이라는 이름의 땅에 모여 집회를 열었다. 이 집회 석상에서 여러 가지 의견이 제시됐는데, 내 생각에는 픽소다로스라는 남자의 제안이 가장 옳았던 것 같다. 이 남자는 킨디에 출신으로 아버지의 이름은 마우솔로스[68]였고 킬리키아 왕 시엔네시스의 사위였다. 이 남자가 제안한 의견은, 카리아군은 마이안드로스 강을 건너 강을 뒤에 두고 싸워야 한다는 것이었다. 그렇게 하면 퇴로가 차단돼 거기에 머무를 수밖에 없고, 나아가 타고난 이상으로 용기를 낼 것임에 틀림없다는 것이었다. 그러나 이 제안은 받아들여지지 않았다. 오히려 페르시아군으로 하여금 마이안드로스 강을 뒤에 두고 싸우게 하는 편이 낫다는 쪽으로 결론이 나버렸다. 요컨대 페르시아군이 패하여 퇴각할 경우, 강으로 떨어져 살아 돌아갈 수 없게 되리라는 것이었다.

---

67) 카리아의 한 지방. 같은 이름의 도시가 있었다.
68) 기원전 4세기 할리카르나소스의 왕으로서, 장대한 능묘를 남긴 것으로 유명한 마우소로스의 선조에 해당한다.

이윽고 페르시아군이 도착하여 마이안드로스 강을 도하하기에 이르자, 카리아군은 마리안드로스 강변에서 페르시아군을 맞아 싸웠다. 장기간에 걸쳐 격전이 계속됐지만, 카리아군은 마침내 중과부적으로 패배를 맛볼 수밖에 없었다. 페르시아군의 전사자는 약 2천 명이었고, 카리아 쪽은 1만 명에 달했다. 카리아의 생존자들은 그 뒤를 추격당하자 라브라운다[69]에 있는, '전쟁의 제우스(제우스 스트라티오스)'의 성역으로 알려진 거대한 플라타너스 삼림 속으로 도망쳐 들어갔다. 역시 '전쟁의 제우스'를 모시는 것은 우리가 아는 한 카리아인뿐이다. 그런데 이 삼림 속에 갇힌 카리아인들은 궁지를 벗어날 방도를 찾아, 페르시아군에 항복할 것인가 아니면 이것을 마지막으로 아시아를 떠나 이주할 것인가에 관해 협의했다.

그들이 이러한 협의를 하고 있는 곳으로 밀레토스와 그 동맹국 부대가 구원하러 왔다. 여기에서 카리아인은 처음 계획을 포기하고 재차 전투 준비를 시작했다. 그리고 밀어닥쳐 오는 페르시아군을 맞아 싸웠지만, 전보다 더 극심한 패배를 맛보아야 했다. 양군 모두 수많은 전사자를 냈는데, 그 중에서도 밀레토스 부대의 손해가 가장 컸다.

그 후 카리아인은 이 패배의 상처가 아물자 다시 전투를 개시했다. 페르시아군이 카리아 여러 도시를 향해 진격해 오고 있다는 정보를 접하자, 페다소스[70] 부근의 도로에 복병을 배치해 두었다. 그리하여 페르시아군은 야간에 이 복병에 걸려 섬멸되고, 다우리세스를 비롯하여 아모르게스, 시시마케스 등의 여러 장군들이 전사했다. 또한 기게스의 아들 미르소스도 이때 그들과 운명을 같이했다. 이 복병을 지휘한 것은 밀라사 출신의, 이바놀리스의 아들 헤라클레이데스였다.

한편 이오니아인이 사르데스를 공략한 후 이오니아인을 추격했던 페르시아 여러 장군 중 한 사람이었던 히마이에스는 프로폰티스를 향해

---

69) 카리아의 도시 밀라사에 속해 있던 소읍(小邑). 여기에 기술되어 있는 '전쟁의 제우스' 신전으로 유명했다.
70) 카리아 동북방에 있었던 소읍.

진격하여 미시아에 있는 키오스[71]를 점령했다. 그 점령 후 다우리세스가 헬레스폰토스를 떠나 카리아로 출정했다는 소식을 듣자, 프로폰티스를 뒤로 하고 헬레스폰토스를 향해 병력을 진격시켜 일리온 지방에 거주하는 아이올리스족을 모두 제압한 다음, 나아가 고대 트로이인의 잔당인 게르기테스족[72]도 또한 정복했다. 그러나 히마이에스 자신은 이들 민족을 정복하던 중 트로아스 지방에서 병사했다.

히마이에스는 이렇게 최후를 마쳤는데, 한편 사르데스의 총독 아르타프레네스와 제3의 지휘관 오타네스는 이오니아 및 이와 인접한 아이올리스로 출정하라는 명령을 받고, 이오니아에서는 클라조메나이를, 아이올리스에서는 키메를 점령했다.

이렇게 하여 여러 도시가 점령되고 있었는데, 이 사이에 밀레토스의 아리스타고라스가 결국 의연한 기재를 지니지 못한 인물임이 명백해졌다. 그는 이오니아에 소요와 분란의 씨앗을 뿌린 장본인이었으면서도, 이와 같은 정세를 바라보고 다레이오스왕을 이기기란 이미 불가능함을 깨닫고 도망칠 계획을 짜고 있었다. 거기에서 그는 자기 일당을 불러 모아 놓고 자신들이 밀레토스에서 추방될 경우를 대비해서 미리 피란할 곳을 정해 두는 것이 좋겠다고 말하고, 그때 자신이 일당을 이끌고 사르데냐로 이주하여 식민지를 개척하는 것이 좋겠는가, 아니면 히스티아이오스가 아레이오스로부터 받아 성벽을 쌓아 놓은, 에도노이족 나라의 미르키노스로 가는 것이 좋겠는가 하고 물었다.

이때 헤게산드로스의 아들로 사전(史傳) 작가였던 헤카타이오스[73]는 이 두 지역 어느 곳에도 반대하고, 아리스타고라스가 밀레토스에서 추방될 경우에는 레로스 섬[74]에 성을 쌓고 여기서 당분간 은둔한 다음 이

---

71) 이 키오스(Kios)는 물론 이오니아에 있었던 키오스(Chios) 섬을 가리키는 것이 아니다. 비티니아 지방에 있었던 밀레토스의 식민지.
72) 이다 산(山) 동쪽에서 살고 있었다. 트로이 함락 후 그 잔당이 이곳으로 옮겨와 살았다는 전승이 있었다.
73) 주 12) 참조.

육고 이곳을 기지로 하여 밀레토스로의 복귀를 꾀하는 것이 좋겠다고 제안했다.

헤카타이오스는 이와 같이 건의했지만 아리스타고라스의 생각은 미르키노스 이주 쪽으로 기울었다. 그는 시민 가운데 명망이 높았던 피타고라스에게 밀레토스의 통치를 위임하고, 동행하기를 바라는 자들을 모두 이끌고 배를 타고 트라키아로 향했다. 거기서 목표했던 곳을 수중에 넣었지만, 아리스타고라스는 이곳을 기지로 하여 출격하던 중 부하들과 함께 트라키아인에 의해 살해됐다. 그가 트라키아의 어느 도시를 포위하여, 트라키아측이 휴전 협정을 맺고 도시에서 물러나려 할 때 빚어진 사건이었다. [75]

---

74) 레로스는 카리아 서쪽 해안에 떠 있는 작은 섬. 여기에 밀레토스의 식민지가 있었다.
75) 트라키아인이 자발적으로 물러가겠다고 약속한 후 불시에 습격한 것이다.

제6권

히스티아이오스의 활약

이오니아 반란의 주모자 아리스타고라스는 이렇게 하여 최후를 마치고 말았다. 한편 밀레토스의 독재자 히스티아이오스는 다레이오스의 허락을 얻어 사르데스로 갔다. 히스티아이오스가 수사를 떠나 사르데스에 도착하자, 사르데스의 총독 아르타프레네스가 그에게 이오니아인이 반란을 일으킨 원인은 무엇이라고 생각하느냐고 물었다. 이에 히스티아이오스는 이오니아의 현황(現況)에 관해 전혀 모르고 있는 것처럼 가장하고, 이와 같은 일이 일어난 데 대해 자신도 무척 놀라고 있다고 말했다. 그러나 반란의 진상에 관해 상세히 알고 있던 아르타프레네스는 히스티아이오스가 딱 잡아떼는 것을 보고 이렇게 말했다.

"히스티아이오스여, 일의 진상은 이렇소. 구두는 그대가 만들었고, 아리스타고라스는 그걸 단지 신기만 했을 뿐이오."

물론 이 말은 반란 사건을 풍자한 것이었는데, 히스티아이오스는 아르타프레네스가 일의 진상을 잘 알고 있는 데 놀라 그날 밤으로 해안을 향해 도망쳤다. 이리하여 그는 다레이오스왕을 감쪽같이 따돌리게 되었다. 그는 세계 최대의 섬인 사르데냐를 정복해 보이겠다고 왕에게 약속했지만, 그의 참된 목적은 대(對) 다레이오스 전쟁의 지휘권을 장악하려는 데 있었던 것이다.

키오스 섬으로 건너온 히스티아이오스는 여기서 다레이오스의 배후 조종자로 키오스인에 대해 음모를 기도하고 있다는 혐의를 받고 섬 주민에 의해 포박됐지만, 키오스인은 그의 이야기를 자세히 듣고 페르시아 대왕(大王)에 대한 그의 적의를 확인한 다음 곧 그를 석방했다.

이때 이오니아인들이 히스티아이오스에게 왜 그토록 열성적으로 아리스타고라스를 설득하여 그로 하여금 전 이오니아에 이런 엄청난 재난을 가져온 반란을 일으키게 하였느냐고 물었지만, 그는 교묘하게 진짜 이유는 은폐하고 다레이오스왕이 페니키아인을 고국 땅에서 이주시켜 이오니아에 정주케 하고 이오니아인은 페니키아로 옮겨 살게 하려는 계획을 세우고 있었기 때문에 그렇게 했노라고 둘러댔다. 이것은 전혀 진실이 아니었지만 이오니아인들을 놀라게 하기에는 충분했다.

이윽고 히스티아이오스는 아타르네우스 출신의 헤르미포스라는 자를 사자로 보내 사르데스에 있는 몇몇 페르시아인들에게 서신을 전달케 했다. 그들은 이전에 히스티아이오스의 반란 모의에 참여했던 자들이었다. 그런데 이 헤르미포스가 이들 서신을 엉뚱하게도 아르타프레네스에게 넘기고 말았다. 그리하여 전후 사정을 알게 된 아르타프레네스는 헤르미포스에게 명하여 히스티아이오스가 보낸 편지를 그대로 상대방에게 전한 다음, 그들 페르시아인이 히스티아이오스에게 보내는 답장을 자기에게 가져오게 했다. 이렇게 하여 모략은 발각되고, 아르타프레네스는 사르데스를 소란 상태로 몰아넣으며 수많은 페르시아인을 처형했던 것이다.

이렇듯 야망이 좌절된 후, 키오스인은 히스티아이오스의 요청에 따라 그를 밀레토스로 귀국시키려고 했다. 그러나 밀레토스인은 아리스타고라스의 전제(專制)에서 겨우 해방돼 한숨을 돌리고 있던 참이었고 이미 자유의 맛을 알고 있었기 때문에, 다시 또 다른 독재자를 맞아들이고 싶은 생각은 추호도 없었다. 그리하여 히스티아이오스가 야음을 틈타 밀레토스로의 복귀를 강행하려 하자, 밀레토스인이 그의 허벅지

에 부상을 입혔다. 조국에서 쫓겨난 히스티아이오스는 키오스로 돌아
왔다. 그는 또다시 키오스인을 설득했지만 배를 얻는 데 실패하자, 이
곳을 떠나 레스보스 섬의 미틸레네로 건너가 레스보스인을 설득하여
배를 얻는 데 성공했다. 그들은 8척의 삼단노선을 준비하고 히스티아
이오스와 함께 비잔티움으로 항행한 다음, 여기에 근거지를 정하고 흑
해에서 나오는 배를 닥치는 대로 모두 포획했다. 단 그들 중 히스티아
이오스에게 복종할 뜻을 분명히 밝힌 자만은 포획을 면했다.

히스티아이오스와 미틸레네인이 이러한 행동으로 나오고 있는 동안,
문제의 밀레토스에는 바다와 육지 양면에서 대군이 육박해 오고 있었
다. 페르시아군의 여러 지휘관이 합류하여 공동 전선을 편 다음, 밀레
토스 이외의 여러 도시는 차치하고 오로지 밀레토스만을 목표로 진격
해 오고 있었던 것이다. 해군 중 가장 전의(戰意)가 왕성했던 것은 페
니키아인이었는데, 그 밖에 최근 정복된 키프로스로부터 파견된 군대
와 킬리키아인, 그리고 이집트인도 공격에 가담하고 있었다.

페르시아군이 밀레토스를 비롯한 이오니아 각지로 진격해 오고 있다
는 소식을 들은 이오니아인들은 각각 대표단을 전 이오니아 회의[1]에
파견했다. 대표단들이 목적지에 도착하여 협의한 결과, 밀레토스의 방
위는 그들 자신에게 맡기고 페르시아군에 대항하기 위한 육군은 편성
치 않을 것, 함대는 한 척도 빼놓지 않고 모두 장비를 갖추고 그것이
끝나는 대로 밀레토스를 방어하기 위한 해전에 대비해 즉각 라데로 집
결할 것 등을 의결했다. 라데는 밀레토스 시 전면(前面)에 떠 있는 작
은 섬이다.[2]

이윽고 배의 장비를 끝내고 이오니아군이 집결하기 시작했는데, 아
이올리스인 중 레스보스 섬의 주민들도 이에 가담했다. 그 진형(陣形)
은 다음과 같았다. 밀레토스인이 스스로 80척의 배를 투입하여 동쪽

---

1) 전 이오니아 회의(판이오니온)에 대해서는 제1권 참조.
2) 이 섬은 현재는 마이안드로스 강이 옮겨 온 토사(土砂)에 의해 본토와 연결
　 되어 있다.

날개를 맡고, 이어서 프리에네인의 12척, 미우스인의 3척이 배치되고, 미우스군 다음으로는 테오스군의 17척과 키오스의 100척이 포진했다. 나아가 에리트라이와 포카이아군이 각각 8척 및 3척의 배를 가지고 진을 구축하고, 그 다음에는 레스보스군의 70척이 배치되었으며, 마지막으로 사모스인이 60척의 함선을 거느리고 서쪽 날개를 맡았다. 이들 함선의 총수는 353척이었다.

이와 같은 이오니아군의 진용에 비해 페르시아 함대의 수는 무려 600척이었다. 페르시아 함대가 이미 밀레토스 수역에 도달하고 육상의 전 병력도 도착했을 때, 페르시아군의 여러 장군들은 이오니아의 함대 규모가 예상보다 거대함을 알고 이들을 제압하지 못하게 될까 위구심을 품기에 이르렀다.

해상을 제압하지 못하면 밀레토스를 공략하지 못하게 될 것이고, 그렇게 되면 다레이오스의 진노를 사게 될 것임을 두려워했기 때문이었다. 그들은 이런저런 궁리 끝에 이오니아의 독재자들을 소집하기로 했다. 이들은 밀레토스의 아리스타고라스에 의해 권좌에서 추방되어 페르시아로 망명했던 자들로서, 때마침 밀레토스 공격에 참가하고 있었다. 페르시아인들은 그들을 불러모아 놓고 다음과 같이 말했다.

"이오니아인 여러분, 지금이야말로 여러분 각자가 페르시아 왕가에 대한 충성심을 보여 줄 때요. 여러분은 각기 최선을 다해 자국민을 연합군에서 이탈시켜야 하오. 그때 확약 사항으로서, 우리는 결코 반란죄를 물어 그들을 처벌치 않을 것이며, 성소나 개인 주거지를 불태우지도 않을 것이고, 또한 이때까지 고통받아 왔던 것 이상으로 학대하지도 않을 것임을 통고하도록 하시오. 그러나 만약 그들이 이에 따르지 않고 끝까지 전쟁에 호소하려 한다면 나중에 그들에게 닥칠 온갖 재난을 들어 위협을 가하도록 하시오. 즉 패전시에는 그들은 노예가될 것이며, 남자아이는 거세되고 여자아이는 박트리아³⁾로 이송될 것이

---

3) 박트리아는 오늘날의 북부 아프가니스탄 부근에 해당한다. 페르시아 제국

며, 또한 그 국토는 몰수되어 타민족에게 넘어갈 것이라고 말이오."

이 같은 페르시아 사령관들의 제안을 받아들여, 망명하고 있는 이오니아의 독재자들은 각기 밤중에 사자를 보내 모국에 이러한 뜻을 전하게 했다. 그러나 이러한 통보를 받은 이오니아 도시 중 어느 곳에서도 배신을 결행하려 하지 않았다. 왜냐하면 그들은 각각 페르시아측이 이러한 것을 자국에만 통고해 왔다고 생각했기 때문이었다. 페르시아군이 밀레토스에 도착한 직후에 일어난 일이었다.

이윽고 라데에 집결한 이오니아군의 집회가 열렸다. 그 석상에서 차례로 일어서서 연설을 하던 중 포카이아군의 사령관 디오니시오스가 다음과 같은 주목할 만한 발언을 했다.

"이오니아인 여러분, 바야흐로 우리의 운명은 자유의 몸을 그대로 유지하느냐 아니면 노예가 되느냐——그것도 그냥 단순한 노예가 아니라 탈주한 노예의 경우에 빠지느냐 아니냐 하는 기로에 서 있습니다. 그러므로 만약 여러분에게 엄격한 규율을 기꺼이 감내할 만한 의지가 있다면, 당분간은 고통스럽더라도 여러분은 반드시 적을 제압하고 자유의 몸이 될 수 있을 것입니다. 그렇지만 만약 여러분이 계속해서 안일을 일삼고 방종으로 흐른다면, 여러분은 반란죄로 대왕으로부터 처벌을 면치 못하게 될 것이오. 그러니 부디 내가 말하는 대로 여러분의 신병을 내게 일임해 주시오. 그렇게 한다면, 신들께서 우리와 적을 공평하게 다루시는 한, 여러분께 확약하거니와 적은 싸움을 걸어 오지 않을 것이며, 비록 도전해 온다 하더라도 대패를 면치 못하게 될 것이오."

디오니시오스의 이 말을 듣고 이오니아인들은 그에게 모든 것을 일임하기로 했다. 그는 연습을 할 때마다 배를 일렬 종대로 세워 전진시키고 함선 상호간에 선간(般間) 돌파 훈련을 행하게 하여 노군(櫓軍)들의 숙달을 꾀하는 한편, 함상 전투원들은 언제나 실전(實戰) 장비를

의 말단 부분이었다.

갖추고 대기하게 하고 연습 후에도 배를 해상에 정박시켜 두게 하는 식으로 이오니아군을 온종일 혹사시켰다.[4] 7일 동안은 명령대로 행동했지만, 본래 이렇게 힘든 일에 익숙치 않았던 이오니아인들은 뜨거운 땡볕 아래서 하루 종일 시달림에 따라 피로가 겹치게 되자 서로 투덜거리며 이렇게 중얼거렸다.

"대체 우리가 어느 신께 죄를 지었길래 이 고생이람. 단 세 척밖에 배를 내지 않은 포카이아의 저 사기꾼 놈에게 우리를 맡겨 버리다니, 우리 머리가 어떻게 되어 있었던 모양이오! 우리를 수중에 넣은 뒤로 저자는 생명에 위협을 줄 정도로 우리를 지극히 난폭하게 다루고 있소. 현재 동료들 대부분이 이미 병들어 있고, 이후 더 많은 사람들이 그렇게 될 조짐을 보이고 있소. 지금의 이 고통에 비하면 다른 고난쯤은 아무것도 아닐 것이오. 장차 노예가 되어 얼마나 혹사당하게 될지 모르지만, 지금의 이 고통을 언제까지나 감내하기보다는 차라리 그편을 택하는 것이 더 좋을 것 같소. 자아, 모두 이제부터는 저자의 지시를 듣지 말기로 합시다."

이렇게 말한 뒤부터는 누구 한 사람 명령에 따르지 않았고, 마치 지상군처럼 섬 안에 천막을 치고 그늘에 기거하면서 승선을 거부하고 연습에도 참가하지 않았다.

그리하여 사모스 파견 부대의 지휘관들은 이오니아인들의 이러한 꼬락서니를 보고, 실로손의 아들 아이아케스[5]가 이전에 페르시아측의 요

---

4) 여기에 기록되어 있는 전투 훈련 방식에 대해 한마디 하면, 연습 해역에 이를 때까지는 일렬 종대로 항행하지만 일단 연습에 들어가면 적을 향해 일렬 횡대로 늘어선다. 그리고 적함 두 척 사이로 맹렬한 속도로 뚫고 들어가 적함의 노를 비롯한 선구(船具) 등을 파괴하여 행동의 자유를 빼앗은 다음 되돌아가 공격하는 전법(戰法)이다. 펠로폰네소스 전쟁 때에는 아테네 해군이 이 전법을 사용하여 종종 성공을 거두었는데, 이 무렵에는 이 전법이 아직 새로운 공격법이었을 것이다.

5) 실로손은 사모스의 유명한 독재자 폴리크라테스의 동생으로 형의 뒤를 이어 왕위에 올랐는데, 그의 아들 아이아케스가 그의 후계자가 되었다.

구에 따라 알려 왔던 제안, 즉 이오니아군과의 동맹을 파기하라는 요구를 이때 받아들이기로 결의했다. 사모스인이 이 제안을 수락하기로 한 것은, 한편으로는 이오니아군의 기강이 몹시 문란해져 있음을 보았기 때문이기도 하였지만, 또한 이오니아군이 도저히 페르시아 대왕의 전력을 능가할 수 없음을 깨달았기 때문이기도 했다. 왜냐하면 설사 현재 수군을 격파한다 하더라도 다레이오스는 반드시 이것의 다섯 배되는 대함대를 또다시 파견하리라는 것을 그들은 잘 알고 있었기 때문이었다. 때마침 이오니아인이 군율에 따른 의무 수행을 거부하자, 이 것을 구실로 자국의 성소와 개인 재산의 보전을 꾀하는 것이 유리하다고 판단했던 것이다.

사모스인에게 이와 같은 제안을 전달했던 아이아케스는 아이아케스의 손자이자 실로손의 아들로, 본래는 사모스의 독재자였지만 다른 이오니아의 독재자들과 마찬가지로 밀레토스의 아리스타고라스에 의해 지배권을 박탈당했던 것이다.

그 후 페니키아 함대가 공격을 가해 오자, 이오니아군도 이에 대항하기 위해 일렬 종대로 늘어선 다음 배를 전진시켰다. 이윽고 양 함대는 근접하여 전투에 돌입하였는데, 이 해전에서 이오니아군의 어느 부대가 비겁한 행동을 했고 어느 부대가 용감하게 싸웠는지에 대해서는 나로서도 정확히 서술할 수 없다. 각 부대가 서로 책임을 전가하고 있기 때문이다. 전해지는 바에 따르면 사모스의 파견 부대는 이때 미리 아이아케스와 짜놓았던 대로 돛을 올리고 전선을 이탈하여 사모스로 귀항하였다고 한다. 다만 11척의 삼단노선 함장들만은 사령관의 명에 복종치 않고 그대로 머무른 채 해전에 가담했다. 이 잔류 부대의 행위는 실로 훌륭했다 하여 사모스 당국은 이 행동을 찬양하기 위해 석주 (石柱)에 그들의 이름을 그 부친들의 이름과 함께 새기는 영예를 베풀었다. 이 석주는 오늘날에도 사모스의 아고라에 있다.

레스보스인도 이웃 부대가 도주하는 것을 보자 곧 이 사모스군을 본받았고, 이오니아 함대 대부분이 비슷한 행동으로 나왔다.

자기 자리를 지키며 해전을 벌였던 부대 중 키오스군은 용감하고 눈부신 활약을 보였던 만큼 그 피해도 가장 컸다. 키오스는 앞서 서술했던 것처럼 100척의 함선을 투입하였고, 각 함선에는 각각 시민 가운데서 선발된 40명의 전투 부대가 타고 있었다. 다수의 동맹군이 자기편을 배반하는 광경을 목격하면서도 이러한 비겁자들과는 달리, 얼마 남지 않은 동맹군과 함께 고립된 상태에서 선간(船間) 돌파를 시도하면서 해전을 벌여 수많은 적선(敵船)을 파괴했지만, 그들 자신도 대부분의 함선을 잃어버렸다. 사태가 이렇게 되자 키오스 부대는 남은 함선과 함께 자국으로 도망쳤다.

함선이 파괴되어 더 이상 항해할 수 없게 된 자들은 적의 추격을 받으며 미칼레 곶을 향해 도망쳐, 이곳에 상륙한 다음 배를 버리고 도보로 행진해 갔다. 이 키오스인 일행은 이윽고 에페소스 지구에 들어서게 되었는데, 때마침 밤이었고 이 지방 여자들이 테스모포리아⁶ 축제를 벌이고 있었다. 이때 에페소스 시민들은 이들 키오스인이 어떤 고난을 겪었는지 전혀 들은 바가 없었기 때문에, 병사들이 국내에 들어온 것을 보자 도적들이 여자들을 노리고 습격해 온 줄로 착각하고 전 시민이 출동하여 키오스인들을 살해하고 말았다. 키오스군은 이렇게 비참한 운명을 맞고 말았던 것이다.

한편 포카이아인 디오니시오스는 적선 세 척을 포획했지만, 이오니아군이 궤멸되었음을 알고는 포카이아도 마침내는 다른 이오니아 제국과 마찬가지로 노예화되리라는 것을 분명히 깨닫고 포카이아로 돌아가려는 생각을 포기했다. 그들은 그대로 곧 페니키아로 항해하다 도중에 페니키아 상선 수척을 격침시키고 많은 금품을 수중에 넣은 다음 시켈리아로 향했다. 그리고 이곳을 근거지로 하여 해적 활동을 벌였지만, 결코 그리스인 배만은 건드리지 않았으며 오로지 카르타고인과 에트루

---

6) 테스모포리아란 지모신(地母神) 데메테르를 위한 축제로, 기혼 여성만이 참여할 수 있었다.

리아인의 배만 습격했다.

이 해전에서 이오니아군을 격파한 페르시아군은 곧 해륙(海陸) 양면에서 밀레토스를 포위했다. 그들은 성벽 밑을 판 다음 이것을 무너뜨리기도 하고 온갖 공성용(攻城用) 병기도 동원해 쉴 새 없이 공격을 퍼부었다. 그리하여 마침내 아리스타고라스가 반란을 일으킨 지 6년째 되던 해 밀레토스를 완전히 함락시켰다.[7] 그 결과 전 시민이 페르시아의 노예가 되었는데, 이 수난은 기묘하게도 일찍이 밀레토스에 내려졌던 신탁과 일치하는 것이었다.

즉, 언젠가 아르고스인이 델포이에서 자국의 안위에 관해 신탁을 구했을 때, 문제의 아르고스인에 관한 것 이외에 밀레토스인에 관계되는 신탁도 덧붙여 내려진 적이 있었다. 아르고스인에 관한 부분은 적절한 곳에 가서 기술하기로 하고, 당시 그곳에 없었던 밀레토스인에게 내려졌던 신탁을 옮겨 적으면 다음과 같다.

이때야말로 밀레토스여, 너희 수많은 악행을 기도한 자들아
너희는 많은 자들의 먹이가 되고, 훌륭한 상품(賞品)이 되리라.
또한 너희 아내들은 수많은 장발족(長髮族)들의 발을 씻게 될 것이고
디디마[8]에 있는 내 신전은 이국인의 손에 맡겨지게 될 것이다.

밀레토스인들은 바로 이 신탁에 계시된 대로 되었던 것이다. 즉 대부분의 남자는 머리를 길게 기르고 있는 페르시아인에 의해 살해되었고, 처자식은 노예 신세가 되었으며, 디디마의 성역은 신전이나 신탁소를 막론하고 모두 약탈당하고 불타 버렸던 것이다. 이 신전에 모아져 있던 재보에 대해서는 다른 곳에서 이미 여러 번 언급한 바 있다.

---

7) 밀레토스가 함락된 것은 기원전 494년 가을의 일이었다. 그 5년 전인 499년이 반란을 일으킨 최초의 해였다.

8) 디디마의 별명인 브란키다이는 본서에서 여러 번 언급되었다(제1권, 제5권 참조).

포로가 된 밀레토스인은 그 후 수사로 호송되었지만, 다레이오스왕은 그들에게 더 이상 위해를 가하지 않고 이른바 홍해에 면하는 암페라는 도시에 거주하게 했다. 이 도시 옆으로 티그리스 강이 흘러 바다로 들어가고 있다. 밀레토스의 국토 중 도시와 평야는 페르시아인이 확보하고 산지(山地)는 페다사에 거주하는 카리아인에게 주었다.

밀레토스가 페르시아인에 의해 이러한 재난을 겪게 되었을 때, 시바리스[9]인은 이전에 밀레토스인에게서 은혜를 입었음에도 불구하고 그 불운에 대해 적절한 동정심을 표시하지 않았다. 시바리스인은 나라를 빼앗긴 뒤 라오스와 스키드로스에서 살고 있었는데, 앞서 시바리스시가 크로톤인에 의해 점거되었을 때 밀레토스의 성년 남자들은 모두 머리를 깎고 깊은 애도의 뜻을 표했었던 것이다. 실제로 이 두 도시만큼 긴밀한 우호 관계를 맺은 예를 나는 달리 알지 못한다. 그러나 아테네인이 취한 태도는 시바리스인과는 전혀 달랐다. 아테네인은 밀레토스가 함락된 데 대해 몹시 애통해하고 여러 기회를 통해 유감의 뜻을 표명했다. 한 예를 들면 프리니코스[10]가 〈밀레토스의 함락〉이라는 제목의 극을 써 이것을 상연하여 관객을 울렸을 때, 동포의 불행을 상기시켰다는 죄명으로 그에게 1천 드라크마의 벌금을 과하고 금후 어떠한 자도 이 극을 상연할 수 없다는 규정을 만든 일도 있었다.

어쨌든 밀레토스인은 그 도시에서 모두 일소되고 말았다. 한편 사모스에서는 부유 계급 출신들이, 페르시아군에 대해 취한 사모스군의 지

---

9) 시바리스 이하에 나타나는 지명은 모두 남이탈리아에 있었던 그리스인의 식민도시. 시바리스와 밀레토스 간의 우호 관계가 무엇 때문에 이루어졌는지에 대해서는 잘 알 수 없지만, 일설에 의하면 교역상의 이해 관계 때문이었다 한다.

10) 프리니코스는 아이스킬로스의 선배에 해당하는 비극 작가로, 기원전 6세기 후반에서 5세기 전반에 걸쳐 활약했다. 작품은 거의 소실되었지만, 아이스킬로스 이전의 비극을 대표하는 최대의 작가로 후세에까지 애호되었다 한다. 여기에 언급되어 있는 작품도 소실되었는데, 신화나 전설 이외에 동시대의 사건을 다룬 비극으로서 아이스킬로스의 〈페르시아인〉과 함께 매우 진귀한 예에 속한다.

휘관들의 행동에 불만을 품고 해전 직후에 평의(評議)한 결과, 독재자 아이아케스가 도착하기에 앞서 해외로 이주하기로 결의했다. 까닭없이 남아 페르시아인과 아이아케스의 노예가 되는 어리석음을 범하지 않기로 한 것이다.

왜냐하면 때마침 이 무렵 시켈리아의 잔클레[11]인이 이오니아에 사자를 파견해, 자신들이 이오니아인 도시를 건설하려 하니 칼레 악테[12]로 오라고 이오니아인에게 권유해 왔기 때문이었다. 이 칼레 악테라 불리는 곳은 시켈리아인(시켈리아 원주민)이 거주하는 지역으로, 티레니아 해에 면하는 시켈리아 해변에 있다.

그런데 이오니아인 중 이 권유에 응해 식민에 참가한 것은 사모스인뿐이었고, 그 밖에 밀레토스의 피난민이 동행했다.

그러나 이 이주 도중 다음과 같은 예기치 않은 사건이 일어났다. 시켈리아를 향해 떠난 사모스인 일행이 로크로이 에피제피리오이[13]에 도착했을 때, 때마침 잔클레인은 그 왕 스키테스의 지휘하에 시켈리아의 도시를 점령하고자 이곳을 포위하고 있었다. 이때 당시 잔클레와 불편한 관계에 있었던 레기온의 독재자 아낙실레오스가 이러한 사정을 알고는 사모스인과 접촉하여 애당초 그들이 목표했던 칼레 악테로 갈 계획을 버리고, 때마침 남자들이 모두 부재중인 잔클레를 점령할 것을 종용했다. 마침내 사모스인은 아낙실레오스에게 설복되어 잔클레를 점령하고 말았다. 잔클레인은 자국이 점령되었다는 소식을 듣자마자 곧 도시를 되찾고자 서둘러 회군함과 동시에, 그들과 동맹 관계에 있었던 겔라[14]의

---

11) 오늘날의 메시나. 메시나 해협을 사이에 두고 레기온(오늘날의 레지요)과 마주 보고 있다. 기원전 8세기 후반경에 이오니아계인 에우보이아 섬의 칼키스인에 의해 개척됐다.

12) 칼레 악테란 '아름다운 해안'이라는 뜻. 나중에는 줄여서 칼락테라 불렸다. 시켈리아 북쪽 해안에 있었던 도시.

13) 그리스의 로크리스 오조리스인이 개척한 도시로 이탈리아 반도 남단 근처의 동해안에 있었다.

14) 시켈리아 남쪽 해안에 있었던 도시. 비극 작가 아이스킬로스가 사망한 곳

독재자 히포크라테스에게 구원을 요청했다. 그러나 히포크라테스는 기껏 군대를 이끌고 와서는 도시를 잃은 책임을 물어 잔클레의 독재자 스키테스를 체포하고 그 동생 피토게네스와 함께 이닉스[15] 시로 추방해 버렸다. 그 후 그는 다른 잔클레인을 배반하여 사모스인과 협정을 맺고는 그들을 사모스인에게 인도했다. 그리고 이 배반의 대가로서 도시 안에 있는 모든 동산(動産) 및 노예의 반, 그리고 논밭 전체를 받기로 사모스인으로부터 확약받았다. 히포크라테스는 잔클레 시민 대부분을 사로잡아 자기의 노예로 삼고, 유력한 시민 300명을 사모스인에게 인도하여 처형하도록 했다. 그러나 사모스인은 그 형을 집행하지 않았다.

잔클레의 독재자 스키테스는 이닉스를 탈주하여 히메라[16]로 갔다가 그곳에서 다시 아시아로 건너간 다음, 동쪽으로 올라가 다레이오스왕에게 몸을 의탁했다. 그리고 다레이오스로부터 그리스에서 온 자들 가운데 가장 성실한 인간이라는 평을 받았다. 왜냐하면 왕의 허락을 얻고 일단 시켈리아로 돌아갔지만 재차 왕 곁으로 되돌아왔기 때문이었다. 그리고 그는 페르시아에서 아무런 부족함 없이 살다가 고령에 이르러 생애를 마쳤다.

페르시아로부터 화를 면한 사모스인이 아름다운 잔클레 시를 힘들이지 않고 수중에 넣게 된 경위는 이상과 같았다.

밀레토스를 둘러싸고 벌어졌던 해전 후, 페니키아인은 페르시아측의 명에 따라 실로손의 아들 아이아케스가 대공(大功)을 세운 수훈자라 하여 사모스로 복귀시켰다. 또한 다레이오스에 대해 반란을 일으켰던 여러 도시 가운데 사모스만은 해전시 함선을 이탈시킨 공에 의해 도시

으로 유명하다.
15) 여기에는 이닉스라 기술되어 있지만 어쩌면 이니코스였는지도 모르겠다. 소재는 명확하지 않지만 시켈리아 남쪽 해안 중앙부에 있는 아크라가스(아그리젠토) 부근에 있었던 것 같다.
16) 시켈리아 북쪽 해안에 있었던 도시. 서정시인 스테시코로스의 출신지로 알려져 있다.

도 성역도 방화(放火)를 면했다. 밀레토스 함락 후 페르시아군은 곧 카리아를 점령했다. 도시에 따라서는 자발적으로 굴복한 곳도 있었지만, 그 밖의 도시는 대부분 강제로 병합됐다.

이러한 사건이 벌어지고 있을 때, 비잔티움 해역에서 흑해로부터 출항해 나오는 이오니아의 선박을 나포하고 있던 밀레토스인 히스티아이오스에게 밀레토스가 함락됐다는 소식이 전해졌다. 히스티아이오스는 헬레스폰토스의 일을 아비도스인 아폴로파네스의 아들 비살테스에게 일임하고, 자신은 레스보스인을 이끌고 키오스로 향했다. 그런데 키오스의 수비대가 그의 입국을 거부하여, 키오스 지구에 있는 '공동(空洞, 코이라)'이라 통칭되고 있는 곳에서 그들과 교전하고 그들 다수를 살해했다. 나머지 키오스인도 이미 앞서의 해전으로 심한 타격을 받고 있었기 때문에 키오스 섬에 폴리크네를 기지로 삼고 레스보스군을 이끌고 공격해 오는 히스티아이오스 앞에 굴복하고 말았다.

도시(국가)든 민족이든 큰 혼란이 닥칠 때는 무엇인가 전조(前兆)가 있게 마련인데, 키오스의 경우도 예외는 아니어서 이 재난을 겪기 전에 심상치 않은 전조가 있었다. 그 하나는, 델포이에 가무(歌舞)를 바치기 위해 100명의 청년으로 편성한 가무단(코로스)을 파견한 일이 있었는데, 그 중 두 명만이 무사히 귀국했고 나머지 98명은 모두 전염병에 걸려 사망하고 말았다. 다른 하나는, 해전이 발발하기 바로 직전에, 읽고 쓰는 법을 배우고 있던 아이들의 머리 위로 천장이 무너져 내려 120명의 아이 중 겨우 한 명만이 화를 면한 대참사가 그것이다. 신이 키오스인에게 이와 같은 전조를 계시한 후 얼마 되지 않아서 해전이 벌어져 키오스 시는 대패를 면치 못했다. 해전에 뒤이어 히스티아이오스가 레스보스군을 이끌고 침공해 왔으나, 이미 쇠약한 상태에 접어든 키오스인을 굴복시키기란 히스티아이오스에게 있어서는 너무나 손쉬운 일이었던 것이다.

키오스를 평정한 후 히스티아이오스는 이오니아인과 아이올리스인 다수를 이끌고 타소스 섬을 공격했다. 그런데 히스티아이오스가 타소스를 포위 공격하고 있을 때, 페니키아군이 밀레토스를 출항하여 이오니아의 다른 여러 도시를 공격하기 위해 항해 중이라는 소식이 들어왔다. 이와 같은 보고를 접하자 히스티아이오스는 타소스를 그대로 방치하고 스스로 전군을 이끌고 급히 서둘러 레스보스로 향했다. 그러나 군대가 식량난으로 어려움을 겪고 있었기 때문에, 아타르네우스 지구의 곡물과 미시아 지방에 있는 카이코스 강 유역의 곡물까지 베어 올 목적으로 레스보스에서 대안(對岸)으로 건너갔다. 그런데 이 지구에는 때마침 페르시아군의 대장 하르파고스가 대군을 거느리고 주둔해 있었다. 하르파고스는 히스티아이오스가 상륙하자 그 부대를 습격하여 그를 생포하고 그 부대를 거의 전멸시키다시피 하였다.

히스티아이오스가 생포된 경위를 설명하면 이러하다. 그리스와 페르시아 양군은 아타르네우스 지구의 말레네에서 전투를 벌였는데, 서로 조금도 양보하지 않고 팽팽히 맞서 오랜 시간이 흘렀는데도 결판이 나지 않았다. 그러다가 페르시아의 기병대가 맹렬히 그리스군을 몰아붙여, 이 기병대의 활약으로 마침내 승리가 결정됐다. 패주하는 그리스군 속에 끼여 도망치던 히스티아이오스는 페르시아의 한 병사가 그를 추격하여 막 창으로 찌르려 하자, 페르시아어로 자신이 밀레토스의 히스티아이오스임을 밝혔던 것이다.

만일 생포된 히스티아이오스가 다레이오스왕에게로 호송되었다면, 아마도 다레이오스는 아무런 처벌도 내리지 않고 그의 죄를 용서했을 것이다. 바로 그러한 이유에서, 사르데스의 총독 아르타프레네스와 히스티아이오스를 체포한 하르파고스는 의견이 일치하였다. 그들은 히스티아이오스가 화를 면하고 재차 왕의 곁에서 위세를 부리는 것을 막기 위해, 히스티아이오스가 사르데스로 호송되자, 그 자리에서 몸체는 책형에 처하고 자른 머리는 소금에 절여 수사에 있는 다레이오스왕에게로 보냈다. 대왕은 그 사정을 알자 히스티아이오스를 산 채로 자기 앞으로 데려오지 않은 데 대해 노여움을 나타내면서 이런 조치를 취한 자들을 책망하고, 히스티아이오스의 머리를 정중히 다루어 깨끗이 씻고 자기와 페르시아 국민에 대해 큰 공을 세운 자와 똑같이 정중히 예우하여 매장하라고 명했다. 히스티아이오스에 관한 이야기는 이상과 같다.

에게 해와 헬레스폰토스 연안 도시 공략

페르시아 함대는 밀레토스 부근에서 겨울을 나고 이듬해 출항하여 키오스, 레스보스, 테네도스 등 대륙에 인접한 여러 섬을 쉽사리 점령했다. 페르시아군은 이들 섬을 점령할 때마다 그 주민을 '예인망식(曳引網式)'으로 소탕했다. 예인망식 소탕이란, 병사들이 손을 잡고 일렬로 늘어선 다음 북쪽 해안에서 남쪽 해안까지 이동해 가면서 주민들을 몰아내는 것을 말한다. 페르시아군은 대륙 안에 있는 이오니아 여러 도시도 아울러 점령했지만, 여기에서는 예인망식으로 주민들을 사냥하지는 않았다. 실행이 불가능했기 때문이다.

이때 페르시아의 지휘관들은 전에 이오니아인이 페르시아군에 대항하기 위해 진을 구축한 것을 보고 그들에게 가했던 위협 그대로 실행했다. 즉 그들은 이오니아 여러 도시를 제압하자, 특히 잘생긴 소년들을 뽑아 거세한 다음 환관으로 만들어 버리고, 또한 용모가 뛰어난 여자들을 부모에게서 빼앗아 대왕의 궁전으로 보냈다. 그리고 도시는 물론 성역까지 모두 불태워 버렸다. 이렇게 하여 이오니아는 세번째로 예속되었는데, 첫번째는 리디아인에 의한 것이었고, 나머지 두 번은 페르시아인에 의한 것이었다.[17]

페르시아 해군은 이오니아를 떠나 이번에는 헬레스폰토스로 진격하여 서해안 지역을 모두 점령했는데, 그 반대편 해안 일대는 이미 내륙으로부터의 공격으로 페르시아의 수중에 들어와 있었다.

헬레스폰토스의 유럽 쪽에 있는 지방을 차례로 열거하면, 우선 여러

---

17) 그 첫번째는 크로이소스에 의한 것이었고(제1권), 두번째는 키루스에 의한 것이었으며(제1권), 그리고 세번째는 지금의 아르타프레네스에 의한 것이었다.

개의 도시로 이루어진 케르소네소스가 있고, 다음으로 페린토스, 트라
키아 요새들, 셀림브리아, 그리고 비잔티움이 있다. 그런데 비잔티움
인 및 그 맞은편 해안에 사는 칼케돈인은 해상으로 공격해 오는 페니
키아군을 맞아 싸우려 하지 않고 자기 나라를 버리고 흑해 안쪽으로
도주한 다음 메삼브리아[18] 시에 자리잡고 살았다. 페니키아군은 앞에
열거한 지역들을 불태워 버린 후 방향을 바꿔 프로콘네소스와 아르타
케로 진격한 다음 이들 지역도 불태워 버렸다. 그리고 재차 케르소네
소스로 향했다. 이전 공격 때 파괴를 면했던 도시들을 공략하기 위해
서였다. 그러나 페니키아 해군은 키지코스로는 함대를 진격시키지 않
았다. 왜냐하면 페니키아 해군의 헬레스폰토스 진입 이전에 키지코스
인은 다스킬레이온[19]의 총독이었던 메가바조스의 아들 오이바레스와
협정을 맺고 자발적으로 대왕에게 복종하고 있었기 때문이었다. 케르
소네소스의 모든 도시는 카르디아 시를 제외하고는 모두 페니키아군에
의해 점령됐다.

이들 도시는 그때까지 스테사고라스의 손자이자 키몬의 아들인 밀티
아데스의 독재하에 있었다. 이 지배권은 그 이전에 킵셀로스의 아들
밀티아데스가 다음과 같은 사정으로 획득한 것이었다.

이 케르소네소스에는 전부터 트라키아의 부족인 돌론코이인이 거주
하고 있었다. 그런데 이 돌론코이인이 압신토스인과의 전쟁에서 곤경
에 처하자, 전국(戰局)에 대해 신탁을 구하기 위해 부족인 중 몇몇 유
력자를 델포이로 파견했다. 그러자 델포이의 무녀는 이에 답하여, 이
성역을 떠나 귀국하는 도중 그들을 손님으로서 맞아 주는 최초의 인물
을 국가 재건의 지도자로서 모시고 가라고 말했다. 돌론코이인들은
'성스런 길'[20]을 통해 포키스와 보이오티아를 지나갔지만 그들을 손님

---

18) 흑해 서쪽 해안, 오늘날의 오데사 남방에 있었던 도시. 본래는 밀레토스의
     식민지였다.
19) 프로폰티스(마르마라 해)의 남쪽 해안. 소(小)프리기아의 도시였다.
20) 이 길은 델포이에서 말하면 동쪽으로는 다우리스, 카이로네이아로 통하고,

으로 맞아 주는 자가 한 사람도 없었으므로, 길을 바꾸어 아테네로 향했다.

당시 아테네에서 전권을 장악하고 있었던 사람은 페이시스트라토스였지만, 킵셀로스의 아들 밀티아데스도 상당히 강력한 세력을 떨치고 있었다. 그는 경기용 사두마 전차를 마련할 수 있을 만큼 재력 있는 가문 출신으로, 그 조상은 멀리 따지고 올라가면 아이기나의 아이아코스였고, 그 가문은 아테네 국적을 획득한 지 얼마 되지 않은 상태에 있었다. 이 가문에서는 아이아스의 아들 필라이오스가 아테네 국적을 취한 최초의 인물이었다.

그런데 이 밀티아데스가 때마침 자택 문앞에 앉아 있을 때, 돌론코이인 일행이 그 앞을 지나갔다. 밀티아데스는 그들이 아테네에서는 볼 수 없는 복장을 하고 창을 들고 있는 데 주목하고 그들을 불러 세웠다. 그리고 그들에게 숙식을 제공하고 싶다고 제안했다. 돌론코이인들은 그의 호의를 받아들이고 그 집에 머무르면서 그에게 예(例)의 신탁에 대해 들려준 다음 부디 신의(神意)에 따라 달라고 애원했다. 이 이야기를 들은 밀티아데스는 본래 페이시스트라토스의 지배를 받는 것이 싫어 나라를 떠나고 싶었으므로 두말하지 않고 승낙해 버렸다. 그리고 돌론코이인의 요청대로 받아들여야 하는지에 대하여 신탁을 구하기 위해 즉시 델포이로 향했다.

델포이의 무녀도 이를 승낙하였으므로, 일찍이 올림피아의 사두마 전차 경주에서 우승의 영예를 안았던 이 킵셀로스의 아들 밀티아데스는 이 모험에 참가하고자 하는 아테네인들을 모두 이끌고 돌론코이 일행과 함께 출항하여 그 나라를 수중에 넣었다. 그리고 그를 초청했던 저 돌론코이의 수령들은 그를 독재자로 옹립했던 것이다.

밀티아데스는 무엇보다 먼저 케르소네소스의 지협(地峽)에 카르디아

동·남쪽으로 향해서는 레바데이아, 테베를 지나 남하하여 키타이론 산을 넘어 이윽고 엘레우시스와 아테네를 잇는 성도(聖道)와 합류한다.

시에서 팍티에에 걸쳐 성벽을 쌓았다. 이것은 압신토스인이 케르소네소스를 침입해 들어와 약탈하는 것을 방지하기 위해서였다. 이 지협의 폭은 36스타디온이고, 이 지협 안쪽의 케르소네소스의 전장(全長)은 420스타디온이다.

밀티아데스는 이렇게 케르소네소스의 목 부분에 성벽을 쌓고 압신토스인의 침입을 저지한 후, 나머지 부족들 가운데 우선 람프사코스인과 전쟁을 벌였으나, 람프사코스군의 복병에 걸려 밀티아데스 자신이 생포되고 말았다. 그런데 이 소식을 들은 리디아 왕 크로이소스가 그와의 우의(友誼)를 생각해서 람프사코스에게 사자를 보내 밀티아데스를 사면하라고 통고했다. 그리고 이 요구를 들어 주지 않으면 그들을 소나무처럼 모두 베어 버리겠다고 위협했다. 람프사코스인은 '소나무처럼 베어 버리겠다'고 한 크로이소스의 위협의 의미를 깨닫지 못하고 당황해하며 여러 가지로 논의하고 있었는데, 겨우 한 장로가 그 진의를 깨닫고 일동에게 모든 수목 가운데서 소나무만이 일단 베어지면 다시는 싹을 틔우지 못하고 완전히 고사(枯死)해 버린다고 말했다.

그러자 크로이소스에게 두려움을 느낀 람프사코스인은 밀티아데스를 석방하고 말았다.

이리하여 밀티아데스는 크로이소스의 호의로 화를 면할 수 있었지만, 곧 세상을 떠났다. 그리고 그에게는 뒤를 이을 자식이 없었기 때문에 정권과 재산은 그의 이부(異父) 형제인 키몬의 아들 스테사고라스에게 양도됐다. 밀티아데스가 세상을 뜬 후 케르소네소스의 주민들은 보통 건국의 시조에게 제사 지내는 관습대로 그에게 희생을 바치고 마차 경주나 체육 경기를 개최하고 있는데, 다만 람프사코스인의 참가만은 엄격히 금하고 있다.

람프사코스와의 전쟁 중 스테사고라스도 역시 후사(後嗣)를 남기지 않은 채 세상을 떠나게 되었다. 그는 시회당(市會堂)에 있다가 도끼에 맞아 죽었는데, 그 하수인은 탈주병이라 자처했지만 실은 적의 첩자로서 무척 다혈질적인 사나이였다.

이렇게 해서 스테사고라스가 세상을 뜨자, 페이시스트라토스 일족은 서거한 스테사고라스의 형제인 키몬의 아들 밀티아데스를 삼단노선과 함께 그 땅으로 파견해 케르소네소스의 사태를 수습토록 했다. 페이시스트라토스 일족은 밀티아데스의 아버지인 키몬의 비명횡사 사건에 대해서는 아무런 혐의도 없는 양, 밀티아데스가 아테네에 있는 동안은 그를 후대하고 있었다. 키몬이 죽게 된 경위에 대해서는 별도의 항목에서 서술할 예정이다.

밀티아데스는 케르소네소스에 도착하자, 형인 스테사고라스의 죽음을 애도한다는 핑계로 저택에 틀어박혔다. 이 소식이 전해지자 케르소네소스의 각 도시에서 유력자들이 모여들어 단체로 그에게 조의를 표했다. 밀티아데스는 이 틈을 이용해 그들을 모두 체포하고 케르소네소스의 지배권을 수중에 넣었다. 그리고 그는 500명의 용병을 휘하에 두고 트라키아 왕 올로로스의 딸을 아내로 맞아들였다. [21]

그런데 이 키몬의 아들 밀티아데스는 케르소네소스에 도착한 지 얼마 안 되어 이때까지보다 훨씬 더 어려운 곤경에 처하게 되었다. 즉 2년째 되던 해 스키타이인을 피해 나라를 떠나야만 했던 것이었다. 유목 스키타이인이 다레이오스왕의 공격에 자극받아 각 부족이 단결하여 이 케르소네소스까지 진격해 왔는데, 밀티아데스는 스키타이인의 공격을 기다려 이들과 싸우려 하지 않고 케르소네소스를 탈출했다가 스키타이인이 물러난 후에야 겨우 돌론코이인의 연락을 받고 돌아왔다. 페니키아의 침입이 있기 2년 전에 일어난 일이었다. [22]

그런데 이때 페니키아 해군이 테네도스에 있다는 소식을 들은 밀티

---

21) 이 여자에게서 태어난, 또 다른 올로로스가 역사가 투키디데스의 아버지였을 것이라고 추측하는 사람도 있다.

22) 이 기술이 옳다면 밀티아데스는 15년 동안(기원전 511~495년) 망명한 셈이 된다. 그러나 이 기술은 그다지 신용하기 어렵다. 그리고 이 이야기는 제4권에 기록되어 있는 것과도 상당히 모순된다. 왜냐하면 제4권에서는 밀티아데스가 다레이오스의 파멸을 위해 스키타이측을 도와 행동했다고 기술되어 있기 때문이다.

아데스는 다섯 척의 삼단노선에 그의 재산을 가득 싣고 아테네를 향해 출범했다. 카르디아 항구를 떠나 메라스 만을 지난 후 케르소네소스 연안을 지날 무렵 페니키아군이 선단을 공격해 왔다. 밀티아데스 자신은 선단 중 네 척의 배와 함께 임브로스 섬으로 피해 화를 면할 수 있었지만, 다섯번째 배는 페니키아군의 추격을 받아 나포되고 말았다. 그런데 공교롭게도 이 배를 밀티아데스의 큰아들인 메티오코스가 지휘하고 있었다. 그는 트라키아인 올로로스의 딸이 낳은 자식이 아니라 다른 여자의 소생이었다. 그를 사로잡은 페니키아인은 그가 밀티아데스의 아들임을 알게 되자, 대왕으로부터 크게 칭찬받으리라 생각하고 그를 대왕이 있는 곳으로 보냈다. 왜냐하면 이전의 스키타이 원정시 스키타이측이 원정군에게 선교(般橋)를 파괴하고 귀국하라고 요구했을 때,[23] 바로 이 밀티아데스가 스키타이측의 요구에 따라야 한다고 주장했었기 때문이었다.

그러나 다레이오스는 페니키아인이 밀티아데스의 아들인 메티오코스를 데려오자 그에게 아무런 위해(危害)도 가하지 않고 그를 크게 우대했다. 즉 주택과 영지를 주고 페르시아 여자와 결혼시킨 다음, 이 여자로부터 태어난 자식들을 모두 페르시아 국민으로 입적시켰다.

한편 밀티아데스는 임브로스를 떠나 아테네에 무사히 도착했다.

페르시아측은 이해에 들어서서는 이오니아인에 대해 더 이상 적대적인 행위를 하지 않고 오히려 다음과 같은 유리한 조치를 취했다.

즉 사르데스의 총독 아르타프레네스는 이오니아 각 도시로부터 사절을 불러들여, 금후 상호간의 분쟁은 약탈 행위 대신에 중재로 해결한다는 협정을 각 도시간에 맺도록 강요했다. 아르타프레네스는 다음으로 각 도시의 영토를 30스타디온에 해당하는 파라산게스 단위로 측량하게 하고 이에 따라 각 도시에 공세(貢稅)를 부과했다. 그 이후 오늘날에 이르기까지 이오니아의 모든 도시는 아르타프레네스가 과세한 세

---

23) 제4권 참조.

율을 그대로 유지하며 납세해 오고 있다. 더구나 아르타프레네스의 과세율은 그 이전과 거의 같았다.

이상과 같은 조치는 이오니아에 평화를 가져왔다.

이듬해 봄[24]이 되자, 다레이오스는 다른 지휘관들은 모두 사령관직에서 해임시키고 오직 고브리아스의 아들 마르도니오스만 육해군 대병력을 이끌고 해안 지방으로 내려가게 했다. 그는 아직 젊었고, 당시 다레이오스의 딸 아르토조스트라와 갓 결혼한 때였다. 마르도니오스는 군대를 이끌고 킬리키아에 도착하자, 자신은 승선하여 함대와 함께 발진하고 육상 부대는 다른 지휘관으로 하여금 이를 이끌고 헬레스폰토스로 향하게 했다.

마르도니오스는 아시아의 연안을 따라 항해하여 이오니아에 도착하자, 오타네스가 페르시아의 일곱 명의 공모자들 앞에서 페르시아는 민주제를 채택해야 한다고 역설했다는 이야기[25]를 믿지 못하는 그리스인에게 있어서는 참으로 놀라운 행동을 했다——이때 마르도니오스는 이오니아의 독재자들을 모두 추방하고 각 도시에 민주제를 수립했던 것이다. 그리고 마르도니오스는 이 일을 마무리지은 후 헬레스폰토스로 서둘러 떠났다. 여기에서 육해의 대군이 모두 집결하자 페르시아군은 해로(海路)로 헬레스폰토스를 건너 유럽으로 진격해 들어갔다. 주요 목적지는 에레트리아와 아테네였다.

물론 이 두 도시는 페르시아측에 있어서는 단순히 그리스 원정의 구실에 지나지 않았고, 그들은 될 수 있는 한 많은 그리스 도시를 정복할 심산이었다. 그리하여 해군을 동원하여 반격할 의사조차 없는 타소스를 정복함과 동시에, 육상 부대로 하여금 마케도니아인을 정벌하게 하여 다레이오스의 세력권에 편입시켰다. 마케도니아 앞쪽에 거주하는 민족은 모두 이미 페르시아에 복속되었던 것이다.

---

24) 기원전 492년 봄.
25) 제3권 참조.

원정군은 타소스를 떠나 대륙 연안을 따라 진격하여 아칸토스에 이른 다음, 여기서 다시 아토스 반도를 회항(回航)하려 했다. 그런데 아토스 부근 바다를 항해하던 중 어떻게 손쓸 도리가 없을 만큼 맹렬한 북풍이 불어 닥쳐 수많은 함선이 아토스 곳에서 침몰했다. 전해지는 바에 따르면 함선 약 300척이 파괴되고, 인명의 손실은 2만 명이 넘었다고 한다. 아토스 연해는 특히 해수(海獸)가 많기 때문에 해수의 먹이가 된 자도 있었고, 또한 암초에 부딪쳐 죽은 자도 있었는가 하면, 헤엄칠 줄 몰라 죽거나 동사(凍死)한 자도 있었다.

해군이 이러한 재난을 겪고 있을 무렵, 마케도니아에 진을 치고 있던 마르도니오스와 그 휘하 육군은 트라키아의 부족인 브리고이인의 야습을 받았다. 이때 많은 페르시아군이 살해됐고, 마르도니오스 자신도 부상을 입었다. 그러나 브리고이족도 결국에는 페르시아인의 지배를 면하지 못했다. 왜냐하면 마르도니오스가 끝내 그들을 굴복시키고 난 뒤에야 이 지역을 떠났기 때문이었다.

그러나 마르도니오스는 브리고이족을 평정한 후 병력을 거두고 철수했다. 육상에서는 대 브리고이전으로 심한 타격을 입고, 해상에서는 아토스 부근 바다에서 막대한 손실을 입었기 때문이었다. 이렇게 하여 이 원정군은 악전고투 끝에 아시아로 귀환하고 말았다.

스파르타의 클레오메네스

그 이듬해[26] 다레이오스는 우선 타소스가 모반을 기도하고 있다는 진정(陳情)이 이웃 나라로부터 있어 타소스에 사자를 보내 성벽을 허물고 함대를 아브데라로 보내라고 명했다. 사실상 타소스인은 일찍이 밀레토스인 히스티아이오스의 포위 공격을 겪은 경험에 비추어 풍부한 수입을 이용하여 군선을 건조하고 성벽을 전보다 더 견고하게 쌓아 놓고 있었다. 그 섬의 수입원은 본토에 있는 타소스의 영토와 광산이었

---

26) 기원전 491~490년의 일.

다. 스캅테 힐레의 금광[27]으로부터는 평균 80탈란톤의 연간 수입이 있었고, 그보다는 적었지만 타소스 섬 안에 있는 금광의 산출액도 상당한 액수에 이르고 있었기 때문에, 타소스는 곡물세를 징수하지 않았음에도 불구하고 본토 및 광산의 수입을 합하면 연간 수입이 평균 200탈란톤에 이르렀다. 그리고 때때로 특별한 경우에는 300탈란톤에 이르기도 했다.

나 자신도 이들 광산을 본 일이 있는데, 그 중에서도 특히 이채로운 것은 피닉스의 아들 타소스를 따라 맨 처음 이 섬에 식민했던 페니키아인들이 발견한 광산이다. 이 섬의 현재 이름은 이 타소스라는 페니키아인의 이름에서 유래한 것이다. 그런데 이들 페니키아인의 광산은 사모트라케 섬이 마주 보이는, 타소스 섬 남동쪽의 코이니라 및 아이니라로 불리는 두 지점 사이에 있다. 산 전체가 금광 채굴로 온통 무너지고 이리저리 파헤쳐져 있다.

그럼에도 불구하고 타소스인은 다레이오스왕의 명에 따라 성벽을 허물고 전(全) 함선을 아브데라로 보내 버렸다.

그 후 다레이오스는 과연 그리스인이 자신에 대해 저항할지 아니면 결국 굴복해 버릴지를 시험해 보기 위해, 그리스 각지에 사자를 파견해 페르시아 왕에게 땅과 물을 바치라고 요구했다. 그리고 그와 별도로 이미 왕에게 조공을 바치고 있던 해안의 도시들에는 사자를 보내 군선과 마필(馬匹) 수송용 선박의 건조를 명했다.

해안의 도시들이 그것들을 조달하기 위해 준비하고 있을 때, 한편 그리스에 파견된 사자에 대해 본토에 있는 많은 도시가 페르시아 왕의 요구에 따라 땅과 물을 바치겠다고 대답했다. 그리고 도서 지방에 이르러서는 사자가 방문하는 섬마다 모두 그 요구를 받아들였다.

그런데 다레이오스에게 땅과 물을 바친 수많은 섬 중에는 아이기나도 포함되어 있었다. 아이기나의 이러한 행동은 아테네의 즉각적인 반

---

27) 타소스 섬 맞은편 해안에 있었던 저명한 금광.

응을 불러일으켰다. 왜냐하면 아테네인은 아이기나가 그들에 대한 적의에서 페르시아왕에게 굴복했고, 결국 페르시아와 합세하여 아테네를 공격할 속셈이라고 생각했기 때문이었다. 그리하여 좋은 구실을 얻었다고 판단하고 스파르타와 연락을 취해, 아이기나의 행동은 그리스를 배반한 것이라 하며 스파르타에 그 죄를 호소했다.

당시 스파르타의 왕이었던 알렉산드리데스의 아들 클레오메네스는 이 같은 아테네의 호소를 듣자 아이기나로 건너갔다. 그러나 그가 주모자들을 체포하려 하자 수많은 아이기나인이 이에 격렬히 저항하고 나섰다. 그 중에서도 특히 폴리크리토스의 아들 크리오스('숫양'이라는 뜻)가 가장 강경한 자세를 취했다. 그는 클레오메네스가 아이기나 시민을 한 사람이라도 체포한다면 결코 그냥 두지 않겠다고 공언했다. 클레오메네스의 이번 행동은 아테네인에게 매수된 결과로 스파르타 국민의 뜻이 아니며, 만약 스파르타 전체의 뜻이라면 그는 당연히 또 한 명의 왕과 함께[28] 체포하러 왔을 것이라고 주장했다. 크리오스가 이 같은 발언을 한 것은 데마라토스의 사주에 의한 것이었다.

클레오메네스는 섬을 떠나면서 크리오스에게 그의 이름을 물었다. 크리오스가 이름을 말하자 클레오메네스는 그를 향해 이렇게 말했다.

"숫양(크리오스)이여, 앞으로는 그 뿔을 청동으로 가려 두는 게 좋을 것이다. 이윽고 커다란 곤경에 처하게 될 테니까 말이야."

이 무렵 스파르타에서는 아리스톤의 아들 데마라토스가 나라에 그대로 머물러 있으면서 클레오메네스를 비방하고 있었다. 그도 역시 스파르타의 왕이었지만, 그의 가문(家門)은 클레오메네스의 가문에 미치지 못했다. 그렇다 하더라도 본래 양가는 조상이 같았고, 다만 에우리스테네스 가(家) 쪽이 장자 집안이었기 때문에 좀더 중시되고 있었을 뿐이며 그 밖의 점에서는 별다른 차이가 없었다.

시인(詩人)들이 전하고 있는 바와는 달리 스파르타인이 주장하는 바

---

28) 스파르타가 이왕제(二王制)였다는 것은 이미 수차에 걸쳐 언급한 바 있다.

에 따르면, 그들을 지금의 스파르타령(領)으로 처음 이끌고 온 것은 아리스토데모스의 아들들이 아니라, 힐로스의 증손자이며 클레오다이오스의 손자이고 아이스토마코스의 아들인 아리스토데모스 자신이었다고 한다.[29] 그 후 아리스토데모스의 아내가 쌍둥이를 낳았는데, 그의 아내인 아르게이아는 티사메노스의 아들 아우테시온의 딸로 증조부는 테르산드로스였고 고조부는 폴리네이케스였다고 전해지고 있다.[30]

그런데 아리스토데모스는 자식들이 태어난 후 곧 병들어 죽었다고 한다. 그리하여 당시의 스파르타인들은 관습에 따라 두 명의 자식 중 장자 쪽을 왕으로 삼기로 결정했지만, 어느 면으로 보아도 그 둘이 너무 똑같아 어느 쪽을 선택해야 좋을지 난감할 따름이었다. 스파르타인은 어느 쪽이 장자인지 분간할 수 없었으므로——혹은 그렇게 되기 이전의 일이었을지도 모르겠지만——생모(生母)에게 그것을 물었다 한다. 그러자 아르게이아는 자기로서도 전혀 분간할 수 없다고 대답했다. 물론 실제로는 잘 알고 있으면서도 어떻게 하든 두 명 모두를 왕으로 삼고자 그렇게 말했던 것이었다. 그리하여 스파르타인은 이에 당황한 나머지 델포이로 사절을 보내 이 문제를 어떻게 처리해야 좋을지 신탁을 구했다 한다. 그러자 델포이의 무녀는 두 명 모두 왕으로 삼되 다만 장자 쪽을 한층 더 중시하라고 대답했다.

스파르타인은 이 델포이의 신탁을 받은 뒤에도 두 명의 자식 중 어느 쪽이 먼저 태어났는지 분간할 수 없어 여전히 당혹해하고 있었는데, 이때 파니테스라는 메세니아인이 한 가지 방법을 일러 주었다. 그 방법이란 그 어머니에게 주의를 기울여 그녀가 어느 자식을 먼저 목욕

---

29) 아리스토데모스는 스파르타 이주 이전에 죽은 것으로 일반적으로 전승되어 왔는데, 스파르타 전승에는 그렇게 되어 있지 않다는 것이다. 단 여기에서 말하는 시인들이 구체적으로 누구누구를 가리키는지에 대해서는 전해지는 자료를 가지고는 잘 판별할 수 없다. 힐로스는 영웅 헤라클레스의 아들이다.
30) 따라서 어머니 쪽은 멀리 테베 왕가의 혈통으로 거슬러올라가게 된다.

시키고 젖을 먹이는가를 살펴보라는 것이었다. 만약 그 어머니가 언제나 똑같은 순서대로 한다면 그것을 통해 스파르타인이 알고자 하는 바가 저절로 밝혀질 것이고, 그 반면에 어머니 쪽도 갈피를 못 잡고 순서를 자주 뒤바꾼다면 그녀도 다른 사람들과 마찬가지로 자식의 선후(先後)를 모르고 있는 것이 확실히 판명될 것이므로 그때는 또다시 다른 방도를 취해야 하리라는 것이었다.

그리하여 스파르타인이 그 메세니아인의 조언에 따라 전혀 눈치를 채지 못하도록 주의를 기울이며 그 어머니를 쭉 지켜 보았더니, 그녀가 젖을 먹일 때나 목욕을 시킬 때나 반드시 장자 쪽을 우선적으로 다루고 있음이 확인됐다. 이리하여 스파르타인은 그 어머니가 보다 소중히 여기고 있는 자식 쪽이 장자라 확신하고, 그 자식을 맡아 국비(國費)로 양육하기에 이르렀다.

그리고 이 장자에게는 에우리스테네스라는 이름이, 동생에게는 프로클레스라는 이름이 각각 붙여졌다. 이 두 사람은 성인이 된 후 서로 형제간이었으면서도 일생 동안 사이가 나빴고, 이 불화는 그 자손들에게까지 계속 이어졌다.

이상은 그리스인 중에서 오직 스파르타인만이 전하는 바이지만, 다음에 기록하는 것은 그리스의 일반적인 전승이다. 다나에를 어머니로 하는 페르세우스——그의 아버지라고 전해지고 있는 신(神)에 대해서는 잠시 접어두고——의 대에 이르기까지의 도리스족의 역대 제왕의 계보는 이 일반적인 전승 그대로이며, 그들 왕이 모두 그리스인이었다는 것도 또한 실증되고 있다. 그들은 이미 그 당시에 그리스인으로 인정되고 있었기 때문이다. 앞서 내가 '페르세우스의 대에 이르기까지'라고만 말하고 그 이전 시대로 소급해 올라가지 않은 것은, 예컨대 헤라클레스의 경우에는 인간인 암피트리온이라는 아버지의 이름이 첨부되어 있지만 페르세우스에게는 그러한 것이 없기 때문이다. 따라서 내가 "페르세우스의 대에 이르기까지"라고 말한 것은 올바른 근거에 바탕을 두고 있는 것이다. 한편 아크리시오스의 딸인 다나에 이전의 조상의 계보를 더듬어 올라가면 도리스족의 지도자들이 이집트인의 직계 였음을 분명히 알 수 있다.

한편 페르시아인이 전하는 바에 따르면 페르세우스 자신은 후에 그리스 국적을 취득한 아시리아인으로 그의 조상은 그리스인이 아니었다고 한다. 또한 아크리시오스의 조상은 페르세우스와는 혈통상 아무 관계도 없었고, 그들은 그리스인이 전하고 있는 바와 같이 이집트인이었다고 한다.

그것에 관해서는 이상의 기술로 그치기로 하겠다. 그들 이집트인이 어떠한 사정에서 펠로폰네소스에 오게 됐고, 어떠한 공훈을 세워 도리스족의 왕위에 오르게 되었는가 등에 대해서는 이미 다른 작자(作者)가 서술해 놓고 있기 때문에 여기서는 더 이상 언급하지 않겠다.[31] 여기에서는 다른 작자가 다루지 않은 사항에 대해서만 기록하기로 하겠다.

스파르타의 왕에게는 다음과 같은 특권이 부여되고 있다. 그것은 우선 두 가지의 성직(聖職)으로, 제우스 라케다이몬과 제우스 우라니오스[32]에게 제사지내는 것이다.

다음으로, 왕은 원하기만 하면 어떠한 나라에 대해서도 전쟁을 일으킬 수 있으며, 스파르타 시민은 누구도 이것을 방해할 수 없다. 만약 이것을 어기면 부정(不淨)한 자로 낙인 찍혀 국외로 추방된다. 또한 출전시에는 왕은 맨 앞에 서서 군대를 지휘해야 하며, 철군할 때는 최후까지 남아야 한다. 출정시에는 100명의 선발된 병사가 왕을 호위한다. 출진에 앞서 행해지는 희생식에서는 왕이 지시하는 만큼의 짐승을 도살하게 되어 있고, 모든 도살된 짐승의 가죽과 등살(背肉)은 왕이

---

31) 여기에서 말하는 '다른 작자'는 서사시인이나 이른바 이야기 작가(로고그 라포이)를 가리킬 것이지만 자세한 것은 알 수 없다. 또한 전설상의 '헤라 클레스 후예의 귀환'은 역사적으로는 기원전 13세기~12세기경을 중심으로 일어났던 도리스족의 남하에 해당한다.

32) 제우스 라케다이몬은 이 지방의 전설상의 국조인 라케다이몬과 제우스를 합일시켜 놓은 형태로 보인다. 이에 대해 제우스 우라니오스(천상의 제우 스)는 천신으로서의 제우스를 가리킨다.

받는다.

이상은 전시 중의 특권이고, 평시의 특권으로서는 다음과 같은 것이 부여되고 있다. 국비(國費)에 의한 희생식이 행해질 경우, 왕은 첫번째로 연회석에 앉게 되어 있고 우선적으로 향응을 받으며 두 명의 왕에게는 다른 배석자보다 어떠한 음식이든 두 배의 양이 제공된다. 왕은 헌주시에도 최초로 술잔을 받을 권리가 있고,[33] 또한 희생 가축의 가죽은 모두 왕이 소유하게 되어 있다. 달이 시작되는 첫째 날과 매월 일곱째 날에는 언제나 아폴론 신전에 제를 올리도록, 두 명의 왕에게 각각 다 자란 희생가축 한 마리와 보리 가루 1메딤노스, 그리고 라코니아 두량(斗量)으로 4분의 1[34]의 포도주가 국비로 지급된다. 또 왕은 어떤 경기든 제일 앞줄에 있는 특별석에서 관람할 수 있다. 게다가 왕은 어떤 시민이든 자유로 외인접대관(外人接待官, 프록세이노스)[35]에 임용할 수 있고, 또한 각자 두 사람씩의 '피티오이'를 선임할 수 있는 권한을 갖는다. '피티오이'란 델포이에 신탁을 구하러 왕래하는 관리를 말하며 이 직책을 맡은 자는 왕과 함께 국비로 식사할 수 있는 특권을 누리게 된다. 왕이 연회에 출석하지 않을 때에는 두 명의 왕에게 각각 보리 가루 2코이니쿠스와 포도주 1코틸레를 왕궁으로 보내고, 출석할 경우에는 모든 음식을 두 배로 제공한다. 또한 개인 저택에 초빙되어 식사할 경우에도 왕은 위와 똑같은 특별 대우를 받게 되어 있다. 피티오이도 신탁에 관여하게 되어 있지만, 모든 신탁은 왕이 책임지고 보관하게 되어 있다. 왕이 단독으로 결정할 수 있는 사항은 다음과 같은

---

33) 그리스에서는 식사가 끝난 다음 술자리가 벌어질 때 관습적으로 우선 신에게 경의를 표하기 위해 술을 따라 헌주하게 되어 있었다. 그러나 여기에서는 왕에게 먼저 술잔을 올린다는 보통 관습을 가리킬 것이다.

34) 이것의 구체적인 양은 알 수 없다.

35) 프록세(이)노스는 보통의 경우에는 오늘날의 명예 영사와 같이 외국에 있는 자국민의 이익을 지키기 위해 본국에서 각 나라의 유력한 시민에게 위촉하는 직책이었지만, 스파르타의 그것은 이와 달리 국내에서 외국인을 접대하는 직책으로 왕에 의해 임명됐다.

것에 한정되어 있다. 상속권이 있는 딸의 배우자를 친아버지가 정해
두지 않았을 경우[36] 누가 이 딸과 결혼해야 하는지에 대한 판정과, 공
공 도로에 관한 것이 그것이다. 그리고 시민 가운데 양자를 맞아들이
려 하는 자는 반드시 왕의 입회하에서 이 일을 행하도록 되어 있다.
왕은 또 장로회(게르시아)의 회의에 참석한다. 장로회의 정원은 28명
이다. 왕이 결석할 경우에는 장로 중에서 왕과 가장 가까운 친척에 해
당하는 자가 왕의 권리를 대행하여, 자기 자신의 한 표 외에 두 표의
투표권을 행사한다.[37]

이상이 왕이 생존하고 있는 동안 스파르타 국가가 왕에게 부여하는
특권인데, 왕이 사망했을 때에는 다음과 같은 예로서 대우한다. 기사
들이 라코니아 전역에 왕의 부음(訃音)을 전하고, 도시에서는 여자들
이 냄비를 두드리며 도시 안을 돈다. 그 후 각 세대에서 남녀 각 한
명, 합계 두 명의 자유인이 '오손(汚損)의 예'[38]를 행하며 조의를 표시

---

36) 세대주가 사망했는데 남자 상속자가 없을 경우 통상 상속권은 장녀에게로
    돌아가고, 친척 중 가장 가까운 자가 그 딸과 결혼하게 되어 있었다. 그러
    나 배우자가 사망 전에 지정되어 있지 않았을 경우에는 재산 상속을 둘러
    싸고 근친간에 싸움이 벌어지곤 했었다.

37) 이곳의 기술은 부정확하기 때문에 예로부터 갖가지 해석이 내려졌다. 스파
    르타에서는 두 명의 왕이 각각 두 표의 투표권을 행사하고 있었다라는 것
    이 헤로도토스가 여기에서 말하려 했던 바라고 해석하고, 그 오류를 지적
    하는 설이 예로부터 오늘날에 이르기까지 계속되고 있다(투키디데스, 《펠
    로폰네소스 전쟁사》, 제1권 120절 참조). 이렇게 해석해도 무리는 없으리라
    생각되지만, 헤로도토스의 진의는 그런 게 아니었고 두 명의 왕의 대행자
    가 각각 자기 표 외에 다른 한 표를 행사했다는 것이 아니었을까? 물론 한
    사람의 대행자가 두 명의 왕의 표(두 표)를 행사했다고 생각하는 학자도
    있지만, 그렇게 되면 '가장 가까운 친척'이라는 점에서 모순이 생기게 된
    다.

38) 이것은 사자(死者)에 대해 애도의 뜻을 표하기 위해 자신의 모발과 피부에
    상처를 내고 의복을 손상 또는 오염시키는 관습을 말한다. 그러나 스파르
    타에서는 왕이 서거했을 때 이외에는 이러한 형식의 애도는 표하지 못하도
    록 되어 있었다 한다.

하도록 되어 있다. 그리고 그것을 지키지 않는 자에게는 무거운 벌금을 부과한다.

스파르타에서 왕이 서거했을 때 행하는 풍습은 아시아에 거주하는 이국인의 그것과 똑같다. 그 땅의 이국인 대부분은 왕이 사망했을 때 이와 똑같은 풍습을 행하고 있다. 즉 스파르타의 왕이 서거하면 순수한 스파르타 시민 외에 라케다이몬(스파르타) 전역에서 일정한 수의 주변인(페리오이코이)³⁹⁾을 강제로 장례식에 참여시킨다. 그들과 국가 노예(헤일로테스), 스파르타 시민 등 수천 명에 이르는 조문객이 모이면, 남녀를 불문하고 모두 이마를 치며 더할 나위 없이 애통해한다. 결코 멈추지 않을 것처럼 울부짖으며 이번에 서거한 왕이 역대 왕 중에서 가장 훌륭했다고 계속해서 외친다. 왕이 전사했을 경우에는 왕과 비슷한 상을 만든 다음, 호화롭게 치장한 관에 이것을 넣고 장례를 치른다. 장례식이 끝나면 열흘 동안 아고라의 기능이 정지되고, 관리 선거를 위한 외합도 개최되지 않으며, 이 기간 동안 전 국민이 상복을 입는다.

스파르타의 풍습은 그 밖에 다음과 같은 점에서도 페르시아의 그것과 일치하고 있다. 즉 왕이 사망하여 후계자가 왕위에 오르게 되면, 새로운 왕은 즉위와 함께 스파르타 시민 누구에게나 그가 왕이나 국고에 지고 있는 부채를 면제해 준다. 페르시아에서도 마찬가지로 새로이 즉위한 왕은 모든 도시에 대해 체납되고 있는 세금을 면제해 준다.

스파르타인은 다음과 같은 풍습에 있어서는 이집트와 비슷하다. 양국 모두 포고 사항 전달자, 피리 연주자, 요리인은 세습적으로 직업을 계승하여, 피리 연주자의 아들은 피리 연주자가, 요리인의 아들은 요리인이, 포고 사항 전달자의 아들은 포고 사항 전달자가 되는 관습이

---

39) 스파르타에 의해 정복됐던 원주민으로 대부분 비도리스계였던 것 같다. 그러나 그들은 헤일로테스와는 달리 시민에 가까운 권리를 부여받고 있었다. 헤일로테스도 정복된 원주민이었지만, 이들은 거의 노예와 다름없는 취급을 받고 있었다.

있다. 설사 목소리가 포고 사항 전달자보다 좋다 하더라도 다른 가문의 사람은 해당 가문 사람을 밀어내고 그 직업을 얻을 수 없다. 오직 포고 사항 전달자의 아들만이 조상 전래의 직업을 계승할 수 있다. 그건 그렇다 치고, 여기서 다시 이야기를 원점으로 돌리기로 하겠다.

이때 데마라토스는 아이기나에서 그리스 전체의 공익을 위해 애쓰고 있던 클레오메네스를 계속해서 비방하고 있었는데, 그것은 아이기나인을 염려해서라기보다도 질투와 선망에서 나온 것이었다. 스파르타로 돌아온 클레오메네스는 데마라토스를 왕위에서 추방하기로 결심하고 그에 대한 공격의 빌미로서 다음과 같은 사정을 이용했다.

일찍이 스파르타의 왕이었던 아리스톤은 두 명의 아내를 맞아들였지만 자식이 태어나지 않았다. 그는 자식이 없는 원인이 자신에게 있음을 인정하고 싶지 않아 세번째 아내를 맞아들였는데, 그때의 사정은 이러하다. 아리스톤에게는 시민 중에 특별히 친한 친구가 한 사람 있었다. 그 친구의 아내는 스파르타에서는 가장 아름답다고 할 수 있을 만큼 빼어난 미인이었다. 더구나 어린 시절에는 아주 못났었는데 나중에는 최고의 미인이 됐다는, 퍽이나 이상스런 사연이 있는 여성이었다. 이 여자가 아직 어렸을 때 그녀가 부유한 양친의 자녀로 태어났으면서도 용모가 못난데다가 양친조차 그 문제로 고심하고 있음을 지켜본 그녀의 유모는, 한 가지 방도를 생각해 내고 매일 그녀를 데리고 헬레네 신전으로 참배하러 갔다. 이 신전은 테라프네[40]라는 땅에 위치하고 있으며 포이보스(아폴론) 신전 위쪽에 있다. 유모는 이 신전으로 아기를 데리고 가 신전 앞에 내려놓고, 부디 이 아이의 추한 용모를 거두어 달라고 여신에게 기원했다. 그러던 어느 날, 신전에서 돌아오는데 한 여자가 유모 앞에 나타나 안고 있는 것은 무엇이냐고 물어 왔다. 유모가 아기를 안고 있다고 대답하자 그 여자는 아이를 보여 달라

---

40) 스파르타의 동남방, 에브로타스 강변의 약간 높은 평지 위에 옛 도시 테라프네가 있었다. 전설에 의하면 헬레네와 메넬라오스가 여기에 함께 모셔져 있었다 한다. 그 밑의 평야에는 포이보스 신전이 있었다.

고 말했지만, 유모는 그것을 거절했다. 아이의 양친으로부터 누구에게
도 보여 주지 말라고 엄명을 받고 있었기 때문이었다. 그러나 그 여자
가 꼭 좀 보여 달라고 졸라대 유모도 그 열성에 이끌려 마침내 아이를
보여 주었다. 그러자 그 여자는 아이의 머리에 손을 얹고 어루만지며
이 아이는 곧 스파르타 제일의 미녀가 될 것이라고 말했다. 그리고 그
날부터 아이의 용모가 완전히 변했다는 것이다. 이윽고 그 아이가 자
라 결혼 적령기에 이르자, 곧 알케이데스의 아들 아게토스가 그녀를
아내로 맞아들였다. 이 아게토스가 앞에서 말한 아리스톤의 친구이다.

그런데 아리스톤이 이 여자를 사랑하게 되어 연모의 정을 불태우다
못 해 마침내 다음과 같은 계책을 꾸미기에 이르렀다. 즉 그 여자의
남편인 친구에게 가, 자신이 갖고 있는 것 중에서 그가 바라는 것이
있다면 어떤 것이라도 하나를 줄 테니, 그와 마찬가지로 자신에게도
소망하는 것을 달라고 제안했다. 아리스톤에게도 아내가 있었으므로
친구는 아내에 대해서는 조금도 위구심(危懼心)을 품지 않고 그 제안에
동의했다. 그리고 두 사람은 이 약속을 확실히 하기 위해 서약을 교환
했다. 그 후 아리스톤은 그의 재보 중에서 아게토스가 선택한 물품을
건네고, 자신이 원하는 것을 말할 차례가 되자 친구에게 아내를 데려
오라고 했다. 아게토스는 확실히 어떤 것이라도 주기로 약속했지만 아
내만은 별개라고 말하며 거절했다. 그러나 이미 서약까지 했기 때문에
결국 이 음험한 계략으로 아내를 내놓고 말았다.

이렇게 하여 아리스톤은 그의 두번째 아내와 이혼하고 세번째 아내
를 맞아들였던 것이다. 그리고 얼마 되지 않아——아직 10개월도 채
되기 전에 이 아내가 데마라토스를 낳았다. 아리스톤이 감독관들과 회
의를 하고 있을 때 하인이 와서 이 소식을 알리자, 그는 아내를 맞아
들였던 때를 기억해 내고 손가락을 꼽아 달수를 헤아려 보고는 이렇게
말했다.

"그 아이는 내 자식이 아니야."

그가 그 자리에서 딱 잘라 말하는 것을 감독관들도 들었지만, 이때

는 별달리 신경을 쓰지 않았다. 그러나 자식이 성장함에 따라 아리스톤은 전에 입 밖에 냈던 말을 후회하기 시작했다. 데마라토스는 자기 자식임에 틀림없다고 믿게 되었기 때문이었다. 데마라토스라는 이름이 이 아들에게 붙여지게 된 이유는 이러하다. 그 이전에 스파르타의 전 시민이 모두 모여 스파르타의 역대 왕 중에서 특히 명망이 높은 아리스톤을 위해 후계자가 태어나게 해달라고 기원한 적이 있었다. 데마라토스라고 이름붙인 것은 바로 이 일을 기념하기 위해서였던 것이다.[41]

이윽고 아리스톤이 죽고 그 뒤를 이어 데마라토스가 왕위에 올랐다. 그러나 그의 출생에 관한 비밀은 드러나고 그와 클레오메네스 사이에 불화가 생겨나 그가 실각되도록 운명지워져 있었다. 그 둘 사이의 불화는 처음에는 데마라토스가 엘레우시스로부터 철군했을 때[42] 일어났고, 그 다음에는 아이기나의 친페르시아파를 토벌하기 위해 클레오메네스가 아이기나로 건너갔을 때 일어났다.

그리하여 클레오메네스는 복수를 하기 위해 아기스의 손자이자 메나레스의 아들로 데마라토스와는 친척 관계에 있었던[43] 레오티키데스와 손을 잡았다. 그 둘 사이의 조건은, 만약 클레오메네스가 데마라토스를 내쫓고 그를 왕으로 옹립하면 클레오메네스와 동행하여 아이기나로 가겠다는 것이었다. 이 레오티키데스는 일찍이 데마르메노스의 손녀이자 킬론의 딸인 페르칼론[44]과 혼약한 사이였는데, 데마라토스가 흑심을 품고 한 발 앞서 페르칼론을 강제로 빼앗아 아내로 삼아 버린 일이 있었다.[45] 레오티키데스는 이러한 사정에서 데마라토스에게 적의를 품게

---

41) 데모스(국민, 국가)와 아라(기원)의 합성어라 한다.
42) 제5권 참조.
43) 요컨대 데마라토스도 레오티키데스도 프로클레스를 조상으로 하는 가문에 속했다는 것이다.
44) 이 여자의 이름은 페르칼론인지 페르칼로스인지 분명치 않다. 여하튼 '뛰어나게 아름다운'이라는 뜻이다.
45) 스파르타에는 약탈 결혼 풍습의 자취가 남아 있어, 남자가 혼약한 여자를 양친에게서 빼앗아 오는 형식을 취했다.

되었던 것이다.

그러던 중 클레오메네스의 부추김을 받자 데마라토스를 탄핵하기로 맹세하고, 데마라토스는 아리스톤의 친자식이 아니므로 스파르타 왕위에 있을 권리가 없다고 주장했다. 탄핵을 맹세한 후 레오티키데스는, 일찍이 하인이 자식의 출생을 알리러 왔을 때 아리스톤이 손가락으로 달수를 헤아리며 자기 자식이 아니라고 단언했던 발언을 문제삼아 데마라토스를 고소했다. 레오티키데스는 아리스톤의 이 발언을 방패로 하여, 데마라토스는 아리스톤의 자식이 아니므로 이에 따라 스파르타의 왕위에 있을 권리도 없음을 증명해 보이고자, 그 당시 회의에 참석했다가 아리스톤의 말을 들었던 감독관들을 증인으로 내세웠다.

이 문제를 둘러싸고 격렬한 논쟁이 계속되자, 결국 스파르타인은 델포이의 신탁을 물어 결론짓기로 했다. 그 문제의 결정을 델포이의 무녀에게 맡기기로 한 것은 클레오메네스의 조종에 의한 것이었다. 이때 클레오메네스는 아리스토판토스의 아들로 당시 델포이에서 가장 큰 세력을 갖고 있던 코본을 자기편으로 끌어들여, 그로 하여금 무녀 페리알로스[46]를 설득하여 클레오메네스가 바라는 대로 신탁을 내리게 공작을 꾸며 놓고 있었기 때문이었다. 이리하여 델포이의 무녀는 신탁 사절의 물음에 대해, 데마라토스는 아리스톤의 자식이 아니라는 판정을 내렸던 것이다. 그러나 나중에 이 일이 세상에 알려져 코본은 델포이에서 추방됐고 무녀인 페리알로스는 성직에서 해임됐다.

이와 같이 해서 왕위를 박탈당한 데마라토스는 다음과 같은 치욕을 당한 후 스파르타를 떠나 페르시아로 망명하기에 이르렀다. 데마라토스는 왕위를 박탈당한 후 선거에서 선출되어 어느 관직에 앉았다. 그런데 그를 대신해 왕위에 올라 있던 레오티키데스가 데마라토스를 조롱하고 그에게 모욕을 주고자 김노파이디아이 축제[47]를 구경하고 있던

---

46) 사본에 따라서는 이 무녀의 이름이 페리알라로 되어 있다. 그쪽이 보다 여자다운 이름일 것이다. 델포이의 무녀를 매수하는 이야기는 제5권에도 서술되어 있다.

그에게 하인을 보내, 왕위에서 쫓겨난 후 지금의 직책을 맡은 소감이 어떠냐고 물었다. 이 질문에 화가 난 데마라토스는, 자신은 이미 이 양직(兩職)에 취임한 경험을 갖고 있지만 레오티키데스에게는 그러한 경험이 없지 않느냐고 대답한 후, 이 질문은 결국 스파르타에 무수한 재난이 아니면 무수한 행운을 초래할 것이라고 말했다.

이렇게 말한 다음 데마라토스는 그의 외투로 머리를 감추고 관람석을 빠져 나와 집으로 돌아왔다. 집에 오자마자 희생식을 준비하고 제우스에게 소 한 마리를 바쳤다. 그리고 희생식이 끝나자 그의 어머니를 모셔 오게 했다.

그는 어머니가 오자 그녀의 손에 희생으로 바친 소의 내장 한 조각을 쥐어 준 다음[48] 다음과 같이 간절히 말했다.

"어머님, 모든 신들과 특히 여기에 모셔져 있는 우리 집안의 수호신이신 제우스신의 이름으로 간절히 원하오니, 사실대로 말씀해 주십시오. 누가 진짜 제 아버지입니까? 저 왕위를 둘러싸고 벌어졌던 논쟁 때 레오티키데스 놈은, 어머님이 전남편 곁을 떠나 아리스톤에게 시집오실 때 이미 저를 잉태하고 계셨다고 말했고, 또한 어머님이 집안에서 부리고 있던 당나귀 사육인과 사랑에 빠져 있었기 때문에 제가 그자의 아들이라는 등 실로 터무니없는 말을 하는 자까지 있었습니다. 그러므로 신의 이름으로 간절히 원하오니 제발 제게 진실을 말씀해 주십시오. 설사 어머님께서 소문대로 그와 같은 행동을 실제로 하셨다 하더라도, 그와 같은 행동을 한 것은 어머니만이 아닙니다. 그러한 예는 수없이 많이 있습니다. 더구나 스파르타에는 아리스톤은 성불구자였다는 소문이 한결같이 퍼져 있습니다. 그렇지 않다면 왜 다른 부인들에게서는 자식이 태어나지 않았겠느냐는 것입니다."

---

47) 아폴론과 아르테미스에게 바치는 일종의 체육제(體育祭)와 같은 것으로서, 스파르타의 중요한 행사 중 하나였다. 매년 한여름 때(7월 상순경) 며칠에 걸쳐 개최됐다. 남자 청소년들이 체육, 가무, 음악 등의 기예를 겨루었다.
48) 어머니로 하여금 거짓말을 못 하게 하기 위해서였다.

데마라토스가 이렇게 말하자 어머니는 다음과 같이 대답했다.

"아들아, 네가 진실을 말해 달라고 이렇게 간절히 원하니 숨김없이 있는 그대로 털어놓겠다. 아리스톤이 나를 왕궁으로 데려온 지 사흘째 되던 날 밤이었다. 아리스톤과 꼭 닮은 자가 나타나 나와 잠자리를 같이한 후 그때까지 자신이 쓰고 있던 화관(花冠)을 벗고 그것을 내게 씌워 주었다. 그가 사라진 후 이윽고 아리스톤이 와 내가 관을 쓰고 있는 것을 보자 누가 그걸 주었느냐고 물었다. 나는 당신이 주지 않았느냐고 반문했지만 그는 그것을 부인했다. 그래서 나는 엄숙히 맹세를 하고 잠시 전에 여기에서 나와 잠자리를 같이하고 관까지 주고서 왜 딴소리를 하느냐고 따져 물었다. 내가 거짓말을 하고 있지 않음을 깨달은 아리스톤은, 이것은 그 어느 신께서 하신 일임을 확신하게 되었다. 뒤에 그 화관은 안뜰 입구 부근에 모셔져 있는, 보통 아스트라바코스[49] 신전으로 불리는 영웅묘에 있었던 것임을 알게 되었다. 또 점쟁이들에게 물어 보았더니 그들도 내게 나타났던 환영(幻影)은 아스트라바코스였음에 틀림없다고 대답했단다.

아들아, 지금까지 네가 알고 싶어하던 것을 모두 이야기해 주었다. 따라서 너는 저 영웅 아스트라바코스의 아들이든지, 아니면 아리스톤의 아들이다. 나는 그날 밤에 너를 수태했기 때문이다. 네가 태어났다는 소식을 듣고 아리스톤 자신이 10개월이 되지 않았으므로 자기 자식이 아니라고 사람들 앞에서 이야기했다 하여 너의 적들이 이것을 너를 공격하는 제일 좋은 무기로 삼고 있지만, 그건 아리스톤이 이 같은 일에 대해 잘 모르고 그런 말을 엉겁결에 입 밖에 냈기 때문이다. 여자란 10개월이 되어야 꼭 아이를 낳는 것은 아니란다. 9개월째에 낳을 수도 있고 7개월째에 낳을 수도 있단다. 아들아, 나는 너를 7개월째에 낳았단다. 아리스톤 자신도 곧 자신이 모르고 그러한 말을 했음을 깨

---

49) 아스트라바코스는 스파르타 토착의 영웅신. 그 신전은 아리스톤의 왕궁 안에 있었던 것 같으나, 이 가문과 직접적인 관련은 없었던 듯하다.

달았단다.

너의 출생에 대하여 여러 가지로 떠돌고 있는 소문 따위는 믿지 말아라. 너는 지금 내게서 가장 확실하고 진실된 이야기를 들었으니까 말이다. 저 레오티키데스를 비롯하여 그러한 소문을 내고 있는 자들의 아내들이야말로 당나귀 사육인[50]의 아들을 낳기를!"

데마라토스는 그가 알고 싶어했던 모든 것을 어머니로부터 들어 알게 되자, 여장을 갖추고 겉으로는 델포이에 신탁을 구하러 간다고 말하고 엘리스로 향했다. 스파르타에서는 데마라토스가 국외로 도피한다고 의심하고 곧 그를 추격했지만, 그는 그럭저럭 추격대보다 앞서 엘리스에서 자킨토스[51]로 건너갈 수 있었다. 스파르타인은 그 뒤를 쫓아 섬으로 건너가 마침내 그를 따라잡고 그의 종들도 납치했다. 그러나 자킨토스인들이 데마라토스의 인도를 거부하여, 데마라토스는 그 후 이 섬에서 아시아로 건너가 다레이오스왕에게 몸을 의탁했다.

다레이오스는 그를 크게 우대하고 토지와 몇 개의 도시를 그에게 주었다. 데마라토스가 아시아로 건너가게 된 사정과 그때까지 그가 겪었던 기구한 운명은 이와 같았다. 그가 자신의 실천력과 정확한 판단력에 의해 수많은 공적을 세워 스파르타의 국위를 선양했던 여러 업적 가운데서도 특기할 만한 것은, 그가 올림피아 경기에서 사두마 전차를 몰아 스파르타에 우승의 영예를 안겨 주었던 일이다. 스파르타의 역대 왕 중에 이러한 위업을 달성한 자는 그를 제외하고는 아무도 없었다.

메나레스의 아들 레오티키데스가 데마라토스의 실각 후 그 뒤를 이어 왕위에 올랐는데, 그에게 제우크시데모스라는 아들이 태어났다. 스파르타인 중 일부는 그 아들은 키니스코스라고 부르기도 했다. 그러나 이 제우크시데모스는 스파르타의 왕위에 오르지 못했다. 아르키데모스

---

50) 데마라토스가 당나귀 사육인의 자식이라는 소문이 진실이었든 어쨌든, 이 이야기는 영웅 아스트라바코스의 이름을 아스트라베(말의 안장)로 바꾸어 부르는 농담에서 비롯되었을 것이다.

51) 오늘날의 잔테 섬. 이오니아 해의 큰 섬이다.

라는 자식만 남겨 두고 레오티키데스보다 먼저 세상을 떠났기 때문이었다. 레오티키데스는 제우크시데모스를 잃은 후 에우리다메를 두번째 아내로 맞아들였다. 이 여자는 메니오스의 자매로 디악토리데스의 딸이었는데 이 아내로부터는 아들을 얻지 못했고, 람피토라는 딸 하나만이 태어났을 뿐이었다. 레오티키데스는 이 람피토를 제우크시데모스의 아들 아르키데모스와 결혼하게 했다.

그러나 레오티키데스는 스파르타에서 생애를 마치지 못했다. 다음에서 보는 바와 같이 데마라토스에게 저질렀던 죄의 대가를 치렀던 것이다. 스파르타의 국책(國策)에 따라 병력을 테살리아로 진격시켰을 때[52] 완전히 굴복시킬 수 있는 상황이었는데도 불구하고 그는 적측으로부터 다액의 금을 뇌물로 받았다. 그러나 진중에서 금이 가득 든 포대 위에 앉아 있다가 현장에서 체포되어 재판에 회부된 다음 추방형을 받았고, 그의 집은 파괴됐다. 그는 테게아로 망명한 후 거기에서 죽었다.[53]

그러나 이상은 모두 후일담(後日談)이다. 여기서 다시 이야기를 원점으로 돌리면, 클레오메네스는 데마라토스에 대한 공작을 계획대로 성공리에 끝마친 후 곧 레오티키데스를 대동하고 아이기나로 향했다. 그는 앞서 받았던 모욕 때문에 아이기나인에 대해서는 극도의 원한을 품고 있었다. 이리하여 아이기나측도 두 명의 왕이 함께 온 이상 반항하지 않는 것이 좋겠다고 생각하여 시민 가운데서 부유하고 가문도 훌륭한 자 열 명 ──그 가운데는 아이기나에서 가장 큰 세력을 떨치고 있던 폴리크리토스의 아들 크리오스와 아리스토크라테스의 아들 카삼보스 등 두 명도 포함되어 있었다──을 뽑아 스파르타측에 인도했다. 클레오메네스 일행은 그들을 아티카 영내로 연행하여 아이기나인에게는 불구대천의 원수인 아테네인에게 그 신병을 넘겼다.

---

52) 라리사의 아레우아스 가문이 페르시아 전쟁 때 페르시아측에 가담한 책임을 추궁하기 위해서였다고 생각된다. 따라서 이 사건은 페르시아 전쟁 이후의 일로, 기원전 478년 이후의 일이라 생각된다.

53) 레오티키데스가 죽은 해는 기원전 469년 또는 468년이었다.

그 후 클레오메네스는 자신이 데마라토스를 상대로 꾸몄던 음모가 스파르타에 널리 알려지게 되자 겁을 집어먹고 테살리아로 도주했다. 이윽고 테살리아에서 아르카디아로 들어간 클레오메네스는 스파르타를 공격하기 위해서 아르카디아인을 선동, 규합하려 했다. 그리고 아르카디아인으로 하여금 그의 지휘대로 어디든 가겠다고 여러 가지 형태로 맹세시켰다. 그 중에서도 특히 그가 마음을 쓴 것은 아르카디아인 중에서 영향력 있는 자들을 노나크리스 시54)로 데리고 가 스틱스 물55)에 두고 맹세케 한 일이었다. 아르카디아인은 이 도시에 스틱스의 물이 있다고 믿고 있는데, 그곳을 가보면 물이 바위에서 조금씩 흘러나와 웅덩이로 똑똑 떨어지고 있고 웅덩이 주위에는 돌담이 둘러처져 있다. 이 샘이 위치하고 있는 노나크리스는 아르카디아의 도시로, 페네오스 근처에 있다.

클레오메네스가 이러한 책모(策謀)를 꾸미고 있다는 소식을 들은 스파르타인은 이를 두려워하여, 그를 이전과 똑같은 관직에 취임시키겠다는 조건으로 귀국시켰다. 그러나 귀국하자마자 곧 그는 미쳐 버렸다. 이전부터 머리가 약간 이상했었는데, 이때에 이르러 완전히 돌아 길에서 스파르타인들을 만나면 누구든지 지팡이로 그 얼굴을 때렸다. 그가 이렇게 미친 행동을 계속하자, 그의 근친(近親)들은 그가 미쳤다고 판단하고 목제(木製) 족쇄를 채워 감금했다. 감금된 클레오메네스는 어느 날 다른 사람은 하나도 없고 오직 감시인 혼자만이 자신을 지키고 있음을 알자 그에게 단검을 달라고 말했다. 그러나 처음에는 감시인이 주려 하지 않자 클레오메네스는 자신이 자유롭게 되면 어떻게 될까를 생각하라고 위협했다. 그자의 신분은 국가 노예였으므로 그 협박에 겁을 집어먹고 마침내 그에게 단검을 주고 말았다. 클레오메네스

---

54) 아르카디아 북방, 아카이아와의 국경 근처에 있었던 도시.

55) 스틱스(증오의 강)는 저승 세계의 강. 이 물에 두고 하는 맹세가 가장 굳은 것으로 간주됐다. 이것은 신들에게 있어서도 마찬가지였다고 한다. 예컨대 《일리아드》 제15가(歌) 37행에서 이것을 발견할 수 있다.

는 칼을 받아 쥐자 정강이를 비롯해서 자기 몸 전체를 찢기 시작했다. 그는 살을 세로로 베어 내면서 정강이에서 허벅지, 허벅지에서 엉덩이와 옆구리, 그리고 이윽고 배를 세로로 베어 내던 중 마침내 최후를 맞이하고 말았다.

대부분의 그리스인들의 말에 따르면, 클레오메네스의 이러한 비참한 최후는 그가 델포이의 무녀를 매수하여 데마라토스에 대해 허위 신탁을 말하게 한 죄값이라고 한다. 그러나 아테네인만은 일찍이 클레오메네스가 엘레우시스에 침입하여 신역의 수목을 베어 버린 데 따른 벌이라고 말하고 있고, 아르고스인은 클레오메네스가 국조(國祖) 아르고스의 신전으로 들어가 난을 피하고 있던 아르고스의 패전병들을 꾀어내 참살했을 뿐만 아니라 부당하게도 신전의 삼림까지 불태워 버렸기 때문에 그런 벌을 받은 것이라고 주장하고 있다.

아르고스인의 주장에도 일리가 있는데, 그 이야기는 다음과 같다. 일찍이 클레오메네스가 델포이에서 신탁을 구한 일이 있었는데, 아르고스를 점령할 수 있다는 신탁이 내려졌다. 거기에서 클레오메네스는 스파르타군을 이끌고 에라시노스 강변——이 강은 스팀팔로스 호(湖)[56]에서 발원한다고 생각되는데, 그것은 이 호수의 물이 밑바닥이 보이지 않는 깊은 구렁으로 흘러들어간 다음 아르고스에서 다시 땅 위로 솟아나와 아르고스인은 그 지점에서부터 흐르고 있는 강을 에라시노스 강이라 부르고 있기 때문이다——에 이르러 강에 희생물을 바쳤다. 그런데 그 희생물의 괘(卦)가 강을 건너면 길(吉)보다는 흉이 많을 것이라고 계시했다. 그러자 클레오메네스는 이렇게 말했다.

"에라시노스 강이 아르고스 주민을 배반하지 않는 데 대해서는 나도 감탄하지만, 설사 그렇다 하더라도 아르고스인을 그냥 편안한 상태로 버려 두진 않겠다."

그 후 그곳에서 철군하여 티레아 지방[57]으로 군대를 진군시킨 클레

---

56) 아르카디아 동북부 산중(山中)에 있는 호수.

오메네스는 바다에 황소 한 마리를 희생으로 바친 후, 배로 바다를 건너 티린스 및 나우플리아 지구로 진격해 들어갔다.

이 소식을 접한 아르고스인은 이 지역을 방어하기 위해 해안으로 달려왔다. 티린스 부근의 세페이아라는 곳에 이르자, 얼마 안 되는 거리를 두고 스파르타군과 대치하여 진을 구축했다. 이때 아르고스군은 정정당당히 싸우는 데 대해서는 조금도 두려움을 느끼지 않고 있었지만, 혹시 계략에 빠져 패하게 되지는 않을까 위구심을 품고 있었다. 왜냐하면 델포이의 무녀가 아르고스인과 밀레토스인에게 공통으로 내렸던 신탁[58]이 그들에게 그것을 시사하고 있었기 때문이다. 그 신탁이란 바로 이런 것이었다.

> 그러나 여자가 남자를 굴복시켜 그를 격퇴하고
> 아르고스에서 그 영예를 빛낼 때
> 아르고스의 수많은 여자들이 두 뺨을 쥐어뜯으며 애통해하리라.
> 그리하여 후세까지도 이렇게 말하리라
> '세 번 또아리를 튼 무서운 큰 뱀이 창에 찔려 죽었노라'고.[59]

---

57) 펠로폰네소스 중부 동해안, 아르고스와 스파르타 중간 지역에 있었다(제1권 참조).

58) 이 아르고스와 밀레토스에 공통으로 내려졌던 신탁에 대해서는 이미 앞서 서술한 바 있다.

59) 신탁의 진의를 파악하기가 매우 어렵다. '여자'는 스파르타(여성명사)로 '남자'는 아르고스(국명이 아닌 국조 아르고스를 의미한다고 보면)로 해석하는 것이 가장 자연스럽고 또한 결과적으로도 타당하지만, '아르고스에서 그 영예를……'이라는 구절과 잘 조화되지 않는다. 다른 기록에 따르면, 세페이아 전투 후 클레오메네스가 무방비 상태인 아르고스로 공격해 들어올 때, 당시 유명한 여류시인이었던 테레시라가 여자 군대를 이끌고 클레오메네스군을 격파했다 한다. 그리하여 신탁은 이 전투를 가리켰던 것이라고 해석하는 설도 있지만, 시간적으로 다소 무리가 있다. 여하튼 아르고스군이 계략에 넘어가 패배할까 두려워했던 근거를 이 신탁 가운데서 찾기는 어려울 것 같다. 큰 뱀은 아르고스의 깃발의 상징이 뱀이었던 데에서 유래했을 것이다.

이러한 여러 가지 사정이 겹침에 따라 두려움을 느낀 아르고스군은, 결국 스파르타측의 전령이 자기 군대에게 소리쳐 알리는 대로 행동하기로 결의했다. 그리하여 아르고스군은 적측의 전령이 지령을 알릴 때마다 그와 똑같이 행동했다.[60]

클레오메네스는 아르고스군이 자군의 전령이 포고하는 대로 행동하고 있음을 알게 되자, 스파르타군에게 전령이 식사 시간을 알리면 그에 따르지 말고 즉시 무장을 갖추고 아르고스군을 공격하라고 명을 내렸다. 스파르타군은 이 명령을 훌륭히 실행하여 전령의 신호에 따라 식사를 하고 있던 아르고스군을 급습하여 많은 병력을 살해했다. 그리고 수많은 패잔병이 국조(國祖) 아르고스 신전의 삼림으로 도망쳐 들어가, 이를 둘러싸고 지키고 있었다.

그 후 클레오메네스가 취한 행동은 이러하다. 클레오메네스는 사로잡은 적의 탈주병들을 신문하여 여러 가지 사실들을 알아낸 다음, 전령을 보내 신역 속에 숨어 있는 아르고스 병사들의 이름을 부르며 이미 몸값을 받았으니 이젠 나오도록 하라고 말하게 했다. 역시 펠로폰네소스 제국간에는 포로를 석방하는 대가로 1인당 2믐나씩 받게 되어 있다. 여하튼 그리하여 클레오메네스는 약 50명 정도의 아르고스 병사를 한 사람씩 꾀어내어 살해해 버렸다. 그러나 신역 깊숙이 숨어 있던 자들은 이런 일이 벌어지는 줄 전혀 모르고 있었다. 삼림이 깊어 바깥쪽에 있는 동료들이 무슨 꼴을 당하고 있는지 알 수 없었기 때문이었다. 그러나 그 중 한 명이 나무에 올라가 일이 어떻게 되는지 보고 난 뒤부터는 아무리 꾀어도 더 이상 삼림에서 나오려 하지 않았다.

그러자 클레오메네스는 국가 노예 한 사람에게 명하여 삼림 주위에 장작을 쌓아올리게 하고 준비가 끝나자 삼림에 불을 질러 버렸다. 삼림이 불타고 있는 동안 클레오메네스는 한 탈주병에게 이 삼림은 어떤

---

60) 물론 적과 똑같이 행동하면 기습을 피할 수 있을 것이라는 극히 단순한 생각에서 이와 같이 행동했던 것이다.

신에게 바쳐진 것이냐고 물었다. 그러자 국조 아르고스에게 바쳐진 것이라고 대답하자, 이 말을 들은 클레오메네스는 깊이 탄식하며 이렇게 말했다.

"신탁의 신이신 아폴론이시여, 아르고스를 점령할 수 있다고 말씀하시며 왜 저를 속이셨습니까? 결국 그 신탁은 이것으로 실현된 셈이군요."[61]

그 후 클레오메네스는 대부분의 병사를 스파르타로 귀환시키고 자신은 정예군 1천 명을 거느리고 헤라 신전[62]으로 희생을 바치러 갔다. 클레오메네스가 제단에서 희생을 바치려 하자, 그곳의 신관(神官)이 타국인은 이곳에서 희생을 바칠 수 없다고 말하고 하지 못하게 했다. 클레오메네스는 노예에게 명하여 그 신관을 제단에서 끌어내어 채찍으로 치게 하고는 거기에서 희생을 바쳤다. 그리고 그는 스파르타로 돌아왔다.

클레오메네스가 귀환하자 그의 적들이 그를 감독관에게 고소했다. 그 죄상이란 클레오메네스가 아르고스를 쉽게 점령할 수 있었음에도 불구하고 매수당해 그곳을 점령하지 않았다는 것이었다. 그러자 클레오메네스는 그들을 향해——그가 말한 것이 거짓이었는지 아니면 진실이었는지 나로서도 확신할 수 없지만——이렇게 대답했다. 아르고스 신전을 점령했을 때 자신은 신탁이 이미 실현됐다고 생각했고, 거기에서 과연 신이 아르고스 시를 자신의 손에 맡길 것인지 아니면 그것을 방해할 것인지를 희생을 통해 확인하기까지는 그 도시의 점령을 기도하지 않는 것이 좋겠다고 생각했으며, 그리하여 신의를 묻기 위해 헤라 신전에서 희생을 바치자 신상의 가슴 부근에서 화염이 번쩍여 아르고스 시를 점령할 수 없음을 깨달았다——왜냐하면 신상의 머리에서 화염이 번쩍였다면 도시를 그야말로 '머리까지 온통'[63] 점령할 수 있으

---

61) 아르고스 시와 제신(祭神) 아르고스를 혼동했다고 말하고 있지만, 엄밀히 말하면 도시 이름은 중성명사, 신의 이름은 남성명사이기 때문에 이 경우 혼동될 리가 없다.

62) 유명한 아르고스의 헬라이온으로, 아르고스 시 동북방 약 1마일 지점에 있었다. 오늘날에는 둘레의 벽만이 남아 있을 뿐이다.

리라고 판단했겠지만, 화염이 가슴에서 번쩍여 이미 신이 뜻한 일이
모두 실현되었다고 생각했기 때문이었다——는 것이었다. 이것이 클레
오메네스의 답변이었다. 스파르타인들은 클레오메네스의 이 답변을 타
당하고 신뢰할 만한 반론이라고 생각했다. 이리하여 클레오메네스는
다수의 찬성으로 그 죄를 면하게 됐다.

한편 아르고스 시에서는 남자 시민들이 거의 죽어 노예들이 국정의
전권을 장악하고 관직을 차지한 다음 정치를 행했는데, 이 상태는 전
사자의 아들들이 성인이 되기까지 계속됐다.[64] 이 전사자의 아들들이
아르고스의 정권을 탈환하자 추방된 노예들은 무력으로 티린스 시를
점령했다. 그리하여 당분간 양자간에 평화가 지속됐는데, 이윽고 아르
카디아의 피갈레이아[65]로부터 클레안드로스라는 점쟁이가 노예들이 있
는 곳으로 찾아와 이들을 선동하여 주인들과 싸우도록 만들었다. 그리
하여 양자 사이에 전쟁이 벌어져 장기간에 걸쳐 이 싸움이 계속되었지
만, 마침내 아르고스군이 신승(辛勝)을 거두었다.

여기에서 아르고스인은 위와 같은 소행 때문에 클레오메네스가 미쳐
마침내는 비참한 최후를 거두게 된 것이라 주장하고 있다. 그러나 문
제의 스파르타에서는 클레오메네스가 미치게 된 것은 종교적인 일과는
아무 관련이 없고, 다만 스키타이인과의 교제에서 음주벽(飮酒癖)[66]이

---

63) "위에서 아래까지 모두 점령하다"라는 성구(成句)의 곁말인 듯하다. 머리
  이외의 부분에서 화염이 나왔기 때문에 이것은 도시를 완전히 점령할 수
  없다는 뜻이므로 도중에 손을 떼었다는 것이다.
64) 아르고스군의 전사자는 6천 명에 이르렀다(제7권 참조). 여기서 노예라는
  것은 엄밀히 말하면 노예가 아니라 준시민권을 부여받고 있었던, 이른바
  페리오이코이였을 것이다. 또한 아르고스의 이 비상 체제는 아리스토텔레
  스의 《정치학》(제5권, 3, 7)과 플루타르코스의 〈부덕에 관하여〉에서도 언급
  되고 있다.
65) 아르카디아 서남부에 있었던 도시.
66) 원어(原語)는 '술의 원액을 그대로 마시는 습벽'이다. 그리스에서는 보통
  술을 마실 때는 물을 타서 마셨고, 물을 타지 않고 마시는 것을 천박한 행
  동으로 보고 있었다. 그러나 여하튼 술을 원액 그대로 마셨다는 것은 결국

생겨 그렇게 된 것이라고 말하고 있다. 그것을 설명하면 이러하다. 일찍이 다레이오스에 의해 침범당한 일이 있던 유목 스키타이인들은 그후 어떻게 하든 복수를 하고자 스파르타에 사절을 보내 동맹을 맺고, 자신들은 파시스 강을 따라 페르시아로 침입해 들어갈 테니 스파르타 측은 에페소스에서 동쪽으로 올라와 자신들과 합류하자고 제안했다. 스파르타인이 말하는 바에 따르면, 클레오메네스는 이러한 일들을 교섭하기 위해 스파르타에 왔던 스키타이인들과 많은 시간을 보내고 너무 가깝게 교제한 나머지, 그들로부터 물을 타지 않고 술을 마시는 습관을 배우게 됐다는 것이다. 그리고 그 때문에 결국 미치게 되고 말았다고 스파르타인들은 생각하고 있다. 스파르타인의 이야기에 의하면 그때 이후 스파르타에서는 통음(痛飮)하고자 할 때는 "스키타이식에 따라 달라"고 말한다는 것이다.

클레오메네스에 대해 스파르타에서 이야기되고 있는 바는 이상과 같다. 그러나 나는, 클레오메네스가 비참한 최후를 마치게 된 것은 데마라토스를 함정에 빠뜨렸기 때문에 그 죄값을 치른 것이라고 생각하고 있다.

아이기나와 아테네의 싸움

아이기나측에서는 클레오메네스가 죽었다는 소식을 접하자 아테네에 인질로 감금되어 있는 자들과 관련하여 레오티키데스의 죄를 규탄하기 위해 스파르타로 사절을 파견했다. 스파르타에서는 재판을 열고 이를 심의한 결과, 레오티키데스가 아이기나인에 대해 취한 조치는 불법이었다고 인정하고, 아테네에 감금되어 있는 자들 대신 레오티키데스를 인도하고 아이기나로 연행해 가게 하라는 판결을 내렸다. 그리하여 마침내 아이기나인들이 레오티키데스를 연행해 가려 하고 있을 때, 스파르타에서 명망이 높았던 레오프레페스의 아들 테아시데스가 이를

호주가(豪酒家)였다는 이야기다.

가로막으며 이렇게 말했다.

"아이기나인 여러분, 지금 무슨 짓을 하려는 것이오? 스파르타인이 인도했다 하여 스파르타의 왕을 연행해 갈 셈이오? 스파르타인이 지금은 (레오티키데스에 대해) 격분한 나머지 이러한 판결을 내렸지만, 경고하건대 만약 그대들이 이 일을 실행에 옮긴다면 그들은 곧 그 복수를 위해 귀국을 완전히 파멸시킬지도 모르오."

아이기나인들은 이 말을 듣고 레오티키데스 연행을 단념하고 레오티키데스와 협정을 맺었다. 그리하여 레오티키데스는 아이기나인들과 함께 아테네로 가 감금되어 있는 자들을 아이기나측에 되돌려주기로 했다.

레오티키데스가 아테네에 도착하여 맡겨 두었던 아이기나인들을 되돌려 달라고 요구했지만, 아테네측은 여러 가지 구실을 내세우며 이 요구를 들어 주지 않았다. 아테네인들이 내세운 주장은, 두 명의 왕으로부터 인질을 위탁받았던 만큼 지금 한 사람에게만 반환한다는 것은 이치에 어긋나는 일이라는 것이었다. 아테네측이 반환 요구에 응하지 않자 레오티키데스는 다음과 같이 말했다.

"아테네인 여러분, 어느 편을 택하든 그건 여러분의 자유요. 정의 편에 서서 반환을 하든 불의 편에 서서 반환을 거절하든 말이오. 그러나 나는 여기서 다른 사람에게 무엇을 맡긴다는 일과 관련하여, 그 옛날 스파르타에서 일어났던 일을 여러분에게 들려주고 싶소.

우리 스파르타에는 이러한 이야기가 전해져 오고 있소. 지금으로부터 위로 거슬러올라 3대째 되는 옛날, 스파르타에 에피키데스의 아들 글라우코스가 살고 있었소. 이 사람은 모든 면에서 존경을 받고 있었지만, 특히 정의감에 관한 한 당시 스파르타에 살고 있던 그 누구도 따르지 못한다는 소문을 듣고 있었다 하오. 그런데 어느 날——신께서 미리 그렇게 정해 놓으셨던 날이었겠지만——밀레토스의 한 남자가 스파르타에 와 글라우코스를 만나고 싶다고 말하고, 그를 만나게 되자 그에게 다음과 같이 부탁했소.

'저는 밀레토스인입니다만, 글라우코스여, 당신의 정의감에 의지하여 한 가지를 부탁하고자 이렇게 왔습니다. 그리스 본토는 물론이고 이오니아에조차 당신이 정의로운 분이라는 소문이 크게 퍼져 있습니다. 그리하여 저는 곰곰이 생각한 끝에 이오니아는 옛날부터 몹시 위험한 곳이지만 그와 반대로 펠로폰네소스는 안정되어 있는 곳이라는 것과, 또한 재산이라는 것은 결코 한 사람의 손안에 머무르는 것이 아니라는 것 등을 깨닫고, 결국 저의 전 재산의 반을 화폐로 바꾸어 이것을 당신께 맡기기로 결심했습니다. 당신께 맡기면 안전하리라는 걸 잘 알고 있었기 때문입니다. 그러하오니 부디 이 돈을 맡아 주십시오. 그리고 이 부신(符信)을 지니고 계시다가 여기에 맞는 부신을 가지고 와서 반환을 요구하는 자가 있으면 그에게 돈을 돌려주십시오.'

밀레토스에서 온 자는 이같이 말했고, 글라우코스는 그 조건대로 위탁물을 맡기로 했소. 그 후 오랜 세월이 흐른 다음 돈을 맡겼던 밀레토스인의 자식들이 스파르타에 와 글라우코스를 만나자 부신을 내보이면서 돈을 되돌려 받고 싶다고 말했소. 그러자 글라우코스는 다음과 같이 대꾸하며 그 요청을 거부했소.

'내게는 그러한 기억이 없소. 그대들의 말을 들었지만 기억나는 게 아무 것도 없소. 물론 기억이 난다면 만사를 정당하게 처리하겠소. 즉 만약 맡긴 것이 확실하다면 정직하게 되돌려줄 것이고, 또한 내가 돈을 맡은 일이 없다면 그리스의 법에 따라 그대들과 대결하겠소. 그대들과 약속하거니와, 앞으로 3개월 이내에 이 문제를 어떻게 하든 해결토록 하겠소.

그리하여 밀레토스인들이 속임수에 넘어가 돈을 빼앗겼다고 생각하고 불운을 한탄하며 귀국해 버리자, 글라우코스는 신탁을 묻기 위해 델포이로 갔소. 맹세를 깨뜨리고 그 돈을 탈취해도 되는지 어떤지에 대해 신탁을 구하자, 델포이의 무녀는 다음과 같이 말하며 그를 질책했소.

에피키데스의 아들 글라우코스여, 거짓 맹세로
싸움에 이겨 돈을 빼앗게 된다면 당장은 좋으리라.
맹세하고 싶으면 하라, 진실하게 맹세한 자도 죽음은 면치 못하니.
그러나 맹세의 신께는 이름도 손발도 없는 아드님이 계셔
질풍과 같이 죄 지은 자를 쫓아가
그 일족과 그 집을 붙잡아 완전히 없애기까지는
결코 멈추지 않으시니라.
진실로 맹세를 지키는 자는
그 일족이 언젠가는 행운을 만나게 됨을 알라.

이 말을 들은 글라우코스는 이런 사항을 신탁받은 죄를 용서해 달라고 신께 빌었지만, 무녀는 신을 시험하는 것과 죄를 짓는 것은 같은 것이라고 대답했다오. 그리하여 글라우코스는 앞서 밀레토스에서 자신을 찾아왔던 자들을 불러온 후 그들에게 돈을 되돌려주었소.

아테네인 여러분, 내 이야기의 요점은 이렇소. 오늘날 글라우코스의 자손은 한 사람도 남아 있지 않고, 또한 그의 집이라 할 만한 것조차 하나 남아 있지 않소. 글라우코스 일족은 스파르타에서 완전히 사라지고 말았소. 이처럼 다른 사람으로부터 물건을 맡았을 경우에는, 반환을 요구하면 정직하게 되돌려주고 다른 마음을 먹어서는 안 되는 법이라오."

그러나 아테네인은 이 말에 귀를 기울이지도 않았다. 그래서 레오티키데스는 결국 귀국하고 말았다.

아이기나인이 테베에 가담하여 아테네에 대해 불법 행위[67]를 저지르고 난 뒤 아직 그에 따른 보복을 받기 이전의 일인데, 본디부터 아이기나인은 불법 행위를 저지른 것은 오히려 아테네라 생각하고 아테네에 보복을 가하고자 준비를 갖추고 있었다. 그리하여 수니온에서 아테

---

67) 제5권 참조.

네인이 5년마다 개최하는 축제[68] 때를 이용하여 함대를 매복시켜 두었다가, 아테네의 일류 저명인들을 가득 실은 제례사(祭禮使, 테오로스)의 배를 나포하고 승선했던 자들을 모두 사로잡아 감옥에 집어넣었다. 아테네인은 이에 격노하여 즉시 아이기나 타도에 전력을 경주했다.

그런데 이때 아이기나에 니코드로모스라는 한 저명인이 있었다. 그는 크로이토스의 아들로 한때 아이기나에 대해 증오심을 품고 있었다. 이때 아테네인이 아이기나를 침공하려 하고 있다는 소문을 듣자, 조국을 배반하고 아이기나를 아테네의 손에 넘기겠다는 협정을 맺고 자신이 궐기할 날짜를 알린 다음 그날 자신을 지원하러 달려오라고 전했다.

그 후 니코드로모스는 미리 아테네인과 짜놓았던 대로 이른바 아이기나의 구시가(舊市街)를 점령했지만, 아테네인은 때맞추어 지원하러 올 수 없었다. 아이기나의 함대와 교전할 만한 전투력을 갖춘 함선이 아테네에는 부족하여 코린토스에 함선을 빌리려고 간청하는 데 시간이 걸려, 그 사이에 음모는 좌절되었던 것이다. 당시 코린토스는 아테네와 매우 우호적인 관계에 있었기 때문에 아테네의 요청에 응하여 함선 20척을 양도했는데, 배 한 척당 가격은 겨우 5드라크마밖에 되지 않았다. 무상(無償)으로 양도하는 것은 법적으로 금지되어 있었기 때문이다. 아테네인은 이들 함선을 입수하자 여기에 자국의 함선을 합해 총 70척의 함선을 준비하고 아이기나를 향해 출발하여 약정 기일보다 하루 늦게 도착했다. 니코드로모스는 아테네군이 제시간에 오지 않음을 알게 되자 곧 배를 타고 아이기나에서 탈주했다. 니코드로모스는 다른 많은 아이기나인과 동행하고 있었는데, 그 후 아테네인은 그들이 수니온에 거주하도록 허락했다. 그러자 그들은 이곳을 근거지로 하여 계속해서 아이기나 섬 주민들을 습격·약탈했다.

이것은 후일담인데,[69] 아이기나의 자산가(資産家) 일당은 니코드로모

---

68) 수니온은 아티카 반도 남단에 있는 곳. 여기에 포세이돈의 신전이 있었다. 여기서 말하는 축제도 포세이돈 축제였던 것 같다.
69) 기원전 490~481년 사이의 일.

스와 함께 자기들에게 반기를 들었던 민중을 진압하는 데 성공했다. 그들은 니코드로모스 일당을 교외로 끌어내어 처형했다. 그러나 이 과정에서 그들은 신성 모독 행위를 저지르게 되어, 희생을 바침으로써 이 부정(不淨)을 씻고자 온갖 노력을 다했다. 그러나 그들은 결국 여신의 노여움을 사 섬에서 추방되기에 이르렀으며,[70] 여신의 노여움이 풀어지기 전까지는 섬으로 돌아올 수 없었다. 그 경위는 이러하다. 반란을 일으켰던 민중 700명을 생포하여 그들을 교외로 끌어낸 다음 막 처형하려 할 때, 그 중 한 명이 포박을 풀고 탈주하여 화를 피하기 위해 데메테르 테스모포로스[71] 신전 입구로 도망쳐 들어가 문의 손잡이를 양손으로 꼭 움켜잡았다. 뒤쫓아온 추격대가 그를 떼어 내려 했지만 떨어지지 않자, 그들은 양손을 잘라 낸 다음 그를 데리고 갔다. 그런데 잘라진 양손은 문의 손잡이에 붙은 채 떨어지지 않았던 것이다.

　이렇게 아이기나인은 자기들끼리 골육상쟁을 벌였다. 한편 아테네군이 도착하자 아이기나인은 70척의 함선을 동원하여 해전을 벌였지만 지고 말아, 이전과 똑같이 아르고스에 구원을 요청했다.[72] 그러나 아르고스인은 전에 클레오메네스에 의해 나포된 아이기나 함선이 아르고스령에 침입하여 스파르타군과 함께 상륙을 감행했던 일을 들어 이때는 더 이상 구원군을 보내려 하지 않았다. 그런데 이 침공 때 시키온 함선의 승무원들도 상륙작전에 가담했기 때문에, 아르고스는 양국에 대해 각각 500탈란톤, 합계 1천 탈란톤을 요구했었다. 시키온인은 그들의 잘못을 인정하고 100탈란톤을 지불하여 그 배상을 면제받기로 동의했지만, 아이기나인은 그들의 잘못을 인정하지 않고 극히 불손한 태도를 취했었다.

---

70) 이 추방은 펠로폰네소스 전쟁 초기에(기원전 431년) 아테네인에 의해 행해졌다.
71) 테스모포로스는 '법을 정하는 자'라는 뜻으로, 풍요의 여신 데메테르의 수식어.
72) 아테네와 신상(神像)을 둘러싸고 전쟁을 벌였을 때의 일(제5권 참조).

이러한 일이 있었기 때문에 아르고스인은 아이기나의 요청에 대해 공식적으로는 단 한 사람의 구원군도 보내지 않았다. 다만 약 1천 명의 의용병이, 5종경기(펜타틀론)[73] 훈련을 받았던 에우리바테스의 지휘하에 아이기나에 오는 데 그쳤다. 그러나 이 의용군 대부분은 다시 귀환하지 못하고 아이기나에서 아테네인에 의해 살해됐다. 대장이었던 에우리바테스 자신도 일 대 일 승부에서 처음 세 명까지는 살해할 수 있었지만, 결국 네번째 상대였던 데켈레이아[74] 출신의 소파네스라는 자의 손에 걸려 죽고 말았다.

그 후 아이기나인은 함선을 동원하여 미처 전열을 갖추지 못한 아테네군을 습격하여 쳐부수고 네 척의 함선을 승무원과 함께 포획했다.

페르시아 원정군, 여러 섬을 경유 마라톤 도달

아테네가 아이기나와 전쟁을 벌이고 있을 때, 페르시아 왕은 자신의 계획을 실행에 옮기고 있었다. 왕이 아테네인을 잊지 않도록 종복이 언제나 왕의 주의를 환기시키고 있었고, 또한 페이시스트라토스 일족이 왕의 곁에서 항상 아테네를 비방했기 때문이었다.[75] 동시에 다레이오스 자신도 이를 기화로 그에게 땅과 물을 바치지 않겠다는 그리스 도시들을 정복하려고 적당한 구실을 찾으려고 애썼다. 그는 원정에 실패한 마르도니오스를 사령관직에서 해임하고 다른 사령관을 임명하여 에레트리아와 아테네를 향해 군대를 진격시키고자 했다. 새로이 임명된 사령관은 메디아 출신의 다티스와, 왕의 사촌동생인 아르타프레네스의 아들 아르타프레네스 등 두 명이었다. 다레이오스는 이 두 사람에게 아테네와 에레트리아를 예속시키고 그 노예들을 자기 앞으로 끌고 오라고 명을 내린 다음 그들을 출발시켰다.

사령관에 임명된 이 두 사람은 왕에게 작별을 고한 후 충분히 장비

---

73) 높이뛰기, 원반 던지기, 경주, 레슬링, 전투 등 다섯 개 종목을 가리킨다.
74) 아티카의 구(區) 이름.
75) 제5권 참조.

를 갖춘 대규모 지상군을 이끌고 발진(發進)하여 킬리키아의 알레이온 평야에 도착했다. 그들이 여기에 진을 치고 대기하는 동안, 미리 여러 민족에게 공출을 명해 놓았던 해상 부대가 모두 집결해 육군에 합류했고, 그 전년에 다레이오스가 자국의 조공국에 각기 그 조달분을 통고해 놓았던 마필(馬匹) 수송선도 도착했다. 그들은 말을 이 마필 수송선에 싣고 또한 지상군을 함선에 승선케 한 다음 600척의 삼단노선을 가지고 아이기나를 향해 출항했다.

그러나 페르시아군은 여기에서 헬레스폰토스 및 트라키아를 목표로 대륙을 연해 배를 전진시키지 않고, 사모스 섬을 떠나 이카로스 섬을 지난 다음 섬 사이를 누비며 항진했다. 생각건대 이것은 전년[76]에 아토스 곶을 돌아 항해하다가 막대한 손실을 입었던 까닭에 아토스 회항(回航)을 매우 두려워했기 때문이었을 것이다. 그뿐만 아니라 낙소스가 아직 미점령 상태에 있었기 때문에[77] 이 진로를 취할 수밖에 없었던 사정도 있었다.

그들이 이카로스 해에서 항진하여 낙소스 해안에 이르렀을 때——페르시아군은 전쟁의 첫번째 대상으로 낙소스를 지목해 놓고 있었다——낙소스인은 이전의 경험을 상기하고 산 속으로 도주하여 페르시아군을 맞아 싸우려 하지 않았다. 이것을 본 페르시아군은 생포한 낙소스인만 노예로 삼고 성역과 시가지를 불태워 버린 후 다른 섬으로 향했다.

페르시아군이 이와 같은 작전을 전개하고 있을 때, 델로스 섬의 주민들도 섬을 떠나 테노스 섬으로 피난했다. 함대가 델로스에 가까이 이르자 다티스는 함대 앞으로 나와 함선들로 하여금 델로스 섬 부근에 정박하지 못하게 하고 델로스 섬 앞에 있는 레나이아 섬에 정박하게 했다. 그리고 다티스는 델로스인의 소재(所在)를 알게 되자 전령을 보

---

76) 엄밀히는 2년 전.
77) 아리스타고라스에 의한 낙소스 점령 계획이 실패로 돌아갔던 일을 가리킨다(제5권 참조).

내 다음과 같이 전했다.

"성스러운 도시의 주민에게 알린다. 무엇 때문에 그대들은 이유도 없이 나를 나쁜 사람으로 생각하고 도시를 버린 채 떠나갔는가? 저 두 분의 신[78]께서 태어나신 이 나라에 대해서는 영토나 사람에게 그 어떤 위해도 가해서는 안 된다는 것을 알 정도의 분별은 내게도 있으며, 또한 대왕으로부터도 그러한 분부를 받았다. 그러니 그대들은 각자 자기 집으로 돌아와 이 섬에 거주하도록 하라."

다티스는 델로스인에게 이와 같이 전하게 한 후, 300탈란톤의 향나무를 제단에 쌓아올리고 이것을 태웠다.

다티스는 그 후 원정군과 함께 뱃길로 먼저 에레트리아로 향했는데, 그의 휘하에는 이오니아인 및 아이올리스인도 포함되어 있었다.

다티스가 델로스의 해역(海域)을 떠난 후 델로스에 지진이 일어났다고 그곳의 주민은 전하고 있다. 그리고 델로스에 있어서 지진은 오늘날에 이르기까지 그것이 처음이자 마지막이었다고 한다. 이것은 아무래도 신께서 앞으로 닥쳐올 재난을 알리는 전조로서 인류에게 계시하신 것이 아닌가 생각된다. 왜냐하면 히스타스페스의 아들 다레이오스, 다레이오스의 아들 크세르크세스, 크세르크세스의 아들 아르타크세르크세스로 연속되는 3대 동안에, 그리스는 실로 다레이오스 이전의 20세대 동안보다도 훨씬 큰 재난을 겪었기 때문이다. 그 재난 중 한 가지는 페르시아인에 의해 그리스에 가해졌던 것이었고, 다른 한 가지는 그리스 자신의 지휘관들이 정권을 둘러싸고 내분을 일으킴으로써 초래된 것이었다. 이렇게 보면 일찍이 지진이 일어난 일이 없던 델로스에 지진이 일어났다 해서 그리 놀랄 일은 아니다. 아울러 델로스에 관해 다음과 같이 기록된 신탁도 있었다.

나는 델로스도 또한 흔들어 보이리라, 설사 부동(不動)의 섬이라 할

---

78) 말할 것도 없이 아폴론과 아르테미스 두 신을 가리킨다.

지라도. [79]

이들 왕의 이름을 그리스어로 번역하면 다레이오스는 '억제하는 자(에르크시에스), [80] 크세르크세스는 '전사(戰士, 아레이소스)', 아르타크세르크세스는 '위대한 전사(메가스 아레이오스)'라는 뜻이다. [81] 그러므로 그리스인은 이들 왕의 이름을 자국어로 불러도 틀리지는 않을 것이다.

페르시아군은 델로스를 떠난 후 각 섬을 차례로 돌며 그 해안에 정박한 후 군병(軍兵)을 징용하고 주민의 자식들은 인질로 삼았다. 그러는 가운데 카리스토스 [82]에 이르렀을 때, 카리스토스인이 그들에게 인질을 양도하기를 거부할 뿐더러 이웃 도시—— 이것은 에레트리아와 아테네를 가리킨다 ——에 대한 공격에도 참가하기를 거부했다. 그리하여 페르시아군이 카리스토스 시를 포위 공격하고 그 국토를 유린하자, 마침내 카리스토스인도 페르시아군의 뜻에 따르게 됐다.

에레트리아인은 페르시아군이 자국을 향해 함대를 진격시키고 있다는 소식을 듣게 되자 곧 아테네에 구원을 요청했다. 아테네는 직접적인 원조는 거부하고, 그 대신 전에 칼키스의 히포보타이 영지로 이주시켰던 [83] 4천 명을 원군으로 에레트리아에 파견했다.

---

79) '아울러 델로스에 관해……' 이하의 이 문장은 가장 신뢰할 만한 사본에는 없고, 선행 부분과의 관련도 불분명하기 때문에 후세의 삽입 또는 혼입으로 보는 설이 유력하다.

80) 'ερξίης는 '억제하는 자'라는 뜻으로도, '일을 행하는 자'라는 뜻으로도 해석된다.

81) 헤로도토스는 아르타크세르크세스를 단지 크세르크세스에 아르타를 덧붙인 것으로 생각하여 이렇게 해석하고 있지만, 실제로는 그렇지 않다. 크세르크세스의 원형(原形)은 크샤야 아르샨이고, 아르타크세르크세스의 원형은 아르타 크샤트라이다.

82) 에우보이아 섬 남단에 있었던 도시.

83) 칼키스는 에레트리아 근처에 있었던 에우보이아의 주읍(主邑). 히포보타이 등에 대해서는 제5권 참조.

그러나 에레트리아는 이미 병들어 있었다. 아테네에 구원을 요청했을 때 이미 국론이 둘로 분열되어 있었던 것이다. 한 파는 도시를 버리고 에우보이아 산지로 피란하자고 주장했고, 다른 한 파는 페르시아측에 아부해 사리(私利)를 꾀하고자 조국을 배반할 준비를 갖추고 있었다. 당시 에레트리아를 좌지우지하고 있던 노톤의 아들 아이스키네스는, 이 두 파의 계획을 알게 되자 이미 도착해 있었던 아테네인들에게 자국의 현황을 자세히 알려 주고 에레트리아인과 운명을 같이하다가 파국을 당하지 말고 모국으로 철군하기를 요청했다. 아테네인들은 아이스키네스의 충고에 따랐다.

이리하여 아테네인은 오로포스[84]로 건너가 화를 면하게 되었다. 한편 페르시아군은 배를 몰아 에레트리아 영내의 타미나이, 코이레아이 및 아이길리아에 정박시켰다. 배를 정박시킨 후 이들은 지체없이 말을 배에서 내리고 공격 준비를 갖추었다.

그러나 에레트리아측은 출격은커녕 맞아 싸우려고조차 하지 않았으나, 도시를 포기하지 말자는 의견이 우세하게 되자 어떻게든 성벽을 지키는 데만 전념했다. 이윽고 성벽에 대한 공격이 치열하게 전개되어 6일간에 걸친 전투에서 쌍방 모두 많은 전사자를 냈다. 7일째에 접어들어 도시의 유력자였던 알키마코스의 아들 에우포르보스와 키네아스의 아들 필라그로스 등 두 명이 도시를 배반하고 페르시아측에 가담했다. 페르시아군은 도시로 침입해 들어와 일찍이 사르데스에서 그들의 성역이 불타 버렸던 데 대한 복수로 성소를 약탈한 다음 이를 불태워 없애고, 다레이오스가 명했던 대로 시민을 모두 노예로 만들었다.

페르시아군은 에레트리아를 함락시킨 후 며칠 있다가 곧 아티카령을 향해 함대를 진격시켰다. 그들은 이번 승리로 크게 의기충전해, 아테네인도 에레트리아인의 경우와 같이 쉽게 정복할 수 있으리라 확신하고 있었다.

---

84) 에레트리아와 해협을 사이에 두고 마주 보는 본토의 도시.

그런데 아티카 지방에서는 마라톤 지역이 기병이 행동하기에 가장 적합했고 에레트리아와도 가장 가까운 곳에 있었기 때문에,[85] 페이시스트라토스의 아들 히피아스는 페르시아군을 이곳으로 유도했다.

마라톤 전투

이것을 안 아테네인들은 곧 스스로를 구원하기 위해 10인의 대장이 지휘하는 부대를 마라톤으로 출동시켰다. 밀티아데스는 그 열번째 대장으로[86] 그의 아버지 키몬은 스테사고라스의 아들이었는데, 일찍이 히포크라테스의 아들 페이시스트라토스의 전제(專制)에 불만을 품고 아테네를 떠나 망명한 적이 있었다. 키몬은 망명 중에 올림피아의 사두마 전차 경주에서 우승하여 그의 동복(同腹) 형제인 밀티아데스와 똑같은 위업을 달성했다. 키몬은 그 다음 올림피아 경기에서도 같은 말을 가지고 우승했는데, 이때는 우승을 페이시스트라토스에게 양보했다. 페이시스트라토스에게 우승의 영예를 양보함으로써 그와 화해하고 아테네로 복귀했던 것이다. 키몬은 그 후 또다시 앞서와 똑같은 말을 가지고 올림피아에서 우승을 거두었다. 그러나 얼마 있지 않아서 페이시스트라토스의 아들들에 의해 살해됐다. 페이시스트라토스는 당시 이미 죽고 이 세상에 없었는데, 페이시스트라토스의 아들들은 밤중에 시회당 부근에 자객을 숨겨 두었다가 그를 암살하게 했던 것이다. 키몬

---

85) 마라톤을 결전장으로 선택한 이유로서 여기에 열거하고 있는 두 가지 점에 대해 의문이 없지도 않다. 뒤의 기술에 나타나고 있듯이, 마라톤 전투에서는 기병대의 활동을 전혀 볼 수 없다. 그러므로 48년 전 페이시스트라토스가 그의 아들 히피아스와 함께 에레트리아에서 마라톤을 경유하여 아테네로의 귀국을 강행했던 일(제1권 참조)을 상기하여, 히피아스가 그때의 성공을 재현하고자 이 경로를 선택하였다고 보는 설도 있다.
마라톤은 아티카의 동해안에 연해 있는 넓은 평야를 가리키며, 마라톤 구를 비롯한 다른 세 구를 포함한다.
86) 아테네의 10씨족으로 한 사람씩 지휘관을 냈던 것이다. 열번째라는 것은, 씨족의 순위가 매년 바뀌는데 때마침 이때 밀티아데스가 속한 씨족의 순위가 열번째였다는 것이리라.

의 묘소는 아테네 교외의, '움푹 들어 간 곳(코이레)'이라 불리는 지
구를 관통하고 있는 도로 건너편에 있다. 그 묘소 맞은편에는 올림피
아에서 세 번 우승을 거둔 말들이 묻혀 있다. 이와 똑같은 위업을 달
성한 말로서는 라코니아인 에우아고라스의 말이 있을 뿐, 그 밖에는 3
회 이상 우승을 거둔 말은 없다.

키몬의 자식들 중 큰아들인 스테사고라스는 당시 케르소네소스에서
그의 외숙부인 밀티아데스와 함께 살고 있었고, 동생은 아테네에서 그
의 부친과 함께 살고 있었다. 이 동생의 이름은 케르소네소스의 개척
자 밀티아데스의 이름을 따 밀티아데스라 붙였다.

이 밀티아데스가 당시 케르소네소스에서 귀환한 후 아테네군의 지휘
를 맡았는데, 그는 그때까지 두 번이나 목숨을 거의 잃을 뻔한 일이
있었다. 한 번은 페니키아군이 그를 사로잡아 페르시아 왕 앞으로 연
행해 가고자 그를 임브로스 섬까지 필사적으로 추적해 왔을 때였고,
다른 한 번은 페니키아군의 추적을 피해 귀국하여 이젠 살았다고 생각
하기도 전에 반대파들이 그가 오기를 기다렸다가 그를 고발하여 재판
장에서 케르소네소스에서 행한 전제(專制)의 죄를 탄핵했을 때였다.
그러나 이 곤경에서도 벗어나, 민회에서 아테네군의 사령관으로 선출
되었던 것이다.

아테네의 사령관들은 아직 시내에 머물고 있을 때, 먼저 아테네인
필리피데스[87]를 전령으로 삼아 스파르타로 보냈다. 역시 이 남자는 직
업적인 장거리 주자였다. 이 필리피데스가 귀환한 후 아테네인에게 보
고한 바에 따르면, 그는 테게아 부근에 솟아 있는 파르테니온 산[88]에서

---

87) 사본의 전승은 '필리피데스'와 '페이디피데스' 두 가지로 나뉘어 있다. 후
자는 '말을 절약하는 자, 말이 필요치 않은 자'라고 해석되고 있기 때문에
장거리 주자의 이름으로서 적합하다 하여 어느 사이에 본래의 필리피데스
를 대신하게 되었을 것이라고 보는 설이 있다. 페이디피데스는 아리스토파
네스의 희극 〈구름〉에 등장하는 인물명이기도 한데, 전승의 변화에 이 작
품이 영향을 주었는지에 대해서는 잘 알 수 없다.
88) 아르고리스와 아르카디아 국경에 있었던 산. 아르고스에서 출발하면 이 고

목신(牧神) 판을 만났다고 한다. 판은 큰소리로 필리피데스의 이름을
부르더니, 자기는 아테네인에게 호의를 갖고 있고 이때까지 이미 여러
번 아테네인을 도와 주었고 앞으로도 그럴 생각인데 아테네인은 조금
도 자신에게 신경을 쓰지 않으니 어찌 된 셈인가 묻더라고, 아테네로
돌아가면 보고하라고 명했다 한다. 아테네인은 그의 말을 믿고, 사태
가 수습된 후 아크로폴리스의 기슭에 판의 신전을 건립하고[89] 필리피데
스의 전언에 기초하여 매년 희생을 바치고 횃불 경주 대회를 개최하여
신의(神意)를 받들었다.

　그런데 이 필리피데스는 이때——그가 판을 만났다고 말한 바로 그
때의 일인데——사령관들의 명을 받아 아테네를 출발한 뒤 이틀째 되
는 날[90] 스파르타에 도착하자 곧 장관(長官)[91]들에게로 가 다음과 같이
말했다.

　"스파르타인 여러분, 아테네인은 귀국에 대해 아테네를 구원해 주시
길 간청하고 있습니다. 또한 그리스의 가장 오랜 도시로 손꼽히고 있
는 아테네가 이국인에 의해 분쇄되어 그들의 노예가 되는 것을 그대로
방관하지 않길 바라고 있습니다. 왜냐하면 지금 에레트리아조차 이미
예속당해 이 유력한 도시를 잃음으로 해서 그리스는 그만큼 전력(戰
力)을 상실하고 있기 때문입니다."

　필리피데스가 스파르타측에 이와 같이 명령받은 대로 전하자, 스파
르타측은 아테네를 구원하기로 결정했다. 그러나 그들의 법을 깨뜨리
고 싶지 않았기 때문에 이것을 즉시 실행에 옮길 수는 없었다. 왜냐하
면 때마침 그날은 그달의 9일째에 해당되어 병력을 움직이기 위해서는

　　개를 넘어 테게아의 평야로 내려오게 된다.
　89) 아크로폴리스 서북 사면에 지금도 남아 있는 '판의 동굴'이 그것이리라.
　90) 아테네와 스파르타 사이의 거리는 200킬로미터가 넘었다. 이틀 사이에 이
　　　거리를 주파했다면 하루에 100킬로미터 이상 달린 셈이다.
　91) 여기에는 아르콘(장관)이라고 서술되어 있지만 물론 그것은 스파르타의
　　　에포로스(감독관)들을 가리킬 것이다.

달이 차기까지 기다려야 했기 때문이다. 그래서 그들은 그때까지는 출정할 수 없다고 말했다.[92]

이리하여 스파르타인이 달이 차기를 기다리고 있을 때, 페이시스트라토스의 아들 히피아스는 페르시아군을 마라톤으로 안내하고 있었다. 그런데 그 전날 밤 그는 잠을 자다 어머니와 동침하는 꿈을 꾸었다. 히피아스는 이 꿈을 꾼 후 자신이 아테네에 복귀하여 주권을 회복하고, 모국에서 장수를 누리다 편안히 죽을 수 있으리라고 판단했다. 꿈을 이렇게 해석한 히피아스는 페르시아 군대의 안내사 역할을 한 다음 날 먼저 에레트리아에서 포로로 잡은 자들을 스티라 시에 속하는 아이길리아라는 섬에 내려놓은 다음, 함대를 마라톤에 정박시키고 상륙한 페르시아 병사들을 이리저리 배치시켰다. 그런데 그가 한창 이러한 일로 바쁠 때 난데없이 심한 재채기와 기침이 발작했다. 나이 탓[93]으로 대부분의 이〔齒牙〕가 흔들리고 있었기 때문에 심한 기침 끝에 이 하나가 입 밖으로 빠졌다. 모래 속으로 떨어진 이는 도무지 찾을 수가 없었다. 그때 히피아스는 깊은 한숨을 쉬며 곁에 있던 자들에게 이렇게 말했다.

"필경 이 땅은 우리들의 것이 아니다. 또 우리는 이 땅을 정복하지도 못할 것이다. 일찍이 내 땅이었던 곳을 지금은 내 이가 차지하고 있다."

히피아스는 자신의 꿈이 어쨌든 이렇게라도 실현되었다고 해석했다. 그런데 아테네군이 헤라클레스의 성역 내에 진을 구축하고 있을 때, 이곳으로 플라타이아인이 병력을 총동원하여 그들을 구원하러 왔다. 그것은 플라타이아인이 이미 아테네에 자국의 운명을 맡기고 있었고,

---

92) 스파르타의 카르네이오스 달〔月〕——아테네 력(曆)으로는 메타게이토니온 달이라고 하며 오늘날의 8월 후반에서 9월 전반에 해당한다——의 7일에서 15일까지의 9일간은 통상 아폴론을 제신(祭神)으로 하는 카르네이아 제(祭)가 열렸기 때문이다.
93) 당시 히피아스는 70세 정도였을 것으로 추정된다.

또한 아테네도 플라타이아를 위해서는 수차에 걸쳐 아낌없이 도와 왔기 때문이었다. 플라타이아가 아테네에 자국의 운명을 맡기게 된 사정은 이러하다.

테베의 압박에 시달리고 있던 플라타이아는, 때마침 아낙산드리데스의 아들 클레오메네스가 스파르타군과 함께 그 지방에 와 있었기 때문에 맨 처음에는 스타르타의 손에 나라를 맡기려 했다.[94] 그러나 스파르타인은 그 제안을 거부하며 다음과 같이 말했다.

"귀국과 우리는 너무 멀리 떨어져 있기 때문에 동맹을 맺는다 하더라도 귀국에는 아무런 도움이 되지 않을 것이오. 우리가 소식을 접하기 이전에 귀국이 적의 수중에 떨어지고 마는 경우가 빈번할 것이기 때문이오. 우리로서는 그보다는 귀국과 가깝고 또한 귀국의 원조자로서 결코 부족하지 않을 아테네인에게 의뢰하기를 권고하오."

스파르타인은 이와 같이 권고했지만, 이것은 플라타이아에 대한 호의 때문이 아니라 아테네가 보이오티아와의 분쟁에 휘말려 들게 되기를 바란 데서 나온 것이었다. 그럼에도 불구하고 플라타이아인은 이러한 스파르타의 권고를 솔직히 받아들여, 아테네인이 12신(神)[95]에게 희생을 바치고 있을 때 탄원자가 되어 제단 위에 올라가 앉은 다음 아테네에 자국의 운명을 맡겼던 것이다. 이 소식을 들은 테베에서는 플라타이아를 공격하기 위해 병력을 진격시켰고, 이에 대해 아테네는 플라타이아를 구원하러 나섰다.

그리하여 양군이 막 전투에 돌입하려 할 때 때마침 그 자리에 있던 코린토스인 일행이 중재에 나서, 테베는 보이오티아의 주민 중에 보이오티아 동맹에 가입하기를 바라지 않는 자들에게는 그 자유를 인정한다는 조건으로 영토의 경계선을 정했다. 이러한 중재 결정을 내린 후

---

94) 투키디데스의 《펠로폰네소스 전쟁사》 제3권 67절에 따라 기원전 510년의 일로 보는 것이 타당할 것이지만, 투키디데스의 사본에 오류가 있다 하여 기원전 509년의 일로 보려는 학자도 있다.

95) 제우스 이하의 이른바 올림포스의 12신을 가리킨다.

에 코린토스인 일행은 떠났고, 아테네군도 철군을 시작했다. 그때 보이오티아군이 그들을 습격해 왔다. 그러나 아테네군은 도리어 공격해 온 보이오티아군을 격파하고 그 여세를 몰아 앞서 코린토스인이 정해 놓았던 플라타이아 국경을 넘어 진격했다. 그리하여 테베의 플라타이아 및 히시아이에 대한 국경은 아소포스 강으로 고정시켜 놓았다.

이러한 경위로 플라타이아는 아테네의 보호국이 되었으며, 이 플라타이아군이 지금 아테네군을 구원하기 위해 마라톤에 도착한 것이다.

그런데 아테네의 사령관들은 두 패로 나뉘어, 한쪽은 페르시아군과 싸우기에는 자군의 병력이 부족하다는 이유로 교전의 불가함을 고집했고, 밀티아데스가 속한 다른 한쪽은 교전해야 한다고 주장했다. 이렇게 둘로 나뉜 사령관들의 견해 가운데 바야흐로 나약한 태도를 표방한 쪽의 주장이 채택될 조짐을 보이고 있었다. 그런데 이때 10인의 사령관 외에 추첨[96]에 의해서 아테네의 군사장관(폴레마르코스)으로 선출된 자에게도 투표권이 있었다. 왜냐하면 예전의 아테네에서는 군사장관은 사령관과 똑같은 투표권을 갖도록 정해져 있었기 때문이다.[97] 당시의 군사장관은 아피드나인(人) 칼리마코스였는데, 밀티아데스는 칼리마코스에게로 가 다음과 같이 말했다.

"칼리마코스여, 바야흐로 아테네가 노예로 전락할 것이냐, 아니면 그 자유를 확보하고 하르모디오스와 아리스토게이톤[98] 두 사람조차 남기지 못했던 찬란한 업적을 세워 후세에 전할 것이냐 하는 것은 오직 그대에게 달려 있소. 지금 아테네는 건국 이래 최대의 위기에 봉착해

---

96) 솔론이 창시한 이 추첨 방식은 독재제에 의해 중단되어 기원전 488년까지는 행해지지 않았던 것 같다. 따라서 헤로도토스의 기술은 정확한 것은 아니다.

97) 군사장관은 그 후에는 군사에 관한 일에는 전혀 관여하지 않게 되었기 때문이다.

98) 이 두 사람은 기원전 6세기말에 아테네의 독재자 히파르코스(히피아스의 형제)를 살해하여 아테네에서 자유 투사로서 칭송받았다. 그 출신지가 칼리마코스와 똑같이 아피드나였다는 것도 여기에 함축되어 있을 것이다.

있소. 만약 아테네가 페르시아군에 굴복하게 된다면 반드시 히피아스
가 권력을 장악하게 될 것이고, 그 결과 어떠한 재난을 겪게 될 것인
가는 불을 보듯 뻔한 일이오. 그러나 우리가 싸워 이기게 된다면 우리
나라는 그리스 제국(諸國) 중에서 일등국이 될 수 있을 것이오. 어떻
게 해서 그것이 가능하고, 어째서 이들 사태의 최종 결정권이 다름 아
닌 그대에게 있는가 하는 것에 관해 지금부터 이야기하겠소. 실은 우
리들 사령관 10인의 의견이 둘로 나뉘어, 한쪽은 교전을 주장하고 있
고 다른 한쪽은 이에 반대하고 있소. 여기에서 만약 우리가 싸움을 포
기한다면 반드시 우리 나라에 내분이 일어나 아테네 국민의 사기가 동
요될 것이고, 그 결과 페르시아에 굴복하게 될 것이오. 그렇지만 우리
가, 몇 명의 아테네인이 분별없는 생각을 품기 전에 전투를 벌인다면,
신들께서 공평히 처결하시는 한 우리는 싸워 이길 수 있을 것이오. 그
러므로 지금 이 모든 문제가 그대에게 달려 있고, 그대의 결의 여하에
좌우될 것이오. 여기에서 만약 그대가 내 말에 수긍하여 내 쪽으로 투
표권을 행사한다면 우리 조국은 독립을 보전할 뿐만 아니라 그리스의
제일등국이 될 것이오. 그러나 그대가 교전에 반대하는 자들의 주장을
지지한다면 정반대의 결과를 얻게 될 것이오."

　밀티아데스는 이렇게 칼리마코스를 설득하여 자기편으로 끌어들였
고, 결국 군사장관의 투표로 교전하기로 결정되었다. 그 후 교전을 주
장했던 사령관들은 자신들의 지휘 담당일[99]이 돌아올 때마다 그 권한을
밀티아데스에게 양도했다. 밀티아데스는 그러한 제안을 받았지만 자신
의 지휘 담당일 때까지는 전투를 개시하지 않았다.

　마침내 밀티아데스에게 지휘 순번이 돌아왔을 때, 아테네군은 다음
과 같이 전투 대형을 갖추었다. 오른쪽 날개는 군사장관이 지휘를 맡
았는데, 이것은 당시 아테네에서는 군사장관이 오른쪽 날개를 지휘하

---

99) 10인의 사령관이 관습적으로 하루마다 교대로 최고 지휘권을 행사하게 되
　　어 있었다.

는 것이 관습으로 되어 있었기 때문이었다.[100] 그 다음으로는 각 부족이 순번에 따라[101] 배치되었다. 그리고 마지막으로 플라타이아인이 왼쪽 날개를 점하고 포진했다. 실제 이 전쟁 이래 아테네에서 5년마다 개최되는 제례[102]에서 희생이 행해질 때에는, 아테네의 고지자(告知者)가 아테네와 마찬가지로 플라타이아에도 축복을 내려 달라고 신에게 기원하게 되어 있다.

그런데 이때 마라톤에 포진했던 아테네군의 대형에는 다음과 같은 특이한 점이 있었다. 즉 아테네군은 대 페르시아 전선(戰線) 전역을 충분히 포진하기 위해 그 중앙부는 겨우 몇 개의 열(列)만을 배치하여 세력이 약했고, 그 대신 양 날개만은 충분한 병력을 갖추어 강력했다.

진형을 완전히 갖췄고 희생에서 나타난 쾌도 길조였기 때문에, 아테네군은 진격 신호와 함께 구보로 페르시아군을 향해 돌격해 들어갔다. 양군의 간격은 적어도 8스타디온은 되었다. 페르시아군은 아테네군이 구보로 육박해 오는 것을 보고 맞아 싸울 태세를 갖추고 있었는데, 수도 적고 게다가 기병도 궁병도 없이 구보로 공격해 오는 아테네군을 보고는 멸망을 자초하는 미친 행위라고 생각했다. 페르시아군이 이렇게 생각했음에도 불구하고 대 페르시아의 모든 전선에 걸쳐 침공한 아테네군은 실로 문자 그대로 눈부신 활약상을 보였다. 실제 우리가 아는 한 구보로 공격을 시도한 것은 아테네인이 그 효시였고, 또한 페르시아풍의 복장과 그 복장을 한 인간을 보고 조금도 두려워하지 않은

---

100) 오른쪽 날개는 가장 위험도가 높아 가장 명예로운 위치로 간주되고 있었다. 그리하여 옛날에는 왕이 지휘하게 되어 있었다.

101) 여기에서 말하는 순번이, 클레이스테네스가 제정하여 고정시켜 놓았던 부족의 순번을 가리키는지, 그렇지 않으면 평의회의 당번(當番) 경우와 같이 매년 추첨에 의해 정해졌던 순번을 가리키는지 명확치 않다. 물론 이 전투를 위해 새로이 추첨에 의해 결정한 순위일 가능성도 있다.

102) 아테네에서 5년마다 개최되던 제례에는 여러 종류가 있었지만, 그 중에서도 파나테나이아 제가 가장 중요했다. 여기서 말하는 제례란 이것을 가리킬 것이다.

것도 아테네인이 최초였다. 왜냐하면 이때까지 그리스인들은 페르시아라는 말만 들어도 공포에 사로잡혔었기 때문이다.

마라톤 전투는 장시간에 걸쳐 계속됐다. 전선 중앙부에서는 이 방면에 페르시아 병사와 사카이인을 배치해 두었던 페르시아군이 승기를 잡았다. 이 방면에서 승리를 거둔 페르시아군은 적을 격파하며 내륙쪽으로 추격해 들어갔지만, 양 날개 쪽에서는 아테네군과 플라타이아군이 승리를 거두었다. 그러나 승리를 거둔 아테네와 플라타이아 양군은, 패주하는 적을 도망치도록 내버려 두고 양 날개를 합쳐 중앙을 돌파한 적군을 공격했다. 여기에서 다시 승리를 거둔 아테네군은 패주하는 페르시아군을 격파하면서 추격을 계속하여 마침내 해안에 이르렀다. 그리고 여기에 이르러 적선에 던질 불을 구하고 또 적선단을 나포하려고 시도했다.

이때의 격전으로 군사장관인 칼리마코스가 용감하게 싸우다가 전사했고, 사령관 중 한 명인 트라실라오스의 아들 스테실라오스도 죽었다. 또한 이때 에우포리온의 아들 키네게이로스[103]도 적선 선미의 장식을 잡고 있다가 도끼로 한쪽 팔이 잘려 목숨을 잃고 말았다. 그리고 그 밖에도 아테네의 이름 있는 사람들이 다수 전사했다.

이렇게 하여 아테네군은 적선 일곱 척을 나포했지만, 나머지 페르시아 함대는 방향을 바꾸어 난바다로 도망친 다음 아이길리아 섬에 내려놓았던 에레트리아의 포로들을 다시 배에 태우고 아테네군보다 먼저 도착할 속셈으로 수니온 곶을 돌아 아테네로 향했다. 아테네에서는 페르시아군이 이러한 전략을 생각해 낸 것은 알크메온 일족들의 책모에 의한 것이었다는 비난의 소리가 들끓었다. 알크메온 일족이 페르시아 측과 내통하여 페르시아군이 승선을 끝내자 방패를 들어 신호를 보냈다는 것이다.

---

103) 비극 작가 아이스킬로스의 형제였다. 아이스킬로스 자신도 이 전투에 참가하고 있었다.

페르시아군이 수니온 곳을 돌고 있을 때, 아테네군은 도시를 구하기 위해 가능한 한 빠른 속도로 진군하여 페르시아군이 도착하기 이전에 귀국할 수 있었다. 그리고 마라톤에서 헤라클레스 성역에 포진했던 것처럼 이때도 키노사르게스에 있는 헤라클레스 신전[104]의 경내에 진을 쳤다.

페르시아 함대는 팔레론 난바다에 모습을 나타낸 후——당시에는 팔레론이 아테네의 외항이었다[105]——여기에 닻을 내리고 얼마간 머무르다가 아시아로 귀환했다.

이 마라톤 전투에서의 전사자 수는 페르시아 쪽은 6400명이었고, 아테네쪽은 192명이었다. 양군의 손실은 이와 같았지만, 이 전투 도중에 다음과 같은 괴이한 사건이 일어났다. 쿠파고라스의 아들로 에피젤로스라는 아테네인이 백병전에서 열심히 싸웠는데, 이때 어느 곳도 칼이나 창 또는 화살에 의해 상처를 입지 않았음에도 불구하고 양눈의 시력을 잃어 이때부터 평생 동안 장님으로 지냈다. 내가 전해 들은 바에 의하면 에피젤로스는 이 조난에 대해 다음과 같이 말하곤 했다 한다. 에피젤로스는 중무장한 거한(巨漢)이 자기 앞을 가로막았다고 생각했는데——이 남자의 수염은 방패의 전면을 가릴 정도였다——다음 순간이 환영(幻影)의 남자는 그의 곁을 지나 곁에 있던 전우를 살해했다 한다. 이상이 내가 들은 에피젤로스에 대한 이야기이다.

원정군과 함께 아시아로 귀환 중이던 다티스는 미코노스 섬에 머무르면서 한 가지 꿈을 꾸었다. 그것이 어떤 꿈이었는지는 전해지지 않는데, 그는 날이 밝자 곧 모든 함선에 대해 수색을 명했다. 그 결과 페니키아 선내에서 금박을 입힌 아폴론의 신상이 발견되었다. 그러자 그는 신상을 어디에서 탈취해 왔는지 묻고는 그것을 탈취해 온 성소의 이름을 알게 되자 자신의 배로 델로스로 갔다. 이 무렵에는 이미 델로

---

104) 제5권 참조.
105) 후에 테미스토클레스에 의해 페이라이에우스가 아테네의 외항으로 정비되어 팔레론을 대신했다.

스의 주민들이 돌아와 거주하고 있었으므로 다티스는 신전에 상을 모셔 둔 다음 테베령의 델리온으로 신상을 반환하라고 명했다. 델리온은 칼키스의 맞은편 해안에 있다.

다티스가 이와 같이 지시하고 떠나갔지만, 델로스인은 이 신상을 돌려보내지 않았다. 20년 후에야 테베인 자신이 신탁에 따라 이것을 델리온으로 옮겨 놓았다.

다티스와 아르타프레네스는 아시아에 도착하자 에레트리아의 포로들을 수사로 연행해 갔다. 다레이오스왕은 이들 에레트리아인이 포로가 되기 이전에는 에레트리아인이 페르시아측에 먼저 도발하지 않았는데도 불구하고 페르시아에 해를 끼쳤다 하여 그들에 대해 격노했었다. 그러나 그들이 자기 앞으로 끌려와 자신의 말 한마디에 따라 목숨이 좌우될 처지에 있음을 보자 화를 풀고 더 이상 위해를 가하지 않은 채 키시아 지방에 있는 아르데리카[106]라는 왕의 직할 영지에 거주시켰다. 아르데리카는 수사로부터는 200스타디온, 세 종류의 물질이 산출되는 우물로부터는 40스타디온 떨어진 곳에 있다. 실제로 이 우물로부터는 아스팔트와 소금 그리고 기름[107]을 두레박틀로 퍼올린다. 그런데 이때 두레박틀 끝에는 통 대신에 가죽 포대를 반으로 자른 것을 줄에 매어 사용하고 있다. 이것을 우물에 담갔다가 퍼올려 탱크 속으로 부어 넣는다. 이 탱크에서 또 다른 용기로 옮겨진 다음 이 용기에서 세 가지의 물질로 각각 분류되는데, 아스팔트와 소금은 곧 응결된다. 이렇게 해서 남은 그 기름을 페르시아어로는 '라디나케'라 하는데, 이 기름은 검고 강한 냄새를 풍긴다.

다레이오스왕은 에레트리아인을 이 땅에 정주시켰는데, 그들은 우리 시대에 이르기까지 고유의 언어를 그대로 사용하며 이 땅에 살고 있다.

그런데 스파르타군 2천 명이 만월(滿月) 후에 아테네에 도착했다. 전

---

106) 이 아르데리카는 제1권에 나오는 같은 이름의 지역과는 다른 곳인 듯하다.
107) 당연히 석유를 가리킬 것이다.

투에 늦지 않으려고 필사적으로 강행군을 계속했기 때문에, 스파르타를 떠난 지 사흘째 되는 날에 아티카 땅을 밟을 수 있었다. 그들은 물론 때맞게 전투에 가담할 수는 없었지만, 페르시아인을 몹시 보고 싶었기 때문에 마라톤으로 가 그들을 보았다. 그들은 아테네인의 용기와 그 무공(武功)을 찬양한 다음 귀국했다.

알크메온 가의 명성과 중상

알크메온 일가가 아테네인을 페르시아인과 히피아스에게 예속시킬 목적에서 페르시아군과 미리 짜고 방패를 들어 신호를 보냈다는 설은, 실로 나로서는 믿기지 않는 이야기로서 도저히 진실이라고 인정할 수 없다. 이 일족은 명백히, 심지어 파이니포스의 아들이자 히포니코스의 아버지인 칼리아스[108]보다 훨씬 더 독재자를 싫어했기 때문이다. 칼리아스는, 페이시스트라토스가 아테네에서 추방되어 망명할 때마다 공매에 붙여졌던 그의 재산을 다른 아테네인들은 그 누구도 감히 손을 대지 못했는데도 그만은 과감하게 이를 사들였고, 그 밖에도 온갖 수단을 다해 페이시스트라토스와 적대했던 인물이다.

(이 칼리아스란 인물은 여러 가지 점에서 만인이 기억할 만한 존재이다. 그 한 가지는 앞에서 말한 대로 조국의 해방에 큰 공을 세웠다는 점이고, 다른 한 가지는 올림피아 경기에서 훌륭한 공적을 세웠다는 점이다. 여기에서는 경마(競馬)로는 우승을, 사두마 전차로는 제2위를 차지하고,[109] 게다가 그 이전의 피티아 경기에서는 우승을 거두기도 했다. 그는 자신의 부(富)를 화려하게 사용하는 것으로 그 이름을 전 그리스에 휘날렸는데, 딸들이 결혼 적령기에 이르자 참으로 호화로운 혼수품을 주었을 뿐만 아니라 딸들의 의사를 존중하여 각각 전 아

---

108) 칼리아스의 가문은 아테네 굴지의 꽤 부유한 명문이었다. 그 자손은 칼리아스와 히포니코스란 이름을 번갈아 계승하며 종종 역사상에 등장하고 있다.

109) 제54올림피아드, 즉 기원전 564년의 일이다.

테네인 중에서 남편으로 섬기고 싶은 남자를 선택하여 시집가게 하였던 것이다.)[110]

　되풀이해서 말하지만 이 칼리아스조차도 독재자를 혐오하는 점에서는 알크메온 가를 따르지 못했던 것이다. 그러므로 이 일족이 방패를 들어 신호를 보냈다는 중상(中傷)은 실로 나로서는 불가해(不可解)한 일이며, 그러한 주장에 동의할 수 없다. 이 일족은 독재 정치가 행해지고 있을 동안에는 내내 국외에서 망명 생활을 하고 있었고, 페이시스트라토스 일가가 독재권을 상실하게 된 것도 바로 그들의 책모에 의한 것이었다. 따라서 내 판단에 의하면 아테네의 해방자라는 의미에서는 이 일족은 하르모디오스나 아리스토게이톤 두 사람조차 훨씬 능가한다고 말해도 좋을 것 같다. 왜냐하면 이 두 사람은 히파르코스를 살해함으로써 쓸데없이 페이시스트라토스 가의 잔당[111]을 격분시키기만 하고 그 독재를 저지하는 데는 성공하지 못했었지만, 이에 반해서 알크메온 가는 명백히 아테네를 독재에서 해방시켰기 때문이다. 물론 이것은 앞서 서술했던 것처럼[112] 델포이의 무녀를 매수하여 스파르타인에게 아테네를 해방시켜야 한다고 계속해서 신탁을 내리게 한 것이 다름 아닌 이 일족이었다는 것을 전제로 하고 하는 이야기지만 말이다.

　아마도 논자에 따라서는 그들이 무엇인가 아테네에 대한 불만에서 조국을 팔아 넘기려 했을지도 모른다는 주장을 내세울 수도 있을 것이다. 그러나 적어도 아테네에 있어서만큼은 이 일족은 그 어떤 가문보다도 명망이 높았고 시민의 존경을 두텁게 받고 있었다. 따라서 그러한 이유에서 방패를 들었다는 것은 이치에 맞지 않는다. 그러나 실제 방패를 든 일이 있었던 것은 사실이기 때문에 부정할 수는 없다. 그러나 누가 방패를 들었느냐 하는 점에 관해서는 이 밖에는 더 할 말이 없다.

---

110) 이 단락 전체는 문맥상으로나 문체상으로 후세의 삽입으로 보인다. 또한 이 단락은 가장 신뢰할 만한 사본에는 없다.
111) 히피아스와 테살로스를 가리킨다.
112) 제5권 참조.

알크메온 가는 아테네에서 이미 오래 전부터 명문이었는데, 특히 알크메온과 그 후의 메가클레스 대(代)부터 그 가문의 이름이 더욱 빛나게 되었다.

메가클레스[113]의 아들 알크메온은 델포이의 신탁을 묻기 위해 크로이소스의 명을 받고 사르데스에서 파견되어 온 리디아인 일행을 맞아 정성껏 대접했다.[114] 크로이소스는 신탁을 묻기 위해 수차에 걸쳐 왕복하고 있던 리디아인들로부터 알크메온이 자신을 위해 노고를 아끼지 않고 있다는 말을 듣고 그를 사르데스로 초청했다. 알크메온이 오자 크로이소스는 그에게 몸에 지니고 갈 수 있을 만큼 황금을 주겠다고 말했다. 알크메온은 이러한 비상(非常)한 제의를 받자 지혜를 짜낸 끝에 다음과 같은 계책을 썼다. 즉 헐렁한 옷을 입고 품을 깊게 한 다음[115] 될 수 있는 한 커다란 장화를 신고 보고(寶庫)로 안내되었다. 그는 산더미처럼 쌓여 있는 사금(砂金) 앞에 이르자, 우선 다리와 장화 사이에 금을 가득 채워 넣고 이어서 품속에 금을 잔뜩 집어넣은 다음 머리와 수염에 사금을 뿌리고 입에까지 집어넣은 후, 장화를 겨우 질질 끌면서 보고에서 나왔다. 그 모습은 실로 인간이라 할 수 없었다. 두 뺨이 잔뜩 불거진데다가 몸 전체가 풍선처럼 부풀어올라 있었기 때문이다. 이 모습을 본 크로이소스는 웃음을 터뜨리며, 그가 갖고 나온 금 전부를 그에게 주었을 뿐만 아니라 그만큼의 금을 더 주었다.

이렇게 하여 이 일가는 막대한 재산을 소유하게 되었고, 알크메온이 사두마 전차를 마련하여 올림피아 경기에서 우승한 것[116]도 이러한 사정 때문에 가능했던 것이다.

---

113) 이것은 물론 앞에 서술되어 있는 메가클레스가 아닌 그 조부를 가리킨다. 이른바 '킬론의 난' 때의 집정관이었다.
114) 이 이야기는 연대상 무리가 있는 듯싶다. 헤로도토스는 크로이소스와 그 선대(先代)인 알리아테스를 혼동하고 있는 것 같다.
115) 품을 크게 하고 허리띠를 맨 것이다.
116) 제47올림피아드(기원전 592년)로 추정된다.

알크메온에 이어서 그 다음 세대에 시키온의 독재자 클레이스테네스가 가문의 이름을 떨쳐, 이 일가의 명성은 그리스에서 이전보다 훨씬 높아졌다. 클레이스테네스의 아버지는 아리스토니모스였고, 조부는 미론이었으며, 증조부는 안드레아스였다. 이 클레이스테네스에게는 아가리스테라는 딸이 있었다. 그런데 그는 이 딸을 그리스에서 가장 뛰어난 청년과 결혼시키고자 하였다. 그리하여 클레이스테네스는 올림피아 경기 때——그는 이때 사두마 전차 경주에서 우승했다.[117] 그리스인 중에서 스스로——클레이스테네스의 사윗감으로서 충분하다고 생각하는 자는 60일 이내에 시키온으로 오라, 그 60일째로부터 헤아려 1년 이내에 클레이스테네스는 딸의 혼사를 결정할 예정이라고 공고했다. 그러자 자기 자신이나 조국에 대해 자신감을 갖고 있던 그리스인은 모두 시키온으로 속속 몰려들었다. 클레이스테네스는 이러한 목적을 위해 특별히 경주로와 격투장을 이미 준비해 놓고 있었다.

이탈리아[118]에서 온 참가자로서는, 우선 시바리스에서 온 히포크라테스의 아들 스민디리데스가 있었다. 당시 시바리스는 최전성기를 맞이하고 있었고 이 스민디리데스는 호화스럽고 화려한 생활로 이름이 높은 풍류인이었다.[119] 또 시리스로부터는 현자로 명성이 높았던 아미리스의 아들 다마소스가 참가했다.

다음으로 이오니아 만[120] 방면의 에피담노스로부터는 에피스트로포스의 아들 암핌네스토스가 왔다. 그리고 아이톨리아로부터는 티토르모스의 동생 말레스가 왔다. 이 티토르모스는 그리스에서 가장 힘센 사나이[121]였지만 세상 사람들과의 교제를 피해 아이톨리아의 오지 깊숙이 은거했

---

117) 제52올림피아드(기원전 572년)일 것이라 추정된다.
118) 남이탈리아의 마그나 그라에키아를 가리킨다. 시바리스도 시리스도 모두 타렌툼(타라스) 만에 연해 있던 옛 그리스의 식민 도시이다.
119) 20년간 해가 뜨는 것도, 해가 지는 것도 보지 않았다고 전해지고 있다.
120) 아드리아 해를 가리킨다. 에피담노스는 이탈리아의 프린디시움 거의 맞은 편에 있던 도시. 별명은 디라키온.
121) 크로톤의 유명한 투기사 밀론을 격파했다는 전승이 있다.

다는 인물이다.

펠로폰네소스 지방으로부터는 우선 아르고스의 독재자 페이돈의 아들 레오케데스가 참가했다. 페이돈은 펠로폰네소스인을 위해 도량형(度量衡)을 제정한 사람이었지만, 올림피아 경기 진행을 담당했던 엘리스인을 쫓아내고 스스로 경기를 주재하는 등 다른 그리스인에게는 그 유례를 찾아볼 수 없는 전횡(專橫)을 자행한 인물이기도 했다. 이 페이돈의 아들 외에 아르카디아인 리쿠르고스의 아들 아미안토스가 트라페조스[122]로부터, 에우포리온의 아들 라파네스가 아자니아 지방[123]의 파이오스 도시로부터 각각 참가했다. 아르카디아 지방의 전승에 의하면 에우포리온은 디오스크로이[124]를 손님으로 맞아들여 환대하게 된 것을 계기로 그 후부터는 누구든 관계치 않고 손님으로서 대우했다고 한다. 또한 엘리스로부터는 아가이오스의 아들 오노마스토스가 참가했다.

이상이 바로 그 근처의 펠로폰네소스 지방에서 참가했던 자들인데, 한편 아테네로부터는 크로이소스를 방문했던 알크메온의 아들 메가클레스와 테이산드로스의 아들 히포클레이데스 두 사람이 참가했다. 히포클레이데스는 당시 아테네에서 부(富)와 미모로 명성이 높았던 청년이었다.

당시 최전성기를 맞이하고 있었던 에레트리아로부터는 리사니아스가 참가했는데, 에우보니아로부터 참가한 사람은 그 혼자뿐이었다. 테살리아에서는 크란논으로부터 스코파스 가 일문의 디악토리데스가 참가했고, 몰로시아 지방으로부터는 알콘이라는 자가 왔다.

이상이 구혼자들의 면면(面面)이었는데, 그들이 정해진 날짜까지 도착하자, 클레이스테네스는 우선 그들의 출신국과 각자의 가문을 물은

---

122) 이것은 물론 흑해 남안에 있었던 동명의 도시를 가리키는 것이 아니다. 아르카디아의 남방 국경 근처의 아르페이오스 강 상류에 있었던 도시.
123) 아자니아는 아르카디아 서북방의 지방명.
124) 제우스와 레다 사이에서 태어난 쌍둥이인 카스토르와 폴리데우케스 두 신을 가리킨다.

다음 그 후 1년 동안 그들을 자기 곁에 두고 개별적으로 혹은 집단적으로 면접하면서 구혼자들의 능력, 성향, 교양, 예의 범절 등을 면밀히 시험했다. 구혼자들 중 비교적 젊은 자들은 체육장으로 데리고 가기도 하였지만, 무엇보다 중요한 시험은 연회 때 그들의 태도였다. 이러한 시험을 하는 동안 클레이스테네스는 그들을 성대하게 대접했다.

구혼자들 중에서는 아테네에서 온 자들이 가장 그의 마음에 들었는데, 그 가운데서도 특히 테이산드로스의 아들 히포클레이데스가 그의 눈길을 끌었다. 이 청년의 능력도 그렇거니와 그 조상이 코린토스의 킵셀로스 가와 인연이 있다는 것이 큰 작용을 했던 것이다. [125]

마침내 약혼을 위한 피로연을 개최하여 클레이스테네스가 전 구혼자 중에서 선택한 사위의 이름을 발표하기로 정했던 날이 다가오자, 클레이스테네스는 소 100마리를 잡은 다음 구혼자들과 시키온의 전 시민을 초대하여 연회를 베풀었다.

식사가 끝나자 구혼자들은 음악과 즉흥 연설로 서로 기예를 겨루기 시작했다. 그리하여 히포클레이데스는 다른 경쟁자들을 누르고 월등한 기량을 자랑했지만, 술자리가 무르익자 그는 피리 연주자에게 무용곡을 연주하라고 명한 후 이에 맞추어 춤을 추기 시작했다. 본인은 득의양양하여 춤을 추었을 것이지만, 클레이스테네스는 이 광경을 바라보면서 자기가 한 일 전체에 대해 회의를 품기 시작했다. 히포클레이데스는 그 후 얼마간 휴식을 취한 다음, 이번에는 테이블 하나를 가져오게 한 후 테이블이 오자 그 위로 올라가 처음에는 라코니아 춤을, 그 다음으로는 아티카 춤을 추어 댔다. 그리고 세번째로는 테이블 위에 거꾸로 서서 다리로 박자를 맞추어 보였다. 클레이스테네스는 히포클

---

125) 히포클레이데스는 피라이오스 가(家)의 일족이었는데, 그 조상 피라이오스의 외가 쪽이 킵셀로스 가와 같은 혈연이었다. 클레이스테네스가 히포클레이데스와 킵셀로스 가와의 인연을 중요시한 이유는 분명치 않지만 클레이스테네스의 가문은 일종의 자수성가한 집안이었던 까닭에 명문(名門)과의 결연이 필요했을 것이라고 한다.

레이데스가 첫번째와 두번째 춤을 추고 있는 동안은 그의 이 같은 철면피한 행동에서 이미 그 같은 자를 사위로 삼으려 했던 자신의 생각에 혐오감을 느꼈지만, 그럼에도 불구하고 노여움을 터뜨리지 않고 자신을 억제하고 있었다. 그러나 히포클레이데스가 다리로 박자를 맞추는 광경을 목격하게 되자 더 이상 참지 못하고 소리쳤다.

"테이산드로스의 아들이여, 그대의 그 춤으로 혼담은 취소되었다네."

그러자 히포클레이데스는 그 말을 받아 말했다.

"히포클레이데스(와 같은 자)에게는 아무래도 좋소."

그 이후 이 말은 유행어로서 널리 사용되게 되었다.

한편 클레이스테네스는 정숙을 명한 후 일동을 향해 다음과 같이 말했다.

"내 딸에게 구혼하러 오신 여러분, 나는 여러분 모두를 높이 평가하고 있소. 그리하여 여러분 가운데서 오직 한 사람만 선택해야 하고 나머지 분들의 구혼은 거절해야 하는 이 같은 일을 하지 않고, 가능하다면 여러분 모두를 기쁘게 해드리고 싶소. 하지만 시집보내야 할 딸은 하나밖에 없기 때문에 안타깝게도 여러분의 청을 모두 들어 드릴 수 없소. 그러므로 여러분 중 구혼에 실패하신 분들께는 내 딸을 아내로 맞기 위해 오신 호의에 감사하고, 오랫동안 고향을 떠나 계시게 한 데 따른 보상을 해드린다는 의미에서 각각 은 1탈란톤씩을 증정하기로 하겠소. 그리고 내 딸 아가리스테는 아테네의 법에 따라 알크메온의 아들 메가클레스와 혼약시키기로 하겠소."

그러자 메가클레스가 혼약을 수락해 클레이스테네스의 소망대로 혼인이 이루어지게 되었다.

이렇게 클레이스테네스의 사위가 선정되는 과정에서 알크메온 가의 명성이 그리스 전역에 널리 퍼지게 됐던 것이다.

이 두 사람의 결혼에 의해서 아테네에 부족제(部族制)와 민주 정치를 확립한 클레이스테네스가 태어났는데,[126] 그 이름은 시키온의 외조부의 이름을 따서 지은 것이었다. 메가클레스에게는 이 클레이스테네스 이외에 히포크라테스라는 또 한 명의 아들이 있었는데, 이 히포크라테스로부터 또 다른 메가클레스와 또 다른 아가리스테가 태어났다. 이 아가리스테란 이름은 클레이스테네스의 딸 아가리스테의 이름에서 따온 것이었다. 이 아가리스테는 아리프론의 아들 크산티포스에게 출가하여 임신 중 사자를 낳는 꿈을 꾸었다. 그리고 며칠 후 페리클레스를 출산했던 것이다.

밀티아데스

밀티아데스가 마라톤 전투에서 페르시아군을 대파한 후, 그의 명성은 더욱 높아졌다. 그리하여 그는 함선 70척과 군대 및 군자금의 지출을 민회에 요구했는데, 이때 어느 쪽으로 군대를 진격시킬 것인지에 대해서는 명백히 밝히지 않은 채, 단지 막대한 금을 쉽게 입수할 수 있는 곳으로 출정할 것인바, 자신이 하자는 대로 하면 아테네 시민을 모두 부자로 만들어 주겠다는 말만 했다. 밀티아데스가 이렇게 말하며 함선을 요구하자, 아테네 시민은 그의 말에 들뜬 나머지 두말하지 않고 그의 요구를 들어 주었다.

밀티아데스는 군대를 수중에 넣게 되자 파로스 섬[127]을 향해 출범했다. 공격 이유로서 내세운 것은, 파로스가 삼단노선 한 척을 내어 페르시아군과 함께 마라톤으로 침입해 들어옴으로써 먼저 적대 행위를

---

126) 기원전 451년에 페리클레스가 제정한 법률에 의하면, 남녀 모두 시민이 아니면 그 사이에서 태어난 자식은 서자(庶子)가 될 수밖에 없었다. 따라서 메가클레스가 결혼할 당시에는 아직 그 정도로 엄격한 법률은 없었음을 함축하고 있다.

127) 파로스는 온통 대리석으로 뒤덮여 있고 농경지가 적어 이전에는 빈곤한 섬이었다. 그러나 타소스 섬에 식민하여 이 섬을 개발한 이후부터는 그 풍부한 지하자원(금, 은)으로 부유하게 되었고, 나아가 기원전 6세기 후반경부터는 대리석의 수요가 급증하여 일약 키클라데스 여러 섬 중에서 손꼽히는 부국이 되었다.

저질렀다는 것이었다. 그러나 이것은 표면상의 이유에 지나지 않았다. 실제 이유는, 밀티아데스가 테이시아스의 아들 리사고라스와 관련하여 파로스에 대해 원한을 갖고 있었기 때문이었다. 리사고라스는 파로스 출신으로 밀티아데스를 페르시아인 히다르네스[128])에게 참소한 일이 있었다.

목표했던 섬에 도착하자, 밀티아데스는 파로스인을 성벽 안으로 몰아넣고 군대를 풀어 포위 공격 태세를 취했다. 그리고 성안으로 사자를 보내 금 100탈란톤을 요구하고, 응하지 않을 경우에는 도시를 함락시킬 때까지 군대를 철수하지 않겠다고 통고했다.

그러나 파로스측은 애초부터 밀티아데스에게 금을 주겠다는 생각 따위는 전혀 없었고, 오로지 도시를 방어하기 위한 수단을 강구하는 데만 골몰했다. 그리하여 여러 가지 방도를 생각해 내어 실행하던 중 특히 공격받기 쉬운 부분을 찾아 그곳의 성벽을 종전보다 두 배의 높이로 증축했다.

지금까지 기술한 것은 그리스인이라면 누구나 다 인정하고 있는 이야기지만, 이 이후의 경과에 대한 기술은 파로스인 자신의 전승에 의한 것이다.

밀티아데스가 어찌할 바를 몰라 당황해하고 있을 때, 파로스 태생으로 포로로 사로잡혔던 한 여자가 그에게 면담을 요청했다 한다. 티모라는 이름의 이 여자는 대지의 여신[129])에게 봉사하는 부사제였다. 이 여자는 밀티아데스를 만나게 되자, 어떻게든 파로스를 점령하고 싶으면 자기가 지시하는 대로 하라고 권유했다. 그리하여 밀티아데스는 그녀의 지시에 따라 '테스모포로스 데메테르' 신전이 서 있는 도시 앞쪽의 작은 언덕으로 올라갔다. 신전 경내에 이르러 문을 열려 했지만 열리지 않자 담을 뛰어넘어 안으로 침입했다. 그리고 신전 안으로 곧장

---

128) 제7권에 언급되어 있는 인물과 동일인인 듯하다.
129) 데메테르와 페르세포네 두 여신을 가리킨다.

들어가 어떤 짓을 하려 했다. 도대체 무슨 짓을 하려 했을까——옮겨서는 안 되는 성기(聖器)[130]를 움직이려 했던 것일까? 그러나 그 이상은 잘 모르겠다. 어쨌든 신전 입구에 이르렀을 때 돌연 발작적으로 몸이 떨리기 시작했다. 그리하여 급히 왔던 길로 되돌아갔는데, 돌담을 뛰어넘다가 다리를 접질렀다. 다른 설에 의하면 무릎에 타박상을 입었다고도 한다.[131]

이리하여 밀티아데스는 비참한 꼴로 귀국했다. 아테네로 금을 가지고 돌아오지도 못하고, 파로스를 점령하지도 못한 채 단지 26일간 도시를 포위하고 섬을 유린하는 데 그쳤던 것이다. 파로스인은 여신의 부사제 티모가 밀티아데스의 주구 노릇을 했음을 알고 농성을 풀고 도시가 평온을 되찾게 되자마자 곧 티모의 죄를 묻기 위해 델포이로 신탁 사절을 보냈다. 신탁 사절을 파견한 목적은, 여신의 부사제가 조국을 파멸로 이끌었을지도 모를 정보를 적에게 제공하고, 또한 남성들은 누구도 알아서는 안 되는 비밀을 밀티아데스에게 누설한 죄로 그녀를 처형하는 것이 옳은지를 묻기 위해서였다. 그러나 델포이의 무녀는, 티모에게는 아무 죄도 없고 밀티아데스가 결국 비참한 최후를 맞이하게 될 운명이었기 때문에 단지 그를 파멸로 이끌기 위해 그 앞에 모습을 나타냈던 것에 불과했다고 말하며, 그녀에 대한 처형을 허락하지 않았다.

한편 파로스에서 아테네로 귀환한 밀티아데스는 논란의 표적이 되었다. 그 중에서도 특히 아리프론의 아들 크산티포스는 밀티아데스를 아테네 국민을 기만한 죄로 고소하고 민회에 소환하여 사형에 처할 것을 요구했다. 밀티아데스는 재판정에 출두하기는 했지만 허벅지가 썩기 시작하고 있었기 때문에 자신을 변호할 수 없었다. 그리하여 침대에

---

130) 신체(神體) 등을 약탈하려 했을 것이다.
131) 기원전 4세기의 사가(史家) 에포로스는 밀티아데스가 파로스 원정에 실패하게 된 경위를 상당히 다르게 전하고 있다. 로마의 사가 네포스의 기술도 에포로스에 근거하고 있다.

누워 있는 그를 대신하여 그의 친구들이 마라톤 전투에서 세웠던 그의 공적을 누누이 말하고, 또한 렘노스 섬 점령에 관해서도 언급하고 그가 렘노스를 점령하여 펠라스고이인을 벌하고 이 섬을 아테네의 지배하에 두었던 공적 등을 상기시키며 그를 변호하고자 애썼다. 이에 따라 아테네 국민은 사형을 면제시키는 대신 50탈란톤의 벌금형을 그에게 부과했다. 그 후 밀티아데스는 허벅지에 회저(懷疽) 증세를 일으켜 마침내 그 때문에 사망했다. 그리고 벌금 50탈란톤은 그의 아들 키몬이 치렀다.

키몬의 아들 밀티아데스가 렘노스를 점령하게 되었던 경위는 이러하다. 이야기는 펠라스고이인이 아테네인에 의해 아티카 땅에서 추방됐던 때로 되돌아간다. 이 추방이 정당한 것이었는지에 관해서는 명확히 말할 수 없다. 내가 할 수 있는 일은 단지 전승되고 있는 바대로 기록하는 것뿐이다.

우선 헤게산드로스의 아들 헤카타이오스는 그의 저서에서, 추방은 부당한 것이었다고 말했다. 그에 의하면, 아테네인은 아크로폴리스 주위에 성벽을 쌓은 대가로 펠라스고이족에게 자발적으로 히메토스 산기슭의 땅을 정주지로서 내주었었는데,[132] 본래 보잘것없고 척박했던 이 땅을 펠라스고이족이 훌륭하게 개간해 놓자 이것을 본 아테네인이 그 땅을 탐내 마침내 아무런 이유도 밝히지 않고 펠라스고이인을 강제로 추방해 버렸다는 것이다.

그러나 아테네인 자신의 주장에 따르면 추방은 정당한 것이었다고 한다.

히메토스 산기슭에 정주하고 있던 펠라스고이족이 이곳을 근거지로 하여 다음과 같은 못된 짓을 저질렀다는 것이다. 당시 아테네에는 다른 그리스 제국과 마찬가지로 아직 노예라는 것이 없었기 때문에, 아

---

132) 트로이 전쟁 후 60년쯤 되었을 때 펠라스고이족은 보이오티아에서 추방되어 아티카 땅으로 이주했다는 전승이 있다.

테네의 처녀(혹은 아이)들이 엔네아클노스[133]로 물을 길러 다니고 있었다. 그런데 점차 교만해져 아테네인을 얕보고 있던 펠라스고이인들이 처녀들이 물을 길러 오는 것을 노려 난폭한 행동을 저질렀을 뿐만 아니라, 나아가서는 아테네를 습격하려는 음모까지 꾸몄다는 것이다. 아테네인은 그 움직일 수 없는 증거를 포착하게 되었지만 그들보다 고급(高級) 민족이었기 때문에 그들이 음모를 계획하던 현장을 포착했을 때 그들을 살해할 수 있었음에도 불구하고 그렇게 하지 않고 국외로 떠날 것을 명했다고 한다. 이러한 사정으로 펠라스고이인은 아테네 땅을 떠나 다른 여러 지방에 흩어져 살게 되었는데, 렘노스도 그 중 하나였다는 것이다.[134]

위에서 전반부에 서술한 것은 헤카타이오스의 주장이며, 뒤의 이야기는 아테네인의 전승에 의한 것이다.

펠라스고이인들은 아테네에서 추방되어 렘노스에 거주하게 된 후 얼마간의 세월이 흐르자, 아테네인에 대해 복수의 칼을 갈기 시작했다. 그들은 아테네의 제례 행사를 잘 알고 있었으므로 수척의 오십노선을 준비하고 아테네 여자들이 여신 아르테미스를 위해 축제를 벌이고 있던 브라우론[135]으로 출정하여 그곳에서 다수의 아테네 여자들을 사로잡았다. 그리고 배를 돌려 여자들을 렘노스로 데려와 첩으로 삼아 버렸다.

이 여자들은 자식들이 태어나 자라게 되자 그들에게 아티카어와 아

---

133) 엔네아클노스란 '아홉 개의 우물'이라는 뜻. 본래의 이름은 칼리로에('맑게 흐른다'는 뜻)였는데, 페이시스트라토스 가(家) 독재 시대에 정비되어 아홉 개의 유출구가 만들어진 데서 이러한 이름이 생겨났다 한다. 그 위치는 아크로폴리스 서북방, 이리소스 강변이라고 보는 것이 정설에 가깝지만, 보다 동쪽에 있는 프닉스 언덕 기슭으로 보는 설도 있다.

134) 렘노스 이외에 사모트라케, 임브로스, 안탄드로스 등이 그런 곳이었다.

135) 브라우론은 아티카 반도 동해안에 있었던 도시. 전설에 따르면 오레스테스가 타우리케에서 빼앗아 온 아르테미스 신상을 이 땅에 봉안했다 한다. 제례는 여자들에 의해서만 행해졌다.

티카 풍습을 가르쳤다. 그리하여 이 아이들은 펠라스고이 여자들로부터 태어난 아이들과는 어울리려 하지도 않고, 그 중 한 아이가 펠라스고이 아이에게 맞게 되면 총출동하여 서로를 도왔다. 그뿐만 아니라 이 아이들은 자기들이 소년들의 세계를 지배하는 것이 당연하다고 생각하고 그들을 완전히 복종시켰다. 이것을 알게 된 펠라스고이인들은 모여 협의하던 중 커다란 두려움을 느끼게 되었다. 이 아이들이 이미 본처 소생의 아이들에 대해 서로 뭉쳐 대항하기로 하고 두려움 없이 본처의 아이들을 지배하려 한다면, 그들이 성인이 되었을 때는 도대체 무슨 짓을 저지를 것인가? 이렇게 생각하며 펠라스고이인들은 아티카 여자들이 낳은 자식들을 모두 살해하기로 결의했다. 그들은 이 결정을 행동으로 옮겼고, 게다가 아이들의 어머니들까지도 죽였다. 이러한 소행과, 그 이전에 토아스왕을 포함하여[136] 자신들의 남편을 살해했던 렘노스의 여자들의 소행에서, 그리스에서는 어떤 잔학한 행위를 가리킬 때 '렘노스적(的)'이라는 표현을 관용적으로 사용하게 되었다.

펠라스고이인이 그들의 자식과 아티카의 여자들을 살해한 뒤부터 곡물은 열매를 맺지 않고 여자도 가축도 전처럼 출산하지 못하게 되었다. 그리하여 기근과 불임(不姙)에 시달리게 된 펠라스고이인들은 이러한 재난에서 벗어날 수 있는 최선의 방도를 묻기 위해 델포이로 사자를 보냈다. 그러자 무녀는 아테네인이 적절하다고 생각하는 만큼 그들에게 보상하라고 명했다. 이리하여 펠라스고이인은 아테네로 가 자신들이 저지른 모든 죄에 대한 대가를 치르겠다는 뜻을 분명히 밝혔다. 그러자 아테네인은 시회당 안에 가능한 한 호화롭게 치장한 소파

---

136) 보통 전승은 토아스왕만은 딸 힙시피레 덕분에 화를 면할 수 있었다고 전하고 있다. 그러나 그 후 결국 발각되어 다른 여자들에 의해 살해되었다고 전하기 때문에, 여기에서는 간략하게 서술하고 있다고도 볼 수 있다. 하지만 이것을 '토아스왕 시대에'라고 번역하는 사람도 있다.

여기서 이 이야기의 유래를 설명하면 이러하다. 그 옛날 렘노스 여자들이 아프로디테의 노여움을 사 몸에서 악취를 풍기게 되었다. 이 때문에 남편들이 소박을 놓자 이를 원망하여 남편들을 살해했다는 것이다.

를 준비해 놓고 그 곁에 산해진미를 차려 놓은 테이블을 설치해 둔 다음, 그대들의 나라를 이와 같이 해놓은 후 아테네로 인도하라고 말했다. 펠라스고이인은 그에 답하여 북풍을 받는 배가 귀국에서 우리 나라까지 하루 만에 이를 수 있을 때에는 나라를 인도하겠다고 말했다. 아티카는 렘노스보다 훨씬 남쪽에 위치해 있는 까닭에 그러한 일은 절대로 일어날 수 없음을 잘 알고 있었기 때문이었다.

이때는 그냥 이것으로 끝났다. 그러나 그 후 수개 성상(星霜)이 흐른 다음,[137] 헬레스폰토스의 케르소네소스가 아테네의 지배하에 놓이게 되었을 때,[138] 키몬의 아들 밀티아데스가 북풍이 불고 있을 동안 케르소네소스의 엘라이우스에서 렘노스까지 하루에 항해했다. 그리고 렘노스에 도착하자 펠라스고이인들이 실현되리라고는 꿈에도 생각지 않았던 신탁을 상기시키며 그들에게 섬을 비우고 떠나라고 포고했다. 헤파이스티아[139] 시의 주민들은 이에 복종했지만, 미리나[140]의 주민들은 케르소네소스가 아테네령임을 인정치 않고 이를 거부했다. 그러나 그들도 결국 포위 공격을 받은 끝에 굴복하고 말았다. 이렇게 하여 아테네인은 밀티아데스의 지휘하에 렘노스를 점령하게 됐던 것이다.

---

137) 펠라스고이인이 렘노스로 이주하게 되었던 사건을 약 기원전 1천 년경의 일이라 한다면 500여 년이 경과한 셈이 된다.
138) 케르소네소스는 밀티아데스가 제멋대로 통치하고 있던 곳이었기 때문에 정식 아테네령이라고는 할 수 없었다. 따라서 다음의 미리나 시민의 항의에도 일리는 있었던 것이다.
139), 140) 렘노스의 주요 도시로서는 이 두 도시밖에 없었다. 헤파이스티아는 북쪽 해안에, 미리나는 서쪽 해안에 있었다.

제 **7** 권

크세르크세스의 원정 준비

마라톤 전투 소식이 히스타스페스의 아들 다레이오스왕에게로 전해
지자, 이미 사르데스에 대한 침공 때문에 아테네에 대해 적개심을 품
고 있던 왕은 한층 더 격분하여 그리스로 진공해 들어가고자 하는 결
심을 더욱 확고히 다지게 되었다. 그리하여 곧 자신의 지배하에 있는
여러 도시에 사자를 보내 원정군 편성 준비를 명령했는데, 각 도시가
할당받은 조달량은 군선, 말, 식량, 수송선 등에 걸쳐 이전의 조달량
을 훨씬 넘는 것이었다. 왕명이 전국에 하달되자, 아시아 전역은 3년
에 걸쳐 그리스 진공을 목표로 최정예 병사들을 선발하는 등 원정 준
비로 술렁거렸다. 그런데 4년째에 접어들어 이전에 캄비세스에 의해
예속되었던 이집트가 페르시아에 대해 반란을 일으키자, 다레이오스는
그리스뿐만 아니라 이집트까지 정벌코자 하는 결의를 더욱더 굳히게
되었다.

그런데 다레이오스가 이집트 및 아테네로 출정하게 되면 페르시아
관습상 후계자를 지명한 다음 출정을 해야 했기 때문에, 왕위 계승권
을 둘러싸고 그의 자식들 사이에서 격렬한 싸움이 벌어졌다.

다레이오스에게는 그가 왕위에 오르기 이전에 부인이었던 고브리아

스의 딸로부터 태어난 자식이 세 명 있었고, 그 밖에 즉위 후 키루스의 딸 아토사로부터 태어난 자식이 네 명 있었다. 전처의 자식들 중에서는 아르토바자네스가 최연장자였고, 후처의 자식들 중에서는 크세르크세스가 장자(長子)였다. 그리하여 생모를 달리하는 두 아들 사이에서 싸움이 벌어졌다. 아르토바자네스의 주장은 다레이오스의 모든 아들 중에서 최연장자인 자신이 일반적인 관습에 따라 왕권을 계승해야 마땅하다는 것이었고, 그에 대해 크세르크세스측은 자신은 페르시아인에게 자유를 가져다 준 키루스의 딸 아토사의 아들임을 주장했다.

　다레이오스가 아직 자신의 의견을 밝히지 않고 있을 때, 때마침 아리스톤의 아들 데마라토스가 수사에 올라와 있었다. 그는 스파르타에서 왕위를 박탈당한 후 스스로 망명해 왔던 것이었다.[1] 항간에 전해지고 있는 바에 따르면, 데마라토스는 다레이오스의 자식들이 왕위 계승권을 놓고 다투고 있다는 이야기를 듣게 되자, 크세르크세스에게로 가 그가 내세우고 있는 주장에 덧붙여 다음과 같은 의견을 내세우라고 조언했다 한다. 즉 자기가 태어났을 때 다레이오스는 이미 왕위에 있었고 페르시아의 주권을 장악하고 있었지만, 아르토바자네스가 태어났을 때는 다레이오스는 아직 일개 사인(私人)에 불과했다. 그러므로 누구든 자기를 제쳐놓고 왕위에 오르게 된다면 그것은 사리에 맞지 않은 일이며 부당한 일이다. 왜냐하면 스파르타에서도 아버지가 왕위에 오르기 이전에 태어난 자식과 왕이 된 후에 태어난 자식이 있을 경우, 왕위는 뒤에 태어난 자식이 계승하는 것이 관습이다. 이렇게 데마라토스가 조언하자, 크세르크세스는 데마라토스의 진언을 받아들여 그와 같이 주장했고, 다레이오스는 그 주장이 정당함을 인정하고 그를 왕으로 지명했다. 그러나 내가 생각하기에는 설사 이 같은 진언이 없었다 하더라도 크세르크세스가 왕위에 올랐을 것 같다. 왜냐하면 전권(全權)은 아토사가 장악하고 있었기 때문이다.

---

1) 제6권 참조.

크세르크세스를 페르시아 왕으로 지명한 후, 다레이오스는 즉시 출정하고자 서둘렀다. 그러나 후계 지명이 매듭지어지고 이집트가 반란을 일으킨 다음해에 들어와, 한창 원정 준비가 행해지고 있을 무렵 다레이오스가 세상을 떠나고 말았다. 재위 기간은 36년이었다.[2] 이렇게 하여 다레이오스는 반란을 일으킨 이집트에 대해서도, 아테네에 대해서도 응징을 가하려는 소망을 이루지 못했던 것이다. 다레이오스가 죽은 후, 왕위는 그의 아들 크세르크세스가 계승했다.

그런데 크세르크세스는 처음에는 그리스 원정에는 조금도 흥미를 갖지 않고 있었다. 그는 오직 이집트를 토벌하기 위해 군대를 조직하는 일로만 그의 통치 시대를 열었던 것이다.

그런데 여기에서 고브리아스[3]의 아들인 마르도니오스라는 자 ——그는 다레이오스의 누이동생의 아들로 크세르크세스에게는 고종 사촌동생뻘인데, 왕의 측근에서 가장 큰 영향력을 행사하고 있었다——가 언제나 왕을 다음과 같은 말로 설득하곤 했다.

"전하, 페르시아에 대해 수많은 악행을 저질러 온 아테네는 반드시 그 대가를 치러야만 합니다. 우선은 이미 착수한 일을 마무리지으셔야 할 것입니다만, 저 건방진 이집트 녀석들을 응징하신 다음에는 군대를 돌려 아테네를 정벌토록 하십시오. 그렇게 하시면 전하의 이름이 온 천하를 뒤덮게 될 것이며, 또한 금후 어떠한 자들도 감히 우리 나라에 쳐들어올 생각 같은 것은 품지도 못하게 될 것입니다."

마르도니오스는 이와 같은 논리로 왕의 마음을 움직인 다음, 덧붙여서 유럽은 매우 아름다운 곳이며 온갖 종류의 재배수(栽培樹)가 산출되고 땅도 또한 비옥하기 때문에 이 세상에서 오직 페르시아의 대왕만이 소유할 자격이 있다고 말하곤 했다.

마르도니오스가 이렇게 말한 것은 그가 본래 호사가(好事家)인데다

---

2) 다레이오스의 재위 기간은 기원전 521~486년.
3) 페르시아 7중신(重臣) 중 한 사람.

가 그 자신 그리스의 총독이 되기를 바랐기 때문이었다. 그러다가 그
는 마침내 크세르크세스를 설득하여 일을 진행시키는 데 성공했는데,
그것은 어떤 다른 사정들이 크세르크세스의 마음을 움직이는 데 가세
하여 도움을 주었기 때문이었다. 그 한 가지는 테살리아의 알레우아스
가(家)[4]——이 가문은 테살리아의 왕가(王家)였다——로부터 사신 일
행이 도착하여 비상한 열의를 가지고 대왕의 그리스 진공(進攻)을 촉
구한 것이었고, 다른 한 가지는 페이시스트라토스 가의 일문으로 수사
에 올라와 있던 자들[5]이 알레우아스가 사람들과 같은 취지의 말을 했
을 뿐만 아니라 그 이상의 행위로도 대왕을 부추긴 것이었다.

이 일행은 아테네의 점술가로 무사이오스의 신탁집(神託集)을 편찬
했던 오노마크리토스[6]라는 자를, 그 일문과 그 사이에 있었던 구원(舊
怨)을 해소하고 수사에 동반해 왔다. 구원이란 이전에 오노마크리토스
가 페이시스트라토스의 아들 히파르코스에 의해 아테네에서 추방됐던
일을 가리킨다. 당시 추방된 이유는, 그가 '렘노스[7] 부근의 섬들은 바
다 속으로 사라질 것이다'라는 신탁을 무사이오스 신탁집에 제멋대로

---

4) 알레우아스를 조상으로 하는 테살리아 토후(土侯)의 가문으로, 라리사에 본
  거지를 두고 있었다. 페르시아 세력을 배경으로 테살리아 전역의 패권을 노
  렸다고 보여진다. 실제 페르시아군이 그리스로 침입해 왔을 때에는 종종 편
  의를 제공하여 페르시아측을 도왔다.
5) 이 페이시스트라토스 일족이 누구였는지는 확실치 않다. 히피아스가 설사
  마라톤에서 죽지 않았다 하더라도 연령 기타의 점에서 이에 해당하기는 어
  렵다. 무엇보다도 히피아스 등이었다면 그 이름이 당연히 나왔을 것이다.
6) 그리스에서는 전설적인 오르페우스, 무사이오스를 비롯하여 바키스, 리시
  스트라토스 등 유명한 점쟁이들의 이름이 알려지고 있는데, 오노마크리토
  스도 그러한 계열의 점쟁이로 스스로 점을 치면서 오르페우스나 무사이오
  스의 이름 아래 항간에 전해지는 신탁을 편찬하기도 한 듯하다. 일 자체의
  성질상 여러 가지 의심스러운 요소가 수반되고 있었다는 것은 상상하기 어
  렵지 않다.
7) 렘노스는 에게 해 북방에 있는 섬. 이 섬 부근에서 화산 활동에 의해 새로
  운 섬이 나타나고 또 바다 속으로 가라앉은 사실이 있었던 것 같지만, 신탁
  자체에 대해서는 아무것도 알 수 없다.

삽입한 명백한 증거를 헤르미오네의 라소스[8]가 포착했기 때문이었다. 히파르코스는 그 이전까지는 그와 매우 친밀한 사이였다.

그런데 이 오노마크리토스가 일행과 함께 상경해 와 대왕을 알현할 때마다, 페이시스트라토스 일문들의 놀라운 능력에 대해 과장해서 말했고, 자신의 신탁집에서 몇 가지 신탁을 뽑아 대왕에게 읽어 주었다. 페르시아인이 들어서 좋지 않게 생각할 내용은 모두 생략해 버리고 상대방이 들어 기분좋을 신탁만을 뽑아 들려주었던 것이다. 예컨대 헬레스폰토스는 페르시아인의 손으로 다리가 놓이도록 정해져 있다는 등원정의 경로에 대해 해설하기도 했다. 이렇게 오노마크리토스가 신탁을 통해 크세르크세스에게 압력을 가하는 한편, 페이시스트라토스 일문과 알레우아스 가 사람들도 진언을 통해서 크세르크세스의 결의를 촉구했던 것이다.

마침내 크세르크세스는 이러한 설득에 굴복하여 그리스 원정을 승낙하기에 이르렀다. 그리하여 다레이오스가 죽은 다음해, 우선 반란을 일으킨 이집트에 군대를 파견했다. 반란을 평정하고 이집트 전역을 다레이오스 시대보다 더한층 가혹한 조건으로 예종시킨 다음, 그는 그 통치를 다레이오스의 아들, 즉 그의 형제인 아카이메네스에게 맡겼다. 아카이메네스는 그 후 이집트 통치 중에 리비아인 프사메티코스의 아들 이나로스에 의해 살해됐다.[9]

크세르크세스는 이집트를 점령한 후, 마침내 아테네 원정에 착수했다. 그는 우선 페르시아인 중신들을 소집하여 회의를 열었다. 중신들의 의견을 모으고 자신이 염원하는 바를 그들에게 피력하기 위해서였다. 일동이 모이자 크세르크세스는 다음과 같이 말했다.

"여러분, 내가 무엇인가 처음부터 국시(國是)를 정해 놓고 이것을 시행하려 하고 있다고 생각지는 마시오. 나는 단지 선대의 유법(遺法)

---

8) 라소스는 당시의 유명한 시인, 음악가로 핀다로스의 스승. 헤르미오네는 펠로폰네소스 반도 동북부에 있었던 도시.
9) 기원전 462년의 일(제3권 참조).

을 계승하여 이것을 지키려 할 뿐이오. 내가 원로(元老)들로부터 전해 들은 바에 따르면 우리 나라는 키루스왕께서 아스티아게스를 타도하시고 메디아로부터 현재의 패권(覇權)을 빼앗아 장악하게 된 이래, 결코 무위도식하며 안일을 일삼지 않았다 하오. 이것은 신의 뜻에 따라 그렇게 된 것임에 틀림없고, 그에 따라 현재 우리들이 시도하는 일은 모두 성공을 거두고 있소. 키루스, 캄비세스 및 나의 부왕이신 다레이오스왕께서 얼마만큼 훌륭한 업적을 쌓았고 영토를 확장시키셨는가는 그대들도 잘 알고 있는 바이기 때문에 새삼스레 말할 필요도 없을 것이오. 나는 이 왕위를 계승한 이래 어떻게 하면 선왕들에 뒤지지 않을 수 있고, 우리 페르시아의 국위를 선양하는 데 있어서도 선왕들보다 더 많은 기여를 할 수 있을까 하고 항상 고심해 왔소. 이렇게 고심한 끝에 마침내 나는 우리의 국위를 더욱더 빛낼 수 있을 뿐만 아니라, 그 넓이나 비옥함이 현재의 우리 국토보다 낫고 여러 가지 산물도 한층 더 풍요로운 영토를 획득할 수 있고, 아울러 구적(仇敵)에게도 보복을 가할 수 있는 방책을 발견하기에 이르렀소. 이러한 방책을 어떻게 실행할 것인가를 그대들에게 들려주고자 불러들인 것이오.

　나는 헬레스폰토스에 다리를 놓고 유럽으로 군대를 진격시켜 그리스를 토벌할 생각이오. 그리하여 아테네 놈들이 페르시아와 나의 부왕께 저지른 수많은 악행에 대한 대가를 톡톡히 치러 주고자 하오. 그대들도 알다시피 다레이오스왕께서도 그놈들을 토벌하고자 염원하고 계셨소. 그러나 왕께서는 이미 이 세상 분이 아니시기 때문에 스스로 그놈들에게 복수를 할 수 없게 되셨소. 그리하여 나는 부왕을 비롯한 페르시아 국민들을 대신하여, 우리와 부왕에 대해 수많은 부정 행위를 저질러 온 아테네를 점령하여 불태워 버리기까지는 결코 돌아오지 않을 생각이오. 첫째로 아테네 놈들은 우리들의 노복(奴僕)인 밀레토스인 아리스타고라스와 짜고 사르데스에 침입하여 성스런 삼림과 신전에 불을 질렀소. 둘째로 다티스 및 아르타프레네스의 지휘로 우리 군대가 그 땅에 진군했을 때 그놈들이 우리들에게 한 소행은 그대들도 모두 잘 알고 있을 것이오.

나는 이상과 같은 이유에서 그들을 토벌하고자 하오. 그런데 곰곰이 생각해 보건대 이 원정에는 또한 다음과 같은 이점이 있을 것 같소. 즉 만약 아테네인 및 그들과 국경을 접하고 있는 저 프리기아인 펠롭스가 창설한 나라를 평정하게 된다면, 우리는 페르시아의 판도를 제우스신께서 살고 계시는 하늘 끝까지 넓힐 수 있을 것이오.[10] 그대들의 협력으로 유럽 전역을 석권하고 그들 제국을 모두 병탄(併呑)하여 하나의 나라로 통일하게 된다면, 태양이 비치는 곳에서 우리 나라와 국경을 접하는 나라는 하나도 없게 될 것이오. 우리가 아는 한, 지금 거론한 나라들을 빼면 우리 나라와 전쟁을 벌일 수 있는 나라나 도시는 하나도 없을 것이오. 이렇게 하여 우리 나라에 대해 죄를 저지른 나라든 죄가 없는 나라든 모두 우리에게 예속될 것이오.

그러면 그대들에게 권하노니, 내게서 칭찬을 받고 싶다면 다음과 같이 하도록 하시오. 얼마 후에 그대들에게 집합의 시기가 하달될 테니, 그때에는 한 사람도 빠지지 말고 흔연히 모이도록 하시오. 그대들 중 가장 훌륭하게 장비를 갖춘 군대를 이끌고 온 사람에게는 우리 나라에서 최고의 영예로 간주되는 은전을 내리겠소.

이상이 내가 그대들에게 바라는 것이오. 그러나 나는 내가 독단적으로 계획을 세우고 있다는 인상을 주고 싶지 않으므로, 이 문제를 공론(公論)에 부치기로 하겠소. 그대들 중 의견이 있는 사람은 누구든 말해 보도록 하시오."

왕의 말이 끝나자 마르도니오스가 다음과 같이 발언했다.

"실로 전하께서는 우리 나라의 고금을 통틀어, 아니 그뿐만 아니라 영원한 미래에 걸쳐 다시없는 영원한 분이십니다. 지금 하신 말씀은 조목조목 다 훌륭하시고 옳은 것입니다. 특히 유럽에 거주하는 이오니아인들이 분수를 모르고 우리를 경멸하는 것을 용인하지 않으시겠다는

---

10) 땅의 끝은 하늘과 접한다는 사고 방식이다.

전하의 방침은 실로 더할 나위 없는 훌륭하신 생각이십니다. 왜냐하면 사카이,[11] 인도, 에티오피아, 아시리아 등을 비롯하여 다수의 민족이 페르시아에 대해 아무 해악도 끼치지 않았음에도 불구하고 단지 우리 나라의 영토를 확장하기 위해서 그들을 정복하여 예속시키고 있는 우리가, 먼저 우리 나라에 위해(危害)를 가해 온 그리스인을 정벌치 않고 그대로 둔다는 것은 실로 가당치 않은 일이라고 생각됩니다.

대체 무엇이 두렵습니까? 그들의 병력 규모가 크기라도 합니까? 우리는 그들의 전법(戰法)을 잘 알고 있으며, 또한 그 국력이 빈약함을 잘 알고 있습니다. 우리는 이미 그들의 동족을 우리의 지배하에 두고 있습니다. 즉 우리 영토 내에 거주하고 있는 이오니아인, 아이올리스인, 도리스인들 말씀입니다. 또한 저 자신 선왕의 명을 받들어 이들 민족을 정벌한 경험이 있어 잘 알고 있습니다만, 마케도니아까지—— 실로 거의 아테네까지——군대를 진격시켰지만 어느 한 사람 칼을 들고 반격하는 자가 없었습니다.

하긴 제가 들은 바에 따르면 그리스인은 매우 호전적이어서 사리에 맞지 않게 즉흥적으로 전투를 벌이는 습관을 갖고 있다 합니다. 쌍방이 서로 전쟁을 선포하면 그들은 될 수 있는 한 싸우기 쉬운 평탄한 곳을 선택하여 전투를 벌이기 때문에 승리를 거둔 측도 적지 않은 손해를 입고 맙니다. 패한 측은 말할 것 없이 완전히 섬멸될 수밖에 없습니다. 본래 그들은 언어가 똑같기 때문에 전쟁을 통해서보다는 전령이나 외교 사절을 활용하여 되도록 전쟁은 피하고 전쟁 이외의 다른 수단을 통해서 분쟁을 해결해야 마땅할 것입니다. 그리고 결국 서로 싸울 수밖에 없을 때에는 적이 공격하기 가장 어려운 장소를 선택하여 자웅을 겨루는 것이 온당할 것입니다. 여하튼 앞서 말씀드렸듯이 어리석은 전투 방식밖에 모르는 그리스인들은 마케도니아까지 군대를 진격시킨 저를 대항할 엄두도 내지 못했던 것입니다.

---

11) 박트리아의 동북방, 오늘날의 키르기스 스텝 지대에 거주했던 민족.

그러하오니 대왕이시여, 만약 전하께서 아시아의 방대한 육군과 전함대를 이끄시고 출정을 하신다면 누가 감히 전하께 저항해 오겠습니까? 제가 생각하기에는 그리스가 그들의 국력 가지고는 어림도 없는 짓을 시도하지는 않을 것입니다. 또한 설사 제 생각이 틀려 그들이 무분별한 혈기로 싸움을 걸어 온다면, 그들은 우리들이 이 세상에서 가장 막강한 군사를 보유하고 있음을 똑똑히 알게 될 것입니다.

그러나 무슨 일이든 시도하지 않고 저절로 이루어지는 일은 이 세상에 없습니다."

마르도니오스는 이렇게 말하며 크세르크세스의 주장을 지지했다. 그후 다른 페르시아인들이 입을 다문 채로 마르도니오스가 방금 말한 의견에 대해 감히 이의를 제기하지 못하고 있던 중, 오직 히스타스페스의 아들 아르타바노스만이 크세르크세스의 숙부라는 자신의 위치에 용기를 얻어 다음과 같이 말했다.

"전하, 여러 가지 다른 의견이 제시되어야만 그 중 훌륭한 의견을 선택하여 이것을 실행할 수 있습니다. 그렇지 않을 경우에는 단지 제기된 주장만을 받아들이게 됩니다. 황금을 감정할 때 단지 겉모습만으로 그것이 과연 순금인지 아닌지를 판정할 수 없는 것과 마찬가지입니다. 시금석으로 문질러 보아야 비로소 판정할 수 있을 것입니다.

저는 이전에 전하께는 부왕이 되시고 제게는 형님이 되시는 다레이오스왕께도, 어디에 정착하여 도시를 건설해야 할지를 모르고 떠돌아다니는 스키타이 등을 정벌하는 것을 중지하시도록 진언드린 바 있습니다. 그러나 왕께서는 유목 스키타이인을 평정할 수 있다고 확신하시고 제 진언을 받아들이지 않으신 채 군대를 진격시킨 결과, 수많은 용감한 병력을 잃고 귀환하셨습니다.

그러나 전하, 지금 전하께서 원정하려 하고 계시는 상대는 스키타이인보다 훨씬 우수하고 바다와 육지에서 최강의 전력을 자랑하고 있는 민족입니다. 그러므로 저로서는 그들을 상대로 싸우게 되면 어떤 위험이 있을 수 있는가에 대하여 말씀드리는 것이 온당할 것 같습니다.

전하께서는 헬레스폰토스에 다리를 놓고 유럽을 가로질러 그리스로 군대를 진격시키겠다고 말씀하셨지만, 만약 우리 군대가 육지나 바다 어느 한쪽에서, 아니면 그 양쪽 모두에서 패했다고 가정해 보십시오 ——사실 아테네인은 무용으로 이름이 높아, 다티스 및 아르타프레네스가 지휘하는 대군이 아티카로 진공해 들어갔을 때 아테네 혼자서 이들을 격파한 것을 보더라도 그러한 사태를 충분히 예상할 수 있습니다. 그리고 설사 그들이 해륙 양면에서 성공을 거두지 못했다 하더라도, 만약 그들이 우리의 함선을 습격하여 승리를 거두고 헬레스폰토스로 진입해 들어가 선교(船橋)를 파괴한다고 한다면, 전하, 이것이야말로 실로 위험천만한 일이 될 것입니다.

이것은 결코 제가 혼자만의 생각으로 억측을 내리고 있는 것이 아닙니다. 일찍이 선왕께서 트라키아의 보스포로스 양안을 연결하고 이스트로스 강에 다리를 놓은 다음 스키타이국으로 공격해 들어가셨을 때, 하마터면 우리 군대에 닥칠 뻔했던 재난의 선례에 비추어 이렇게 말씀드리는 것입니다. 그때 스키타이인들은 이스트로스 강의 다리를 수비하고 있었던 이오니아인들에게 다리를 파괴하라고 온갖 수단을 다해 간청했습니다. 만약 그때 밀레토스의 독재자 히스티아이오스가 다른 이오니아의 독재자들의 의견에 따라 이의를 제기하지 않았다면 페르시아의 국운은 그것으로 끝났을 것입니다. 실로 국왕의 운명이 전적으로 단 한 사람의 손에 달려 있었다는 것은 이야기만 들어도 두려운 일입니다.

그러하오니 전하, 부디 제 진언을 받아들이시고 이 계획을 포기하십시오. 피치 못할 사정이 있는 것도 아닌데 굳이 위험을 자초할 필요가 있겠습니까? 우선 이 회의를 파하시고 전하 스스로 잘 생각하신 다음, 후일 전하께서 적당하다고 생각되실 때 최선이라고 결론내리신 바를 들려주시기 바랍니다.

이렇게 말씀드리는 것은, 충분히 고려해서 결론을 내리는 것보다 가치 있는 것은 없다고 생각하기 때문입니다. 조심스럽게 생각하여 계획을 잘 세운 자는, 설사 생각대로 일이 잘 진행되지 않고 불운 탓으로 그 계획이 좌절된다 하더라도, 그것이 자신의 잘못이 아님을 알기 때문에 그것으로 만족해합니다. 그러나 조잡한 계획만으로 실행한 자는, 그것이 운좋게 성사된다 하더라도, 그것을 주운 것이나 같기 때문에 준비가 충실치 못했음을 부끄러워할 것입니다.

전하께서도 잘 알고 계시는 바와 같이 동물 중에서 신의 번개에 맞아 죽는 것은 오직 눈에 띄게 큰 것들뿐으로, 신께서는 그렇게 해서 그들이 지나치게 우쭐거리지 않도록 하십니다(작은 동물들은 조금도 신께 불손한 행위를 저지르지 않습니다). 그리고 집이나 나무들도 번개를 맞는 것은 언제나 가장 큰 것들뿐으로, 뛰어난 것을 깎아내리는 것이 신의 뜻이기 때문입니다. 대군(大軍)이 소수의 군대에게 패하는 것도 같은 이치로, 예컨대 신께서 대부대의 위세를 질투하여 병사들의 마음에 공포감을 불어넣거나 천둥을 울려 위협하시면 아무리 대군이라 할지라도 여지없이 궤멸되고 맙니다. 신께서는 그분 자신 이외에는 누구도 교만한 마음을 갖지 못하도록 하십니다.

무슨 일이든 성급히 일을 처리하면 실패하게 마련입니다. 그리고 그 실패로 우리는 커다란 고통을 당해야 합니다. 참고 견디는 데 복이 있습니다. 그러한 복덕(福德)은 곧 나타나지는 않지만, 시간이 경과함에 따라 우리는 그것을 깨닫게 됩니다.

이상이 전하께 드리는 충고의 말씀입니다. 그리고 고브리아스의 아들 마르도니오스여, 자네에게 경고하거니와 그리스인을 결코 얕보지 말게. 그리스인은 그렇게 가벼이 볼 수 있는 민족이 아닐세. 자네는 그리스인을 중상하여 전하의 마음을 원정 쪽으로 몰고 가려 하고 있어. 내가 보기에 자네가 그렇게 되길 열렬히 바라는 모양이네만, 그런 짓을 하면 안 되네!

이 세상에 비방(誹謗)이나 중상만큼 나쁜 행위는 없네. 사람을 비방할 때에는 반드시 가해자 두 사람과 피해자 한 사람이 있게 마련이네. 우선 비방하는 자에게는 그 자리에 없는 사람을 헐뜯었다는 죄가 있고, 또 한 사람에게는 사실을 확인하지 않고 비방을 믿은 죄가 있지. 한편 비방을 받는 자는 한 사람으로부터는 중상을 당하고 다른 또 한 사람으로부터는 악인으로 간주된단 말일세.

그럼에도 불구하고 어떻게든 그리스를 정벌해야 한다면 이렇게 하면 어떻겠나? 전하께옵서는 그대로 페르시아 국내에 머물러 계시게 하고, 우리 두 사람은 각자 자식의 목숨을 걸도록 하세. 그리고 자네는 흡족할 만큼 군대를 소집하여 그 군대를 이끌고 원정을 떠나도록 하게. 만약 자네가 말한 대로 전하께서 영광을 누리시게 된다면 내 자식들을 살해해도 좋네. 아니 자식들뿐만 아니라 내 목숨까지 빼앗아도 좋네. 그러나 만약 내가 예언한 대로 된다면 그때에는 자네의 자식들이 같은 운명에 처하게 될 걸세. 자식들과 함께 자네 자신도——물론 자네가 무사히 귀국한다면 말일세. 그렇지만 만약 자네가 내가 제안한 내기에 응하지 않고 여전히 고집을 꺾지 않은 채 군대를 그리스로 진격시킨다면, 내가 단언하지만 고국에 남아 있는 자들의 귀에는 이윽고 마르도니오스 놈이 페르시아에 커다란 재난을 불러들인 끝에 아테네나 스파르타 어디쯤에서——거기까지 갈지도 의문이지만——들개나 새들의 먹이가 되었다는 소식이 들려 오게 될 걸세. 자네는 그때가 되어서야 겨우 지금 자네가 전하를 부추겨 원정을 권유하고 있는 상대 민족의 진정한 힘을 깨닫게 될 걸세."

아르타바노스가 이렇게 말하자, 크세르크세스는 격노한 끝에 다음과 같이 말했다.

"아르타바노스여, 그대는 허튼 소리를 내뱉었으므로 당연히 벌을 받아야 마땅할 것이지만 부왕의 형제이므로 그것만은 면해 주겠소. 그러나 그 대신 그대에게 다음과 같은 치욕을 안겨 주겠소. 그대와 같은 겁쟁이에게는 나와 함께 그리스 원정에 동행하는 것을 허락하지 않겠소. 그대는 여자들과 함께 고국에 남아 있도록 하시오. 나는 그대의 힘 따위는 빌리지 않고 내가 말한 것을 반드시 실현해 보이겠소. 만약 내가 아테네인을 징벌치 못한다면, 멀리 아카이메네스님에게서 시작해 테이스페스, 캄비세스, 키루스, 테이스페스, 아리아람네스, 아르사메스, 히스타스페스, 다레이오스왕께로 이어지는 우리 왕가의 혈통에 대해 나는 얼굴을 들지 못할 것이오! 우리가 움직이지 않는다 하더라도 그들 쪽에서는 가만히 있지 않을 것이오. 아니 반드시 우리 나라로 침입해 들어올 테지. 이것은 우리보다 먼저 선수를 쳐 아시아로 침입해 들어와 사르데스의 불을 지른 그들의 수법을 보아도 충분히 알 수 있는 일이오. 쌍방 모두 더 이상 뒤로 물러설 수 없는 입장이오. 문제는 먼저 도전을 하느냐 아니면 도전을 받느냐 하는 것이오. 우리 국토가 모두 그리스인의 지배하에 들어갈 것이냐, 아니면 그들의 영토를 모두 페르시아의 판도로 만들게 될 것이냐 하는 것은 그에 따라 결정될 것이오. 우리와 그들과의 적대 관계는 중도적인 방법으로 해결될 수 없기 때문이지. 그러므로 이제 먼저 해를 입은 우리들이 복수의 칼을 들어야 마땅할 것이오. 또한 그리하여 이 민족을 정벌키 위해 출정을 한다면, 내가 깨닫게 되리라는 '위험천만한 일'[12]의 정체도 알게 될 것이오. 그들 민족은 일찍이 우리 조상의 일개 노예에 불과했던 프리기아인 펠롭스에게도 쉽게 정복되고, 지금까지 주민도 영토도 정복자의 이름으로 불리고 있는 그러한 놈들이오."[13]

크세르크세스는 이렇게 말하고 회의를 끝냈다. 이윽고 밤이 깊어짐에 따라 크세르크세스는 아르타바노스가 말한 의견이 마음에 걸리기 시작했다. 그리고 밤새도록 곰곰이 생각한 끝에 그리스 원정은 아무래도 현명한 것이 못 됨을 깨닫기에 이르렀다. 이렇게 결론을 내린 다음 그는 잠에 떨어졌는데, 페르시아인들이 전하는 바에 따르면 그날 밤 그는 다음과 같은 꿈을 꾸었다고 한다. 즉 준수하게 생긴 헌헌장부가 크세르크세스의 침대 앞에 서서 이렇게 말했다는 것이다.

"페르시아의 왕이여, 그대는 병력을 일으키겠다고 페르시아 국민에

---

12) 앞에서 아르타바조스가, 만일 다리가 그리스군에 의해 파괴될 경우에는 '황송한 일'이 발생하게 될 것이라고 말한 데 대한 야유이다.
13) 펠로폰네소스가 펠롭스에서 비롯된 것을 가리킨다.

게 공언해 놓고서 마음을 바꾸어 그리스 원정을 중지할 셈이오? 그와
같이 마음을 바꾸면 안 되오. 지금 여기에 온 나도 그것을 허락하지
않겠소. 어제 낮에 계획된 대로 계속 밀고 나가시오."

꿈속의 남자는 이렇게 말한 다음 날아오르듯이 모습을 감추었다 한
다. 날이 밝자 크세르크세스는 이 꿈은 전혀 염두에 두지 않고 전날과
똑같이 페르시아의 요인들을 불러모은 후 이렇게 말했다.

"여러분, 내가 돌연히 마음을 바꾸는 것을 용서하기 바라오. 그것은
내 분별력이 아직 충분히 성숙치 못한데다가 그 계획을 권유하는 자들
이 한시도 내 곁을 떠나지 않았기 때문이었소. 나는 아르타바노스가
제시한 의견을 들었을 때는 한순간 젊은 피가 솟구쳐 올라 연장자에
대해서 해서는 안 될 폭언을 내뱉고 말았소. 그렇지만 지금은 그가 말
한 바가 옳다고 생각되기 때문에 아르타바노스의 주장을 채택하기로
하겠소. 나는 생각을 바꾸어 그리스 원정을 중지하기로 결정했으니,
그대들도 이에 따라 행동해 주기 바라오."

그 자리에 참석했던 페르시아인들은 왕의 말을 듣고 매우 기뻐하며
왕 앞에 부복했다.

그런데 그날 밤 다시 크세르크세스의 꿈속에 전날 밤과 똑같은 환영
이 그의 침대 곁에 나타나 이렇게 말했다.

"다레이오스의 아들이여, 그대는 페르시아인 앞에서 공공연히 원정
의 중지를 선언하고, 내가 말한 바를 마치 그런 말이 없었던 것처럼
무시해 버렸소. 그러나 잘 알아 두시오. 만약 즉시 원정을 행하지 않
는다면 그 결과 반드시 다음과 같은 일을 당하게 될 것이오. 즉 그대
는 권좌에 일찍 오른 만큼 빨리 전락하게 될 것이오."

크세르크세스는 이 꿈을 꾼 후 공포에 짓눌려 침상에서 벌떡 일어난
다음 사자를 보내 아르타바노스를 불러오게 했다. 그리고 문후를 여쭙
는 그를 향해 이렇게 말했다.

"아르타바노스여, 나는 잠시 제정신을 잃고 유익한 충언을 해준 그
대에게 어리석게도 폭언을 퍼붓고 말았소. 그러나 곧 생각을 바꾸어

그대가 충고해 준 대로 하지 않으면 안 된다는 걸 깨달았소. 그런데
실은 그렇게 하고 싶지만 그럴 수 없는 입장이오. 왜냐하면 내가 생각
을 고쳐 먹고 결심을 바꾼 이래 종종 꿈속에서 환영(幻影)이 나타나
나로 하여금 그대의 충고대로 행동할 수 없도록 만들고 있기 때문이
오. 어젯밤에도 나타나 나를 호되게 위협하고 사라졌소. 그러므로 만
약 이 꿈이 신의 뜻이고 온갖 어려움을 무릅쓰고라도 그리스 원정을
단행해야 하는 것이 신의 뜻에 합당한 것이라면, 그대에게도 같은 환
영이 나타나 같은 명령을 했으리라 생각하오. 그래서 말인데, 그대가
내 옷을 그대로 입고 옥좌에 앉아 있다가 내 침소에 들어 잠을 자보는
것이 좋을 듯하오."

크세르크세스가 이렇게 말하자 아르타바노스는 자신이 옥좌에 앉는
다는 것은 부당한 일이라고 생각하고 처음에는 왕의 명에 따르려 하지
않았지만, 왕이 계속해서 강권하는 바람에 마침내 명령대로 하게 되었
다. 그런데 그때 그는 왕을 향해서 이렇게 말했다.

"전하, 제 생각으로는 스스로 현명한 판단을 내리는 것도, 유익한
조언을 하는 자의 말을 받아들이는 것도 그 가치는 똑같다고 봅니다.
전하께서는 이 두 가지 덕성이 모두 갖추어져 계신데도 불구하고 나쁜
자들이 전하 곁에 있기 때문에 그 덕성이 가리워졌던 것뿐입니다. 그
것은 마치 세상에서 말하는 대로, 본래 바다는 이 세상에서 인간에게
가장 쓸모 있지만 불어오는 질풍이 그러한 바다의 본성을 감추는 것과
같습니다.

전하의 질책을 받았을 때 제 마음이 아팠던 것은, 질책을 받았다는
것보다 오히려 다음과 같은 이유 때문이었습니다. 즉 우리 페르시아가
선택해야 할 길이 두 가지 있는데, 그 한 가지는 교만을 조장하는 것
이고 다른 한 가지는 가진 능력 이상으로 과욕을 부리는 마음으로 하
여금 그 마음이 어떻게 재난의 원인이 될 수 있는가를 깨닫게 함으로
써 교만을 억제하는 것이라 할 때, 전하께서 이 두 가지 길 중에서 전
하 자신과 페르시아 국민에게 위험천만한 길을 선택하셨다는 생각 때

문이었습니다.

그런데 전하께서 생각을 바꾸어 올바른 길로 들어서신 지금, 전하의 말씀에 의하면 그리스 원정을 중지하시려 하는 전하께 원정을 중지하지 못하도록 어떤 신이 여러 번 꿈으로 계시하고 있다고 합니다만, 젊으신 왕이시여, 그러한 꿈은 신께서 보내신 것이 아닙니다. 전하보다 좀더 나이를 먹은 제가 말씀드리자면, 요컨대 꿈이란 것은 낮에 생각했던 것이 알지 못하는 사이에 잠을 자는 가운데 나타나는 것에 지나지 않습니다. 실제 우리는 며칠 동안 이 원정 문제로 고심해 오지 않았습니까 ?

그럼에도 불구하고 만약 그 꿈이 제가 해석한 대로 설명될 수 없는 것이고 무엇인가 그 속에 신의 뜻이 내포된 것이라면, 전하께서 말씀하신 대로 해야 하리라 생각합니다. 즉 전하께서 꾸신 꿈이 제게도 나타나 그와 같은 지시를 내릴지 어떨지를 시험해 보아야 할 것입니다. 그러나 그 꿈이 어떻게 하든 나타나게 되어 있는 것이라면, 그 꿈은 제가 전하의 옷을 입고 있든 제 옷을 입고 있든 나타날 것이고, 또한 제가 전하의 침소에 누워 있든 제 침소에 누워 있든 마찬가지일 것입니다. 왜냐하면 전하께서 주무시고 계실 때 나타나는 환영의 정체가 무엇이든, 제가 전하의 옷을 입고 있다고 해서 저를 전하로 착각할 만큼 어리석은 존재는 아니라고 생각하기 때문입니다. 과연 그것이 제가 전하의 옷을 입고 있든 제 옷을 입고 있든 관계치 않고 저를 무시하고 제게 나타나는 것은 적당치 않다고 보면, 진정 우리가 유의해야 할 일은 그 환영이 전하께 다시 나타나는가 하는 것입니다. 만약 계속해서 나타난다면 저도 그것이 신의 뜻임을 인정하겠습니다. 그러나 이미 전하께서 결심을 굳히시어 그것을 다시 바꿀 수 없으시다면, 그리하여 어떻게 하든 제가 전하의 침소에서 자야만 한다면 분부대로 하겠습니다. 그래서 환영이 제게도 나타나는지 보겠습니다. 그러나 환영이 나타날 때까지는 지금의 제 의견을 바꾸지 않겠습니다.”

아르타바노스는 이렇게 말한 다음 크세르크세스의 이야기가 아무 의

미도 없음을 입증해 보일 셈으로 명령대로 했다. 그리하여 크세르크세스의 의상을 몸에 걸치고 옥좌에 앉아 있다가 침소에 들었다. 이윽고 잠들자 크세르크세스를 찾아왔던 바로 그 환영이 나타나 아르타바노스의 침상 곁에 서서 이렇게 말했다.

"자못 크세르크세스의 신상을 걱정하는 것처럼 가장하고 그의 그리스 원정을 중지시키려는 자가 그대인가? 장래든 현재든 운명의 흐름을 바꾸려 한다면 벌을 면치 못할 것이다. 크세르크세스가 내 명대로 하지 않을 경우 어떤 곤경을 치르게 될 것인가에 관해서는 이미 그에게 말해 둔 바 있다."

아르타바노스의 꿈속에 나타난 환영은 이렇게 위협한 다음 뻘겋게 단 쇠로 그의 두 눈을 찌르려 했다. 아르타바노스는 큰소리를 지르며 벌떡 일어난 후 크세르크세스에게로 달려가 꿈속에서 본 바를 상세히 이야기하고 나서 계속해서 이렇게 말했다.

"전하, 저는 지금까지 강대국이 약소국에 의해 패망하는 예를 수없이 많이 보아 왔기 때문에, 전하께서 젊은 혈기대로 성급히 행동하지 않으시도록 간(諫)해 왔습니다. 키루스왕의 마사게타이족 원정[14]의 결과나 캄비세스왕의 에티오피아 정벌[15] 등의 선례를 생각하고, 나아가서는 다레이오스왕을 수행하여 스키타이를 공격했던 제 자신의 체험[16]에 비추어, 지나치게 큰 야망을 품는 것이 어떻게 재난의 원인이 될 수 있는가를 깨닫고 있었기 때문입니다. 그리하여 저는 전하께서 일을 벌이시지 않는 한, 만인으로부터 선망을 받는 행운을 계속 누리실 수 있으리라 생각했습니다. 그렇지만 지금 불가사의한 힘이 우리를 원정하라고 재촉하고 있고, 또한 그리스인이 신의 뜻에 따라 파멸당하도록 정해져 있음을 알게 된 이상, 저도 생각을 바꾸기에 이르렀습니다. 그러하오니 전하께서는 신의 계시를 국민에게 널리 알리시고 그들로 하

---

14) 제1권 참조.
15) 제3권 참조.
16) 제4권 참조.

여금 앞서 명하신 대로 원정을 준비하도록 하십시오. 그리고 신께서 이 거사를 인정하셨으니 전하 쪽에서도 이것이 성공을 거둘 수 있도록 최선을 다하시기 바랍니다."

두 사람은 서로 이렇게 이야기를 나눈 후 함께 꾼 꿈에 대해 조금도 의심을 품지 않고 이를 확신했다. 그리하여 크세르크세스는 먼동이 트 자마자 일의 전말을 페르시아인들에게 알렸고, 전에는 혼자서 공공연 히 원정을 저지하려 하고 있었던 아르타바노스가 이번에는 공공연히 원정을 추진하게 되었다.

원정의 결의를 굳힌 후, 크세르크세스는 세 번에 걸쳐 꿈을 꾸었다. 그리고 그 꿈 이야기를 들은 마고스들은 그것은 전세계의 운명과 관계 되는 것으로 전 인류가 크세르크세스에게 예속되리라는 것을 알리는 전조라고 해석했다. 그 꿈이란 이런 것이었다. 즉 꿈속에서 크세르크 세스는 올리브 가지로 엮은 관을 쓰고 있었는데, 그 올리브에서 세 가 지들이 자라나 전세계를 뒤덮는가 싶더니 홀연 머리에 썼던 그 관이 사라져 버리고 말았다는 것이다.

마고스들이 꿈에 대해 이러한 해석을 내린 후, 모여 있던 페르시아 의 요인들은 곧 각자 영지로 돌아갔다. 그리고 그들은 돌아간 후 모두 약속된 은상을 받고자 왕의 명령대로 임무를 완수하려 애썼다. 이러는 가운데 크세르크세스는 대륙 전역에 걸쳐 빠짐없이 조사를 행하고 원 정군의 징집을 실시했다.

원정군의 출발

크세르크세스는 이집트 공략 후 4년간을 군대의 징집과 군에 필요한 물자를 조달하는 데 소비한 후 5년째에 접어들어 마침내 대군을 이끌 고 원정길에 나섰다.[17]

실로 이 원정군의 규모는 유사 이래 최대의 것이었다. 저 다레이오

---

17) 기원전 484년 봄부터 기원전 480년 봄까지의 일.

스의 스키타이 원정군도 이에 비하면 비교도 되지 않을 정도였고, 또한 스키타이인이 킴메르인을 추격하여 메디아령에 침입,[18] 거의 상(上)아시아 전역을 석권한 때의——그 때문에 그 후 다레이오스의 보복을 받게 되었지만——스키타이군의 진용(陣容)도, 전설적인 아토레우스의 자식들의 일리온(트로이) 원정군도, 나아가서는 트로이 전쟁에 앞서 미시아인과 테우크로이인[19]이 보스포로스 해협을 건너 유럽에 침입하여 트라키아의 주민들을 모두 정복한 다음 멀리 이오니아(아드리아)해 연안에 이르고 남쪽으로는 페레이오스 강변에까지 달했을 때의 병력도 이번 원정군에 비하면 상대도 되지 않을 정도였다.

위에서 언급한 몇 차례의 원정군을 모두 합하고, 거기에 과거에 행해졌던 다른 원정의 병력을 더해도 이번 원정군의 규모에는 미치지 못했을 것이다. 아시아에 거주하는 민족으로 크세르크세스의 원정에 참여치 않은 민족은 하나도 없었고, 또한 대하천을 제외하고는 이 대군의 식수로 충당된 결과 고갈되지 않은 하천이 거의 없을 정도였기 때문이다. 그리고 어떤 민족이든 각각 전비(戰備)를 분담맡아 선박을 제공하기도 하고, 보병 부대에 편입되기도 하고, 기병대 편성을 명령받기도 했다. 아울러 출정 병력과 함께 말이나 수송선의 공출을 요구받기도 하였으며, 다리를 놓는 데 필요한 장선(長船, 군선)을 조달하기도 하고, 또한 식료품과 선박을 조달하라는 명령도 받았다.

그런데 크세르크세스는 앞서의 원정군이 아토스 산을 회항하다가 막대한 손해를 입었던 것을 상기하여 특히 아토스에 관해서는 약 3년 전부터 미리 조치를 취해 놓고 있었다. 즉 케르소네소스의 엘라이우스에 삼단노선단을 정박시키고 이곳을 기지로 하여 페르시아군에 속하는 온갖 국적의 병사들로 하여금 교대로 신속히 운하를 파게 했던 것이다.

---

18) 제1권 참조.
19) 전설에 따르면 이 원정군의 지휘는 트로이의 프리아모스의 부친인 라오메돈이 맡았다 한다. 트라키아의 파이오니아인이 테우크로이인의 후예라 칭하고 있었다는 것은 제5권에서도 볼 수 있다.

그리고 운하를 파는 데는 아토스 부근의 주민들도 참여했다. 이 공사의 감독을 맡았던 것은 메가바조스의 아들 부바레스와 아르타이오스의 아들 아르타카이에스 등 두 페르시아인이었다.

아토스는 바다로 돌출하여 높이 솟아 있는 유명한 산으로, 여기에는 사람도 살고 있다. 이 산이 육지 쪽으로 끝나는 부근에는 반도 형태로 약 12스타디온 넓이의 지협이 형성되어 있다. 이 지협은 평야와 작은 구릉으로 이루어져 있고, 아칸토스 부근의 바다에서 토로네 앞 바다까지 뻗어 있다. 아토스 산이 끝나는 이 지협에는 그리스인 도시 사네가 있고, 이 사네와 아토스 산 사이에 디온, 올로픽소스, 아크로톤, 티소스, 클레오나이 등 여러 도시가 있는데, 지금 크세르크세스는 이들 육지의 도시를 섬의 도시로 만들려고 했던 것이다.

페르시아군은 이 지역을 민족별로 분담시켜 다음과 같이 운하를 팠다. 이 운하는 사네 시 부근에서 지협을 일직선으로 가로지르며 파기 시작했는데, 운하가 어느 정도의 깊이에 도달하면 일부는 운하의 최하층에서 계속해서 흙을 파내는 한편, 다른 일부는 파낸 흙을 사닥다리에 올라 있는 자에게 건넸다. 그러면 그것을 받은 자는 다시 위에 있는 자에게 건네는 식으로 하여, 흙은 최후로 맨 위에 있는 자의 손에 건네졌다. 그리고 이 맨 위에 있는 자들이 흙을 운반해다가 버렸다.

그런데 페니키아인을 제외하고 다른 민족 부대는 모두 파낸 운하의 옆벽이 무너져 내리는 바람에 이중으로 고초를 겪게 되었다. 그도 그럴 것이, 그들은 위 공간의 폭과 아래 바닥의 폭을 똑같게 하면서 파내려 갔던 것이었다.

그러나 페니키아인은 무슨 일을 하든 우수한 두뇌를 활용하고 있었으며, 이번 공사도 예외는 아니었다. 그들은 자신들이 파야 할 장소를 할당받자 처음에는 예정된 폭의 두 배로 파내려 가기 시작했으며, 개착이 진행됨에 따라 점차 그 폭을 좁혀 갔다. 그렇게 하여 밑바닥은 정해진 폭과 똑같게 되었던 것이다.

이 부근에 있는 초원에 개착 공사를 하는 자들을 위한 시장이 개설

되었고 또한 구매부도 설치되었다. 아울러 분말로 된 곡물이 끊임없이 다량으로 아시아에서 수송되었다.

내가 추측하기에는 크세르크세스가 이 운하의 개착을 명한 것은 일종의 과시욕에 의한 것으로, 그는 이를 통해 자신의 힘을 과시함과 동시에 후세에 기념비적인 업적을 남기고자 했던 것 같다. 왜냐하면 선박들을 끌며 지상을 통해 쉽게 지협을 건널 수 있었음에도 불구하고, 그는 두 척의 삼단노선이 노를 저으면서 나란히 통과할 수 있을 만큼 넓은 운하를 바다 대신 파도록 명했기 때문이다.

그리고 운하의 개착을 담당했던 부대에 다시 스트리몬 강에 다리를 놓도록 명했다.

크세르크세스는 이러한 작업들을 진행시키는 한편, 페니키아인과 이집트인에게 명하여 다리를 놓는 데에 사용할 파피루스제 및 백색 아마제 밧줄을 준비하게 하고, 그리스 원정 도중 군대나 운반용 동물들이 기아에 시달리는 일이 없도록 원정군용 식료품 저장을 일임했다. 여러 곳을 조사시킨 다음 가장 적당하다고 생각되는 장소들에 식료품을 저장하도록 명하고, 아시아 각지에서 화물선과 운송선을 이용하여 식료품을 각각의 장소로 분담 수송케 했다. 대부분의 곡류는 트라키아 지방의 레우케 아르테[20]('백색 곶'이라는 뜻)라 불리는 곳으로 모아졌으며 일부는 명에 따라 페린토스 영내의 티로디자, 도리스코스, 스트리몬 강변의 에이온, 그리고 마케도니아로 수송되었다.

이와 같은 작업이 계속되는 한편, 집결을 끝낸 육상 전 부대는 카파도키아의 크리탈라[21]를 떠나 크세르크세스의 지휘하에 사르데스를 향해 행군을 계속했다. 크세르크세스를 따라 육상으로 진격할 부대는 모두 위의 크리탈라로 집결하도록 명령받고 있었다. 그런데 지방 총독 중에서 최상의 장비를 갖춘 부대를 이끌고 와 대왕으로부터 약속됐던

20) 프로폰티스(마르마라 해) 서안의 곶. 케르소네소스 반도 가까이에 있다.
21) 확실한 소재는 알 수 없다. 할리스 강 동쪽의 교통의 요충지에 해당하는 장소였던 것 같다.

은상을 받은 자가 누구였는지 나는 모르고 있다. 실제로 과연 그러한 경쟁이 행해졌는지조차 나는 모르고 있다.

이 페르시아 부대는 할리스 강을 건너 프리기아로 들어온 후, 이 지방을 지나 이윽고 켈라이나이 시(市)에 도착했다. 이곳은 마이안드로스 강과, 이에 못지않게 큰 카타락테스라 불리는 강의 수원이 솟아나는 곳으로, 카타락테스 강은 실제 켈라이나이의 아고라에서 발하여 마이안드로스 강으로 흘러들어간다. 이 도시 안에는 또한 '실레노스인 미르시아스의 가죽'[22]이 걸려 있다. 프리기아의 전설에 따르면 아폴론이 미르시아스의 가죽을 벗겨 도시의 아고라에 걸어 놓았다 한다.

그런데 여기에서 리디아인 아티스의 아들 피티오스[23]가 크세르크세스를 기다리고 있다가 그가 도착하자 그와 그의 전 부대를 아주 호화스럽게 환대하고, 나아가 전쟁 비용을 제공하겠다고 제안했다. 피티오스가 이렇게 전쟁 비용을 조달하겠다고 제안하자, 크세르크세스는 측근에 있던 페르시아인들에게, 피티오스가 어떤 자이며 그가 그러한 제안을 할 만큼 그렇게 부자냐고 물었다. 그러자 측근에 있던 자들은 이렇게 대답했다.

"전하, 그가 바로 선왕이신 다레이오스 전하께 황금제 플라타너스와 포도나무[24]를 헌상한 사람입니다. 그리고 현재 역시 저희들이 아는 한, 전하 다음으로 세계에서 가장 부유한 사람입니다."

---

22) 실레노스는 사티로스와 종종 혼동되는 반인반수(半人半獸)의 존재로, 본래는 판이나 님프 등과 같이 산야의 야생적인 생활력을 상징화한 것으로 생각되고 있다. 마르시아스라는 프리기아의 실레노스가 피리의 명수였는데, 아폴론과 기예를 다투다가 패해 산 채로 가죽이 벗겨지게 되었다는 전설에서 비롯됐다. 여기서 가죽 부대란 벗겨진 가죽으로 만든 부대를 가리킨다.

23) 피티오스의 부친인 아티스가 제1권에 나타나는 크로이소스의 자식과 동일인이라면 피티오스는 크로이소스의 손자인 셈이다.

24) 사모스인으로서 명장(名匠)으로 이름이 높았던 테오도로스가 만든 것이라 한다. 두 작품 모두 걸작으로서 인기가 높았던 것 같다. 본래는 리디아 왕 알리아테스 또는 크로이소스를 위해 제작된 것으로, 후에 피티오스의 손으로 넘어간 듯하다.

크세르크세스는 이 말에 놀라움을 금치 못하고, 이번에는 스스로 피
티오스에게 재산을 얼마만큼 갖고 있느냐고 물었다. 그러자 그는 다음
과 같이 답했다.

"저는 전하께 숨기거나 저의 재산에 대해 모르는 체하지 않겠습니
다. 저는 제 재산의 액수를 알고 있으므로 그대로 전하께 말씀드리겠
습니다. 저는 전하께서 그리스 바다 쪽으로 내려오고 계시다는 소식을
듣자 곧 전쟁 비용을 전하께 헌납하고자 재산을 상세히 조사했습니다.
계산해 본 결과, 은은 2천 탈란톤, 황금은 다레이코스 금화가 400만에
서 7천이 모자라는 만큼 있음을 알게 되었습니다.[25] 이것을 모두 전하
께 헌납할 생각입니다. 저는 현재 제가 소유하고 있는 노예와 토지로
도 아주 편안하게 지낼 수 있습니다."

그가 이렇게 말하자, 크세르크세스는 그 말에 매우 기뻐하며 다음과
같이 답했다.

"리디아 친구여, 나는 페르시아령을 떠난 이래 오늘까지 내 군대를
환대해 주거나 내 앞에 와 전쟁 비용을 기부하겠다고 말하는 사람을
그대를 제외하곤 한 사람도 만난 적이 없었네. 그대는 내 군대를 크게
환대해 주었고 또한 많은 돈을 기부하겠다고 제안해 왔소. 따라서 나
는 그에 대한 답례로서 그대에게 다음과 같은 은상을 내리겠소. 금후
그대를 내 빈객으로서 대우하고, 나아가 내 재산에서 금화 7천을 주어
그대의 금 소유분을 400만으로 만들어 주겠소. 그러면 400만으로 우수
리 없이 딱 맞아떨어지는 액수가 될 것이기 때문이오. 그대는 현재의
재산을 그대로 소유하도록 하시오. 또한 금후에도 변함없이 지금의 마
음을 지녀 주시오. 그러면 그대는 결코 이번에 할 일을 지금은 물론
장래에도 후회하는 일이 없을 것이오."

크세르크세스는 이렇게 말하고 약속대로 실행한 후, 다시 앞으로 전

---

25) 다레이코스 금화 한 개를 일단 금 8.7그램으로 계산해 보아도 그 금액이
엄청남을 알 수 있다.

진해 갔다. 아나우아라는 프리기아의 도시를 지나고 소금이 산출되는 호수를 통과한 다음 콜로사이라는 프리기아의 대도시에 도착했다. 리코스 강은 이 도시에서 갈라진 땅 틈으로 흘러들어가 지상에서 일단 자취를 감추었다가 약 5스타디온 정도 떨어진 곳에서 다시 지상으로 올라와 흐르기 시작한다. 그리고 이 강 역시 마이안드로스 강과 합류한다.

원정 부대는 콜로사이를 떠나 프리기아와 리디아의 국경에 있는 키드라라라는 도시에 도착했다. 여기에는 크로이소스가 세운 돌기둥이 서 있는데, 거기에 새겨진 문자가 국경임을 표시하고 있다.

프리기아에서 리디아로 접어들면 길이 두 갈래로 나뉘어 왼쪽 길은 카리아로, 오른쪽 길은 사르데스로 통한다. 이 오른쪽 길로 가면 좋든 싫든 마이안드로스 강을 건너 칼라테보스라는 도시를 지나게 되는데, 이 도시에는 위성류(渭城柳) 당밀과 밀가루로 밀즙(蜜汁)[26]을 만들어 생계를 꾸려 나가는 사람들이 살고 있다.

크세르크세스도 이 길을 택해 전진해 갔는데, 도중에 본 플라타너스 나무가 너무도 훌륭함에 감탄하여 이 나무에 황금 장식을 하사하고 '불사부대(不死部隊, 아타나토이)'의 한 병사에게 그 보호를 명한 다음 이틀째 되는 날 리디아의 수도에 도착했다.

크세르크세스는 사르데스에 도착하자, 먼저 그리스에 사절을 파견하여 땅과 물을 요구하고 왕을 위해 식사 접대 준비도 갖추어 놓으라고 통고했다. 그런데 다른 나라에는 모두 사절을 파견했지만 아테네와 스파르타에만은 땅의 헌상을 요구하는 사절을 보내지 않았다. 그가 땅과 물을 요구하는 사절을 그리스에 재차 파견한 이유는, 앞서 다레이오스가 요구했을 때에는 따르지 않았던 나라들도 이번에는 두려움에 못 이겨 요구에 응할 것임에 틀림없다고 생각했기 때문이었다. 요컨대 바로 그것을 확인하고자 사절을 파견했던 셈이다.

이렇게 해놓은 다음 크세르크세스는 아비도스로 군대를 진격시킬 준

---

26) 엿과 같은 것.

비를 하고 있었는데, 그곳에서는 아시아와 유럽을 잇는 헬레스폰토스의 다리 공사가 한창 진행되고 있었다. 그런데 헬레스폰토스의 케르소네소스 연안에 있는 세스토스와 마디토스 양 도시 중간에 바위투성이의 곶이 바다로 돌출하여 아비도스와 마주 보고 있다. 이곳은 그 후 얼마 안 되어 아리프론의 아들 크산티포스가[27] 아테네군을 지휘하여 세스토스의 총독이었던 페르시아인 아르타유크테스를 생포한 다음 산 채로 나무판에 못박아 놓은 곳이다. 이자는 엘라이우스 시[28]에서 때와 장소를 가리지 않고 여자들을 프로테실라오스[29] 신전으로 끌고 들어가 불경한 짓을 되풀이하던 자였다.[30]

다리를 놓도록 명령받은 자들은 아비도스를 기점으로 이 곳을 향해 다리 두 개를 설치하였는데, 그 하나는 페니키아인이 백색 아마제 밧줄을 사용하여 설치하였고, 다른 하나는 이집트인이 파피루스제 밧줄을 사용하여 설치했다. 아비도스에서 해안까지의 거리는 7스타디온이다. 그런데 공사가 끝나 다리가 개통되자마자 폭풍이 불어와 막 완성된 다리가 모두 파괴되었다.

이 소식을 들은 크세르크세스는 헬레스폰토스에 대해 크게 노하여, 가신들에게 바다에 대해 300대의 채찍형을 가하고 또한 족쇄 한 쌍을 바다 속으로 던져 넣으라고 명했다. 그뿐만 아니라, 내가 들은 바에 의하면 헬레스폰토스에 낙인(烙印)을 찍고자 사람을 파견하기도 했다 한다. 어쨌든 크세르크세스가 채찍형 집행인에게 명하여 다음과 같은 야만스럽고 불손한 말과 함께 바다에 대해 채찍형을 가하게 한 것만은 확실하다.

"이 짜고 쓴 물 놈아, 너의 주인님께서 네게 이런 벌을 가하게 하셨

---

27) 유명한 페리클레스의 아버지.
28) 케르소네소스 반도 끝 가까이에 위치한 도시.
29) 트로이 전쟁 때, 트로이에 상륙하자마자 맨 먼저 전사한 불운한 영웅으로서 알려져 있다.
30) 제9권 참조.

다. 너의 주인님께서는 너에게 아무런 해도 끼치지 않으셨는데, 네놈 쪽에서 먼저 주인님께 활을 당겼기 때문이다. 크세르크세스왕께서는 네가 무슨 짓을 하든 너를 건너가실 것이다. 그리고 물론 네놈에게 공물을 바치는 자는 이 세상에 한 사람도 없을 게다. 네놈처럼 탁하고 짜고 쓴 물에게는 그건 당연한 일이야."

크세르크세스는 헬레스폰토스에 대해 이러한 벌을 가하라고 명령을 내림과 동시에 헬레스폰토스 다리 공사 책임자의 목을 자르게 했다.

이 반갑지 않은 역할을 수행하도록 명령받은 자들은 그대로 충실히 임무를 완수했고, 한편 새로 임명된 기술자[31]가 다리 공사에 착수했다. 그 다리의 모양은 다음과 같았다.[32]

오십노선과 삼단노선을 나란히 세워 놓고──흑해 쪽 다리에는 360척, 또 다른 한쪽에는 314척을 사용했다──흑해를 향해서는 비스듬히, 헬레스폰토스 해류에 대해서는 평행하도록 배치했는데,[33] 이것은 다리의 밧줄이 항상 팽팽하도록 하기 위해서였다.[34] 배들을 나란히 세운 다음 특별히 커다란 닻을 내렸다. 흑해측 다리 쪽에서는 흑해 안쪽에서 불어오는 바람에 대비하기 위해서였고, 서쪽의 에게 해측 다리 쪽에서는 서풍과 남풍을 막기 위해서였다. 그러고 나서 오십노선과 삼

---

31) 새로이 임명된 다리의 최고 책임자는 하르파로스였다 한다.

32) 구체적이고 상세한 다리 공사에 대해서는 여기서 파악하기 어렵다. 로마의 카이사르가 지은 《갈리아 전기》 제4권에 서술되어 있는 라인 강의 다리 공사에 대한 서술도 난해한데 헤로도토스의 이 부분의 기술도 몇 가지의 문제점이 있다. 이에 대해서는 그때그때 서술하기로 한다.

33) "흑해(여기에서는 프로폰티스, 즉 오늘날의 마르마라 해를 가리킨다)를 향해서는 비스듬히"라는 구절과 "헬레스폰토스의 해류와는 평행하게"라는 구절을 두 개의 다리 각각에 적용하여 해석하는 설과, 두 구절을 두 다리를 설치하는 데 사용된 배 전체에 적용하여 해석하는 설이 있다. 여기서는 후자의 입장을 취하고 있는데, 전자의 해석에 따르면 두 다리의 방향이 각각 달랐다는 것이 된다.

34) 여기에서는 이 문장의 주어를 '늘어선 배의 열'이라 생각하고 해석했지만, 다른 해석에서는 '조류(潮流)'를 주어로 해석한다.

단노선이 늘어서 있는 열의 3개소에 배가 통과할 수 있을 만큼 간격을 넓혀 두어 작은 배가 마음대로 흑해를 출입할 수 있도록 했다.

이와 같이 해놓은 다음 육지에서 목제 도르래로 밧줄을 감아 올려 팽팽하게 해놓았다. 이번에는 전번처럼 두 종류의 밧줄을 각각 별도로 사용하지 않고 각각의 다리에 백색 아마제 밧줄 두 가닥과 파피루스제 밧줄 네 개를 배분했다. 이 두 종류의 밧줄은 굵기나 질적인 면에서 서로 손색이 없었지만, 아마제 밧줄 쪽이 비교적 무거워 1페키스당 1탈란톤의 무게가 나갔다. 수로(水路) 양안이 연결되자 통나무를 다리의 폭과 같은 길이로 잘라 낸 다음 팽팽히 당겨진 밧줄 위에 차례로 늘어 놓았다. 그러고 나서 그 위에 가로대를 걸치고 서로 묶었다. 그런 다음 그 위에 판자를 놓고, 그것이 빈틈없이 다 깔리자 다시 그 위에 흙을 덮었다. 그 흙을 밟아 다진 후 이번에는 다리 양쪽에 전장(全長)에 걸쳐 목책(木柵)을 설치했다. 운반용 짐승이나 말이 발 밑의 바다를 보고 놀라는 일이 없도록 하기 위해서였다.

다리 공사가 끝나고, 또한 아토스 쪽에서도 밀물 때문에 운하 입구가 막히는 것을 방지하기 위해 운하의 양쪽 입구 주위에 쌓은 방파제를 포함해서 운하가 완전히 완성되었다는 보고가 들어오자, 사르데스에서 겨울을 지내며 장비를 갖추고 있던 군대는 봄이 오기를 기다려 마침내 사르데스를 떠나 아비도스를 향해 진격을 개시했다. 그런데 원정군이 막 진군하려 할 때, 한 점 구름도 없이 맑기만 했던 하늘에서 태양이 갑자기 자취를 감추어 환했던 대낮이 암흑 천지로 변했다.[35]

이 광경을 본 크세르크세스는 마음이 꺼림칙하여 마고스들에게 이

---

35) 천문학자들의 계산에 의하면 당시 수년간 이 지역에서 나타났던 일식은 기원전 481년 4월(인도양 지역 및 수사)의 개기식(皆既蝕), 기원전 480년 10월(코린토스 및 사르데스)의 부분식(部分蝕), 기원전 478년 2월(사르데스)의 금환식(金環蝕) 세 가지뿐이라 한다. 이곳의 기술은 부분식을 가리키는 것이 아닌 듯하고 지리적으로도 이것은 제외되어야 하지만, 크세르크세스의 그리스 원정이 기원전 480년 봄에 시작된 것은 움직일 수 없는 사실이다. 따라서 연대상의 착오를 상정할 수밖에 없다.

현상은 무슨 전조일 것 같느냐고 물었다. 그러자 그들은 페르시아에서는 미래의 일을 예시해 주는 것은 달〔月〕이지만 그리스에서는 해〔太陽〕이기 때문에, 이것은 신이 그리스인에 대해서 그 도시들의 소멸을 예시한 것이라고 대답했다. 이 말을 들은 크세르크세스는 매우 기뻐하며 전진을 계속했다.

그런데 크세르크세스가 군대를 이끌고 전진하고 있을 때, 리디아인 피티오스가 이 하늘의 현상에 공포를 느끼고, 또 한편으로는 앞서 왕으로부터 은상을 받았다는 데서 용기를 얻어 왕에게로 가 이렇게 말했다.

"전하께 소청이 있사오니 부디 들어 주시기 바랍니다. 전하께서는 쉽게 들어 주실 수 있는 사소한 일이지만 제게는 실로 중대한 일이오니, 들어 주시면 정말 고맙겠습니다."

크세르크세스는 피티오스의 소청이 다음과 같은 것이리라고는 꿈에도 생각지 않았으므로, 들어 줄 테니 어서 빨리 그 원하는 바를 말하라고 재촉했다. 그 말을 듣고 안심한 피티오스는 이렇게 말했다.

"제게는 다섯 명의 자식이 있는데, 그 자식들이 모두 이번에 전하를 따라 그리스 원정을 떠나야 하게 되었습니다. 그러하오니 전하, 부디 이 늙은 몸을 가엾게 여기시고 다섯 명 중 맏이만이라도 저를 돌보고 재산을 관리할 수 있도록 군무를 면제해 주시기 바랍니다. 나머지 네 명은 데리고 가셔도 좋습니다. 그리고 전하께서 훌륭히 소기의 목적을 달성하고 돌아오시도록 기원하겠습니다."

그러자 크세르크세스는 크게 노하여 이렇게 대답했다.

"이 고얀놈, 내 스스로 진두에 서서 내 자식, 내 형제, 내 친족, 그리고 내 친구들을 이끌고 그리스로 병력을 진격시키고 있는 판에, 감히 뻔뻔스럽게 네 자식놈을 염려하다니. 내 종의 몸으로서 당연히 네 처를 비롯하여 일가를 모두 이끌고 나와 함께 가야 할 네놈이 말이다. 내 말을 잘 들어라. 인간의 귀에 깃들여 있는 마음은 선한 것을 들으면 몸 안을 희열로 가득 채우지만, 선하지 못한 것을 들으면 노여움으로 부풀어오른다. 네가 전에 선한 봉사를 하고 또한 그에 못지않게 선한 제안을 했다 해도, 너는 왕을 능가하는 선행을 했다고 자랑할 수 없을 것이다. 이번에는 실로 후안무치(厚顔無恥)한 행동으로 나왔지만 죄에 상응하는 벌을 면해 주고 가벼운 처벌로 그치겠다.[36] 너와 네 명의 자식은 앞서 내게 베푼 접대의 공에 따라 그 형을 면해 주겠다. 그러나 너는 네 죄를 남은 한 명, 네가 가장 사랑스럽게 생각하고 있는 자식의 목숨으로 갚게 될 것이다."

이렇게 대답한 후 크세르크세스는 형리에게 명하여 피티오스의 맏아들을 찾아내어 그 몸을 잘라 한쪽은 길 오른편에, 다른 한쪽은 왼편에 두게 한 다음 군대로 하여금 그 사이를 지나게 했다.[37]

형리는 명령대로 행했고, 군대는 절단된 시체 사이로 진군했다. 그런데 행군 순서를 보면 치중대(輜重隊)와 운반용 짐승이 선두에 서서 진군했고, 그 뒤를 이어 여러 민족의 혼성 부대가 민족별로 편성되지 않고 서로 섞인 채 행진했다. 전 부대의 반 이상이 지난 부근에 얼마간의 간격이 두어져, 이들 부대가 다음에 계속되는 대왕 직속 부대와 섞이지 않도록 되어 있었다. 대왕의 직속 부대를 보면, 대왕의 선도대로서 페르시아 전역에서 선발된 1천 명의 기병이 진군했고, 그 뒤를 이어 역시 전국에서 선발된 친위대 1천 명이 창끝을 밑으로 향한 채 행군했다. 그리고 화려한 마구(馬具)로 장식된 네사이온 말이라는 이름으로 세상에 알려져 있는 열 마리의 신마(神馬)가 그 뒤를 이었다. 네사이온 말이라고 불리는 이유는, 메디아국에 있는 네사이온이라는 광대한 평원에서 이러한 거대한 말들이 나고 있기 때문이다. 이 열 마리의 말 뒤에서는 여덟 마리의 백마가 끄는 제우스[38]의 전차가 뒤따랐다. 그리고 말 뒤에서는 고삐를 쥔 마부가 걷고 있었다. 인간은 누구든 이

---

36) 기묘한 논리이지만 전제 군주의 방자한 자존심의 이상한 표현으로 해석해야 될 듯하다.

37) 이것을 뒤에서 볼 수 있는 생매장과 함께 인신(人身) 공여의 풍습으로 보는 사람도 있다.

38) 여기에서의 제우스란 아후라마즈다신(神)을 그리스식으로 말한 것이다.

수레에 오를 수 없었기 때문이다. 그리고 이 전차 뒤에는 크세르크세스왕이 네사이온 말이 끄는 수레를 타고 가고 있었고, 페르시아인 오타네스의 아들 파티람페스가 마부로서 그 곁에 서 있었다.

크세르크세스는 이와 같은 진용을 갖추고 사르데스를 떠났는데, 마음이 바뀌자 전차(戰車)를 버리고 유개마차(有蓋馬車)로 갈아탄 다음 전진했다. 왕의 뒤에서는 페르시아의 최정예 부대이자 가장 고귀한 문벌 출신들로 구성된 1천 명의 친위대가 보통 방식대로 창끝을 위로 향한 채 따르고 있었고,[39] 그 다음으로는 페르시아군 중에서 선발된 1천 명의 기병 부대가, 다시 그 다음으로는 나머지 페르시아군에서 선발된 1만의 보병 부대가 이어졌다. 이 보병 부대 중에서 1천 명은 그들의 창끝에 창날 대신 금으로 만든 석류를 달고 나머지 부대원들을 바깥에서 에워싸고 있었다. 그리고 그 안쪽에 배치된 나머지 9천 명의 창끝에는 은으로 만든 석류가 달려 있었다. 또한 앞서 언급한, 창끝을 밑으로 향한 채 행군하던 부대의 창끝에도 금으로 만든 석류가 달려 있었고, 한편 크세르크세스 바로 뒤에서 그를 수행하던 부대는 금으로 만든 사과를 단 창을 갖고 있었다. 1만의 보병 부대 뒤에는 페르시아 기병대 1만 명이 배치되어 있었고, 그 뒤로 2스타디온의 간격을 두고 나머지 군대가 잡다하게 섞인 채 행군하고 있었다.

원정군은 리디아에서 진로를 카이코스 강과 미시아 지방으로 바꾸고, 다음으로 카이코스를 떠나 카네 산을 왼쪽으로 보면서 아타르네우스를 통과하고 카레네 시로 향했다. 그리고 이 도시에서 테베 평야를 지나 아트라미테이온과 펠라스고이인의 도시 안탄드로스를 통과했다. 곧 이어 이다 산(山)에 도착하자, 거기에서 왼쪽 길로 접어들어 일리온(트로이)으로 들어갔다. 그런데 원정군은 이다 산 기슭에서 야영 중 천둥과 번개를 동반한 폭풍우의 습격을 받아 다수의 병사를 잃었다.

---

39) 창끝을 위로 하여 들었다는 것을 의미한다. 전위(前衛)의 창병(槍兵)이 창끝을 밑으로 한 것은 왕에 대해 경의를 표시하기 위해서 그렇게 한 것이므로, 이것이 오히려 이례적인 자세인 것이다.

군대가 스카만드로스 강변에 도착하자——이 강은 페르시아군이 사르데스를 떠나 정벌길에 오른 이래 강물이 병사 및 가축의 음료수로 사용되어 마침내 바닥을 드러낸 최초의 강이었다——크세르크세스는 프리아모스의 옛 성을 몹시 보고 싶어했다. 그리하여 그는 성채로 올라가 그것을 다 구경한 다음, 그 땅에 얽힌 여러 가지 이야기를 듣고 트로이의 아테네 여신에게 소 1천 마리를 잡아 바쳤고, 또한 마고스들은 왕년의 영웅들의 영혼에게 헌주를 했다. 그 일이 있은 직후, 진영은 돌연 이상한 공포감에 사로잡히게 되었다.[40]

이튿날 아침 이 땅을 출발하여 로이테이온, 오프리네이온 및 아비도스와 국경을 접하고 있는 다르다노스 시를 왼쪽으로, 게르기테스 테우크로이[41]를 오른쪽으로 바라보면서 전진을 계속했다.

헬레스폰토스 도착과 도해(渡海)

군대가 아미도스에 도착하자 크세르크세스는 전군을 열병(閱兵)하기로 결정했다. 미리 왕명을 받고 아비도스인이 약간 높은 언덕 위에 특별히 왕을 위해 흰 대리석으로 만든 전망대를 세워 놓았기 때문에, 왕은 여기에 앉아 해변을 내려다보면서 육상 부대와 함대를 한눈에 조감할 수 있었다. 이 광경을 바라보던 중 왕은 돌연 조정 경기를 보고 싶은 생각이 들었다. 그리하여 조정 경기가 벌어져 페니키아의 시돈인이 우승했는데, 왕은 이 경기와 전군의 위용을 바라보면서 커다란 희열을 느꼈다.

크세르크세스는 헬레스폰토스의 해면이 온통 함선으로 뒤덮이고 해

---

40) 어떠한 공포인지 여기에는 아무런 설명도 없지만, 대군대인 경우 사소한 일이 큰 동요로 이어질 수 있는 것인데 그리스인은 거기에서 무엇인가 초자연적인 힘의 개입을 보고 있다.

41) 게르기테스는 본래 종족명(種族名)으로, 테우크로이인을 조상으로 한 데서 양자의 이름을 합쳐 부르게 된 듯하다. 여기에서는 그 거주지를 나타내는 명칭으로 사용되고 있는데, 그 장소는 헬레스폰토스 동안(東岸)의 람프사코스 부근이었던 것 같다.

안과 아비도스의 평지가 모두 군대로 가득 찬 광경을 바라보고 스스로 자신의 행운을 축복하다가 이윽고 눈물을 흘렸다.

이것을 눈치 챈 그의 숙부 아르타바노스──이 사람은 처음에 크세르크세스의 그리스 원정에 반대하여 그 의견을 거리낌없이 말했던 그 인물이다──가 눈물을 흘리는 크세르크세스를 보고 이렇게 물었다.

"전하, 조금 전의 행동과 지금의 행동이 어찌 그렇게 다르십니까? 방금 전에는 자신의 행운을 스스로 축복하시는 듯하더니 지금은 눈물을 흘리시니 말입니다."

그러자 크세르크세스는 이렇게 말했다.

"저렇게 사람이 많은데도 누구 한 사람 100살까지 살 수 없다고 생각하니 사람의 목숨이라는 게 얼마나 덧없이 짧은 것인가 하는 슬픈 느낌이 절로 들었소."

아르타바노스는 그에 답하여 다음과 같이 말했다.

"우리가 살아가는 가운데 부딪치게 되는 것 중에는 그보다 훨씬 더 슬픈 일들이 많이 있습니다. 여기에 있는 자들뿐만 아니라 다른 자들도 마찬가지입니다만, 비록 이렇게 짧은 인생이지만 삶보다는 죽음을 원하는 일이 한 번이 아니라 여러 번에 걸쳐 일어나지 않을 만큼 행운을 누리는 사람은 단 한 사람도 없습니다. 불행이나 병마에 시달리는 자에게는 이 짧은 인생마저 너무 긴 것처럼 느껴질 것입니다. 이렇게 인생이 괴로운 나머지 죽음이 인간이 가장 원하는 도피처가 될 정도입니다. 그리고 이로부터 우리는 우리에게 인생의 감미로움을 맛보게 해주신 신의 마음속에 실은 악의가 숨겨져 있음을 알 수 있습니다."

크세르크세스는 이에 대해 다음과 같이 말했다.

"아르타바노스여, 인생이란 과연 그대가 말한 그대로이지만, 그 이야기는 이것으로 끝냅시다. 게다가 우리는 현재 행운을 누리고 있는 만큼 불행한 일 따위는 생각지 말도록 합시다. 그런데 그대에게 한 가지 묻고 싶은 게 있소. 만일 그대가 그만큼 생생한 꿈을 꾸지 않았다면 지금까지도 처음의 의견을 굽히지 않고 나의 그리스 원정을 제지하려 했을 것 같소, 아니면 역시 생각을 바꾸었을 것 같소? 숨김없이 내게 말해 주시오."

아르타바노스는 다음과 같이 대답했다.

"전하, 제가 꾼 꿈이 저나 전하를 실망시키지 않기를 바랍니다. 그러나 저는 그날 밤 이래 곰곰이 생각해 본 끝에, 특히 이 세상에서 가장 위력 있는 두 가지가 전하께 적의를 품고 있음을 깨닫고 제 마음을 주체치 못할 정도로 두려움을 느껴 왔습니다."

그 말을 듣고 크세르크세스는 이렇게 말했다.

"그대는 참으로 기묘한 말을 하는구려. 위력 있는 두 가지가 내게 적의를 품고 있다니, 대체 그게 뭐요? 우리 군대에 뭔가 잘못된 점이 있다는 말이오? 병력이 부족하오? 그대는 그리스군이 우리 군대의 수배에 달하리라 생각하오? 혹은 우리 해군이 그리스 해군에 비해 열세라고 생각하오? 아니면 육해 양면에서 모두 부족하단 말이오? 만약 그대가 우리 군대가 그러한 점에서 부족하다고 생각한다면, 지금이라도 지체 없이 별도의 군대를 쉽게 징집할 수 있지 않소?"

아르타바노스는 이에 대해 다음과 같이 답했다.

"전하, 적어도 상식을 갖춘 자라면 이만큼의 군대나 함선 수에 대해 그 부족함을 지적하지는 않을 것입니다. 아니 오히려 전하께서 더욱 많은 군대를 징집하면 하실수록 제가 말씀드린 두 가지는 한층 더 전하께 적의를 느끼게 될 것입니다. 그 두 가지란 바로 육지와 바다를 가리킵니다. 제가 아는 한, 폭풍이 불 경우 우리의 이 함대를 수용하여 안전하게 지켜 줄 만큼 큰 항구는 어디에도 없습니다. 그리고 실로 그러한 항구는 단지 하나에 그치지 않고, 전하께서 금후 수군을 진격시키실 해안 일대에 걸쳐 많이 있어야 할 것입니다. 하지만 그러한 항구는 하나도 없습니다. 그러므로 전하, 저는 전하께서, 인간은 우발적인 사태를 제어할 수 없고 도리어 거기에 자신을 맡길 수밖에 없다는 걸 깨달으시길 바랍니다.

다음 한 가지만 말씀드리겠습니다. 육지가 전하께 적대감을 품고 있다는 의미는 이런 것입니다. 즉, 설사 전하의 진군을 저지하는 것이 없다 하더라도, 전하께서 계속해서 진군하시면 하실수록――실로 인간이란 순조롭게 일이 풀릴 때에는 그에 만족하여 멈추는 일이 없기 때문입니다만――육지 자체는 전하께 점점 더 적의를 나타내게 될 것입니다. 요컨대 맞서는 자가 없다 하더라도 나날이 증대해 가는 거리 때문에 반드시 식량난에 봉착하게 될 거라는 이야깁니다. 저는 계략을 세우는 데 있어서는 모든 예측키 어려운 사태를 고려하면서 소심하게 행동하고, 실행에 있어서는 대담무쌍하게 행동하는 자야말로 이상적인 인물이라고 믿고 있습니다."

크세르크세스는 그에 대해 다음과 같이 답했다.

"아르타바노스여, 그대가 한 말은 하나같이 다 옳은 것이지만, 그렇게 무엇이든 두려워하거나 일어날 수 있는 일을 모두 다 고려하지 마시오. 어떤 사항에 대해 온갖 가능성을 일일이 감안한다면 결국 아무 일도 하지 못하게 될 것이오. 오히려 만사를 대담하게 결행하고 염려되는 위험을 반쯤은 감수하는 편이, 사전에 온갖 위험을 피하기 위해 행동을 회피하는 것보다는 나을 것이오. 그대가 다른 자들의 의견에 일일이 반대할 경우 그대의 주장이 확실히 옳음을 증명할 수 없다면, 그대의 반론 또한 그대와 견해를 달리하는 자들의 주장과 마찬가지로 틀린 것일지도 모르오. 어느 쪽 주장이 옳은가 그 가능성은 반반이오. 인간의 몸으로 어떻게 확실한 것을 알 수 있겠소? 나는 그것은 인간의 힘으로 불가능하다고 생각하오. 그러므로 일반적으로 성공은 기꺼이 결행하는 자에게 주어지게 마련이며, 이런저런 생각으로 머뭇거리며 몸을 사리는 자에게는 성공의 가능성이 주어지지 않소.

우리 페르시아의 국력이 어떻게 신장되어 왔는지 생각해 보시오. 잘 알다시피 만일 내 선대의 제왕들께서 그대와 똑같은 생각을 하고 계셨다면――아니 설사 그분들 자신은 그렇게 생각지 않았다 하더라도 그대와 같은 생각을 하는 신하를 거느리고 계셨다면, 우리 국력은 이 정도까지 발전하지 못했을 것이오. 그러나 선왕들께서는 과감히 위험을 무릎씀으로써 페르시아의 국세를 여기까지 번영시킬 수 있으셨소. 위대한 업적은 위대한 모험에 의해서만 성취될 수 있기 때문이오. 그러므로 우리가 지금 선왕들의 예를 따르고 있고 1년 중에서 가장 좋은 이 계절에 진군을 계속하고 있는만큼, 우리는 곧 유럽을 모두 평정하고 그사이에 어디에서고 기아에 시달리거나 어떤 불쾌한 경우를 당하지 않고 승리의 기쁨을 안고 귀국하게 될 것이오. 우리는 풍부한 식량을 휴대하고 있고, 또한 우리의 진로상에 있는 토지나 민족들로부터 곡물을 입수할 수 있을 것이기 때문이오. 우리가 공격의 목표로 삼고 있는 상대방은 유목민이 아니고 농경민이란 말이오."

그러자 아르타바노스는 이렇게 말했다.

"전하께서 쓸데없이 두려워할 필요가 없다고 말씀하셨지만, 적어도 이 한마디 건의만은 들어 주시기 바랍니다. 말이 길어져 죄송스럽습니다만, 논의할 일이 많을 때에는 의론도 다소 길어질 수밖에 없습니다.

일찍이 캄비세스님의 아드님이신 키루스왕께서는 아테네를 제외한 전(全) 이오니아를 평정하시어 페르시아의 조공국으로 삼으셨습니다. 그러므로 저는 전하께 이 이오니아인들로 하여금 어떠한 일이 있어도 그들의 조상의 나라를 공격케 하는 일은 없도록 하시라고 권유드리고 싶습니다. 왜냐하면 우리는 그들의 손을 빌리지 않고도 충분히 적을 제압할 수 있기 때문입니다. 만일 그들이 원정에 가세할 경우 그들이 취할 길은 자신들의 모국을 예속시키는 무뢰한이 되든지 아니면 모국을 도와 자유롭게 하는 의리 있는 자가 되든지 하는 두 가지 길밖에 없는 것입니다. 그들이 무뢰한이 되더라도 우리에게는 별로 이익이 될 게 없습니다. 그러나 만약 그들이 의리 있는 행동을 한다면 그들은 전하의 군대에 막대한 손실을 끼칠 수 있을 것입니다. 그러므로 일의 초반에는 결말을 모두 꿰뚫어 볼 수 없다는 옛말이 진리임을 아무쪼록 명심해 두시기 바랍니다."

그에 대해 크세르크세스는 다음과 같이 답했다.

"아르타바노스여, 그대는 여러 가지 의견을 말했지만 그 중에서도 지금 말한 것이 가장 잘못된 것이오. 그대는 이오니아인의 변심을 두려워하고 있지만, 그들을 신뢰할 수 있는 최상의 증거를 우리는 갖고 있지 않소? 그에 대해서는 그대는 물론 다레이오스왕의 스키타이 원정에 참가했던 다른 자들도 증언할 수 있을 것이오. 전 페르시아군의 안위(安危)가 그들에게 달려 있을 때, 그들은 정직하고 성실하게 행동했고 우리에게 어떤 위해도 가하지 않았소. 그뿐만 아니라 처자식과 재산을 우리 국내에 남겨 둔 그들이 어떻게 불온한 행동을 할 수 있겠소? 그건 상상도 할 수 없는 일이오.

그러니 그런 것은 염려치 말고 마음을 편안히 갖고 내 집과 영지를 안전하게 돌보아 주시오. 왜냐하면 나는 오직 그대에게만 안심하고 내 왕권을 맡길 수 있기 때문이오."[42]

크세르크세스는 이렇게 말하고 아르타바노스를 수사로 돌려보낸 다음 페르시아의 중신들을 소집했다. 일동이 모이자 크세르크세스는 그들을 향해 다음과 같이 말했다.

"내가 그대들을 불러모은 이유는 다른 게 아니오. 우리 앞에 놓여 있는 대업을 수행함에 있어 용기를 한껏 발휘하여 우리 페르시아의 선인들께서 수행하신 위대한 업적을 손상시키지 말기를 그대들에게 요망하고 싶었기 때문이오. 우리들 각자는 물론 전원이 분기해 주기 바라오. 우리들 모두의 복지야말로 우리가 성취하고자 노력하는 성스런 목표이기 때문이오. 이번 전쟁에서 최선을 다해 주시오. 그 이유는 다름이 아니오. 내가 아는 바로는 우리가 공격할 상대는 용감한 민족이며, 일단 그들을 진압하면 아무리 천하가 넓다 하더라도 우리에게 맞설 만한 군대는 더 이상 없을 것이라 생각되기 때문이오. 그러니 이제 페르시아의 국토를 다스리시는 신들께 기원을 한 후 저 땅으로 건너가도록 합시다."

---

42) '부왕(副王) 혹은 섭정으로서'라는 뜻일 것인데, 크세르크세스가 이때에 이르러 돌연히 그것도 아르타바노스와의 둘만의 회담에서 이 결정을 전한 것은 약간 이상한 느낌을 준다.

그날은 하루 종일 바다를 건널 준비를 하며 보냈다. 다음날, 일출 광경을 보려고 다리 위에 온갖 종류의 향을 피워 놓고 통로에 도금양 가지를 깔아 놓은 다음 해가 뜨기를 기다렸다. 이윽고 태양이 솟자 크세르크세스는 큰 황금 술잔으로 헌주[43]를 하며 바다 속에 술을 쏟아 붓고 태양을 향해 자신이 유럽 끝에 도달할 때까지 자신의 유럽 정복을 방해하는 사고가 한 건도 일어나지 않기를 기원했다. 기원이 끝나자 그 큰 술잔과 금 혼주기 한 개 및 페르시아어로 아키나케스[44]라 불리는 페르시아풍의 단검을 바다 속으로 던졌다. 단 이들 물품을 태양신에 대한 봉납품으로서 바다 속에 던진 것인지, 아니면 앞서 헬레스폰토스에 대해 채찍형을 가했던 일을 후회하고 그 죄에 대한 속죄의 표시로서 그들 물품을 바다에 바친 것인지, 나로서도 확실한 판단을 내릴 수 없다.

크세르크세스가 의식을 끝내자 원정군은 바다를 건너기 시작했다. 두 다리 중 흑해 쪽에 있는 다리로는 보병 및 기병 전 부대가 건넜고, 에게 해 쪽 다리로는 운반용 짐승과 종복들이 건넜다.

우선 맨 먼저 다리를 건넌 것은 모두 머리에 화환을 쓴 1만의 페르시아 군대였다. 그 뒤로 여러 민족으로 구성된 혼성 부대가 다리를 건넜다. 그날은 이 부대가 다리를 건너는 것으로 보냈다. 다음날에는 기병대와 창끝을 밑으로 향한 채 행군하는 부대가 선두에 서서 건넜다. 그들도 머리에 화환을 쓰고 있었다. 계속해서 신마(神馬)와 신거(神車)가 건너갔고, 그 뒤를 이어 크세르크세스 자신이 친위대와 기병 1천 명을 거느리고 다리를 건넜다. 그리고 잔여 부대가 그 뒤를 따랐다. 또한 해상 부대도 때를 같이하여 맞은편 해안을 향해 발진했다. 나는 왕이 맨 마지막으로 건너갔다고도 듣고 있다.

크세르크세스는 유럽 쪽으로 건너온 후 군대가 재촉을 받으며 신속

---

43) 여기서 헌주라 했지만, 페르시아인은 제사 때 술이 아닌 이른바 하오마라는 음료수를 썼다. 그러나 하오마도 포도주류였다는 설도 있다.
44) 길이 30센티미터 정도의 폭이 넓은 단검으로 허리띠에 걸고 있었다.

히 바다를 건너는 광경을 지켜 보고 있었다. 원정군은 한시도 쉬지 않고 7일 낮 7일 밤에 걸쳐 바다를 건넜다. 크세르크세스가 헬레스폰토스의 다리를 다 건넜을 때, 헬레스폰토스에 살고 있던 한 주민이 이렇게 말했다 한다.

"제우스신이시여, 그리스를 파멸시킬 의향이시라면 어찌 페르시아인의 모습을 하시고 이름도 바꾸어 크세르크세스라 하신 채 세상의 모든 인간을 끌고 오셨습니까? 당신이시라면 그러한 수고를 하지 않고서도 얼마든지 바라는 대로 하실 수 있을 텐데 말입니다."

전군이 다리를 건너 유럽 땅에서 진군을 시작하려 할 때 기이한 전조(前兆)가 나타났다. 그 의미를 쉽게 판단할 수 있었음에도 불구하고 크세르크세스는 조금도 주의를 기울이지 않았다. 그 전조란 말이 토끼를 낳은 것이었다. 즉 크세르크세스는 처음에는 위풍당당하게 자신감을 갖고 그리스로 병력을 진격시켰지만, 마침내는 겨우 목숨을 건진 채 본래의 장소로 도망쳐 돌아가게 되리라는 것이었다.[45] 그가 아직 사르데스에 있을 때에도 노새가 새끼를 낳은 또 다른 전조가 나타난 적이 있었다. 태어난 노새는 남녀 양성의 성기를 갖고 있었고, 게다가 남성의 성기가 위에 붙어 있었다.[46]

그러나 크세르크세스는 이 두 가지 전조 모두 개의치 않고 육상 부대의 선두에 서서 전진을 계속했다. 한편 함대는 헬레스폰토스를 빠져나오자 육상 부대와는 반대 방향을 취해 육지를 연하여 항행했다. 왜냐하면 함대는 사르페돈 곶[47]을 향해 항해했기 때문으로, 거기서 육상 부대를 기다리라고 미리 지령받았던 것이다. 한편 본토로 진군하던 부대는 해가 뜨는 방향을 향해 케르소네소스를 종단(縱斷)하고, 오른쪽

---

45) 그리스에서는 말(馬)은 흔히 씩씩하고 화려한 것으로 비유된다. 토끼는 약하고 겁쟁이이므로 요컨대 용두사미(龍頭蛇尾)라는 것이리라.
46) 이것도 위와 똑같이 해석되는바, 원정의 시발은 남성적이지만, 여성적인 결말로 끝나리라는 것이다.
47) 멜라스만 서쪽 끝의 곳.

으로는 아타마스의 딸 헬레의 묘[48]를, 왼쪽으로는 카르디아 시를 바라
보면서 아고라라는 도시 중앙을 통과했다. 여기에서 멜라스 만을 따라
진군한 다음 멜라스 강을 건넜다── 만의 이름은 이 강 이름에서 비
롯된 것이며, 역시 이 강물도 원정군에게 식수를 충분히 제공하지 못
했다. 그리고 서쪽을 향해 진군하여 아이올리스계의 도시 아이노스와
스텐토리스 호를 지난 후 도리스코스에 도착했다.

　도리스코스란 트라키아의 해안에 있는 대평야로, 헤브로스라는 큰
강이 이곳을 관류하고 있다. 이 땅에는 도리스코스 성(城)이라 불리는
페르시아 왕의 성곽이 축조되어 있었고, 다레이오스는 스키타이 원정
이래 여기에 페르시아의 수비대를 배치해 두고 있었다. 크세르크세스
는 이 땅을 원정군을 편성하고 점호하기에 편리한 장소라 생각하고 그
렇게 했다. 도리스코스에 도착한 함대의 함장들은 크세르크세스의 명
에 따라 도리스코스 이웃에 있는 해안으로 함선들을 집결시켰다. 여기
에는 조네 시(市)와 사모트라케인이 세운 살레 시가 있고, 그 끝에는
유명한 세레이온 곳[49]이 뻗어 있다. 옛날에는 이 지역 전부가 키코네스
족[50]의 땅이었다. 해상 부대는 이 해안에 배를 정박시키고 육지로 올라
와 휴식을 취했다.

　크세르크세스는 도리스코스에서 원정군의 병력을 점검했다.

원정군의 병력 점검

　각 민족이 각각 파견한 병력 수가 어느 정도였었는지에 대해서는 아
무도 기록을 남기고 있지 않기 때문에 나도 정확한 수를 기술할 수는

---

48) 아타마스의 딸 헬레가 계모의 학대를 피하기 위해 형제 프릭소스와 함께
　　하늘을 나는, 황금털을 지닌 양을 타고 바다를 건너다가 헬레스폰토스에
　　떨어져 죽었다는 전설에서 나온다. 바다의 이름은 '헬레의 바다'라는 뜻
　　이다.
49) 전설의 시인 오르페우스가 여자들에 의해 갈기갈기 찢긴 곳으로 유명하다.
50) 이 민족은 트로이 전쟁 당시부터 알려지고 있다. 예컨대《일리아드》제2권
　　846행 참조.

없지만, 육상 부대의 총인원이 70만에 이르렀던 것만은 확실하다. 병력의 점검은 다음과 같은 방식으로 행해졌다.

우선 1만 명을 될 수 있는 대로 한곳으로 밀집시켜 모은 다음 그 둘레에 원을 그렸다. 그러고 나서 그 1만 명을 빼낸 다음 원을 따라 배꼽 높이로 돌담을 쌓아올렸다. 이렇게 한 다음 차례로 남은 병력을 돌담 안으로 집어넣는 식으로 하여 전 병력의 수를 헤아렸던 것이다. 병력 수의 점검이 끝난 후 민족별로 편성을 마쳤다.

원정군의 내역은 다음과 같았다.

먼저 페르시아군을 살펴보면, 이들은 머리에는 티아라라는 펠트로 만든 유연한 모자를 쓰고 몸에는 형형색색의 소매 달린 속옷과 물고기 비늘을 상기케 하는 갑옷을 입고 다리에는 바지를 걸치고 있었다. 방패로는 보통 방패(아스피스)와는 다른 버드나무 가지로 엮은 가벼운 방패를 들고 있었고, 방패 밑에 전통(箭筒)을 달아 놓고 있었다.[51] 단창(短槍)을 들고, 등(藤)으로 만든 화살과 강궁(强弓)을 메고 오른쪽 허벅지를 따라 단검을 허리띠에 매달아 놓고 있었다. 이 부대의 지휘관은 크세르크세스의 왕비 아메스트리스의 아버지 오타네스였다.

옛날에는 그리스인이 페르시아인을 케페네스인이라 부르고 있었는데, 페르시아인 자신은 아르타이오이인이라 칭하고 그 이웃 나라 사람들도 그렇게 부르고 있었다. 다나에와 제우스 사이에서 태어난 페르세우스가 벨로스의 아들 케페우스를 방문해 그의 딸 안드로메다를 아내로 맞아들인 후 거기에서 남자아이가 태어나 페르세스라 이름지었는데, 그는 이 자식을 그 땅에 남겨 두었다. 케페우스에게는 남자 자식이 없었기 때문인데, 페르시아인이라는 호칭은 이 페르세스에서 유래하는 것이다.[52]

---

51) 방패는 전투시가 아니면 등에 지게 되어 있었기 때문에 자연히 화살통이 그 밑에 있게 되었다.

52) 이 전승은 페르시아인(페르세스)과 영웅 페르세우스의 이름이 비슷한 데서 그리스인이 제멋대로 창작한 이야기인 듯하다. 따라서 케페네스도 케페우

메디아인 부대도 페르시아인과 똑같은 장비를 갖추고 원정에 참가했다. 그런데 이러한 장비의 양식은 본래 페르시아 것이 아니라 메디아의 것이었다. 메디아인 부대의 지휘관은 아카이메네스의 일족인 티그라네스였다. 메디아인은 옛날에는 일반적으로 아리오이인[53]이라 불리었는데, 콜키스 출신의 여자 메데이아[54]가 아테네에서 도망쳐 이 나라로 온 후부터 이 민족도 그 이름을 바꾸었던 것이다. 이것은 메디아인 자신이 자기 나라 이름에 대하여 전하고 있는 이야기이다.

키시아[55]족 부대의 장비는 거의 페르시아인과 똑같았지만, 다만 그들은 펠트 모자 대신 두건을 머리에 두르고 있었다. 키시아인 부대의 지휘는 오타네스의 아들 아나페스가 맡고 있었다. 히르카니아인[56] 부대는 페르시아군과 똑같은 장비를 갖추고, 후에 바빌론의 총독이 된 메가파노스를 지휘관으로 받들고 있었다.

아시리아인[57] 부대의 복장을 살펴보면, 그들은 머리에 청동제 투구 ──그리스에서는 거의 볼 수 없는 방식으로 만든 것이기 때문에 여기에서 그 구조를 설명하기는 어렵다──를 쓰고 방패와 창, 그리고 이집트인이 사용하는 것과 매우 비슷한 단검을 휴대하고, 아울러 쇠못이 박힌 곤봉을 지니고 아마포로 만든 갑옷을 입고 있었다. 이 민족을 그리스에서는 시리아인이라 부르고 있었지만, 그리스 이외의 지방에서는 아시리아인이라 부르고 있었다. (이 부대에는 칼다이아인도 섞여

스와 관계짓고 있다.

53) 이른바 '아리아인'으로, 본래는 메디아인뿐만 아니라 이란 고원 일대에 사는 동계(同系) 민족의 통칭이었다. 다만 조금 뒤에 다시 나오는 아리오이인과는 구별된다.

54) 그리스 신화상의 유명한 마녀. 아테네 왕 아이게우스의 처였던 그녀는 의붓 자식인 테세우스를 죽이려는 음모가 발각되자 아테네를 떠나 아리오이인 지역으로 갔다고 한다. 이것도 이름이 비슷한 것에 착안하여 그리스인들이 창작한 것으로 보여지며, 메디아인 자신의 전승은 아닌 것 같다.

55) 페르시아와 친근한 관계에 있었던 민족. 수사는 키시아 지방의 도시.

56) 카스피 해 동북부에 살던 민족.

57) 이 중에는 바빌론인도 포함된다.

있었다.)[58] 이 부대의 지휘는 아르타카이에스의 아들 오타스페스가 맡고 있었다.

박트리아인은 메디아풍에 가장 가까운 모자를 머리에 쓰고 그들 특유의 등으로 만든 활과 단검을 지니고 진군했다. 그리고 스키타이계의 사카이인은 키르바시아라는 앞이 뾰족하고 높이 솟아오른 딱딱한 모자를 머리에 쓰고 바지를 입고 있었으며, 그들 특유의 활과 단검, 그리고 사가리스라는 전쟁용 도끼를 휴대하고 있었다. 이 민족은 스키타이인이었지만 '아미르기온의 사카이인'[59]이라고 불리고 있었다. 페르시아인은 스키타이인을 모두 사카이인이라고 부르기 때문이다. 이 박트리아인과 사카이인 부대의 지휘관은 다레이오스를 아버지로 하고 키루스의 딸 아토사를 어머니로 하는 히스타스페스였다.

인도인은 목면으로 만든 의복을 입고 등으로 만든 활과 화살을 지니고 있었지만, 화살촉만큼은 쇠로 만든 것을 쓰고 있었다. 인도군은 아르타바테스의 아들 파르나자트레스에 의해 통솔되고 있었다.

아리오이인[60]은 메디아풍의 활을 갖추고 있었지만 그 밖의 장비는 박트리아인과 똑같았다. 아리오이인 부대를 지휘한 것은 히다르네스의 아들 시삼네스였다.

파르티아인, 코라스미오이인, 소그디아인, 간다라인, 다디카이인 등도[61] 모두 박트리아인과 똑같은 장비를 갖추고 있었다. 이들 여러 민족을 통솔하고 있었던 지휘관을 차례로 기록하면, 파르티아군과 코라스미오이군은 파르나케스의 아들 아르타바조스가, 소그디아군은 아르타이오스의 아들 아자네스가, 간다라 및 다디카이군은 아르타바노스의

---

58) 괄호 내의 부분은 일반적으로 후세에 삽입한 것으로 간주되고 있다.

59) 아미르기온은 바카이 국, 즉 스키타이에 있는 평야의 이름.

60) 아레이오이라고도 한다. 박트리아 서남부에 있었던 민족. 주 53) 참조.

61) 이들 여러 종족은 박트리아를 기점으로 하면 파르티아는 그 서쪽, 코라스미오이는 서북방, 소그디아는 북쪽에 해당한다. 간다라는 오늘날의 카불 강변 지역, 불교 예술로 이름 높은 간다라가 이것이다. 다디카이는 간다라의 인근 나라.

아들 아르티피오스가 각각 지휘했다.

카스피오이인[62]은 짐승 가죽을 두르고 그 나라 고유의 등으로 만든 활과 단검(아키나케스)을 휴대하고 출진했다. 그 지휘는 아르티피오스의 형제인 아리오마르도스가 맡고 있었다.

다음으로 사란가이인[63]은 눈에 금방 띄는 화려한 색깔의 의복을 입고 무릎까지 오는 목이 긴 구두를 신고 있었다. 그리고 활과 메디아풍의 창을 지니고 있었다. 사란가이군의 지휘는 메가바조스의 아들 페렌다테스가 맡고 있었다. 팍티에스인[64]은 짐승 가죽을 몸에 두르고 그 특유의 활과 단검을 휴대하고 이타미트레스의 아들 아르타윈테스의 지휘를 받고 있었다.

다음으로 우티오이, 미코이,[65] 파리카니오이 등은 팍티에스인과 똑같은 장비를 갖추고 있었다. 우티오이인과 미코이인은 다레이오스의 아들 아르사메네스가, 파리카니오이인은 오이오바조스의 아들 시로미트레스가 각각 지휘했다.

아라비아인 부대는 제이라라는 길게 늘어진 상의에 허리띠를 매고 있었고, 오른손에는, 당기지 않을 때에는 반대편으로 굽어 있는 긴 호궁(豪弓)[66]을 휴대하고 있었다.

그리고 에티오피아인은 표범이나 사자의 모피로 몸을 두르고 대추야자나무를 얇게 쪼개어 만든 긴——모두 4페키스를 넘는 —활과 짧은 등으로 만든 화살을 휴대하고 있었다. 화살촉은 철제가 아니라 인장

---

62) 박트리아 동쪽의 주민.
63) 이란 고원 중앙부, 파르티아 남쪽에 있었던 민족.
64) 인도 동북방, 인더스 강변의 팍티에 지방에 있었던 민족.
65) 이 두 민족은 이란 고원 남부, 페르시스와 카라마니아 양 지방의 중간 부근에 살고 있었던 것 같다.
66) 보통 활은 줄을 당겨 활의 자연적인 반동을 세게 할 뿐인데, 역반동의 활은 활 자체의 만곡(彎曲)이 역으로 되어 있어 줄을 쥐고 이 만곡부를 본래대로 되돌리며 역으로 반동시키게 된다. 잡아당기는 데 힘이 배가 요구되지만 화살의 속도가 그만큼 빨라진다.

(印章)을 새길 때에도 사용하는 석재를 날카롭게 간 것이었다. 아울러 그들이 휴대한 창끝에는 순록(馴鹿)의 뿔을 날카롭게 간 것이 부착되어 있었다. 또한 그들은 징을 박은 곤봉도 지니고 있었다. 이 민족은 싸움에 임할 때에는 몸 한쪽에는 석고를 바르고 다른 한쪽에는 주사(朱砂)를 바른다. 아라비아인 및 이집트 상부에 거주하는 에티오피아인 부대를 지휘한 것은 다레이오스와 키루스의 딸 아르티스토네 사이에서 태어난 아들 아르사메스였다. 이 아르티스토네는 다레이오스가 수많은 아내 가운데서[67] 제일 총애하던 여성으로, 다레이오스는 황금을 두드려 펴서 그녀의 상(像)을 만들게 한 일이 있었다.

원정에 참가한 에티오피아인에는 두 종류가 있었다. 동방 에티오피아인[68]은 인도인 부대에 배속되어 있었고, 언어와 두발 두 가지 점을 제외하고는 남방 에티오피아인과 외모상에 다른 점이 없었다. 동방 에티오피아인 쪽은 두발이 곧지만 리비아의 에티오피아인은 세계에서 가장 곱슬곱슬한 머리털을 갖고 있기 때문이다. 그런데 이 아시아 에티오피아인의 장비는 대체로 인도인 부대와 같았지만, 말의 머리 가죽을 귀와 갈기만 붙여 둔 채 벗긴 것을 머리에 쓰고 있었다. 갈기는 투구의 장식털 대용이었으며, 말의 귀는 위로 쑥 솟아 있었다. 또한 몸을 보호하는 데 있어서도 방패 대신에 학(鶴)의 가죽을 사용하고 있었다.

리비아인 부대는 가죽 옷을 입고 창끝을 단련한 투창을 휴대하고 참전했다. 그 지휘관은 오아리조스의 아들 마사게스였다.

파플라고니아인은 머리에 가는 가지로 엮어 만든 투구를 쓰고 작은 방패와 상당히 짧은 창을 지니고 있었다. 그리고 투창과 단검을 휴대하고 다리에는 정강이 반쯤까지 올라오는 그 고장 특유의 구두를 신고

---

67) 다레이오스에게는 여섯 명의 비(妃)가 있었는데, 그 중에서 가장 세력이 컸던 것은 아르티스토네의 언니인 아토사였다.

68) 에티오피아인을 동서로 분류하는 것은 이미 호메로스에서 볼 수 있다(《오디세이아》 제권 23행). 본토 에티오피아인이란 게드로시아(베르치스탄) 부근에 거주하고 있었던 듯하다.

종군했다.

리기에스인,[69] 마티에네인, 마리안디노이인 및 시리아인은 파플라고니아인과 똑같은 장비를 갖추고 종군하고 있었다. 이 시리아인을 페르시아인은 카파도키아인이라고 부르고 있다. 파플라고니아인과 마티에네인 부대는 메가시드로스의 아들 도토스가 지휘했고, 마리안디노이인, 리기에스인 및 시리아인 부대는 다레이오스와 아르티스토네 사이에서 태어난 고브리아스가 지휘했다.

프리기아인의 장비는 약간의 차이는 있지만 파플라고니아인의 그것에 가장 가까웠다. 마케도니아인이 전하는 바에 따르면, 프리기아인은 마케도니아인과 함께 유럽에 거주하고 있었을 때는 브리게스인[70]이라고 불리고 있었지만, 아시아로 이주한 뒤에는 거주지와 함께 그 명칭도 변하여 프리기아인이라 불리게 됐다 한다.

아르메니아인은 본래 프리기아의 이주민이기 때문에 프리기아인과 장비가 같았다. 이 두 민족을 함께 지휘한 것은 다레이오스의 사위 아르토크메스였다.

리디아인의 장비는 그리스인과 가장 가까웠다. 리디아인은 옛날에는 마이오니아인이라 불리었는데, 후에 아티스의 아들 리도스의 이름을 따 리디아인으로 바뀌었다.

미시아인은 머리에 그 나라 특유의 투구를 쓰고 작은 방패를 들고 있었다. 그리고 창끝을 단련한 투창을 사용하고 있었다. 이 미시아인은 리디아의 이주민으로, 올림포스 산[71]의 이름을 따 올림피에노이라 통칭되고 있기도 하다. 리디아인과 미시아인을 지휘한 것은 아르타프

---

69) 콜키스 지방 민족이라 하기도 하고 코카서스 주민이라고도 하나, 상세한 것은 밝혀지지 않고 있다.

70) 프리기아인의 마케도니아 사투리. 여기에 기록되어 있는 것처럼 프리기아인이 마케도니아에서 이동해 온 것인지, 혹은 그 반대인지는 쉽게 결정하기 어렵다.

71) 이것은 미시아에 있는 올림포스 산.

레네스의 동명(同名)의 아들 아르타프레네스였는데, 이자는 다티스와 함께 마라톤으로 진공했던 인물이다.

트라키아인은 머리에는 여우 가죽으로 만든 모자를 쓰고, 몸에는 속옷 위에 제이라는 형형색색의 상의를 걸치고, 발과 정강이에는 새끼 사슴 가죽으로 만든 구두를 신고 있었다. 그리고 투창과 가벼운 방패, 게다가 소형 단검을 지니고 있었다. 이 민족은 아시아로 건너온 후 비티니아인이라고 불리게 되었지만, 이전에는 스트리몬 강변에 거주하고 있었기 때문에 스트리모니오이(스트리몬인)라고 불리고 있었다고 스스로 말하고 있다. 그들은 테우크로이인과 미시아인에 의해서 그 옛땅에서 축출되었다는 것이다. 아시아의 트라키아인을 지휘한 것은 아르타바노스의 아들 바사케스였다.

……[72] 소의 생가죽을 펼쳐 만든 작은 방패를 지니고, 한 사람마다 리키아제 수렵용 창을 두 개씩 휴대하고, 머리에는 청동제 투구를 쓰고 있었다. 투구에는 청동제의 소 귀와 뿔이 달려 있었고, 또한 맨 위에는 장식털이 부착되어 있었다. 그리고 정강이에는 붉은 띠로 각반을 두르고 있었다. 이 나라에는 군신(軍神) 아레스의 신탁소가 있다.

마이오니아인과 동계(同系)인 카발리스인[73]은 라소니오이인이라는 이름으로도 불리고 있는데, 킬리키아인과 똑같은 장비를 갖추고 있었다. 그 장비에 대해서는 킬리키아인 부대를 언급하게 될 때 기술하기로 하겠다.

밀리아이인[74]은 단창을 지니고 있었고, 의복은 브로치를 사용하여 여미고 있었다. 그들 중 일부는 리키아풍의 활을 지니고 머리에는 가죽으로 만든 투구를 쓰고 있었다. 이상의 여러 민족을 일괄해서 지휘

---

72) 민족 이름이 빠져 있는 것 같다. 여러 설이 있지만 '피시디아인은'이라는 설이 비교적 유력시되고 있다.
73) 카발리스란 카리아, 프리기아, 리키아, 피시디아 등에 둘러싸인 지방.
74) 밀리아이인은 본래 리키아인과 똑같은 민족을 가리켰는데, 후에는 리키아, 프리기아, 팜필리아에 둘러싸인 산지에 사는 민족만 가리키게 된 것 같다.

한 것은 히스타네스의 아들 바드레스였다.

모스코이인[75]은 목제 투구를 쓰고 방패와 자루가 짧고 창끝이 긴 창을 지니고 있었다. 티바레노이, 마크로네스, 모시노이코이 등 여러 민족은 모스코이인과 똑같은 장비를 갖추고 종군했다. 이들 민족을 통솔하고 지휘한 사람들은 다음과 같다. 즉 모스코이, 티바레노이 두 민족은 다레이오스를 아버지로 하고 키루스의 아들 스메르디스의 딸 파르미스를 어머니로 하는 아리오마르도스가, 마크로네스와 모시노이코이는 케라스미스의 아들 아르타이크테스가 지휘했다. 이 아르타이크테스는 당시 헬레스폰토스의 세스토스 시(市) 총독으로 있었다.

마레스인은 머리에다 그 나라 특유의 가지로 엮어 만든 투구를 쓰고 작은 방패와 투창을 몸에 지니고 있었다.

콜키스인은 머리에는 목제 투구를 쓰고 소의 생가죽으로 만든 작은 방패와 단창, 그리고 단검을 휴대하고 있었다. 마레스인과 콜키스인 부대를 지휘한 것은 테아스피스의 아들 파란다테스였다.

알라로디오이인과 사스페이레스인은 콜키스인과 똑같이 무장하고 종군하고 있었고, 그 지휘는 시로미트레스의 아들 마시스티오스가 맡고 있었다.

'홍해'[76]의 여러 섬──페르시아 왕이 '나라 밖으로 추방한'[77] 자들을 거주시켰던 섬들──에 거주하던 여러 민족은 복장이나 무기면에서 메디아인과 가장 비슷했다. 이들 부대를 지휘한 자는 바가이오스의 아들 마르돈테스였는데, 그는 그 이듬해 미칼레 전투에서 페르시아군을 지휘하다가 전사했다.[78]

---

75) 이 절 및 다음 절에 거론되는 군소 민족은 모두 흑해 동안 일대에 거주하고 있었던 것 같다.

76) 실질적으론 페르시아 만을 가리킨다.

77) ἀνασπάστοι는 보통 피정복 민족이 그 고국에서 강제로 다른 지역으로 이주하도록 명령받을 경우에 사용되는 언어인데, 여기에서는 유형에 처해진 정치범들을 가리키는 것인지도 모르겠다.

78) 제8권 참조.

이상이 보병 부대에 편입되어 육로로 진격한 민족들이다. 그 지휘를 맡았던 것은 위에 서술한 자들로서, 그들은 각 부대의 편성과 병력 점호를 행하고 또한 천인대장(千人隊長, 키리아르케스), 만인대장(萬人隊長, 밀리아르케스)을 임명했다. 백인대장(百人隊長, 헤카톤타르케스), 십인대장(十人隊長, 데카르케스)의 임명은 만인대장이 행했다. 또한 정규 군단(테로스)의 지휘자와 개개 민족의 지휘자는 별개였다.[79]

각 부대의 지휘자는 앞에서 말한 바와 같은데, 그 지휘관들을 통괄하고 전 보병 부대를 지휘한 것은 고브리아스의 아들 마르도니오스, 그리스 원정에 반대했던 아르타바노스의 아들 트리탄타이크메스 ──이 두 사람은 다레이오스의 조카들로서 크세르크세스에게는 사촌형제가 되었다 ──그리고 오타네스의 아들 스메르도메네스, 다레이오스와 아토사의 아들 마시스테스, 아리아조스의 아들 게르기스, 그리고 조피로스의 아들 메가비조스 등이었다.

1만 명으로 구성된 부대를 제외한 전 보병 부대의 지휘를 맡았던 사령관들은 위와 같은 자들이었는데, 이 페르시아군의 정예 1만 명 부대를 지휘한 것은 히다르네스와 같은 이름을 가진 아들 히다르네스였다. 이 부대가 '불사부대(不死部隊, 아타나토이)'라 불리게 된 이유는 이러하다. 즉 대원이 사망하거나 병에 시달려 어쩔 수 없이 결원이 생길 경우에는 곧 그 대행자가 선발되어 보충됨으로써 대원의 수가 언제나 1만에서 넘지도 모자라지도 않았기 때문이다.

페르시아인 부대는 그 장비면에서도 전군 중에서 가장 화려함을 자랑하고 있었지만, 용감무쌍한 점에서도 타의 추종을 불허했다. 그 장비에 대해서는 앞서 이미 서술한 바 있다. 그러나 그 밖에 막대한 금

---

79) 이 문장의 뜻은 다음과 같을 듯하다. 즉 각 민족은 도리스코스에 도착할 때까지는 각각 민족별 대장이 통솔해 왔지만, 도리스코스에서 정규 군단 단위(테로스)로 개편되어 위에 언급된 사령관의 지휘하에 들어갔다. 그러나 본래의 민족별 대장은 그 후에도 무엇인가의 형태로 각 민족 부대를 감독했던 것 같다.

제품으로 몸을 장식해 전군 중에서 가장 이채를 발하고 있었다. 또한 그들은 다수의 첩과 노비들을 실은 아름답게 장식한 유개 마차를 동반하고 있었고, 게다가 다른 부대의 식량과는 달리 페르시아인 전용 식량을 낙타나 그 밖의 운반용 짐승을 이용해 나르고 있었다.

이들 민족은 모두 말타기에도 숙련되어 있었지만, 이번 원정에서 기병 부대를 파견한 것은 그 모든 민족이 아니라 다음에 드는 민족들뿐이었다.

페르시아 기병대는 보병과 같은 장비를 갖추고 있었지만, 그 중 일부는 청동이나 쇠를 두드려 펴서 만든 투구를 쓰고 있었다.

사가르티오이인이라는 유목민은 인종이나 언어로 보아서는 페르시아계로서, 복장은 페르시아풍과 파크티에풍의 중간적인 형태를 취하고 있다. 이 민족은 8천 명의 기병을 원정에 참가시켰는데, 그들에게는 단검 이외에는 청동제 또는 철제 무기를 사용하는 습관이 없었다. 그리고 그 밖에 가죽띠로 엮어 만든 망을 휴대하고 있었다. 그들이 싸울 때 주로 사용하는 무기는 바로 이 망인데, 전투 방식은 이러했다. 즉 적군과 만나게 되면 끝을 둥글게 묶은 망을 던져 말이든 사람이든 망에 걸린 것을 자기 앞으로 끌어당긴다. 그리하여 적은 망에 휘감긴 채로 죽게 된다. 그들은 페르시아인 부대에 편입되어 있었다.

메디아인의 장비는 보병과 같았고, 키시아인도 마찬가지였다. 인도인 부대도 그 장비는 보병과 같았다. 그들은 말뿐만 아니라 전차도 몰고 있었다. 전차는 말이나 야생 당나귀가 끌고 있었다.

박트리아인도 장비는 보병과 같았고, 카스피오이인[80]도 마찬가지였다. 리비아인도 장비는 보병과 같았다. 그러나 그들은 전원 전차를 몰

---

80) 이 절에 카스피오이인의 이름이 나타나는 것은 이것이 두번째로, 만약 텍스트가 바른 것이라면 이 두 민족은 같은 이름의 이민족이 되지만, 보병 부대의 표에는 한 번밖에 나오지 않으므로 문제가 간단치 않다. 두번째 것을 전승의 오류로 보고 그 대신 사카이인, 카스페이로이인, 혹은 팍티에인 등이 많은 학자들에 의해 추측되고 있지만, 모두 추측의 영역을 넘지 못하고 있다.

고 있었다. 마찬가지로 카스피오이인도 파리카니오이인도 그 장비는
보병과 같았다. 아라비아인 부대도 보병과 같은 장비를 갖추고 있었는
데, 그들은 모두 속도면에서는 말에 못지않은 낙타를 몰고 있었다.

기병 부대는 이상의 민족만으로 구성되어 있었다. 기병 부대의 병력
수는 낙타와 전차를 제외하고 8만 명에 이르렀다. 아라비아인 이외의
기병은 군단별로 편성되었고, 아라비아인 부대는 맨 후미에 배치되었
다. 말은 낙타를 보면 공포감을 이기지 못하기 때문에 말을 놀라게 하
지 않도록 하기 위해 아라비아인 부대를 후미에 배치했던 것이다.

기병 부대의 사령관은 다티스의 두 아들 하르마미트레스와 티타이오
스였다. 이 두 사람과 함께 기병 부대의 사령관직을 맡고 있었던 파르
누케스는 병 때문에 사르데스에 남아 있었다. 부대가 사르데스를 떠나
려 할 때 이 파르누케스는 실로 불행한 재난을 만났던 것이다. 그가
탄 말의 다리 밑으로 개가 달려들어 와 말이 깜짝 놀라서 번쩍 일어서
는 바람에 파르누케스는 말에서 떨어지고 말았다. 떨어진 파르누케스
는 피를 토했는데, 이윽고 병이 폐병으로 발전하였다. 말은 곧 주인의
명령대로 종복이 처분했다. 즉 주인을 떨어뜨린 장소로 말을 끌고 가
무릎 부근에서 다리를 잘라 냈다. 어쨌든 위와 같은 사정으로 파르누
케스는 사령관직을 잃게 되었던 것이다.

한편 삼단노선의 수는 1207척이었는데, 이들 함선을 제공한 민족은
다음과 같았다.

페니키아인은 팔레스티나에 거주하는 시리아인과 함께 300척을 냈
다. 그들은 머리에 그리스 투구와 비슷하게 만든 투구를 쓰고 아마포
로 만든 갑옷을 입고 있었다. 그리고 테두리가 없는 방패와 투창을 지
니고 있었다. 이들 페니키아인은 그들 스스로 전하는 바에 따르면 옛
날에는 '홍해' 연변[81]에 살고 있었는데, 그 땅에서 시리아 쪽으로 옮
겨 가 시리아의 해안 지방에 거주하게 되었다 한다. 시리아의 이 지역

---

81) 페르시아 만의 해안을 가리킨다.

과 이집트에 이르는 일대는 팔레스티나(팔라이스티네)라 불리고 있다.

이집트는 200척의 배를 냈다. 병사들은 머리에 가죽으로 엮은 투구를 쓰고, 넓게 테두리가 둘러져 있고 가운데가 들어간 방패를 지니고 있었다. 그리고 해전용 창과 큰 손도끼를 휴대하고 있었다. 그 대부분은 갑옷을 입고 대형 단검을 지니고 있었다.

다음으로 키프로스인은 150척을 냈다. 키프로스인의 복장에 대해서 말하면, 왕들은 머리에 미토라라는 띠를 두르고 있었고 일반 병사들은 모자를 쓰고 있었다. 그 밖의 복장은 그리스인과 똑같았다. 키프로스인들이 스스로 말하는 바에 따르면 키프로스에는 여러 종족이 살고 있는데, 그들은 각기 살라미스[82]와 아테네에서 온 사람들, 아르카디아[83]에서 온 사람들, 키트노스[84]에서 온 사람들, 페니키아에서 온 사람과 에티오피아에서 온 사람들 등이라 한다.

킬리키아인은 100척의 배를 냈다. 그들은 머리에 (키프로스인과는 달리) 그 나라 특유의 투구를 썼다. 그리고 큰 방패 대신에 소의 생가죽을 펴서 만든 작은 방패를 지니고, 양모제 속옷을 입고 있었다. 각자 두 개의 투창과 검 하나씩을 휴대하고 있었는데, 검은 이집트인이 사용하는 단검과 매우 비슷했다. 그들은 옛날에는 히파카이오이[85]라 불리고 있었다. 오늘날의 킬리키아인이라는 명칭은 페니키아인 아게노르의 아들 킬릭스에서 비롯된 것이다.

팜필리아인은 30척의 배를 냈다. 그들은 그리스풍의 무장을 하고 있었다. 이 팜필리아인은, 트로이 전쟁 후 그리스군이 해산할 때 암필로

---

82) 아테네 앞에 있는 작은 섬. 이곳 주민이 키프로스로 이주하여 같은 이름의 섬을 건설했다. 아테네의 이름이 거론되고 있는 것은 단지 살라미스와의 관련 때문인 듯하다.

83) 아르카디아에서 키프로스로 이주한 것은 전설에서도 찾아볼 수 있고, 언어상의 유사성에서도 이것은 증명된다.

84) 키클라데스 군도(群島) 중의 작은 섬.

85) 그리스인의 옛 이름인 아카이오이와의 관계를 연상시키는 이름이지만, 본래는 관계가 없고 후에 그리스식의 변형을 받은 명칭인 것 같다.

코스 및 칼카스[86]와 행동을 함께했던 일당의 후예이다.

리키아인은 50척의 배를 냈다. 그들은 갑옷을 두르고 정강이받이를 댔다. 그리고 산수유나무로 만든 활과 깃털이 없는 등으로 만든 화살과 투창을 지니고 있었다. 또한 어깨 부근에는 산양 가죽을 걸치고 머리에는 깃털로 테두리를 장식한 펠트 모자를 쓰고 있었다. 그리고 단도와 낫 모양의 검을 휴대하고 있었다. 리키아인은 크레타 섬 출신으로 본래는 테르밀라이인[87]이라고 불리고 있었는데, 아테네인 판디온의 아들 리코스의 이름에서 현재의 명칭을 땄다.

아시아에 거주하는 도리스인은 30척의 배를 냈다. 그들은 그리스풍의 무기를 지니고 있었다. 그들은 펠로폰네소스 출신이었다.

카리아인은 70척의 배를 냈다. 장비는 그리스인의 그것과 비슷했다. 그 밖에 낫 모양의 검과 단도를 휴대하고 있었다. 카리아인의 이전 호칭에 대해서는 본서 서두에서 이미 서술한 바 있다.[88]

이오니아인은 100척의 배를 냈다. 장비는 그리스인의 그것과 똑같았다. 이오니아인은 펠로폰네소스의 아카이아라 불리는 지방[89]에, 다나오스와 크수토스[90]가 펠로폰네소스에 오기 전까지 거주하고 있을 때에는 펠라스고이 아이기아레이스인이라 불리고 있었다고 그리스인은 전하고

---

86) 암필로코스는 아르고스의 영웅 암피아라오스의 아들. 칼카스는 저명한 예언자로 함께 트로이 전쟁에 종군했다. 암필로코스의 그리스 정주(定住)에 대해서는 제3권 참조.

87) 제1권 참조.

88) 제1권 참조.

89) 펠로폰네소스 북부, 코린토스 만에 인접한 지방. 이 지방은 처음엔 아이기아레이아(沿海國)라 불리고 있었고, 그 때문에 다음에 기록되고 있는 것같이 펠라스고이 아이기아레이스라는 호칭도 생겼을 것이다.

90) 다나오스는 이집트에서 펠로폰네소스로 와 아르고스 시를 건설했다고 전해지고 있다. 크수토스는 그리스인의 조상인 헬렌의 아들인데, 테살리아에서 추방되어 아테네로 갔다가 다시 펠로폰네소스의 아카이아 지방으로 이주했다. 이 두 이름은 별로 깊은 관계는 없는 듯한데, 도리스족의 침입 이전의 펠로폰네소스 민족 구성의 2대 주류라는 의미에서 거론된 것 같다.

있다. 이오니아인이라는 호칭은 크수토스의 아들 이온의 이름에서 비롯된 것이다. 섬 지방의 주민들[91]은 17척의 배를 냈다. 그 병사들의 무장 형태는 그리스인과 같았다. 그들도 본래는 펠라스고이족으로, 아테네에서 건너왔던 12시(市)[92]의 이오니아인과 마찬가지로 그 후에 이오니아인이라 불리게 됐던 것이다.

아이올리스인은 60척의 배를 냈다. 장비는 그리스인의 그것과 똑같았다. 그리스인의 전승에 의하면 그들도 옛날에는 펠라스고이라 불리고 있었다 한다.

헬레스폰토스의 주민 중에서 아비도스인은 페르시아 왕으로부터 자국에 머물러 있으면서 다리를 수비하도록 하라는 명령을 받고 있었기 때문에 여기에서 제외됐다. 그 밖의 폰토스[93]에서 종군한 자들은 100척의 배를 냈다. 그 무장 형태는 그리스인과 똑같았다. 이들은 모두 이오니아인 및 도리스인의 식민(植民)이다.

그런데 이들 배에는 (각국의 승무원 이외에) 페르시아인, 메디아인 및 사카이인 병사가 함께 타고 있었다. 여러 민족 중에서 가장 빠른 배를 제공한 것은 페니키아인이었는데, 그 중에서도 시돈인의 배가 가장 우수했다. 보병 부대에 편입된 자들과 마찬가지로 이들 해상 부대에도 모두 각각 동국인 대장이 있었지만, 그자들의 이름은 본서의 서술에는 필요치 않기 때문에 여기서는 거론치 않겠다. 그것은 각 민족의 대장들의 일부는 이름을 거론할 만한 존재가 결코 못 되었으며, 또한 각각의 민족에 도시 수만큼의 대장이 있었기 때문이기도 하다. 무엇보다 각 민족의 전권을 장악한 사령관이나 지휘관은 대개 페르시아인이었으며, 그자들의 이름에 대해서는 이미 언급한 바 있다.[94] 따라서

---

91) 이오니아의 반란이 진압된 후 페르시아에 예속된 섬들을 가리키는 것일 것이다(제6권 참조). 17척이라는 수는 너무 적다는 설도 없지는 않다.

92) 이오니아의 12시(市)에 대해서는 제1권 참조.

93) 이 폰토스는 흑해가 아니라 보스포로스, 헬레스폰토스를 포함한 프로폰티스(마르마라 해)를 가리킨다.

그들은 대장이라 하더라도 실제적인 명령권자는 아니었으며, 다른 병사들과 마찬가지로 노예 신분으로 종군한 데 불과했던 것이다.

해상 부대의 지휘는 다음과 같은 자들이 맡고 있었다. 즉 다레이오스의 아들 아리아비그네스, 아스파티네스의 아들 프렉사스페스, 메가바테스의 아들 메가바조스, 그리고 다레이오스의 아들 아카이메네스가 그들이었다. 이오니아 및 카리아 함대는 다레이오스를 아버지로 하고 고브리아스의 딸을 어머니로 하는 아리아비그네스가, 이집트군은 크세르크세스와 부모가 같은 형제인 아카이메네스가, 남은 군대는 다른 두 사람이 각각 지휘했다.

삼십노선, 오십노선, 소함정, 그리고 소형의 말 수송선을 합하면 그 총수는 3천에 이르렀다.

함선에 타고 있던 자들 중에서 위의 사령관들 다음으로 특히 이름이 높았던 인물로서는 시돈인 아니소스의 아들 테트람네스토스, 티로스인 시로모스의 아들 마텐, 아라도스인 아고발로스의 아들 메르발로스, 킬리키아인 오로메돈의 아들 시엔네시스, 리키아인 시카스의 아들 키베르니스코스, 키프로스인 케르시스의 아들 고르고스와 티마고라스의 아들 티모낙스, 카리아인 팀네스의 아들 히스티아이오스와 히셀도모스의 아들 피그레스 및 칸다울레스의 아들 다마시티모스 등이 있었다.

그 밖의 중간 지휘관들 이름은 필요 없을 것 같아서 여기에서는 거론치 않겠다. 다만 여자의 몸이면서도 그리스 원정에 참가하여 나로 하여금 찬탄을 금치 못하게 하는 아르테미시아에 대해서만은 언급치 않을 수 없다. 남편이 죽은 후 스스로 독재권을 장악했던 이 여성은 당시 이미 청년기에 이른 자식도 있고 해서 무슨 피치 못할 사정 때문이 아니라 천부적으로 호담하고 용맹한 기상을 갖고 있었기 때문에 원정에 참가했던 것이다. 그 여성의 아버지는 할리카르나소스인인데 이

---

94) 이미 거론됐다는 것은 육상 부대에 대해서이고, 해상 부대의 사령관 이름은 다음에 거론된다.

름은 리그다미스였다. 어머니 쪽 혈통은 크레타인이었다. 아르테미시
아의 지배권은 할리카르나소스에서 코스, 니시로스, 칼림노스 등 여러
섬[95]에까지 미쳤고, 공출한 배는 다섯 척이었다. 전 함대를 통해서 시
돈인의 배 다음으로는 아르테미시아가 낸 배가 가장 평판이 높았으며,
또한 동맹 제국의 모든 중간 지휘관 중에서 가장 뛰어난 의견을 제시
한 것도 그녀였다.

아르테미시아의 지배를 받는 도시 중에서 앞서 거론한 도시들의 주
민은 모두 도리스계라고 단언해도 무방하다. 할리카르나소스의 주민은
트로이젠 출신이고, 그 밖의 도시의 주민은 에피다우로스 출신이다.[96]

해상 부대에 대한 기술은 이상으로 그치겠다. 한편 크세르크세스는
병력 수에 대한 점검과 편성이 끝나자, 이번에는 친히 전차를 타고 전
군 사이를 누비며 시찰하고 싶은 생각이 들었다. 그리하여 그가 전차
를 타고 민족별로 각 부대를 돌면서 하문하면 서기들은 그 문답(問答)
을 기록했다. 이런 식으로 그는 기병 및 보병 전 부대를 처음부터 끝
까지 시찰했다. 시찰이 끝나자 계속해서 함선들이 바다로 진발했다.
크세르크세스는 전차에서 내린 다음 시돈인의 배에 올라 금빛 찬란한
차양 밑에 앉았다. 그리고 나란히 늘어서 있는 함선들의 선수(船首)를
따라 배를 전진시키며 보병 부대의 열병 때와 마찬가지로 각 함선에
대해 하문하고 문답을 기록하게 했다. 이에 앞서 각 함장은 각각 배를
해안에서 4플레트론 정도 떨어진 곳에 정박시키고 모두 선수를 육지를
향하게 한 다음 일렬로 정렬시켜 놓았다. 그리고 함선 전투원들로 하
여금 실전(實戰) 장비를 갖추게 해놓았다. 크세르크세스는 함대의 선
수와 해안 사이를 지나며 전 함대를 열병했던 것이다.

크세르크세스는 함대를 열병한 다음 하선하자, 왕을 따라 그리스 원

---

95) 코스는 할리카르나소스 맞은편에 있는 섬. 니시로스, 칼림노스는 모두 코
　　스 섬 부근에 있는 작은 섬.
96) 트로이젠도 에피다우로스도 펠로폰네소스 동북부 아르고리스 지방의 도리
　　스계 도시.

정에 종군하고 있던 아리스톤의 아들 데마라토스에게로 사람을 보내 그를 불러온 후 다음과 같이 물었다.

"데마라토스여, 지금 여기에서 내가 그대에게 질문할 수 있다는 건 내게 있어 실로 유쾌한 일이오. 그대는 그리스인이며, 게다가 그대 자신뿐만 아니라 내가 면접한 다른 그리스인들로부터 들은 바에 따르면 그대의 출신지는 결코 약한 도시는 아닌 듯하오. 그러면 과연 그리스 놈들이 감히 내게 맞서 저항할 것인지 어떨지 그대에게 묻고 싶소. 내가 보기로는 전 그리스인뿐만 아니라 서방에 거주하는 다른 민족들이 함께 떼지어서 몰려온다 하더라도, 그들이 단결하지 않는 한 내 공격을 견뎌 내지는 못할 것 같소. 그렇지만 나는 그대가 이 문제를 어떻게 생각하고 있는지 한번 들어 보고 싶소."

이렇게 크세르크세스가 묻자 데마라토스는 다음과 같이 답했다.

"전하, 제게서 진실을 듣고 싶으십니까, 아니면 단지 마음에 드는 대답만을 듣고 싶으십니까?"

크세르크세스는 데마라토스에게 진실을 말하라고 대답하고, 진실을 말한다고 해서 어떻게 하지는 않겠다고 약속했다.

이 말을 듣자 데마라토스는 다음과 같이 말했다.

"전하께서 제게 오직 진실만을 말하고 후에 거짓으로 판명될 그런 말은 전혀 하지 말라고 하시니 말씀드리겠습니다만, 본래 우리 그리스는 옛날부터 가난을 타고난 나라입니다. 그렇지만 우리는 예지와 엄격한 법의 힘으로 용기의 덕을 몸에 익혀 왔습니다. 이 용기 덕분에 그리스는 가난에도 좌절하지 않고 전제(專制)에도 굴복하지 않았습니다. 저는 저 도리스 지역에 거주하는 모든 그리스인에 대해서 찬탄을 금치 못하고 있지만, 지금부터 말씀드리려 하는 것은 이들 그리스인 전체에 대해서가 아니라 단지 스파르타인에 대해서만입니다. 제가 말씀드리고 싶은 것은 우선 그리스에 예속을 강요하시는 전하의 제안은 절대로 어떠한 상황하에서도 받아들여지지 않을 것이며, 나아가 설령 다른 그리스인 모두가 전하의 뜻에 따르게 된다 하더라도 스파르타인만은 반드시 전하께 맞서 전쟁을 벌이리라는 것입니다. 병력면에서 대체 그들이 어느 정도가 되길래 그러한 행동으로 나올 것 같은가 하고 묻지 마십시오. 예컨대 1천의 병력을 가지고 출격할 수 있을 경우에는 그 1천 명을 가지고 싸울 것이며, 또한 1천보다 적든 많든 상관 않고 싸울 것이기 때문입니다."

이 말을 듣고 크세르크세스는 웃으면서 이렇게 말했다.

"데마라토스여, 그대는 무슨 그런 가소로운 말을 하는가! 그대는 진실로 1천의 병력이 이런 대군을 상대로 싸우리라고 생각하오? 그대는 스스로 그들의 왕이었다고 말하는데, 그렇다면 내 물음에 답해 보시오. 그대는 지금이라도 당장 열 명을 상대로 기꺼이 싸울 수 있소? 나는 그럴 수 없으리라고 생각하오. 그렇지만 만약 귀국의 국민이 실로 그대가 지금 말한 그대로라면 그 왕인 그대는 귀국의 법에 따라 그 두 배의 인원을 상대해야 할 것이므로, 스파르타의 시민 한 사람이 우리 병사 열 명을 상대할 수 있다면 그대는 스무 명을 상대할 수 있어야 할 것이오. 그것이 가능할 때에야 비로소 그대가 말한 것이 진실임이 증명될 것이오. 하지만 그대를 그렇게 높이 평가하는 그리스인들이 그대 자신을 비롯하여 종종 나를 만나러 왔던 그리스인들과 신장이나 능력면에서 똑같다면, 그대가 한 말은 공연한 소리에 지나지 않을 공산이 크오. 순리에 따라서 생각하는 것이 좋소. 그 수가 1천이든 1만이든, 혹은 나아가 5만이든, 특히 그들이 한 지휘자의 지휘봉 아래 있지 않고 모두 똑같이 자유롭다고 한다면 어떻게 이런 대군을 맞이하여 대항할 수 있겠소? 더군다나 그들 수를 5천이라고 하면 우리 병력은 그들 한 사람에 대해 1천 명 이상이 되오! 그들이 수적으로 불리하다 하더라도, 우리 군대와 같이 한 사람이 통솔한다면 지휘관을 두려워하는 마음에서 실력 이상의 힘을 내거나 채찍에 몰려 중과부적임에도 불구하고 대군을 향해 돌격할 것이오. 그러나 자유로이 방임해 둔다면 그어느 쪽으로도 행동하지 않을 것이오. 내가 보기로는 설사 병력이 똑같다 하더라도 그리스인은 페르시아인 부대 하나조차도 대적치 못할 것 같소. 그대가 말하고 있는 그러한 일은 실은 우리 쪽에야말로 그 실례가 있소. 물론 그렇게 흔한 것은 아니고 오히려 진기한 예에 속하지만 말이오. 내 친위대에 속하는 페르시아인 중에는 기꺼이 일시에 세 명의 그리스인을 상대로 싸우겠다고 나설 강자들이 있소. 그대는 그러한 사정을 모르기 때문에 그런 실없는 소리를 늘어놓았을 것이오."

크세르크세스가 이렇게 말하자 데마라토스는 다음과 같이 말했다.

"전하, 진실을 말씀드리면 좋아하지 않으실 줄 진작부터 알고 있었습니다. 그러나 있는 그대로 말하라고 전하께서 굳이 말씀하셨기 때문에 스파르타인의 실정을 말씀드렸던 것입니다. 하지만 현재 제가 스파르타인에 대해 어느 정도 애착심을 갖고 있는지는 전하께서 가장 잘 알고 계실 것입니다. 스파르타인은 제게서 영위(榮位)와 조상 대대로의 특권을 빼앗고 저를 조국 없는 망명자로 만들어 버렸습니다. 그와 반대로 전하의 부왕께서는 저를 받아들여 생활용품뿐만 아니라 집까지 하사해 주셨습니다. 감정을 가진 자라면 친절을 거부하지 않고 당연히 이를 아주 감사하게 생각할 것입니다. 저는 열 명, 아니 두 명과도 싸울 수 있다고 감히 말씀드릴 수 없습니다. 실로 저는 일 대 일 결투조차도 하고 싶지 않습니다. 그렇지만 어떤 피치 못할 경우나 혹은 중대한 긴급 사태가 벌어진 경우라면, 세 명의 그리스인을 상대할 수 있다고 호언장담하는 전하의 저 병사들 중 한 명을 상대로 하여 흔연히 싸우겠습니다. 이와 같이 스파르타인은 일 대 일 결투에서는 누구에게도 뒤지지 않지만, 더구나 단결할 경우에는 세계 최강의 군대가 됩니다. 그들은 물론 자유스럽습니다만 전적으로 자유로운 것은 아닙니다. 그들은 법(法, 노모스)이라는 왕을 섬기고 있습니다. 그들이 이것을 두려워하는 정도는 전하의 신하들이 전하를 두려워하는 정도를 훨씬 능가합니다. 여하튼 그들은 이 왕이 명하는 대로 행동하는데, 이 왕이 명하는 것은 언제나 한 가지, 즉 어떠한 대군을 맞이하더라도 결코 적에게 뒷모습을 보이지 말고 끝까지 자기 자리를 지키며 적을 제압하든

지 자신이 죽든지 하라는 것입니다. 그러나 만약 전하께서 제가 말씀
드린 것을 실없는 소리로 생각하신다면 이제부터는 더 이상 아무것도
말하지 않겠습니다. 지금도 전하께서 굳이 말하라시기에 말씀드렸던
것입니다. 여하튼 부디 만사가 전하께서 뜻하시는 대로 되길 빕니다.”

데마라토스가 이렇게 대답하자, 크세르크세스는 웃으면서 그 말을
흘려 듣고 조금도 화를 내지 않은 채 그를 돌려보냈다.

트라키아에서 테살리아까지

데마라토스와 회담한 후 크세르크세스는 이전에 다레이오스가 도리
스코스의 총독으로 임명했던 자를 파면하고 그 대신 메가도스테스의
아들 마스카메스를 새로이 임명한 다음, 마침내 트라키아를 지나 그리
스를 향해 군대를 진격시켰다.

그런데 이 마스카메스는 그 후 자신이 대단한 인물임을 보여 주었
다. 그리하여 크세르크세스는 그 자신 및 다레이오스가 임용한 모든
총독 중에서 그가 가장 유능하다 하여, 그에게만은 언제나 은상을 내
리고 있었다. 게다가 그 은상은 해마다 내려질 정도였으며, 크세르크
세스의 아들 아르타크세르크세스 대에 이르러서도 마스카메스의 자손
은 같은 대우를 받았다. 본래 이 원정에 앞서 트라키아 및 헬레스폰토
스 각지에는 총독이 임명되어 있었는데, 이들 트라키아 및 헬레스폰토
스의 총독은 도리스코스의 총독을 제외하고는 모두 이 그리스 원정 후
그리스인에 의해서 축출되고 말았다. 오직 도리스코스의 총독(마스카
메스)[97]만은 많은 자들이 축출하려고 시도했지만 결국 성공하지 못했으
며, 그렇게 오늘날에까지 이르고 있다. 이 때문에 이곳의 총독에게는
페르시아 역대왕으로부터 매년 선물이 내려지고 있는 것이다.

그리스인에 의해서 축출된 총독 중에서 크세르크세스왕이 걸출한 인

---

97) 마스카메스가 언제까지나 도리스코스의 총독으로 있었다는 것은 이상하기
때문에 이름을 삭제하는 학자가 많다.

물이라고 인정했던 자는 전(前) 에이온 총독 보게스 단 한 사람뿐이었
다. 크세르크세스는 이 사람을 언제나 칭찬해 마지 않았으며, 페르시
아 본국에 남아 있던 그의 자식들을 후대했다. 사실 보게스는 최상의
찬양을 받을 만했다. 즉 그는 밀티아데스의 아들 키몬이 지휘하는 아
테네군에 의해 포위되었을 때, 화평을 맺고 탈출하여 아시아로 귀환할
수 있었음에도 불구하고 그렇게 행동하지 않았다. 그는 대왕이 그가
목숨을 구하기 위해 의무를 회피했다고 생각할까 염려하여 최후까지
머물렀으며, 성안의 식량이 다 떨어지자 거대한 장작 더미를 쌓아 놓
고 처자식, 첩 및 사용인들은 살해한 다음 그 유해를 장작불 속으로
던졌다. 그리고 나서 시중에 있는 금은보화를 모두 끌어내어 성벽 위
에서 스트리몬 강 속으로 던져 버린 후 자신도 불 속으로 뛰어들었던
것이다. 그러므로 이 인물이 오늘날에도 역시 페르시아인들로부터 존
경받고 있는 것은 실로 당연한 일이다.

한편 도리스코스를 떠나 그리스로 향하던 크세르크세스는 도중에 차
례로 지나는 나라의 국민들을 모두 강제로 종군시켰다. 왜냐하면 앞서
서술했던 바와 같이 테살리아에 이르기까지의 전 지역은 처음에는 메
가바조스에 의해, 뒤에는 마르도니오스에 의해 모두 평정되어 페르시
아 왕에게 조공을 바치고 있었기 때문이다.

도리스코스를 출발한 후 원정군은 먼저 사모트라케인이 축성해 놓은
성채들을 지나갔다. 그런데 이 성채들 중 가장 서쪽에 있는 것이 메삼
브리아라는 도시이다. 이 도시와 이웃하여 타소스인의 도시 스트리메
가 있는데, 이 두 도시 사이를 리소스라는 강이 흐르고 있다. 당시 이
강은 크세르크세스군에 충분한 물을 공급하지 못하고 마침내 고갈되고
말았다. 이 지역은 옛날에는 갈라이케라 불리었지만 현재는 브리안티
케라 불리고 있다. 그러나 엄밀하게 말하면 이 지역도[98] 역시 키코네스
인의 영토에 속한다.

---

98) '이 지역도'라는 것은 '앞의 도리스코스와 똑같이'라는 뜻이다.

바닥을 드러낸 리소스 강을 건넌 후 크세르크세스의 페르시아군은
마로네이아, 디카이아, 아브데라 등 그리스인의 여러 도시를 통과했
다. 이들 도시를 통과하는 동안 몇 개의 이름 높은 호소(湖沼)를 지났
다. 마로네이아와 스트리메 중간에 있는 이스마리스 호, 디카이아 부
근에 있으며 트라우오스와 콤프사토스 두 강이 흘러들어가는 비스토니
스 호 등이 그것이다. 아브데라 부근에는 이름 높은 호수가 하나도 없
었는데, 크세르크세스의 군대는 그곳에서 바다로 흘러들어가는 네스토
스 강을 건넜다.

이들 도시를 지난 후에는 타소스인이 본토에 건설해 놓은 도시들을
통과했다. 그런데 그 도시들 가운데 하나에는 둘레가 약 30스타디온
정도 되고 어류가 풍부하며 소금기가 꽤 많은 호수가 있다. 이 호수는
운반용 짐승들이 마시는 것만으로 말라 버리고 말았다. 이 도시의 이
름은 피스티로스라 한다.

원정군은 이들 해안 지방에 있는 그리스의 도시들을 왼쪽으로 바라
보면서 통과해 갔다. 원정군의 통로에 해당되었던 지역에 거주하는 트
라키아인의 부족명을 열거하면, 파이토이, 키코네스, 비스토네스, 사
파이오이, 데르사이오이, 에도노이, 사트라이 등이다.[99] 이들 부족 가
운데 해변에 거주하는 부족은 수군에 가담하여 종군했고, 내륙에 거주
하는 부족은 사트라이족을 제외하고는 모두 보병 부대로서 강제로 종
군하게 되었다.

사트라이족은 우리가 아는 한 일찍이 어떠한 민족에게도 굴복한 일
이 없이, 트라키아의 여러 부족 가운데서 유일하게 오늘까지 의연히
독립을 유지하고 있다. 그들은 여러 가지 다종다양한 수목이 무성하게
자라고 산정에 눈까지 덮여 있는 고준(高峻)한 산지에 거주하고 있고,

---

99) 이들 트라키아계 여러 부족은 헤브로스, 네스토스 두 강 사이의 지역에 살
  고 있었고, 이 중 사파이오이는 사이오이라고도 불렸다 한다. 그렇다면 기
  원전 7세기의 유명한 시인인 아르킬로코스가 전투 중에 방패를 빼앗긴 사
  이오이인은 이 부족일 것이다.

게다가 모두 용맹한 전사(戰士)들이기 때문이다. 디오니소스 신탁소[100]를 갖고 있는 것은 바로 이 부족이다. 이 신탁소는 가장 높은 산봉우리에 있고, 이 성소에서 봉사하며 신탁을 맡고 있는 것은 사트라이인 중 베소이족이다. 델포이에서와 같이 신탁을 알리는 역할은 무녀가 맡고 있으며, 델포이의 신탁과 비교할 때 별로 다른 점이 없다.

크세르크세스는 이들 지역을 통과한 후, 계속해서 피에리아인(피에레스인)[101]의 성채들을 지나갔다. 그 성채 중 하나는 파그레스, 다른 하나는 페르가모스라 불린다. 이들 성채를 지날 즈음에는 오른쪽으로 판가이온 산맥을 바라보면서 전진했는데, 이 산맥은 거대한 산맥으로 금은 광맥이 묻혀 있다. 이들 금은 광산은 피에리아인이나 오도만토이인에 의해서도 개발되고 있지만, 주로 사트라이인에 의해 개발되고 있다.

크세르크세스는 계속해서 판가이온 산맥 북방에 거주하는 파이오니아계의 도베레스, 파이오플라이 등의 나라를 지난 후 진로를 서쪽으로 하여 스트리몬 강과 에이온 시에 도착했다. 에이온에서는 조금 전에 언급했던 보게스가 통치하고 있었다. 판가이온 산맥을 중심으로 한 이 지역 일대는 필리스라 불리는데, 서쪽으로는 스트리몬 강과 합류하는 안기테스 강, 남쪽으로는 스트리몬 강까지 뻗어 있다. 마고스들은 행운을 기원하기 위해 백마 몇 마리를 잡아 스트리몬 강 속으로 던졌다.

그 밖에 여러 가지 주술을 강을 향해 베푼 다음, 원정군은 에도노이인의 영토에 있는 '아홉 길(엔네아 호도이)'[102]이라는 곳에서 몇 개의 교량을 통해 도하했다. 이들 교량은 원정군이 이곳에 도착했을 때 이미 가설되어 있었다. 페르시아군은 이곳이 '아홉 길'이라 불리고 있음

---

100) 이 신탁소는 정관사(定冠詞)가 붙어 있으므로 유명한 신탁소였을 것이다. 예컨대 에우리피데스의 작품인 〈헤카베〉 1267행에 트라키아에 있어서의 디오니소스의 신탁에 대한 언급이 있다.

101) 본래 마케도니아의 피에리아 지방에 살고 있었는데, 후에 마케도니아인에게 추방되어 북상했던 것. 피에리아는 뮤즈의 성산(聖山)으로 예로부터 유명했다.

102) 훗날의 암피폴리스.

을 알게 되자 토착민의 소년 소녀 각각 아홉 명을 산 채로 땅속에 매
장했다. 내가 들은 바에 의하면 크세르크세스의 왕비 아메스트리스도
노경에 접어든 후 자신을 위해 페르시아 명문 출신의 소년 열네 명을
산 채로 매장하여, [103] 지하에 있다고 전하는 신이 자기 대신 거두어 주
기를 기원했다고 한다. 따라서 인간을 생매장하는 것은 페르시아의 풍
습인 듯하다.

스트리몬 강변을 출발하여 서쪽을 향해 넓은 해안이 펼쳐져 있고 그
해안에 아르길로스라는 그리스인 도시가 있었는데, 원정군은 이 도시
를 통과했다. 이 지역 및 그 위쪽 일대는 비살티아라 불리고 있다.

여기에서 포세이데이온 곶[104] 부근의 만을 왼쪽으로 바라보면서 실레
우스 평야를 지난 후 그리스 도시 스타기로스[105]를 통과하고 이윽고 아
칸토스에 도착했다. 그사이 페르시아군은 앞서 열거했던 여러 민족의
경우와 마찬가지로 도상(途上)에 거주하는 민족 및 판가이온 산맥 주
변의 주민들을 모두 굴복시켜, 해변 지역에 사는 자들을 해상 부대에,
내륙 지방에 거주하는 주민은 육상 부대에 편입시켜 종군하도록 했다.
크세르크세스왕이 군대를 진격시킨 통로를 트라키아인들은 신성시하여
소중하게 보존하고 있다. 즉 경작을 위해 땅을 갈거나 파종하지 않은
채 오늘에 이르고 있는 것이다.

한편 크세르크세스는 아칸토스인들이 이번 전쟁에 열의를 나타내는
모습을 보고 또 그들이 운하의 개착에도 공헌했다는 말을 듣자, 금후
그들을 페르시아의 친구로서 대우하겠다고 선언하며 메디아풍의 의상

---

103) 이 역문(譯文)은 아메스트리스의 행위를 자신에게 장수를 허락한 지하신
(地下神)에 대한 답례로 해석한 것에 바탕을 두고 있지만, 그러지 않고 비
(妃)가 생(生)에의 집착을 끊지 못하고 자기 대신 자식을 생매장하여 지하
신에게 바쳤다고 해석할 수도 있다.

104) 포세이데이온이 곶의 이름인지, 혹은 '포세이돈의 신전'을 뜻하는지는 확
실치 않다. 다음의 '시레우스 평야'의 시레우스는 포세이돈의 아들로 헤
라클레스에게 살해된 자이다.

105) 아리스토텔레스의 탄생지로 유명하다.

을 시민들에게 하사했다.

크세르크세스가 아칸토스에 머무르고 있을 때, 운하의 개착을 총지휘하고 있던 아르타카이에스가 병사(病死)했다. 그는 아카이메네스 가(家)의 혈통을 이어받은 인물로서 크세르크세스의 신임을 두텁게 받고 있었다. 그리고 그는 페르시아에서 제일 큰 남자로서, 신장이 5왕페키스에서 4닥틸로스 정도 부족할 만큼[106] 컸다. 또한 그는 목소리의 크기에서도 비견될 자가 없었다. 그리하여 크세르크세스는 그의 죽음을 몹시 애통해하며 실로 성대한 장례식을 치러 주었다. 그리고 그 봉분은 전 장병을 동원하여 축조했다. 아칸토스인은 신탁에 따라 이 아르타카이에스를 신인(神人)으로서 제사지내고 그를 신이라 부르고 있다.

이처럼 크세르크세스왕은 아르타카이에스를 잃고 비탄에 잠겨 있었는데, 한편 원정군을 맞아 이를 환대하고 크세르크세스왕의 식사를 접대해야 했던 그리스인들은 실로 비참한 고난을 겪고 있었다. 그 때문에 집과 고향을 버리지 않으면 안 될 정도였다. 예컨대 타소스인이 본토에 있는 자국의 여러 도시를 위해 크세르크세스군을 맞아 식사를 제공하였을 때, 타소스에서 손꼽히는 명사로서 그 접대를 맡았던 오르게우스의 아들 안티파트로스가 식사와 향응에 지출한 금액이 은 400탈란톤[107]에 달했다고 보고하고 있는 것을 보아도 그 실정을 능히 짐작할 수 있다.

다른 도시에서도 접대를 담당한 책임자들이 보고한 지출액은 위와 비슷하다. 그도 그럴 것이, 이미 오래 전부터 향응 준비를 하라고 예고되어 있었고, 또한 주민들은 이것을 중대하게 생각하여 대체로 다음과 같은 식으로 접대를 했기 때문이다.

시민들은 크세르크세스가 통과하게 된다는 소식을 왕의 전령으로부터 듣게 되자, 도시 안에 있는 곡물을 한 사람도 빠짐없이 분배하고

---

106) 약 2미터 50센티가 된다.
107) 제6권에는 타소스의 연간 수입이 200 내지 300탈란톤으로 되어 있다.

수개월에 걸쳐 보리와 밀을 빻아 가루로 만들었다. 또한 군대를 맞기 위해 가능한 한 품질 좋은 가축을 사들여 사육하는 동시에 여러 가지 가금(家禽)과 물새들을 우리와 연못에서 길렀으며, 금은제 술잔과 혼주발(混酒鉢), 그 밖에 식탁용 집기 일체를 준비했던 것이다. 다만 이들 집기는 왕과 그 배식자들만을 위해서 만든 것으로, 일반 군대를 위해서는 식량 등의 물자만을 준비했다. 군대가 도착하면 언제고 크세르크세스가 휴식을 취할 야영 천막이 이미 준비되어 있었다. 그리고 일반 장병들은 노천에서 야영했다. 식사 때가 되면 불행한 접대자들의 진짜 고통이 시작된다. 그러나 접대받는 쪽은 실컷 먹고 그 자리에서 하룻밤을 보낸 후, 다음날 아침 천막을 거두고 가져갈 수 있는 집기는 모두 가져가 아무것도 남겨 놓지 않고 깨끗이 떠나는 것이다.

이러한 실정에 대해 아브데라인 메가크레온이 실로 적절한 말을 했다. 즉 그는 아브데라의 시민들에게, 남녀 모두 신전으로 가서 곧 닥치게 될 재난을 반만이라고 면하게 해달라고 신에게 기원하고, 방금 지나가 버린 재난에 대해서는 크세르크세스가 저녁을 하루에 두 번 먹는 습관이 없었음을 신들에게 깊이 감사하라고 권했던 것이다. 만일 아브데라인이 저녁 식사뿐만 아니라 아침 식사까지 준비하라고 명령받았다면, 그들은 분명히 크세르크세스가 도착하기 전에 모두 그곳을 떠나든지 혹은 그 비용 때문에 완전히 파멸하든지 했을 것이다. 그러나 연도(沿道)의 주민들은 호된 곤욕을 치르면서도 명령받은 대로 의무를 수행했던 것이다.

한편 크세르크세스는 아칸토스에서 함대의 사령관들로 하여금 따로 진격케 한 뒤 테르메에서 자신을 기다리라고 명한 바 있다. 테르메는 테르메 만(灣)에 면한 도시로, 만의 이름도 이 도시의 이름에서 유래하고 있다. 크세르크세스는 이 도시를 통해서 진격하는 것이 가장 빠른 지름길임을 들어 알고 있었던 것이다.

도리스코스를 떠나 아칸토스까지 행군해 오는 동안 원정군은 다음과 같은 대형을 취했었다. 즉 크세르크세스는 전 육상 부대를 세 부대로 나눈 다음, 그 중 한 부대는 해상 부대와 접촉을 유지하면서 해안을 따라 진군케 했다. 이 부대를 지휘한 것은 마르도니오스와 마시스테스였다. 그리고 다른 한 부대는 명에 따라 내륙을 통해 진군했는데, 그 지휘자는 트리탄타이크메스와 게르기스였다. 제3의 부대는 크세르크세스와 함께 진군했는데, 이 부대는 위의 두 부대의 중간 길을 택해 전진했다. 그 사령관은 스메르도메네스와 메가비조스였다.

해상 부대는 크세르크세스의 명에 따라 왕의 부대와는 별도로 아사, 필로로스, 신고스, 사르테 등의 도시들이 위치해 있는 만으로 이어지는 저 아토스 반도의 운하를 통과했다. 그리고 이들 도시로부터도 병력을 징발한 후 여기에서 테르메 만을 향해 항해를 계속했다. 그사이 토로네 지구에 있는 암펠로스 곶을 돌아 토로네, 갈렙소스, 세르밀레, 메키베르나, 올린토스 등의 그리스 도시들을 통과했는데, 이들 도시로부터도 함선과 병력을 징발했다. 이 지역 일대는 시토니아라 불리고 있다.

크세르크세스의 주력 해상 부대는 암펠로스 곶으로부터 팔레네 지역에서 바다 쪽으로 가장 돌출된 카나스트론 곶을 향해 최단거리를 취해 직행한 후,[108] 포티다이아, 아피티스, 네아폴리스, 아이게, 테람보스, 스키오네, 멘데, 사네 등 각 도시로부터 선박과 병력을 징발했다. 위의 도시들은 모두 옛날에는 플레그라, 현재는 팔레네라 불리는 지방에 소재하는 도시들이다.

함대는 이 지방의 해안을 따라 항해하며 지정된 목적지로 향했는데, 그사이 팔레네 지방과 테르메 만 근처에 있는 도시들로부터도 병력을 징발했다. 그 도시들의 이름을 열거하면, 리팍소스, 콤브레이아, 리사

---

108) 앞 절에서 열거된 토로네 이하의 도시 및 이 절에 언급되어 있는 포티다이아에서 테람포스에 이르는 도시는 모두 트로네 만 안에 있어, 임펠로스 곶에서 카나스트론 곶으로 직행하면 이들 도시를 통과할 수 없다. 따라서 이들 도시에서의 징발은 함대의 일부가 행했든지, 혹은 헤로도토스의 기술에 혼란이 있었다고밖에 해석할 수 없다.

이, 기고노스, 캄프사, 스밀라, 아이네이아 등이다. 이들 도시가 있는 지방은 크로사이아라 불렀는데, 그 호칭은 오늘날까지 변치 않고 있다.

위에 열거한 도시들 가운데 맨 마지막으로 거론한 아이네이아를 거쳐 함대는 이미 테르메 만에 접어들고 있었다. 이 부근은 미그도니아 지방이라 불리고 있다. 함대는 계속 전진해 마침내 육상 부대와 만나기로 약속된 땅 테르메에 도착했다. 나아가 신도스 및 악시오스 강변의 칼레스트라에도 들렀는데, 악시오스 강은 미그도니아와 보티아이아 양 지방의 경계선을 이루는 강이다. 그리고 보티아이아 지방의 일부인 좁은 해안 지역에는 이크나이, 펠라 두 도시가 있다.

페르시아 함대가 악시오스 강, 테르메 및 이 양자 중간에 있는 도시 일대에 진을 구축하고 왕을 기다리고 있을 때, 한편 크세르크세스와 보병 부대는 테르메를 목표로 내륙을 통해 지름길로 진군했다. 파이오니아, 크레스토니아 두 지방을 횡단한 후 에케이도로스 강을 향해 진군했는데, 이 강은 크레스토니아에서 발하여 미그도니아 지방을 통과한 다음 악시오스 강 근처에 있는 소택 지대를 지나 바다로 흘러들어 간다.

이 부근을 행군하던 도중 사자 떼가 식량 수송을 담당하고 있던 낙타 부대를 습격해 왔다.[109] 사자들은 야간에 그들 소굴에서 내려와 다른 운반용 짐승이나 인간에게는 조금도 해를 끼치지 않고 단지 낙타만을 습격했던 것이다. 낙타라는 짐승을 일찍이 본 일도 없고 그 고기 맛도 모르던 사자가 왜 다른 동물들에게는 손도 대지 않고 낙타만을 습격했는지, 나는 불가사의하게 생각하고 있다.

이 지방 즉 아브데라를 관류하는 네스토스 강과 아카르나니아 지방을 지나는 아켈로스 강 사이에는 많은 사자와 들소가 서식하는데, 들소의 거대한 뿔은 그리스에도 수입되고 있다. 사실 네스토스 강 동쪽

---

109) 이 지역에 일찍이 사자가 서식하고 있었다는 걸 의심하는 사람도 적지 않지만, 아리스토텔레스나 플리니우스의 증언이 있는 이상 의심할 이유는 없다. 다만 기원후 곧 절멸된 듯하다.

의 유럽 전역과 아켈로스 강 서쪽의 대륙 전역에 걸쳐서는 사자는 한 마리도 발견할 수 없다. 사자는 이 두 강의 중간 지역에서만 서식하고 있다.

크세르크세스는 테르메에 도착하자 그곳에 군대를 야영시켰다. 크세르크세스의 군대가 해안을 따라 진영을 구축한 범위는 실로 놀랄 만큼 넓었다. 테르메 시와 미그도니아 지방의 테르메에서 시작하여 리디아스, 할리아크몬 두 강변에까지 미치고 있었다. 이 두 강은 합류하여[110] 보티아이아와 마케도니아[111] 두 지방의 경계를 이루고 있다.

페르시아군이 이들 지역에 야영하고 있는 동안, 위에서 언급한 여러 강들 중에서 크레스토니아에서 발하는 에케이도로스 강만 제외하고는 모두 군대에게 충분한 음료수를 공급했다.

크세르크세스는 테르메에서 멀리 테살리아의 거봉(巨峰)들, 즉 올림포스 산과 오사 산을 바라본 뒤, 이 두 산 사이에 있는 좁은 협곡[112]으로 페네이오스 강이 흐르고 있고 여기에 테살리아로 통하는 길이 있음을 들어 알게 되었다.

불현듯 그는 바다를 통해 페네이오스 강의 하구(河口)를 살피고 싶은 생각이 들었다. 그는 고지(高地)의 길을 통해 마케도니아의 내륙 지방을 지나 페라이보이인의 나라로 들어간 다음 곤노스 시를 통과할 예정이었기 때문이다. 그는 이 길이 가장 안전하다고 듣고 있었다.[113]

---

110) 오늘날에는 리디아스 강(현재 이름은 카라스마크 또는 크리오네로)은 악시오스 강(현재의 반달 강)으로 합류하고 있다. 할리아크몬은 오늘날의 비스토리차 강인데, 이들 세 강의 하상(河床)은 충적토로, 현재는 크게 변화해 있는 것 같다.
111) 마케도니아와는 구별되는, 악시오스, 할리아크몬 두 강의 중간 지역을 가리킨다.
112) 예로부터 경치로 유명한 템페 협곡.
113) 페르시아군의 진격로에 관한 헤로도토스의 기술에는 그 정확성이 의심되는 몇 가지 의문점이 있다. 곤노스는 템페 협곡을 경유하는 도로상에 있는 도시이기 때문에 크세르크세스는 템페 협곡의 좁은 길을 따라 테살리아로 들어갈 예정이었다는 것이 된다. 그러나 '오지의 길'이라든지 고지

크세르크세스는 그러한 생각이 들자, 그것을 곧 실행에 옮겼다. 그
는 이러한 경우에 언제나 이용했던 시돈인의 배에 올라, 육상 부대는
뒤에 남겨 놓은 채 다른 함선들에게도 출항을 명했다. 페네이오스 강
의 하구에 도착하여 이곳을 구경한 크세르크세스는 크게 경탄하고, 길
안내자들을 부른 후 이 강의 수로를 바꿔 다른 지점에서 바다로 흘러
들어가게 할 수 있는지를 물었다.

그런데 옛날의 테살리아 지방은 지금처럼 사방이 고산으로 둘러싸인
호수였다고 전해지고 있다. 즉 이 지방은 그 동쪽으로는 펠리온과 오
사 두 산맥이 그 산기슭에서 서로 이어지면서 장벽을 이루고 있고, 북
쪽으로는 올림포스 산맥이, 서쪽으로는 핀도스 산맥이, 남쪽으로는 오
트리스 산맥이 각각 그 주변을 둘러싸고 있다. 이들 산맥에 둘러싸인
중간의 분지가 곧 테살리아이다.

따라서 다수의 하천이 테살리아로 흘러드는데, 그 중에서도 가장 이
름이 잘 알려진 것은 페네이오스, 아피다노스, 오노코노스, 에니페우
스 및 파미소스 등 다섯 개 강이다. 이들 강은 테살리아를 둘러싼 산
중에서 평야지대로 흘러내린 다음, 이윽고 모두 한 강으로 합류한 채
하나밖에 없는 좁은 협곡을 지나 바다로 흘러들어간다. 합류하자마자
그때부터는 페네이오스 강이라 불리며 여타의 이름은 사라지고 마는
것이다. 그 옛날 아직 저 협곡이 없고 따라서 물의 유출구가 없었을
때에는, 보이베이스 호(湖)와 마찬가지로 아직 이름은 없었지만 이들
강이 오늘날처럼 산중에서 흘러내렸기 때문에 테살리아 전 지역이 내
해 (內海)처럼 되어 있었다고 한다

에 사는 마케도니아인 등의 말은 이 통로를 기술하는 데 적합치 않고, 오
히려 북방의 이른바 '페트라 고갯길'이나 이보다 서쪽의 산지를 지나는
경로 쪽에 적합하다. 또한 크세르크세스가 테르메에서 일부러 페네이오스
하구를 방문한 것은 단지 호기심을 만족시키기 위한 목적에서만은 아니
고, 진격에 앞서 이쪽 방면을 예비적으로 조사하기 위해서였을 것으로 생
각된다.

테살리아의 원주민들이 말하는 바에 따르면 페네이오스 강이 흐르는 저 협곡은 포세이돈신이 만든 것이라 하는데, 이것은 이치에 맞는 이야기라 생각한다. 왜냐하면 지진을 일으키는 것은 바로 포세이돈이고 지진으로 인한 협곡의 균열이 궁극적으로 이 신의 소행이라고 믿는 자라면, 저 협곡을 보고 당연히 포세이돈이 만든 것이라고 말할 것이기 때문이다. 내가 보기로도 그 협곡은 틀림없이 지진 때문에 생긴 것으로 보였다.

그런데 페네이오스 강에는 바다로 흘러들어갈 수 있는 별도의 유출구가 있느냐는 크세르크세스의 질문에 대해, 그 지역에 대해 정통한 안내자들은 다음과 같이 대답했다.

"왕이시여, 이 강에는 이 하구 이외에는 바다로 흘러들어갈 만한 유출구가 없습니다. 테살리아 전역이 산악으로 둘러싸여 있기 때문입니다."

그러자 크세르크세스는 그에 대해 이렇게 말했다 한다.

"테살리아 놈들은 현명하군. 그들은 이전부터 바로 이 점을 경계하고 있었던 게야. 때맞추어 내게 복종하게 된 데에는 물론 달리 여러 가지 이유가 있었겠지만, 무엇보다도 그들 자신의 국토가 쉽게 공략될 수 있는 곳이라는 걸 깨달았기 때문이었을 게야. 실제 그 일은 간단하지. 둑을 쌓아 강물이 협곡으로 흘러가지 못하게 하고 현재의 수로를 돌려 강물이 그들의 국토로 흘러들어가게 하면, 산으로 둘러싸인 테살리아 전역은 수중에 잠기게 되고 말 테니까 말야."

크세르크세스는 물론 이 말을 하면서 알레우아스 가의 일족을 염두에 두고 있었던 것이다. 왜냐하면 테살리아아인인 그들은 그리스인 중에서 가장 먼저 페르시아 왕에게 굴복했기 때문이었다. 그리고 크세르크세스는 의심할 바 없이 알레우아스 가의 일문이 테살리아 전 주민의 이름으로 우호 관계를 약조했다고 생각했던 것이다.

크세르크세스는 이러한 말을 남기고 구경을 끝낸 후 뱃길로 테르메로 귀환했다.

아테네와 스파르타

크세르크세스는 피에리아 지방에 상당 기간 동안 머물렀다.[114] 세 군단의 원정군 중에서 한 군단이 전군을 위해 페라이비아로의 진입로를 닦을 요량으로 마케도니아 산악 지대를 개착하고 있는 동안, 이곳에서 대기하고 있었던 것이다.

한편 땅과 물을 요구하기 위해 그리스 각지로 파견됐던 사자들이 귀환했는데, 순조롭게 땅과 물을 약속받은 자가 있는가 하면 빈손으로 온 자도 있었다.

땅과 물을 페르시아 왕에게 바친 민족을 다음에 열거하면, 테살리아인, 돌로페스인, 에니아네스인, 페라이비아인, 로크리스인, 마그네시아인, 말리스인, 프티오티스의 아카이아인, 테베인, 그리고 테스피아이와 플라타이아의 두 도시를 제외한 전 보이오티아인 등이었다. 페르시아의 침공에 맞서 항전의 기치를 들기로 결정한 그리스인들은 위의 민족들에 대해 다음과 같은 조치를 취하기로 맹세했다. 즉 그리스인이면서 강제가 아닌 자의로 페르시아 왕에게 굴복한 자들에게는 모두 전쟁이 성공리에 끝날 때에는 델포이의 신에게 1할세(一割稅)[115]를 납부케 한다는 것이었다.

크세르크세스가 아테네와 스파르타에는 땅과 물을 요구하는 사자를 보내지 않았던 이유는 이러했다. 전에 다레이오스가 같은 목적에서 사자를 파견했을 때,[116] 아테네인은 땅과 물을 요구하러 온 사자를 처형갱(處刑坑)[117]에 집어넣고 스파르타인은 우물 속에 밀어 넣은 후, 그곳

---

114) 여기에는 기술되어 있지 않지만 크세르크세스는 이미 테르메에서 피에리아 지방으로 옮겨 가 있었던 것이다.

115) 1할세란 보통 재산이나 수입의 10분의 1을 바치는 것을 말하지만, 이 경우 반역자에 대한 처벌로서는 너무 가볍다고 생각되기 때문에 재산을 몰수하고 노예로서 매각한 그 수익의 1할을 델포이에 봉납했다는 뜻일 것이라고 해석하는 설도 있다. 어느 경우이든 이 서약은 실제로는 실행되지 않은 것 같다.

116) 제2권 참조.

에서 땅과 물을 취하여 대왕에게로 가져가라고 말했기 때문이었다. 이러한 사정이 있었기 때문에 크세르크세스는 양국에는 땅과 물을 요구하는 사자를 보내지 않았던 것이다. 페르시아의 사자에 대한 이러한 조치가 아테네인에게 어떤 좋지 못한 결과를 초래했는가에 대해서는 나로서도 잘 모른다. 물론 아테네의 국토와 도시가 파괴된 것만은 사실이지만, 그것이 이 같은 원인 때문이라고는 나로서는 믿을 수 없다.

한편 스파르타 쪽은 그 옛날 아가멤논의 사자였던 탈티비오스[118]의 노여움을 사게 되었다. 스파르타에는 탈티비오스를 모신 신전이 있고, 또한 탈티비아다이('탈티비오스의 일족'이라는 뜻)라 불리는 탈티비오스의 후예들이 살고 있으며, 스파르타에서 파견되는 사자 역할은 모두 이 일족이 담당하는 특권을 갖고 있다. 그런데 스파르타에서는 위의 사건이 있은 후부터 희생에 의한 점괘에 아무리 해도 좋은 전조가 나타나지 않고, 게다가 그러한 일이 오랫동안 계속됐다. 이러한 사태에 곤혹을 느낀 스파르타인은 여러 번 민회를 개최하는 동시에 스파르타 시민 가운데 자진해서 조국을 위해 목숨을 바칠 자는 없는가 하는 공고를 냈다. 그러자 아네리스토스의 아들 스페르키아스와 니콜라오스의 아들 불리스 등 명문 출신이자 거부(巨富)이기도 한 두 사람이 크세르크세스에게로 가, 스파르타에서 타레이오스의 사자를 처벌한 데 따른 대가를 치르겠다고 자발적으로 제안했다. 스파르타인들은 이 두 사람을 사지(死地)로 보낸다는 각오로 페르시아로 파견했던 것이다.

이 두 사람의 용기는 실로 경탄할 만한 것이었으며, 게다가 다음에 기록할 그들의 말 또한 참으로 훌륭한 것이었다. 그것은 두 사람이 수사로 가던 도중 히다르네스를 방문했을 때의 일이었다. 히다르네스는 페르시아인으로 아시아의 연해 지방 일대의 군사령관이었는데, 그는

---

117) 아테네에서 사형수를 던져 넣는 갱(坑).

118) 트로이 전쟁 때의 유명한 전령(傳令)으로, 후세에 전령이나 외교 사절의 수호신으로서 받들어지고 있었다. 스파르타인이 페르시아의 사자를 처형한 것이 이 신의 노여움을 샀다는 것이다.

두 사람을 손님으로서 맞아들여 연회를 베풀었다. 그리고 그 석상에서 다음과 같이 물었다.

"스파르타에서 오신 손들이여, 그대들은 어찌하여 우리 왕 전하와 우호 관계를 맺지 않으려 하오? 지금의 나와 내 지위를 보면 명확히 알 수 있듯이, 전하께서는 유능한 인재를 중용하는 기술을 잘 알고 계시오. 따라서 그대들도 전하를 따르기만 하면 전하께서는 이미 그대들이 유능한 인재임을 알고 계시기 때문에 두 사람 모두 전하의 허락을 얻어 그리스를 지배할 수 있게 될 것이오."

이 말에 대해 두 사람은 다음과 같이 답했다.

"히다르네스 각하, 저희들에 대한 각하의 충고는 사태를 충분히 알지 못하신 데서 나온 것입니다. 각하께서는 한쪽 면에 대해서는 잘 알고 계시지만, 다른 한쪽 면에 대해서는 모르고 계십니다. 즉 노예라는 것이 어떤 것인가에 대해서는 잘 이해하고 계시지만, 자유라는 것에 대해서는 아직 경험한 일이 없으시기 때문에 그것이 단지 아니면 쓴지 모르고 계십니다. 그러나 각하께서도 일단 자유의 맛을 알게 되신다면, 자유를 위해서는 창뿐만 아니라 손도끼라도 들고 싸워야 한다고 우리에게 권하게 되실 것입니다."

이후 두 사람은 여정을 계속해서 마침내 수사에 도착해 왕을 알현하게 되었다. 그런데 그때 먼저 왕의 호위병들이 왕 앞에 꿇어 엎드려 배례하라고 지시하고 강제로 그렇게 시키려 하자, 그들은 설사 호위병들의 손에 의해 머리를 바닥에 찧게 되는 한이 있어도 결코 그런 짓은 할 수 없다고 말했다. 인간에게 배례하는 그와 같은 일은 자기들 나라의 관습에는 없으며, 또한 자신들은 그와 같은 짓을 하기 위해 온 것이 아니라고 주장했던 것이다.

위와 같은 지시를 완강히 거부한 후 두 사람은 왕을 향해 말했다.

"메디아국의 왕이시여, 저희들은 스파르타에서 최후를 마친 저 사자를 살해한 데 따른 죄값을 치르기 위해 스파르타에서 파견되어 왔습니다."

그러자 크세르크세스는 도량 넓게, 자신은 스파르타인과 같은 짓은 하지 않겠다고 말했다. 즉 스파르타인은 외국 사절을 살해하는 폭거를 통해서 국제간의 관습을 유린했지만, 자신은 바로 그와 같은 방법으로 스파르타인을 책할 생각은 없으며, 이 두 사람을 보복의 대상으로 삼아 처형함으로써 스파르타인들이 그 책임을 면케 하지는 않겠다는 것이었다.

이와 같은 사정에서 스페르키아스와 불리스 두 사람은 무사히 스파르타로 귀환할 수 있었고, 여하튼 스파르타인도 이와 같은 조치로 탈티비오스의 노여움을 일단 진정시킬 수 있었다. 그러나 그 훨씬 뒤에 펠로폰네소스인과 아테네인이 전쟁을 할 때 이 노여움이 재발했다고 스파르타인은 전하고 있다. 수많은 사례 중에서도 이만큼 신의(神意)를 명확하게 살필 수 있는 예는 없다고 나는 생각한다. 즉 탈티비오스의 노여움이 사절들의 몸에 미쳐 그것이 성취되기까지 진정되지 않았다는 것은, 보복의 이치에서 보면 당연한 것이었다. 요컨대 탈티비오스의 노여움 때문에 페르시아 왕에게 파견됐던 인물들의 자식들 —— 불리스의 아들 니콜라오스와, 한 척의 상선과 거기에 탄 무장병을 가지고 티린스의 망명자들이 건설한 할리에이스 시를 공격하여 이곳을 점령한 스페르키아스의 아들 아네리스토스[119] —— 이 이 노여움의 희생물이 되었다는 것은 적어도 내게는 신의 뜻이라고 느껴진다. 이 두 사람은 스파르타의 사절로서 아시아로 가던 도중 트라키아의 왕이었던 테레스의 아들 시탈케스와 아브데라인 피테스의 아들 님포도로스의 배반으로 헬레스폰토스의 비산테 부근에서 체포되어 아티카로 호송된 다음 아테네인에 의해 살해됐던 것이다. 역시 이때 코린토스인 아데이만토스의 아들 아리스테아스도 위의 두 사람과 운명을 같이했다.[120]

---

119) 티린스가 아르고스에 점령, 파괴됐다는 것은 제6권에 기록되어 있는데, 그때 망명자들이 할리에이스를 건설했을 것이다. 아네리스토스의 할리에이스 점령 연대는 밝혀지지 않고 있다.

120) 이 사건은 투키디데스의 《펠로폰네소스 전쟁사》 제2권에 자세히 나온다.

그러나 이 일은 페르시아 왕의 원정이 있은 후 몇 년 뒤에 일어났기 때문에 여기에서 이야기를 원점으로 돌린다.

페르시아 왕의 출정은 명목상으로는 아테네를 토벌하는 것이었지만, 실상은 전 그리스의 정복을 목표로 한 것이었다. 모든 그리스인은 일찍부터 이 사실을 알고 있었지만, 닥쳐올 위험에 대해서는 서로 다른 견해를 갖고 있었다. 이미 페르시아 왕에게 땅과 물을 바쳤기 때문에 위해(危害)가 없을 것이라고 낙관하는 도시도 있었고, 한편 땅과 물을 바치지 않은 도시에서는 공격해 오는 페르시아 왕을 맞아 싸울 만한 군선 수가 그리스에는 부족한데다가 또한 많은 그리스인들이 전쟁에 참가하기를 꺼리고 오히려 페르시아 쪽에 자진해서 굴복하려 했기 때문에 심한 공포에 시달리고 있었다.

그런데 여기에서 나는 반드시 대다수 사람들의 비판을 받게 될 견해를 밝혀야만 하겠다. 비록 그렇게 되더라도 그것이 진실이라고 믿어지는 한 나는 기꺼이 그것을 개진할 것이다. 즉 만약 아테네인이 다가오는 위난(危難)에 겁을 집어먹고 조국을 포기했거나 비록 포기하지는 않았다 하더라도 거기에 머물러 있다가 크세르크세스에게 항복해 버렸다면, 해상에서 페르시아 왕을 맞아 싸우려 하는 자는 전무했을 것이다. 해상에서 크세르크세스를 맞아 싸우는 그리스 함대가 없었다면 육상에서의 정황은 틀림없이 다음과 같이 되었을 것이다. 즉 펠로폰네소스군에 의해 지협을 가로지르며 방어벽이 몇 겹으로 쳐져 있었다 하더라도 페르시아 해군에 의해 도시들이 차례로 점령되어 갔다면, 스파르타의 동맹 제국도 본의는 아니지만 스파르타를 버릴 수밖에 없었을 것이고 스파르타는 고립무원의 상태에 빠졌을 것이다. 제아무리 스파르타군이라 하더라도 고립된 상태에서는, 설령 눈부신 활약을 보이며 싸운다고 해도, 필경은 옥쇄(玉碎)할 수밖에 없었을 것이다. 스파르타군으로서는 이러한 운명에 처하든지, 아니면 그 이전에 다른 그리스 제국이 페르시아측에 가담하는 것을 보고 크세르크세스와 화의(和議)를 맺었을 것이다. 이렇게 되면 여하튼 그리스는 페르시아의 지배를 감수할 수밖에 없게 되었을 것임에 틀림없다. 왜냐하면 페르시아 왕에 의해 해상이 제압되었다면 지협에 둘러쳐진 성벽도 과연 제대로 역할을 했을지 의문이기 때문이다.

이렇게 볼 때, 아테네가 그리스의 구세주였다고 얘기해도 진실을 벗어난 말은 아닐 것이다. 사실 아테네가 어느 쪽에 가담하는가에 따라서 운명의 저울이 어느 쪽으로 기울 것인가가 결정될 상황이었던 것이다. 그리고 그리스의 자유를 보전하는 길을 선택하고 페르시아에 아직 굴복치 않은 모든 그리스를 각성시키고 신을 본받아 페르시아 왕을 격퇴한 것이야말로 바로 이 아테네인이었던 것이다. 델포이에서 내려진, 아테네인을 공포로 몰아넣었던 무서운 신탁조차도 아테네로 하여금 그리스를 포기하게 하지는 못했고, 그들은 끝까지 머물며 자국 영토로 육박해 오는 적과 과감히 맞서 이를 격퇴시켰던 것이다.

이에 앞서[121] 아테네에서는 신탁을 물을 심산으로 신탁 사절을 델포이에 파견한 바 있었다. 신탁 사절이 신역(神域)에서 소정의 의식을 행한 후 본전(本殿)에 들어가 자리에 앉자, 아리스토니케라는 무녀가 다음과 같은 신탁을 내렸다.

"가엾은 자들아, 어찌하여 여기에 앉아 있느냐? 집도, 너희 도시가 수레처럼 둥글게[122] 둘러싸고 있는 산도 버리고 지상 끝으로 도망쳐라. (너희들의 도시는) 머리도 몸통도 무사하지 못할 것이다. 발부리도 손도 그 나머지 부분도 남김없이 사라지리라. 도시는 불타고, 시리아의 전차를 몰고 달려오는 사나운 군신(軍神)의 발 아래 짓밟히게 되리라. 너희들의 성뿐만이 아니라 수많은 성채들이 파괴될 것이다. 또한 겁화(劫火)를 맞게 될 무수한 신전들이 이미 지금 공포에 떨며 식은땀을

121) 이 신탁 사절의 파견 시기는 확실치 않지만, 앞뒤 기술을 살펴보건대 살라미스 전투보다 상당히 이전에 행해진 것으로 보여지는바, 기원전 482년 경의 일인 듯하다. 다만 제2의 신탁은 테미스토클레스의 책략에 의한 것인지도 모르고, 그 상황에서 사태가 몹시 절박했던 것 같다.
122) 아테네 시가 성벽에 의해 원형으로 둘러싸여 있었다는 것이리라.

흘리고 있고, 그 천장으로부터는 피할 길 없는 재액을 알리는 검은 피가 쏟아져 내리고 있다. 그러니 그대들은 이 신전을 즉시 떠나라. 그리고 마음껏 비탄에 잠기라."

이 말을 들은 아테네의 신탁 사절은 극도로 비탄에 잠겼다. 그들이 신탁이 계시한 운명에 절망하고 있는 모습을 보고 델포이의 일류 명사 중 한 사람이었던 안드로불로스의 아들 티몬이 그들에게, 탄원자의 표지인 올리브나무 가지를 손에 들고 탄원자로서 재차 신탁을 구하라고 충고했다. 아테네의 사자들은 그의 충고에 따라 신을 향해 다음과 같이 말했다.

"신이시여, 원컨대 저희들이 이곳에 갖고 온 탄원자의 표지를 생각하시어 저희들의 조국에 관하여 좀더 좋은 계시를 내려 주소서. 그러지 않으시면 저희들은 이 신전을 떠나지 않고 목숨이 다할 때까지 머물러 있겠습니다."

그러자 무녀는 다시 다음과 같은 신탁을 내렸다.

"팔라스(아테네)가 아무리 애원하고 현명한 재지를 발휘하여 탄원한다 하더라도, 올림포스에 계신 제우스신의 마음을 움직이지는 못하리라. 하지만 나는 여기에서 재차 너희들을 위해 강철처럼 확고한 말을 내리리라. 케크롭스의 언덕[123]과 성스런 키타이론의 계곡 사이에 있는 땅이 모두 적의 손에 함락된다 하더라도, 멀리 바라보시는 제우스께서는 토리토게네스(아테네)를 위해 나무 성채만은 난공불락의 요새로 화하게 하여 너희와 너희 자식들을 구원해 주실 것이다. 또한 너희는 육로로 육박해 오는 기병과 보병의 대군을 가만히 앉아서 기다려서는 안 된다. 등을 돌리고 퇴각하라. 이윽고 진실로 반격을 가하게 될 날이 오리라. 오오! 성스런 살라미스여, 데메테르의 선물[124]이 파종될 때, 혹은 그것이 거두어들여질 때, 그대는 여자들의 자식들을 없애게 되리

---

123) 아테네의 아크로폴리스를 가리킨다. 케크롭스는 아테네의 고대 왕.
124) 곡물을 말한다.

라."

이 신탁은 먼젓번 것보다 확실히 온건했으며 아테네의 신탁 사절에게도 그렇게 생각되었기 때문에, 그들은 이 신탁을 글로 옮긴 뒤 아테네로 돌아왔다. 신탁 사절이 귀국하여 이것을 국민에게 보고하자 그 신탁의 진의를 둘러싸고 의론이 백출했는데, 특히 다음의 두 설이 완연한 대립을 보였다. 즉 일부의 노인들은 아크로폴리스가 파괴를 면할 것이라는 뜻을 신이 계시한 것이라고 주장했다. 그 옛날 아테네의 아크로폴리스는 가시나무로 둘러쳐져 있었으며, '나무 성채'는 아크로폴리스를 가리킨다는 이유에서였다. 그러나 한편에서는 신이 말한 '나무 성채'는 배를 가리킨다고 주장했다. 그들은 그리하여 만사를 제치고 무엇보다도 먼저 함선을 정비해야 한다고 촉구했다. 다만 '나무 성채'를 배라는 뜻으로 해석하는 일파에게 장애가 되었던 것은, 델포이의 무녀가 말한 신탁 중 최후의 행을 이루는 '오오! 성스런 살라미스여, 데메테르의 선물이 파종될 때, 혹은 그것이 거두어들여질 때 그대는 여자들의 자식들을 없애게 되리라'는 구절이었다. 이 구절 때문에 '나무 성채'를 배로 해석하는 일파의 견해는 심각한 파탄지경에 이르게 됐는데, 그것은 점술가들이 이 구절을, 아테네가 해전을 준비하게 되면 살라미스의 해역에서 패배를 겪게 되는 것은 아테네측일 것이라는 뜻으로 해석했기 때문이었다.

그런데 이때 아테네에는 최근에 이르러 급격히 이름을 날리게 된 인물이 있었다. 그는 네오클레스의 아들 테미스토클레스였다.[125] 그는 점술가들이 중요한 점에서 실수를 저질렀다고 말하고, 신탁의 구절이 진실로 아테네인을 가리키는 것이라면 신탁은 그렇게 온건한 표현을 사용하지는 않았을 것이라고 주장했다. 요컨대 적어도 살라미스 섬의 주민들이 그 해역에서 최후를 거둘 운명에 있다고 한다면 '오오! 성스런

---

125) 테미스토클레스는 이미 기원전 493년에 아르콘의 직위에 취임해 있었고, 또한 마라톤에서도 공적을 세웠다. 따라서 '그 전'이라 해도 지나치게 엄밀한 태도를 취할 필요는 없다.

살라미스여'라는 표현을 쓰지 않고 '오오! 비정한 살라미스여'라고 말했을 것이 틀림없는바, 올바른 해석에 따르면 이 신탁은 적을 가리키는 것이며 아테네인을 가리키는 것은 아니라는 것이었다. 그는 거기에서 '나무 성채'는 그와 같은 뜻으로 해석해야 하므로 아테네인은 곧 해전 준비를 해야 한다고 권고했다. 테미스토클레스가 이와 같은 견해를 밝히자 아테네인들은 그의 주장이 점술가들의 의견보다 훨씬 낫다고 판단했다. 점술가들의 의견이란 해전을 준비하는 따위의 일을 해서는 안 된다는 것이었다. 즉 한마디로 말해서 아무런 저항도 하지 말고 아티카의 국토를 버리고 다른 곳으로 이주해야 된다는 것이었다.

이전에도 한 번 테미스토클레스는 시의(時宜)에 적절한 주장을 제기하여 국가를 크게 이익되게 한 적이 있었다. 라우레이온 광산[126]으로부터 막대한 금이 산출되어 아테네의 국고가 풍족하게 되었는데, 그것을 한 사람당 10드라크마씩 배당하자는 의견이 지배적이었다. 이때 테미스토클레스는 아테네인을 설득하여 이 분배를 중지시키고, 이 금으로 아이기나와의 전쟁[127]에 대비하여 200척의 함선을 건조하는 데 성공했다. 실제로 바로 이 전쟁을 목전에 두고 있었던 아테네는 싫든 좋든 해군국(海軍國)이 될 수밖에 없었으며, 이로써 바야흐로 그리스가 구원될 수 있었던 것이다. 물론 이들 함선은 예정된 목적에는 다 사용되지 못했지만, 위에 서술했던 것과 같은 사정에서 그리스에 있어서는 적절한 기회에 실로 유용하게 쓰였던 것이다.

당시 아테네에서는 이들 함대가 이미 완성되어 있었지만, 추가로 더 많은 함선을 건조할 필요가 있었다. 이리하여 아테네인들은 신탁을 받고 협의한 결과, 신탁의 뜻에 따라 아테네와 뜻을 같이하는 다른 그리스인과의 협력하에 국력을 기울여 그리스로 진공해 오는 침략자를 해

---

126) 아티카 반도 남단 가까이, 동서로 연한 산중에 있는 은(銀) 광산. 오래 전부터 개발됐지만 그 산출량은 테미스토클레스 시대에 절정에 달했던 것 같다.
127) 아이기나와의 항쟁은 기원전 491년경에 시작된다(제6권 참조).

상에서 맞아 싸우기로 결의했다.

첩자와 사절의 파견

　한편 그리스인 국가들 가운데 조국의 앞날을 걱정하고 애국심에 불타던 국가들은 한 곳[128]에 회동하여 서로 의견을 교환하고 맹약을 했다. 그리고 협의 결과 그들에게 있어서 무엇보다도 필요한 것은 그들 상호간의 적대 관계나 전쟁을 종결짓고 화해하는 것이라는 데 뜻을 같이했다. 수많은 상호간의 분쟁 중에서도 특히 중대했던 것은 아테네와 아이기나 사이의 알력이었다. 그리고 다음으로 그들은 크세르크세스가 그 휘하 병력과 함께 사르데스에 있음을 알고 페르시아 군대의 정세를 탐색하기 위해 아시아로 첩자를 보낼 것, 또한 아르고스에 사자를 파견해 대 페르시아전에서 공동 전선을 편다는 협정을 맺게 할 것, 그리고 시켈리아의 데이노메네스의 아들 겔론[129]과, 나아가 케르키라 및 크레타에도 각각 원조를 요청하는 사절을 보낼 것 등을 결의했다. 그리하여 그들은 다가오는 그리스인 전체에 대한 공동의 위기에 대처하여, 가능한 한 그리스 민족을 단결시켜 행동할 태세를 갖추게 하려 했던 것이다. 당시 겔론의 위세는 매우 강대하여 그리스의 어떤 세력보다도 훨씬 강력하다고 전해지고 있었다.

　이와 같이 결의한 그리스 제국은 상호간의 분쟁을 해소한 후 먼저 아시아로 세 명의 첩자를 보냈다. 첩자들은 사르데스에 도착하여 페르시아군의 동정을 탐색하던 중 이윽고 신분이 발각되어 체포되었다. 그리고 육상 부대 지휘관들의 고문을 받은 후 처형장으로 보내져 사형을 선고받았다. 한편 크세르크세스는 이 소식을 듣게 되자 지휘관들의 판결을 꾸짖고 몇 명의 친위병을 파견하면서 첩자들이 아직 살아 있으면 자기 앞으로 데리고 오라고 명했다. 사자들이 아직 생존해 있던 첩자

128) '한 곳'이란 코린토 지협을 가리킨다.
129) 겔론에 대해서는 뒤에 자세히 기술된다.

들을 발견하고 왕 앞으로 데리고 오자, 왕은 첩자들에게 입국 목적을 물은 후 친위병들을 불러 그들을 안내하여 보병 및 기병 전 부대를 마음껏 구경시킨 다음 어디든 그들이 바라는 곳으로 무사히 떠나도록 해주라고 명했다.

크세르크세스는 이와 같이 명한 후 다시 덧붙여 다음과 같이 말했다. 즉 만일 첩자들이 죽고 말았다면 그리스측은 비할 데 없이 강대한 페르시아군의 위세를 사전에 알 수 없었을 것이며, 겨우 세 명을 죽였다 하더라도 적에게 그다지 손해를 주지는 못했을 것이다. 그러나 그들이 무사히 그리스로 돌아간다면 그리스측은 이쪽의 전력을 알고 현재 진행중인 원정을 기다리지도 않고 그들이 말하는 '자유'를 포기할 것이다. 그렇게 된다면 전쟁을 벌이는 노고 따위는 전혀 필요 없게 될 것이라는 이야기였다.

크세르크세스는 이와 비슷한 의견을 다른 경우에도 제시한 적이 있었다. 즉 그가 아비도스에 체재하고 있을 때의 일이었는데, 아이기나 및 펠로폰네소스로 향하는 곡물 수송선단이 흑해를 나와 헬레스폰토스를 항행하고 있는 광경이 그의 눈에 띄었다. 왕의 측근에 있던 자들은 그것이 적선임을 알고 그 배들을 나포할 준비를 갖추어 놓고 왕의 명령이 떨어지길 기다리면서 왕을 주시하고 있었다. 크세르크세스는 측근에게 어디로 향하는 선단이냐고 물었다.

"전하, 저 배들은 페르시아의 적들에게 곡물을 실어 나르고 있습니다."

그들이 이렇게 대답하자 크세르크세스는 그에 대해 다음과 같이 말했다.

"그렇다면 우리와 같은 방향으로 가고 있지 않느냐? 게다가 곡물을 비롯한 여러 가지 물자를 싣고서 말이야. 우리를 위해 곡물을 실어 나르고 있는 그들에게 대체 무슨 죄가 있단 말이냐."

이와 같은 사정으로 첩자들은 시찰을 마친 후 유럽으로 돌아왔던 것이다. 한편 페르시아 왕에 대항하기 위해 맹약을 교환한 그리스 제국은 첩자의 파견에 이어서 이번에는 아르고스로 사절을 보냈다.

그런데 아르고스의 정세는 아르고스인 스스로 말하는 바에 따르면 다음과 같았다 한다. 아르고스에서는 일찍이 당초부터 페르시아 왕의 그리스에 대한 야망을 알고 있었고, 나아가 그리스 제국이 자신들을 대 페르시아전에 끌어들이려고 하리라는 것을 잘 알고 있었기 때문에, 신에게 최선의 방책을 묻기 위해 델포이로 신탁 사절을 보냈다 한다. 그 까닭은 다름이 아니라 얼마 전에 아낙산드리데스의 아들 클레오메네스 휘하의 스파르타군에 의해 그들의 병사 6천 명이 살해된 일이 있었기 때문이었다.[130] 델포이의 무녀는 그들의 물음에 대하여 다음과 같은 신탁을 내렸다.

"이웃에게는 미움을 받고 신으로부터는 사랑을 받는 백성들아, 투창을 안으로 돌려 잡고 방비를 단단히 한 다음 움직이지 말고 앉아서 머리를 잘 지키라. 머리가 몸을 구원하리라."[131]

델포이의 무녀가 이와 같은 신탁을 내린 것은, 그리스 제국이 보낸 사절이 아르고스에 오기 이전의 일이었다. 그런데 사절 일행이 아르고스에 도착하여 평의회에 출두한 후 명령받은 대로 이야기하자, 아르고스측은 이에 대해 자신들로서는 스파르타와 30년간 평화 조약을 맺을 수 있고 또한 전 동맹군의 반을 지휘할 수 있는 권한을 부여해 준다면 요구에 응할 용의가 있다고 대답했다. 아르고스가 통수권을 완전히 장악해야 마땅하겠지만 자신들은 그 반쪽 통수권에 만족하겠다고 말했다는 것이다.

아르고스의 평의회는 그리스 제국과 공수(攻守) 동맹을 맺어서는 안 된다는 신탁이 있었음에도 불구하고 이와 같이 답했다 한다. 신탁을

---

130) 세페이아 부근에서의 전투를 가리킨다(제6권 참조). 그러나 이 사건은 기원전 494년경의 일로 추정되는바, '앞서'라 하더라도 10여 년의 세월이 흘렀던 것이다.

131) 머리는 도시의 중견 세력을 이루는 성년 시민을 가리키고, 몸은 남녀노소를 포함한 도시 주민 전체를 의미할 것이다.

꺼림칙하게 생각하기는 했지만, 30년간의 강화(講和)를 실현시켜 그동안 자식들에게 성인으로 성장할 기회를 부여하는 것이 그들에게는 무엇보다 중요했기 때문이었다는 것이다. 그리고 전의 참사(慘事)도 있었기 때문에, 강화를 성립시켜 두지 않으면 대 페르시아전에서 차질이 빚어질 경우 영원히 스파르타에 예속될 것이 명약관화했기 때문이었다고 한다.

사절단 중 스파르타에서 온 사자는 아르고스의 평의회의 제의에 대해 다음과 같이 대답했다고 한다. 즉 휴전 문제는 본국의 중의(衆議)에 넘겨 처리토록 해야 할 문제이지만 지휘권 문제에 관해서는 이미 지시받은 바가 있다고 말하고, 아르고스에는 한 명의 왕밖에 없지만 스파르타에는 두 명의 왕이 있는바, 스파르타의 두 왕 누구로부터도 지휘권을 박탈할 수는 없는 형편이지만 아르고스 왕이 스파르타의 두 왕과 똑같은 발언권을 지니는 데는 아무런 지장이 없을 것이라고 답했다는 것이다. [132]

이러한 배경하에서 아르고스측도 스파르타의 전횡(專橫)에 더 이상 참을 수 없어 스파르타에 양보하기보다는 차라리 외적의 지배를 받겠다고 선언하고, 스파르타의 사절을 향해 해가 지기 전에 아르고스령을 떠나라고 명하고 그러지 않으면 적으로 취급하겠다고 말했다. 이상은 아르고스측이 전하는 내용이다.

그러나 그리스에는 그와 다른 전승이 널리 전해지고 있다. 즉 크세르크세스는 그리스 원정을 결행하기에 앞서 아르고스에 사자를 보냈는데 그 사자는 아르고스에 도착하자 다음과 같이 말했다는 것이다.

"아르고스인 여러분, 크세르크세스 전하께서는 귀국에 대해 다음과 같이 말씀하셨소. 우리는 우리의 국조(國祖) 페르세스님이 다나에의 아드님 페르세우스를 아버지로 하고 케페우스의 따님 안드로메다를 어

---

132) 스파르타측의 제의에 따르면 결국 아르고스는 동맹군의 일원으로 한 개의 투표권밖에 행사할 수 없는 처지로서, 아르고스의 요구와는 거리가 있는 것이었다.

머니로 하여 태어나셨다고 믿고 있소. 따라서 우리는 귀국민의 후예라 해도 좋은 것이오. 그러므로 우리가 자신들의 조상의 나라에 대해 병력을 일으킨다는 것은 천만부당한 일이며, 또한 귀국이 타국을 원조하여 우리와 적대하는 것도 그와 마찬가지일 것이오. 귀국으로서는 오히려 조용히 어느 편에도 가담하지 않는 것이 올바른 태도일 것이오. 사태가 내 생각대로 된다면 귀국을 다른 어떤 나라보다도 후대하겠소."

이 말을 들은 아르고스인은 왕의 발언을 중시하여 처음에는 그리스 측의 원조 요구에 대해 아무런 약속도 하지 않고 또한 지휘권 분배도 요구하지 않았지만, 그리스 제국이 계속해서 지원을 요청하자 스파르타측이 통수권을 분양하지 않으리라는 걸 잘 알고 있었으면서 전쟁에 참여치 않을 구실을 찾기 위해 그것을 요구했다는 것이다.

이 설(說)은 다음 이야기에 의해서도 증명된다고 말하는 그리스인도 있다. 즉 위의 사건보다 훨씬 뒤에 일어난 일인데,[133] 히포니코스의 아들 칼리아스와 그 수행원이 아테네의 사절로서 별도의 용무가 있어 멤논의 도시 수사[134]에 머물고 있을 때, 때마침 아르고스도 수사로 사절을 파견하여 크세르크세스의 아들 아르타크세르크세스에 대해 아르고스가 크세르크세스와 맺은 우호 관계가 지금도 역시 존속하고 있는지, 아니면 현재의 왕은 아르고스를 적국으로 간주하고 있는지를 질문한 적이 있었다. 그러자 아르타크세르크세스왕은, 물론 우호 관계는 존속하고 있고 자신은 아르고스를 그 어떤 나라보다도 훌륭한 우호국으로 생각하고 있다고 말했다는 것이다.

---

133) 기원전 448년경의 일. 아테네가 페르시아와 우호 관계를 맺기 위해 칼리아스를 파견했다. 통상 '칼리아스의 평화'라 칭해지는 것. 헤로도토스가 이것을 집필할 당시는 아테네의 대 페르시아 정책이 평판이 나빴기 때문에 아테네에 호의를 가졌던 헤로도토스가 '별도의 용건'이라고 고의로 애매하게 표현했다는 설도 있다.

134) 멤논은 트로이 전쟁에서 트로이측에 선 에티오피아의 왕인데, 수사가 이 인물에 의해 건설됐다는 전승에서 비롯됐다. 고풍스런 서사시적 수법을 연상시킨다.

나로서는 크세르크세스가 과연 아르고스에 사자를 보냈는지, 또한
아르고스의 사절이 수사로 올라가 우호 관계에 대해 아르타크세르크세
스에게 질문했는지, 그 진위(眞僞)에 관해서 단정해서 말할 수 없다.
또한 나는 이 사건에 관해서 아르고스인 자신이 표명하고 있는 견해와
다른 어떤 의견도 말할 생각은 없다. 내가 확신하는 바는 단지, 만일
인간이 모두 자신의 불행을 다른 사람의 불행과 교환하고자 각각의 불
행을 들고 모였을 경우, 다른 사람의 불행을 자세히 검토한 후에는 반
드시 누구나 가져온 자신의 불행을 흔연히 그대로 갖고 돌아가리라는
것이다. 이렇게 생각하면 아르고스인의 행동을 한마디로 참으로 비열
한 것이었다고는 말할 수 없을 것이다.[135] 내 의무는 전해지고 있는 것
을 그대로 전하는 것이지만, 그렇다고 해서 그것을 전적으로 믿어야
할 의무가 내게 있는 것은 아니다. 이러한 나의 주장은 본서 전체에
걸쳐 적용될 것이다. 내가 이러한 말을 하는 것은 다음과 같은 설조차
전해지고 있기 때문이다. 즉 페르시아 왕을 꾀어 그리스로 진공케 한
것은 다름 아닌 아르고스인이며, 그 이유는 아르고스가 대 스파르타전
에서 패배한 후 현재의 고난을 면키 위해서는 어떠한 일도 감수하려는
심정이었기 때문이라는 것이다.

한편 시켈리아로 파견된 별도의 사절단——스파르타의 시아그로스
도 그 사절단의 일원이었다——은 겔론과 교섭하기 위해 이미 도착해
있었다. 최초로 겔라에 정착한 사람들 중 한 사람이었던 이 겔론의 선
조는 트리오피온 곶 앞바다에 떠 있는 텔로스 섬[136] 출신이었다. 로도
스 섬의 린도스인이 안티페모스의 지휘하에 겔라 시를 창건할 때,[137]

---

135) 이 부분의 논지가 명쾌하지 않은 것은, 여기에서 일단 '불행'으로 옮긴
    말의 어의(語義)가 애매한 데 주로 기인하는 듯하다. '악업(惡業)'의 뜻으
    로 해석하는 사람도 있는데, 여하튼 아르고스의 행동에 대한 일반의 악평
    을 완화시키려는 의도에서 나온 발언임에도 틀림없다.
136) 텔로스 섬은 로도스 섬과 크니도스 중간에 위치하는 작은 섬. 트리오피온
    은 이 섬 맞은편에 있는 카리아 곶의 이름이다.
137) 겔라의 식민은 기원전 670년경의 일이다.

이 사람도 그 식민에 참가했던 것이다. 그 자손은 이윽고 '지하 여신 (地下女神)'[138]의 사제가 되었고, 그 이후 계속해서 그 직을 계승해 왔다. 그런데 그 지위는 그 조상 중 한 사람인 텔리네스가 확보한 것으로, 여기에는 다음과 같은 사정이 있었다.

겔라의 내란에서 패한 일당이 겔라 위쪽에 있는 막토리온이라는 도시로 패주한 적이 있었다. 그런데 텔리네스가 아무런 병력도 거느리지 않고 오직 이 여신의 신기(神器)의 공덕만으로 이자들을 겔라로 복귀시켰던 것이다.

그가 이들 신기를 어디에서 어떻게 입수했는지에 대해서는[139] 나 자신도 아는 바가 없다. 그러나 여하튼 그는 이 신기에만 의존하여 그와 그의 자손을 여신의 사제로 임명하겠다는 조건으로 망명자들을 복귀시켰던 것이다.

내가 들은 바에서 보면 텔리네스가 이러한 위업을 달성했다는 것은 실로 불가사의하게 생각된다. 왜냐하면 이러한 일은 누구나 할 수 있는 일이 아니고 용감한 정신과 강한 체력이 있어야 비로소 성취될 수 있다는 것이 나의 지론인데, 시켈리아 주민들이 전하는 바에 따르면 텔리네스는 그와는 정반대로 여성적이고 매우 유약한 인물이었다 하기 때문이다. 텔리네스가 사제직을 확보하게 된 사정은 이와 같다.

판타레스의 아들 클레안드로스[140]가 7년 동안 겔라를 통치한 후 사빌로스라는 겔라인에 의해 살해되자, 클레안드로스의 동생 히포크라테스가 왕위를 계승했다. 히포크라테스가 독재자의 지위에 있을 동안 사제 텔리네스의 후예인 겔론은 히포크라테스의 친위병으로 복무하고 있었

---

138) 데메테르와 페르세포네 두 여신을 가리킨다. 아테네 서쪽에 있는 엘레우시스는 이 두 여신을 숭상하는 중심지로 특히 그 비밀스런 의식으로 이름이 높은데, 여기에서 언급되고 있는 제식(祭式)도 이와 흡사했을 것이다.

139) 그들 신기(神器) 내지 제의(祭儀)는 전통적인 것이고, 단지 그것을 텔리네스가 어딘가에서 계승한 것인지 혹은 그 자신이 신의 영감을 받아 그것들을 창설한 것인지 확실치 않다는 의미일 것이다.

140) 그는 기원전 505년에 민중의 지지를 배경으로 독재자가 되었다.

는데, 그의 수많은 동료 중에는 (테론의 아버지인),[141] 파타이코스의
아들 아이네시데모스도 포함되어 있었다. 그 후 얼마 안 되어 겔론은
공적에 의해 기병대의 대장에 임명됐다. 히포크라테스가 칼리폴리
스,[142] 낙소스, 잔클레, 레온티노이, 시라쿠사이, 그리고 기타 다수의
비그리스계 도시[143]를 포위 공격했을 때, 겔론이 이들 전투에서 실로
눈부신 활약을 보였기 때문이었다. 위의 도시들 중 시라쿠사이를 제외
하고는 모두 히포크라테스에 의해 노예화를 면치 못했다. 시라쿠사이
도 엘로로스 강변[144] 전투에서 패배를 맛보아야 했지만, 코린토스와 케
르키라의 중재에 의해 구원을 받았다. 즉 시라쿠사이가 카마리나[145]를
히포크라테스에게 양도한다는 조건으로 중재하여 시라쿠사이를 구원했
던 것이다. 카마리나는 옛날에는 시라쿠사이령이었다.

　히포크라테스가 그의 형 클레안드로스와 마찬가지로 7년간 군림한
후 시켈로이[146]를 토벌하던 중 히블라 시(市)[147] 부근에서 전사했다. 그
러자 겔론은 표면상으로는 히포크라테스의 아들 에우클레이데스와 클
레안드로스를 원조하는 척하다가, 하루바삐 독재의 사슬에서 벗어나길
원하던 겔라 시민을 무력으로 제압하고는 히포크라테스의 아들로부터
정권을 빼앗아 독재자 행세를 했다. 겔론이 뜻밖의 행운을 잡은 후,
시라쿠사이의 '가모로이'[148]라 불리는 지주 계급이 민중과 통칭 '킬리

---

141) 의심할 바 없이 여기에 약간의 결문(缺文)이 있는 것이 확실하므로, 일단
　　슈타인의 설을 괄호 내에 표시해 두었다. 아이네시데모스가 테론의 아버
　　지라는 확증은 없지만 아마 그 추정은 옳을 것이다. 테론은 후에 아크라
　　가스의 독재자가 되었고, 또 겔론의 가장 좋은 동맹자였다.
142) 칼리폴리스 이하의 도시는 모두 시켈리아의 그리스 식민지.
143) 시켈리아의 원주민인 시켈로이의 도시들을 가리킨다.
144) 시켈리아 동안의 강. 오늘날의 아비조 강.
145) 기원전 6세기초 시켈리아 남안에 시락사이인이 개척한 도시. 오늘날도 그
　　이름 그대로이다.
146) 라틴어로는 시쿨리(siculi). 시켈리아의 원주민.
147) 시켈리아에는 같은 이름의 도시가 세 곳 있었다. 그 중 어느 것을 가리
　　키는지 분명치 않다.

리오이'라는 노예 계층에 의해 카스메네로 추방되는 사건이 일어났다. 그러자 겔론은 그들을 시라쿠사이로 복귀시키고 시라쿠사이까지 수중에 넣었다. 겔론이 도시로 육박해 오자 시라쿠사이 민중이 도시를 비우고 항복해 버렸기 때문이었다.

시라쿠사이를 수중에 넣게 되자 겔론은 겔라를 통치하는 데에 더 이상 흥미를 느끼지 못했다. 그리하여 그는 겔라를 그의 동생 히에론에게 맡기고 자신은 시라쿠사이 시를 강화하는 데 전념했다. 바야흐로 그에게 있어서는 시라쿠사이가 장중보옥(掌中寶玉)이 되었던 것이다. 이리하여 이 도시는 곧 번영의 꽃을 피우게 되었다. 즉 겔론은 카마리나시를 파괴해 버린 후 카마리나의 전 시민을 시라쿠사이로 이주시켜 시민으로 삼고, 겔라 시민의 과반수에 대해서도 카마리나인과 똑같은 조치를 취했다. 또한 시켈리아의 메가라를 포위 공격하여 항복시킨 후 전쟁을 일으킨 주모자로서 당연히 처벌받을 것을 각오하고 있던 귀족들을 시켈리아로 보내 시민으로 삼고, 한편 이 전쟁에 대해서는 아무런 책임도 없기에 좋은 대우를 받으리라 생각했던 평민들은 시라쿠사이로 보낸 뒤 해외에 노예로 팔아 버렸다. 또한 시켈리아에 거주하는 에우보이아인에 대해서도 귀족과 평민을 구별한 후 위와 같은 조치를 취했다. 겔론이 두 도시의 주민들에 대해 이런 조치를 취한 이유는, 그가 평민을 가장 좋지 않은 주민층으로 생각하고 있었기 때문이었다.[149] 위와 같은 정책에 의해 겔론은 강력한 독재 군주가 되어 세력을 떨쳤던 것이다.

그런데 그리스 제국으로부터 파견된 사절 일행은 시라쿠사이에 도착

---

148) 아티카의 표준 어형(語形)으로는 '게오모로이', 즉 지주 계급을 가리킨다. 작자는 이곳에서 행해지고 있는 도리스어형을 고의로 사용했을 것이다. 가모로이는 최초의 식민자들의 후예로, 그때까지는 도시의 지배자였던 것이다.

149) 겔론이 평민에 대해 가혹한 조치를 취한 이유는, 이들 도시에서는 지배층 이외의 시민은 대부분 원주민이나 기타 외국인이어서 이들이 그리스인에게 반감을 갖고 반란을 일으킬 위험성이 있다고 생각했기 때문일 것이다.

하자 겔론을 알현하고 다음과 같이 말했다.

"저희는 페르시아 왕의 침입을 맞아 전하의 협력을 구하기 위해 스파르타, 아테네 및 이와 동맹을 맺은 제국으로부터 파견되어 왔습니다. 페르시아 왕의 그리스 진공에 대해서는 이미 전하께서도 들어 알고 계시리라고 생각합니다만, 지금 페르시아 놈이 헬레스폰토스에 다리를 놓은 다음 동방의 전 군대를 이끌고 아시아에서 그리스로 침입해 오고 있습니다. 게다가 그는 표면상으로는 아테네를 토벌키 위해 진군하고 있다고 말하지만, 실상 그의 본심은 그리스 전역을 자기 지배하에 두려는 데 있습니다. 전하께서는 강대한 국력을 갖고 계십니다. 즉 시켈리아의 군주이신 전하의 판도는 전 그리스 중에서 결코 적잖은 부분을 차지하고 있습니다. 그러하오니 원컨대 그리스의 자유를 지키려는 자들에게 원조의 손을 펴시고, 함께 자유를 위해 싸워 주십시오. 그리스 전체가 결속한다면 강대한 세력이 되어 침입자를 물리칠 수 있을 것입니다. 그렇지만 우리 중에서 배반자나 구원을 거부하는 자가 나와 오직 소수만이 건재한다면 그리스 전역은 적의 수중에 떨어지게 되지나 않을까 우려하지 않을 수 없습니다. 설사 페르시아인이 그리스를 격파하고 정복한다 하더라도 우리 나라에까지는 침략의 손을 뻗치지 않을 것이라고 생각지 마십시오. 그들은 그렇게 할 것입니다. 그러하오니 전하께서는 그러한 사태가 벌어지기 전에 미리 방어토록 하십시오. 우리를 원조하시는 것이 바로 전하 자신을 구하는 길이 될 것입니다. 대저 잘 생각해서 일을 진행시키면 좋은 결과를 얻게 되는 법입니다."

그리스의 사절이 이와 같이 말하자, 겔론은 노기등등한 표정을 지으며 다음과 같이 말했다.

"그대들이 내게 와서 제멋대로 주장을 늘어놓으며 이국의 침략자를 격퇴할 수 있도록 도와 달라고 요청하다니 너무 뻔뻔스럽다고 생각지 않소? 그대들은 이전에 내가 카르타고와 전쟁을 벌이게 되었을 때 함께 이국의 군대를 물리치자고 그대들에게 요청한 일이 있음을 잊고 있소?[150] 또한 나는 그대들에게 에게스타인에 의해 살해된 아낙산드리데스의 아들 도리에우스의 원수를 갚자고 간청했었고,[151] 나아가서는 현재 그대들이 막대한 이익과 편익(便益)을 얻고 있는 통상지를 나의 적들로부터 해방시키자고 제안했었소.[152] 그러나 그대들은 그에 대해 어떤 반응을 보였소? 그대들은 나를 구원하러 오지 않았고, 또한 도리에우스의 살해에 대한 보복에도 가담하지 않았으며, 그대들에 관한 한은 이들 통상지는 모두 현재 적의 수중에 있다 해도 좋을 정도이오.[153]

우리 나라의 사정은 그 후 호전되었고, 이젠 처지가 완전히 뒤바뀌어 이번에는 바로 그대들이 전쟁의 위기에 빠지게 되었소. 그러자 그대들은 새삼스럽게 이 겔론을 기억해 낸 것이오! 그러나 그대들로부터 모욕을 받은 나지만 그대들에게 같은 행위를 되풀이하고 싶지는 않소. 나는 삼단노선 200척, 중무장병 2만 명, 기병 2천 명, 궁병 2천 명, 투석병 2천 명 및 경무장기병[154] 2천 명을 제공하여 그대들을 원조할 용의가 있소. 또한 전쟁이 끝날 때까지 기꺼이 그리스 전군에게 식량을 공급할 것을 약속하겠소. 다만 여기에는 조건이 있소. 즉 페르시아 왕에 대한 전쟁에서 내가 전 그리스군을 지휘할 수 있고 통수권을 장악할 수 있도록 해주시오. 이러한 조건이 수락되지 않는 한, 나 자신 출진하지도 않을 것이며 누구 한 사람 파견하지도 않을 것이오."

이 말을 들은 시아그로스가 더 이상 참지 못하고 이렇게 말했다.

---

150) 이 대(對) 카르타고전은 다른 데는 기록된 것이 없지만, 기원전 481년 이전의 일일 것이다. 또 다음에 겔론이 열거하는 사항은 별도의 사건들이 아니라 모두 관련된 사항으로 생각하는 것이 좋을 듯하다.
151) 제5권 참조.
152) 당시 통상 활동은 카르타고인과 페니키아인에 의해 장악되고 있었다.
153) 그 의미는, 이들 통상지가 오늘날 존재하는 것은 그리스인의 원조에 의한 것이 아니며, 그리스인 덕택이라면 이들은 모두 이국인의 수중으로 돌아갔을 것이라는 뜻이다.
154) 이에 대해서는 잘 알 수 없다. 기병과 협력하는 경장(輕裝) 부대로 해석하는 사람도 있다.

"스파르타가 겔론왕과 시라쿠사이인에 의해 통수권을 빼앗기게 된다면, 펠롭스의 후예인 아가멤논이 무덤에서 통곡할 것입니다.[155] 우리에게 통수권을 양도하라는 따위의 말씀은 두 번 다시 하지 마십시오. 전하께 최소한 그리스를 구원할 뜻이 계시다면, 그것은 스파르타의 지휘 하에서가 아니면 안 된다는 것을 알아 두시기 바랍니다. 만약 다른 사람의 지휘를 받고 싶지 않으시다면 구원하러 오시지 않아도 좋습니다."

겔론은 시아그로스의 말에서 강한 적의를 읽어 내고 사절단에 대해 최후로 다음과 같이 제안했다.

"스파르타에서 온 객이여, 인간은 비난을 받으면 화를 내게 마련이오. 그러나 나는 그대가 폭언을 퍼부었음에도 불구하고 예의를 잃어 가며 답할 생각은 없소. 그대들이 통수권에 집착을 한다면, 그대들보다 훨씬 우세한 함대와 몇 배나 더 되는 군대를 거느린 내가 이에 집착하는 것 또한 당연한 일일 것이오. 그렇지만 나의 조건이 그렇게까지 그대들의 비위를 거슬렀다면 다소 양보하기로 하겠소. 그대들이 지상군을 지휘하겠다면 나는 수군을 지휘하겠소. 또한 만약 그대들이 수군을 지휘하겠다면 나는 육군을 지휘하겠소. 이 조건을 받아들이든지, 아니면 내가 그대들에게 제공할 수 있는 강력한 지원을 그대로 버린 채 귀국하든지 두 가지 중 하나를 선택하도록 하시오."

겔론이 이와 같이 제안하자, 스파르타의 사자가 입도 열기 전에 아테네의 사자가 다음과 같이 대답했다.

"시라쿠사이의 왕이시여, 저희를 전하께 파견한 그리스가 필요로 하는 것은 지휘관이 아닙니다. 그리스가 바라는 것은 군대입니다. 그런데 전하께서는 그리스의 통수권을 장악하지 못하는 한, 군대를 파견할 수 없다 하시며 오로지 그리스군의 작전을 좌지우지하려는 데만 관심

---

155) 펠롭스의 손자인 아가멤논은 호메로스 이래 미케네 또는 아르고스의 왕이 었다는 것이 일반의 전승인데, 스파르타에는 그가 라코니아의 아미크라이의 왕이었다는 이야기도 있었던 듯하다.

을 쏟고 계십니다. 전하께서 그리스 전군에 대한 지휘권을 요구하셨을 때에는 우리 아테네인은 말없이 듣는 것으로 족했습니다. 스파르타의 사절이 전하의 요구에 대해 스파르타뿐만 아니라 아테네를 위해서도 훌륭하게 답변해 주리라 믿고 있었기 때문입니다. 그렇지만 전하께서는 그리스 전군에 대한 통수권을 거부당하시자 이번에는 수군에 대한 지휘권을 요구하셨습니다. 그런 이상 이제는 사정이 달라졌습니다. 설사 스파르타의 사절이 수군에 대한 지휘권을 전하께 양도하겠다고 말하더라도 우리는 단연코 양보할 수 없습니다. 수군에 대한 지휘권이야말로 스파르타가 그것을 바라지 않는 한 우리의 것이기 때문입니다. 스파르타가 그것을 바란다면 우리도 굳이 이의를 제기하지는 않을 것이지만, 스파르타인 이외의 누구에게도 해상의 지휘권을 맡기지는 않을 것입니다. 우리가 시라쿠사이인에게 그 지휘권을 양도한다면, 그리스 최대의 수군을 거느리고 있다 해도 무슨 소용이 있겠습니까? 우리 아테네인은 그리스 민족들 중에서 가장 오랜 역사를 자랑하고 주거지를 옮긴 일이 없는 유일한 민족이 아닙니까? 또한 서사시인 호메로스도 그 옛날 일리온으로 군대를 진격시키고 그것을 통솔했던 가장 뛰어난 용사는 바로 우리 아테네인이었다고 노래하지 않았습니까?[156] 그러므로 우리 아테네인은 그 점에 대해 결코 부끄럼 없이 말할 수 있습니다.”

겔론은 이 말을 듣고 이렇게 답했다.

“아테네에서 온 객이여, 아무래도 그대들은 지휘할 수 있는 인재는 충분한데 지휘받아야 할 군대는 전혀 없는 듯싶구려. 그대들은 아무것도 양보하지 않으면서 필요한 것은 다 요구하니 일각도 지체 말고 그리스로 돌아가 이렇게 보고토록 하시오. 그리스는 1년 사계절 중에서 가장 좋은 계절인 봄을 잃었다고 말이오.”

(겔론이 말하고자 한 의미는 명백하다. 즉 봄이 사계절 중에서 가장

---

156)《일리아드》제2권 552행 밑에 기록된 아테네 왕 메네스테우스를 가리킨다.

좋은 계절이듯이 그리스군 중에서 자신의 군대가 최정예임을 풍자하고, 자신과의 동맹을 잃은 그리스를 봄을 잃은 1년에 비유했던 것이다.)[157]

이와 같이 겔론과의 협상이 결렬된 후 그리스의 사절단은 바다를 건너 귀국했다. 한편 겔론은 이러한 사태로 인해서 그리스 제국이 페르시아의 침입자를 격파하지 못하게 되지는 않을까 위구심을 품었지만, 그렇다고 해서 펠로폰네소스로 출진하여 시켈리아의 군주로서 스파르타인의 지휘하에 들어가고 싶지도 않았기 때문에 결국 다른 방책을 취하기로 했다. 즉 페르시아 왕이 헬레스폰토스를 건넜다는 소식을 접하자마자, 코스 섬 출신의 스키테스[158]의 아들 카드모스로 하여금 다량의 금과 우호적인 전언(傳言)을 지니고 세 척의 오십노선과 함께 델포이에 가 있도록 했다. 그리고 전쟁의 귀추를 살피다가 페르시아 왕이 이겼을 경우에는 예의 금을 왕에게 헌상하고 겔론이 지배하고 있는 지역의 땅과 물을 바치며 복종을 맹세하라고 지시하고, 한편 그리스군이 승리했을 때에는 그것들을 그대로 갖고 돌아오라고 명했다.

이 카드모스란 인물은 이전에 코스 섬에서 이미 안정된 독재자의 지위를 그의 아버지로부터 물려받았다. 그러나 이 지위를 위협하는 아무런 사정도 없었지만 스스로 정의감에 불타 정권을 코스인의 재량에 맡기고 시켈리아로 건너와, 이 땅에서, 뒤에 명칭을 메세네로 바꾼 잔클레 시(市)를 사모스인으로부터 탈취하고 여기에 거주하고 있었다.

카드모스는 이러한 인물로서 위에서 서술한 것과 같이 자신의 정의감이 동기가 되어 시켈리아로 건너왔던 것인데, 겔론은 카드모스가 다른 점에 있어서도 정의감이 투철한 성격임을 잘 알고 있었기 때문에 그를 델포이로 파견했던 것이다. 카드모스는 정의로운 행동을 수없이 행했지만, 그 중에서도 다음에 기록할 행동은 특기할 만한 것으로서

---

157) 주석(註釋)적인 이 일절을 후세의 가필로 보는 학자가 많다.
158) 제6권에 나타나는 스키테스와 동일인이라고 추측되고 있다.

후세에까지도 이야깃거리가 되고 있다. 즉 그는 겔론이 그에게 맡겼던 다량의 금을 착복할 수 있었음에도 불구하고 그러한 생각을 품지 않고, 그리스군이 해전에서 승리를 거두고 크세르크세스가 패주하기에 이르자 그 금을 손도 대지 않은 채 시켈리아로 갖고 돌아왔던 것이다.

이것과는 별도로 시켈리아에 거주하고 있는 그리스인 사이에 전해지고 있는 전승에 의하면, 만일 다음과 같은 사태가 벌어지지 않았다면 겔론은 스파르타의 지휘를 받게 되더라도 그리스 군대에 원조했을 것이라 한다. 그 사태란, 그 무렵 히메라의 독재자였던 크리니포스의 아들 테릴로스가 아크라가스의 독재자 아이네시데모스의 아들 테론에 의해 히메라에서 추방된 후 카르타고의 왕 안논[159]의 아들 아밀카스[160]의 지휘하에 페니키아인,[161] 리비아인, 이베리아인, 리기에스인,[162] 엘리시코이인,[163] 사르데냐인, 키르노스인[164] 등으로 이루어진 연합군 30만으로 하여금 시켈리아로 향하게 한 것이었다. 테릴로스는 자신과의 우호 관계를 이용하여 아밀카스를 설득했던 것이지만, 특히 크레티네스의 아들 아낙실라오스의 열의에 힘입은 바가 가장 컸다. 아낙실라오스는 레기온의 독재자였는데, 자기 자식을 아밀카스에게 인질로 보내고 그를 움직여 시켈리아로 출정하여 자기의 장인을 원조토록 했던 것이다. 왜냐하면 아낙실라오스는 키디페라는 테릴로스의 딸을 아내로 취하고 있었기 때문이었다.

이와 같은 사정에서 겔론은 그리스 제국을 원조할 수 없게 되었던 것이고, 이 때문에 앞에서 말한 다량의 금을 델포이로 갖고 갔다는 것이다.

---

159) 라틴어형으로는 한노.
160) 위와 똑같이 라틴어형 하밀카르 쪽이 이해하기 좋다.
161) 카르타고인을 가리킨다.
162) 이른바 리구리아인. 프랑스 남쪽에서 이탈리아에 걸쳐 살았던 민족.
163) 피레네 산맥과 로느 하구 중간 지대에 정착하고 있었던 이베리아계 민족.
164) 코르시카 섬 주민을 가리킨다.

이에 덧붙여 시켈리아에서 겔론과 테론이 카르타고의 아밀카스를 격파한 것과 그리스군이 살라미스에서 페르시아 왕을 격파한 것은 같은 날에 일어난 사건이었다[165]고도 전해지고 있다. 아버지 쪽으로는 카르타고인이지만 어머니가 시라쿠사이인이었던 아밀카스가 카르타고의 왕위에 오르게 된 것은 그의 뛰어난 자질 덕분이었다. 그런데 그는 전투가 벌어지는 동안 패색이 짙어지기 시작하자 행방이 묘연한 채 자취를 감추었다고 나는 듣고 있다. 겔론은 팔방으로 그의 행방을 찾았지만, 그가 살아 있는지 죽었는지 그 모습을 본 자는 어디에도 없었다는 것이다.

이것은 사실인 듯한데, 카르타고인 스스로 전하고 있는 바에 따르면 다음과 같다. 시켈리아에서의 그리스군과의 전투는 새벽부터 저녁 늦게까지 계속되었다. 사실 이 전투는 이렇게까지 장시간에 걸쳐 계속됐다고 전해지고 있는데, 그 동안 아밀카스는 진영에 머물러 있으면서 희생을 올리고 거대하게 쌓아 놓은 장작더미 위에 희생 가축을 올려 놓고 통째로[166] 태우면서 길조가 나타나기를 기다리고 있었다 한다. 그러다가 자군이 패주하는 것을 보게 되자, 때마침 희생수에 신주(神酒)를 붓고 있던 그는 자신의 몸을 불 속으로 던짐으로써 스스로 자취를 감추었다는 것이다.

아밀카스의 행방이 묘연하게 된 것이 페니키아인이 전하고 있는 위와 같은 사정 때문이었든, 혹은 다른 사정 때문이었든, 페니키아인은 오늘날에도 희생을 바치며 그에게 제사 지내고 있고, 또한 모든 식민지에 그의 기념비를 건립해 놓았다.[167] 특히 카르타고에 건립해 놓은

---

165) 히메라 전투와 살라미스 해전이 같은 날 행해졌다는 것은 사실이 아닌 것 같다. 다만 페르시아와 카르타고 사이에 무엇인가 작전상의 협의가 있었을 가능성은 충분하다.

166) 그리스에서는 희생수(犧牲獸)의 특정 부분만을 굽고 통째로 굽진 않았다.

167) 카르타고에서는 그리스와 같은 영웅 숭배의 습관이 없었기 때문에, 헤로도토스는 여기에서 메르카르토신의 제사를 아밀카스의 그것으로 착각했다는 설이 유력하다.

것이 가장 크다.

시켈리아에 대한 원정은 이렇게 끝났다.

다음으로 케르키라인이 사절단에게 보인 반응과 그 행동은 이러했다. 시켈리아에 갔던 사절단 일행이 역시 케르키라를 방문하여 겔론에게 말했던 것과 똑같은 논지로 원조를 요청했다. 이에 케르키라인은 자기들로서는 그리스가 정복되는 것을 방관할 수 없다고 말하고 함대를 보내 그리스의 방위에 가담시키겠다고 즉석에서 약속했다. 만일 그리스가 패하게 된다면 자신들도 그날로부터 노예의 길을 걸을 수밖에 없을 것이므로, 자신들로서는 전력을 다해 돕지 않으면 안 된다는 것이었다.

케르키라인은 이렇게 좋은 반응을 보였지만, 마침내 그것을 실행으로 옮겨야 할 때가 되자 마음을 바꾸었다. 즉 일단 60척의 배에 함대원을 승선시킨 다음 그럭저럭 출항하여 펠로폰네소스 연안에 이르기는 했지만, 스파르타령에 속하는 필로스와 타이나론 곶 부근에 배를 정박시키고(겔론과 마찬가지로) 승패의 귀추를 관망하기로 했던 것이다. 그들은 그리스군이 이길 승산은 거의 희박하다고 보고, 페르시아 왕이 압도적인 승리를 거두고 그리스 전역을 지배하게 되리라고 예상하고 있었던 것이다. 따라서 그들은 그럴 경우에 대비해서 페르시아 왕에게 둘러댈 수 있도록 심사숙고해서 다음과 같은 말을 준비해 두기까지 했다. "왕이시여, 그리스 제국이 이번 전쟁에 가담해 달라고 저희에게 요청해 왔지만, 저희는 결코 적지 않은 병력, 경우에 따라서는 적지 않은 함선——적어도 아테네 다음으로는 가장 많은 함선을 낼 수 있는 힘이 있음에도 불구하고 전하께 적대하거나 전하의 뜻을 거스르고 싶지 않아 그 요청을 거절했습니다." 케르키라인은 페르시아 왕에게 이렇게 말하면 타국보다 좋은 대우를 받게 되리라 생각하고 있었던 것이다. 그리고 경우에 따라서는 실제 그렇게 행동했을지도 모른다고 나는 생각하고 있다.

한편 그리스측에 대해서도 그들은 핑곗거리를 마련해 두고 있었고,

실제로 그것을 이용했다. 즉 그들이 원조하러 오지 않았음을 그리스측이 탓하자, 자신들은 60척의 삼단노선을 준비해 두고 있었지만 계절풍[168]의 방해를 받아 말레아 곶[169]을 넘을 수가 없었기 때문에 살라미스에 도착할 수 없었던 것이지 결코 겁을 집어먹고 해전에 참가하지 않았던 것은 아니라고 답했던 것이다. 케르키라인은 이렇게 그리스측의 비난을 회피했던 것이다.

한편 크레타인은 임무를 부여받은 그리스인들이 원조를 요청하러 오자 다음과 같이 행동했다. 즉 그들은 각 도시 공동으로 델포이에 신탁 사절을 보내 그리스를 원조하는 것이 자국에 유리한지 어떤지 신의 뜻을 물었다. 그러자 델포이의 무녀는 그에 대해 다음과 같이 답했다.

"어리석은 자들아, 너희들은 일찍이 미노스가, 너희들이 메넬라오스를 원조한 데 분노하여 재앙을 내려 너희들로 하여금 슬픔의 눈물을 흘리게 한 것에 아직도 만족치 못하고 불복하느냐? 그가 분노하게 된 것은 카미코스에서 비명횡사한 자신을 위해 너희들이 보복하고자 했을 때 그리스인들은 조금도 도와 주지 않았음에도 불구하고, 너희들은 이국의 남자에 의해 스파르타로부터 탈취당한 여자를 위해 그들을 원조했기 때문이 아니었느냐?"

크레타인은 신탁 사절이 이와 같은 신탁을 받아 갖고 오자, 그리스의 요청을 거절했다.

그것은 미노스가 다이달로스의 행방을 찾아 오늘날 시켈리아라 불리고 있는 시카니아에 갔다가 거기에서 비명횡사를 당했다고 전해지고 있기 때문이다.[170] 그리하여 폴리크네와 프라이소스 두 도시[171]의 주민

---

168) 7월말에서 9월말에 걸쳐 부는 북동풍. 살라미스 해전은 9월 하순에 행해졌기 때문에 이런 핑계를 댈 수 있었다.

169) 펠로폰네소스 반도는 남단이 세 갈래로 나누어져 있는데, 말레아는 그 동단의 곶. 앞서 나온 타이나론은 중앙의 곶 이름.

170) 크레타에서 도망친 명정(名匠) 다이달로스를 쫓아 시켈리아로 온 미노스 왕은 카미코스 왕인 시카니아인 코카로스 곁에서 다이달로스를 발견했지만, 속아서 목욕하다가 코카로스의 딸들에게 살해됐다.

을 제외한 크레타인들은 신의 계시에 자극을 받아 모두 대선단(大船團)을 이끌고 시카니아로 돌진해 카미고스 시——내 시대에는 이 도시에 아크라가스(아그리겐툼)인이 거주하고 있었다——를 5년간에 걸쳐 포위 공격했다 한다. 그러나 결국 점령하지 못하고 식량 부족에 시달린 나머지 더 이상 버티지 못해 계획을 포기한 채 철수했다고 한다. 그런데 이아피기아 난바다[172]를 항행하던 중 심한 폭풍우를 만나 육지로 표류하고 말았다. 그리하여 배는 완전히 파손되었고 크레타로 돌아갈 만한 적당한 도구도 없었기 때문에 히리아[173]라는 도시를 건설하고 이 도시에 머무르게 되었다 한다. 그리고 그 명칭도 크레타인에서 이아피기아 메사피아인으로 바뀌게 되었고, 또한 그때까지 섬 주민이었던 그들이 대륙의 주민이 되게 되었다는 것이다.

그들은 히리아를 근거지로 하여 나아가 다른 도시들도 건설했다 하는데, 훨씬 후에[174] 타라스(타렌툼)인이 이들 모든 도시를 파괴하려고 기도하다가 막대한 손해를 입게 되었다. 실로 그때 살해된 그리스인의 숫자는 유사 이래 최대였다. 손실을 입은 것은 문제의 타라스뿐만이 아니었다. 그 가운데는 레기온 인도 포함되어 있었는데, 그들은 코이로스의 아들 미키토스에 의해 강제로 타라스군의 원군(援軍)으로 참가했다. 그리하여 사상자는 3천 명에 이르렀다 한다. 그러나 타라스의 전사자 수는 판명되어 있지 않다.

미키토스는 본래 아낙실라오스의 하인이었는데, 아낙실라오스가 죽으면서 레기온의 통치를 그에게 맡겼던 것이다. 후에 레기온에서 추방된 뒤 아르카디아의 테게아에서 거주하면서 올림피아에 다수의 상을 봉납한 자가 바로 이 인물이었다.

물론 레기온인 및 타라스인에 관한 위의 기사는 본서에 있어서는 부

171) 폴리크네는 크레타 섬 서부, 프라이소스는 동부에 있는 도시.
172) 남부 이탈리아 카라브리아 지방.
173) 오늘날의 브린디지 서남쪽에 있는 오리아일 것이라고 생각된다.
174) 이 전투는 기원전 472년의 일.

록으로 삽입한 것에 불과하다.

그런데 프라이소스인의 전승에 의하면, 시켈리아에 대한 원정으로 섬이 비게 된 후 크레타 섬으로 많은 민족, 특히 그리스인이 이주해 왔다고 한다.

그리고 미노스왕의 사후 3대째에 접어들어 트로이 전쟁이 일어났다. 크레타인은 메넬라오스의 복수에 가담하여 이 전쟁에서 다른 민족에 결코 뒤지지 않는 활약상을 보였다. 그러나 트로이로부터 귀국한 후 그에 따른 보복으로 기근과 역병(疫病)에 시달리게 되었다. 인간뿐만 아니라 가축들까지 그 재앙을 받아, 마침내 크레타는 재차 무주지(無主地)로 화해 버렸다. 그리고 3대째의 크레타인[175]이 겨우 살아 남은 주민들과 함께 이 땅에 거주하게 되었다고 한다.

델포이의 무녀는 크레타인에게 이 일들을 상기시키며 그들이 그리스를 원조하려는 것을 제지했던 것이다.

테르모필라이로의 진군

테살리아인이 애당초 어쩔 수 없이 페르시아측에 가담했다는 사실은, 그들이 알레우아스 일족의 술책이 그들이 바라는 바가 아니었음을 아주 명백히 보여 준 데서도 알 수 있다. 그들은 페르시아 왕이 바다를 건너 유럽으로 진격해 오려 한다는 소식을 듣자마자 코린토스 지협으로 사자를 보냈다. 당시 지협에는 애국 충정에서 그리스의 운명을 우려하던 각 도시로부터 선발된 그리스 대표들이 모여 있었다. 테살리아의 사절들은 이들 그리스 대표들이 있는 곳으로 와 다음과 같이 말했다.

"그리스인 여러분, 테살리아를 비롯한 그리스 전역을 전화(戰禍)로부터 구하기 위해서는 올림포스 산의 진입로를 방비해야 합니다. 우리는 이미 여러분을 도와 이 중요한 길목을 방어할 준비를 갖추어 놓고

---

175) 최후로 크레타에 침입한 그리스인, 즉 도리스인을 가리킨다.

있으니, 여러분도 꼭 대규모 병력을 보내 주시기 바랍니다. 만약 병력을 파견하지 않는다면, 경고하거니와 우리는 페르시아 왕과 화친을 맺게 될 것입니다. 다른 그리스 지역으로부터 멀리 떨어진 전선(前線)에 있는 우리가 고립무원의 상태에서 단지 여러분을 원조키 위해 우리의 목숨을 버리리라고는 기대하지 마십시오. 여러분에게 만약 원조의 뜻이 없다면, 우리에게 여러분을 위해 싸우라고 강요하는 것은 아무 소용없을 것입니다. 아무리 강제해도 불가능한 것을 가능케 할 수는 없기 때문입니다. 이렇게 되면 우리는 스스로 무엇인가 보전책을 강구할 수밖에 없을 것입니다."

테살리아의 사절단은 이와 같이 말했다.

이에 대해 그리스 제국은 그 진입로를 방어하기 위해 해로를 통해 육상 부대를 테살리아로 파견하겠다고 응답했다. 파견군은 집결을 끝낸 다음 에우리포스 해협을 지나 아카이아 지방[176]의 알로스에 도착했다. 그리고 여기에 상륙한 후 배를 이곳에 남겨 두고 도보로 테살리아로 진군하여 템페에 이르렀다. 이곳에는 페네이오스 강을 따라 올림포스와 오사 두 산 사이로 빠져 하(下)마케도니아[177]에서 테살리아에 이르는 길이 있다. 이곳에 약 1만 명의 그리스군 중무장병이 집결하여 포진했다. 그리고 테살리아의 기병 부대도 이에 가담했다. 스파르타 부대의 지휘를 맡은 것은 카레노스의 아들 에우아이네토스였다. 그는 왕가 출신은 아니었지만 군사위원(폴레마르코스) 중에서 선발된 인물이었다.[178] 아테네 부대의 지휘관은 네오클레스의 아들 테미스토클레스였다.

그러나 그리스군이 이곳에 머무른 것은 불과 며칠에 지나지 않았다. 왜냐하면 마케도니아인 아민타스의 아들 알렉산드로스로부터 사자가

---

176) 정확히는 아카이아 프티오티스라 불리는 지방.

177) 올림포스 산계(山系)에서 바다에 이르는 연해 지역을 가리킨다.

178) 스파르타에서는 원정군의 총지휘는 왕이 맡는 것이 원칙이었다. 군사위원은 그 밑에서 한 부대를 지휘하는 것이 보통이었다

도착하여, 페르시아측의 육상 부대 및 함대의 수를 열거하며 그리스군에게 철수를 권고했기 때문이었다. 이 통로에 머물러 있다가 침입군에 의해 유린되는 사태를 맞지 않도록 하라는 것이었다. 마케도니아의 사자로부터 이와 같은 권고를 받은 그리스군은, 적절한 조언이라 판단되었고 또한 문제의 마케도니아인이 그리스에 호의적인 인물이라고 생각되었기 때문에 이에 따랐다. 그러나 내가 보기로는 그리스군이 철수를 단행한 실질적인 원인은, 그들이 상(上)마케도니아 방면에서 페라이비아를 지나 곤노스 시 부근을 통과하는, 테살리아로 통하는 다른 진입로가 있음을 알고 심한 두려움에 사로잡힌 데 있었던 것 같다. 사실 크세르크세스군은 이 길을 통해 침입해 들어왔던 것이다.

그리하여 그리스군은 배를 남겨 두었던 곳까지 내려간 다음 지협으로 돌아갔다.

이러한 그리스군의 테살리아 출병은 때마침 페르시아 왕이 아시아에서 유럽으로 건너오고자 아비도스에 머무르고 있을 때 일어난 사건이었다.[179] 이렇게 하여 동맹군으로부터 버림을 받은 테살리아인은 더 이상 머뭇거리지 않고 적극적으로 페르시아측에 가담하게 되었고, 결과적으로 이 전쟁 동안 페르시아 왕에게 있어서 가장 유용한 활약을 했던 것이다.

그리스군은 지협으로 귀환하자, 알렉산드로스가 알려 준 정보에 기초하여 전투 방식과 장소에 대해 협의를 했다. 이때에는 테르모필라이의 진입로를 방어해야 한다는 주장이 지배적이었다. 이 통로는 테살리아로 통하는 진입로에 비해 좁고 또 하나밖에 없다는 것, 그리고 본국으로부터의 거리가 보다 짧다는 것 등이 그 이유였다. 후에 그리스군이 배후의 테르모필라이로부터 습격을 받게 되었던 바로 그 샛길이 있음을, 그들은 테르모필라이에 도착한 후 트라키스[180]인으로부터 전해

179) 기원전 482년 봄.
180) 테르모필라이 서쪽의 옛 도시. 소포클레스의 비극 〈트라키스의 여자〉로 잘 알려져 있다.

듣기까지는 알지 못했던 것이다.

그리하여 그리스인은 이 통로를 방어함으로써 페르시아군의 그리스 진입을 저지하는 동시에 수군을 히스티아이아 영내의 아르테미시온으로 파견하기로 결의했다. 이 두 지점은 근접해 있어 서로의 정황을 쉽게 알 수 있었기 때문이었다. 이곳의 지세(地勢)는 다음과 같다.

우선 아르테미시온을 살펴보면, 광막한 트라키아의 남쪽 바다가 좁아지며 스키아토스 섬과 본토의 마그네시아 지방을 나누면서 좁은 수로가 되고, 이 해협과 곧바로 이어지는 것이 에우보이아의 아르테미시온 해안이다. 여기에는 아르테미스의 신전이 있다.

한편 트라키스령을 지나 그리스로 들어오는 길은 테르모필라이에서는 폭이 0.5플레트론 정도 된다. 그러나 이 지방 전체 중에서 가장 좁은 곳은 이 지점이 아니라 테르모필라이의 전면 및 후면[181] 지점이다. 즉 테르모필라이 후면의 알페노이 부근에서는 그 폭이 겨우 수레 한 대가 지나갈 정도밖에 되지 않으며, 또한 그 전면의 안텔레 시 근처 포이닉스 강변에서도 그것은 마찬가지이다. 테르모필라이 서쪽에는 오르기 어려운 험준한 높은 산이 있으며, 이것은 멀리 오이테 산으로 이어진다. 또한 도로 동쪽은 바다와 인접해 있고 소택지 일색이다.[182] 그리고 이 통로에서는 온천이 솟고 있는데, 이곳 사람들은 이것을 '솥탕(키트로이)'이라 부르고 있다.[183] 온천 곁에는 헤라클레스의 제단이 설치되어 있다. 이전에는 이 통로 좌우로 성벽이 축조된 적이 있으며, 옛날에는 여기에 관문도 있었다. 이 성벽을 축조한 것은 포키스인으로, 테살리아인이 현재 그들이 확보하고 있는 아이올리스의 땅[184]으로

---

181) '전면', '후면' 모두 트라키스측에서 본 표현이다.

182) 헤로도토스는 테르모필라이 도로가 남북으로 달리고 있는 듯이 표현하고 있지만, 사실은 거의 동서로 통하고 있다. 따라서 그가 '동', '서'로 말하고 있는 것은 오히려 '북(동북)'과 '남(서남)'에 해당한다.

183) 온천은 테르모필라이 고개 동쪽 부근에서 솟고 있다. 고온이고 강한 유황 냄새가 난다.

184) 테살리아의 원주민인 아이올리스계 주민은 테스프로티스에서 침입해 온

거주지를 찾아 테스프로티스 지방에서 이동해 왔을 때 이에 위협을 느꼈기 때문이었다. 테살리아인이 자신들을 정복하려고 하고 있음을 알게 되자, 포키스인은 그에 대한 대항 수단으로서 이러한 조치를 취했던 것이다. 그리고 나아가 테살리아의 침입을 어떠한 방법으로라도 저지할 생각에서 온천 물을 이 통로로 끌어들여 이 지역을 계곡으로 만들려고 했다. 이 성벽은 아주 오래 전에 축조된 것이었기 때문에 이당시에는 그 대부분이 세월의 흐름에 따라 붕괴되어 있었다. 그리하여그리스군은 이것을 보수하여 여기에서 페르시아군의 침입을 저지키로결정했다. 이 도로 가까이에 알페노이라는 부락이 있어 그리스군은 이곳에서 식량을 조달할 예정이었다.

어쨌든 당시 그리스측에서는 이들 지점이 그들의 목적에 가장 적합한 장소라고 생각했다. 그리스군은 미리 모든 사태를 고려하여, 이 지대에서는 페르시아군이 대부대를 움직일 수도, 기병 부대를 이용할 수도 없으리라고 예상하고 이 방면에서 그리스로 진공해 들어오는 적군을 맞아 싸우기로 결정했던 것이다. 마침내 페르시아 왕이 피에리아지방까지 진출해 왔다는 소식을 듣게 되자, 코린토스 지협에서 가졌던그리스 제국들의 모임을 해체하고 일부는 육로로 해서 테르모필라이로, 다른 일부는 해로로 해서 아르테미시온으로 출동했다.

그리스군이 둘로 나뉘어 급거 출진하는 동안 델포이인은 자국 및 그리스 전역의 안부를 우려하여 신탁을 구했다. 그랬더니 사방의 바람에게 기원하라는 신탁이 내렸다. 바람이 그리스의 유력한 동맹자가 되리라는 것이었다. 델포이인은 이러한 신탁을, 끝까지 자유를 위해 싸우기로 결심한 그리스의 모든 도시에 통보했다. 이러한 통보로 델포이인은 페르시아 왕을 심히 두려워하고 있던 그리스 모든 도시로부터 후세에까지도 변치 않는 감사의 정을 받게 되었다. 다음으로 델포이인은티이아라는 곳——여기에는 케피소스의 딸 티이아[185]의 성역이 있고,

---

테살리아인에게 쫓겨 보이오티아와 그 밖의 지역으로 이주했던 것이다.

이 땅의 이름은 이 여신의 이름에서 비롯된 것이다——에 갖가지 바람을 위한 제단을 설치하고 공물을 바쳤다. 델포이인은 이 신탁의 고사(故事)를 존중하여 오늘날에도 역시 사방의 바람에 제사를 지내며 은총을 기원하고 있다.

크세르크세스의 해상 부대는 테르메 시를 발진한 후, 우선 가장 쾌속을 자랑하는 열 척의 배를 뽑아 스키아토스로 직행시켰다. 여기에서는 그리스의 배 세 척——트로이젠, 아이기나 및 아테네의 배가 각각 한 척씩이었다——이 전선(前線)에서 경계를 맡고 있었는데, 그들은 페르시아 함정들이 모습을 나타내자마자 곧 도주했다.

그러나 프렉시노스가 지휘하던 트로이젠의 배는 페르시아 함대의 추적을 받아 곧 나포되었다. 그러자 페르시아군은 그 트로이젠 군선의 함상 전투원 중에서 가장 잘생긴 병사를 끌어내어 그 목을 치고 혈제(血祭)를 올렸다. 최초로 사로잡은 미모의 그리스군을 제물로 삼아 제사를 올리면 틀림없이 행운이 있게 되리라고 생각했기 때문이었을 것이다. 제물이 되어 목숨을 잃은 불행한 자의 이름은 레온이었는데, 그가 비운을 겪게 된 것은 그 이름 탓이었을지도 모른다.[186]

아소니레스라는 자가 지휘하고 있던 아이기나의 삼단노선은 페르시아측에 적지 않은 손실을 주었다. 이 배에 타고 있던 이스케노스의 아들 피테스의 활약 때문이었는데, 그는 이날 전투에서 실로 눈부신 무공(武功)을 세웠다. 배가 나포되었는데도 그는 전신이 갈기갈기 찢겨질 때까지 싸움을 멈추지 않았다. 그 무용(武勇)에 감탄한 페르시아 병사들은 쓰러졌어도 죽지 않고 숨이 붙은 그를 어떻게 하든 구하고자 상처에 약을 바르고 품질 좋은 아마제 붕대로 감은 다음 간호를 해주

---

185) 케피소스는 포키스와 보이오티아 지방을 흐르는 강. 이 하신(河神)의 딸이 티아로 되어 있는데, 이 이름은 '질풍(疾風)'의 뜻으로 해석되는바, 풍신(風神) 숭배와 무엇인가 관련이 있는 듯하다

186) 레온이란 사자를 가리키는 것이므로, 그 이름도 선진(先陣)의 혈제(血祭) 때에 도살하기에 알맞다고 페르시아인이 생각했을지도 모른다는 것이다.

었다. 페르시아군은 자군의 진영으로 돌아오자 전군의 병사들에게 그의 모습을 보여 주며 칭찬해 마지않고 그를 후대해 주었다. 그러나 동선(同船)에서 사로잡은 다른 병사들은 단순히 노예로서 취급했다.

세 척 가운데 두 척은 이와 같이 해서 제압되었다. 다른 한 척은 아테네인 포르모스가 지휘하는 삼단노선이었는데 도주하여 페네이오스강의 하구 부근에서 해변가로 갔다. 그리하여 페르시아측은 그 선체는 확보할 수 있었지만 함대원은 사로잡을 수 없었다. 아테네인은 배를 해변가에 좌초시키자마자 배에서 뛰어내려 테살리아를 통해 아테네로 귀환했기 때문이었다.

아르테미시온에 포진하고 있던 그리스군은 스키아토스 섬으로부터 온 횃불 신호에 의해 위의 사건을 알게 되자 심한 공포에 사로잡혀 에우리포스 해협을 방어하기 위해 에우보이아의 고지에 정찰 부대를 남겨 두고 함대를 아르테미시온에서 칼키스로 이동시켰다. 열 척의 페르시아 함선 중에서 세 척이 스키아토스 섬과 마그네시아의 중간에 있는, 통칭 '개미바위'라 불리는 암초에 접근하여 이 암초 위에 지참해 온 돌 표지판을 세워 놓자, 바야흐로 진로를 위협하는 장애물이 제거되어 전 함대는 테르메를 발진했다. 이것은 왕이 테르메를 떠난 후 11일째 되는 날의 일이었다. 이 암초가 페르시아 함대의 진로상에 있음을 페르시아측에 귀띔한 것은 스키로스인 팜몬이었다.

페르시아 함대는 하루 종일 항해를 계속한 후 마그네시아 지방의 세피아스 곶을 지나 카스타나이아 시와 세피아스 곶 중간에 가로놓여 있는 해안 지대에 도달했다.

페르시아 함대가 세피아스에 이르고 육상 부대가 테르모필라이까지 진군하는 동안 페르시아는 아무런 손실도 입지 않았기 때문에 그 총병력은 그때까지 변함이 없었다. 이 단계에서 내가 산출한 페르시아군의 총병력 수는 아래와 같다. 즉 아시아에서 원정 온 함선 수는 1207척이었는데, 여기에 타고 있었던 것은 우선 각 민족으로 구성된 본래의 부대로 이들은 각 함선당 200명씩의 비율로 계산하면 총인원 수는 24만

1400명이 된다. 그런데 이들 배에는 각각의 토착민 전투원 외에 페르시아인, 메디아인, 사카이인 등의 전투원이 각각 30명씩 승선해 있었다. 따라서 앞서 언급한 인원 수에 이들 총계 3만 6210명의 인원이 추가된다. 나아가 오십노선의 승무원 수를, 다소의 가감(加減)은 있었을지라도 1척당 80명으로 산정하면, 오십노선은 앞서 이미 언급했던 것처럼 3천 척이 집결해 있었으므로 이들 배의 승무원 수는 24만 명을 헤아리게 된다. 이와 같이 하여 아시아에서 공격해 온 해상 부대는 그 총병력 수가 실로 51만 7610명에 이르렀던 것이다.

한편 보병 부대는 170만 명, 기병 부대는 8만 명이었다. 게다가 여기에 아라비아인의 낙타 부대, 리비아의 전차 부대 2만 명을 덧붙이면 육해 양군의 총병력 수는 231만 7610명이 된다. 단 여기에는 수행 종복이나 식량 수송선 및 그 승무원은 포함되지 않았다.

위에 산출된 전 부대의 병력 수에다가 유럽에서 징용된 부대의 병력 수도 가산되어야 한다. 단 여기에서는 어림짐작으로 숫자를 셀 수밖에 없는데, 우선 트라키아 및 트라키아 인근 여러 섬의 그리스인이 제공한 선박 수는 120척이었으므로 그 승무원 수는 2만 4천 명이었을 것이다. 보병 부대로서 트라키아인, 파이오니아인, 에오르도이인,[187] 보티아이아인, 칼키디케의 주민, 브리고이인, 피에리아인, 마케도니아인, 페라이비아인, 에니아네스인, 돌로페스인, 마그네시아인, 아카이아인, 그리고 트라키아의 해안 지대에 거주하는 주민들이 공출한 병력 수를 나는 30만으로 추정하고 있다. 이들 숫자를 아시아의 병력 수에 덧붙이면, 전투 부대의 총병력 수는 264만 1610명이 된다.

전투 부대의 수는 이와 같았는데, 종군한 종복이나 식량 수송용 소형 선박 및 원정군을 수행한 그 밖의 승선 인원 수도 전투 부대 수에 못지않았다. 나는 오히려 그보다 많지 않았을까 하고 생각하고 있다. 그러나 여기에서는 일단 전투 부대와 비교하여 과부족하지 않은 동수

187) 마케도니아의 악시오스, 스트리몬 두 강의 중간 지대에 살던 민족.

였다고 보기로 하겠다. 이들의 인원 수를 전투 부대 수와 동일하게 계산하면 그 수는 전투원과 똑같이 수백만에 이르게 된다. 이렇게 하여 다레이오스의 아들 크세르크세스의 통솔하에 세피아스 곶과 테르모필라이에 이르렀던 총병력 수는 528만 3220명에 달했던 것으로 된다.

이상이 크세르크세스 휘하의 전 부대의 병력 수였는데, 여자 요리사라든지 첩, 그리고 환관의 정확한 수를 열거할 수 있는 사람은 아무도 없을 것이며 더구나 원정군을 수행한 운반용 짐승이나 인도산 개에 이르면 그 수가 너무도 방대하여 그 누구든 헤아리기가 불가능할 것이다. 따라서 나로서는 물이 고갈된 하천이 있었다는 등의 이야기는 조금도 놀랄 일이 아니라고 본다. 오히려 이 수백만의 대군대를 먹일 만한 식량이 확보된 사정 쪽이 실로 경이롭다고 하겠다. 왜냐하면 내가 계산한 바에 따르면 한 사람이 하루에 밀 1코이니쿠스씩을 초과하지 않고 공급받았다 하더라도 하루의 소비량은 합계 11만 340메딤노스[188]가 되기 때문이다. 역시 나의 이 계산에는 여자나 환관, 그리고 운반용 짐승이나 개의 식량은 포함되어 있지 않다. 이 수백만의 남자 중에 수려(秀麗)한 용모나 당당한 체구로 보더라도 그 권세(權勢)에 어울리는 인물로서 크세르크세스를 능가할 사람이 없었다.

페르시아의 해상 부대는 앞서 말했듯이, 마그네시아 지방의 카스타나이아 시와 세피아스 곶의 중간 지점에 가로놓여 있는 해안에 이르게 되자, 선봉 함대는 육지에 계류(繫留)하고 그 나머지 함대는 닻을 내리고 정박했다. 해안선이 그다지 길지 않기 때문에 함대는 선수를 높이 난바다 쪽으로 돌리고 8열 횡대를 이루며 정박했다.

그날 밤은 이러한 대형(隊形)을 이룬 채로 지냈는데, 날이 밝자 그때까지 쾌청하고 바람도 잠잠했던 날씨가 일변하여 바다가 용솟음치기 시작하고 격심한 폭풍과 맹렬한 동풍——이 부근의 주민들이 '헬레스

---

188) 코이니쿠스는 1리터 강(强), 메딤노스는 52리터 약(弱). 헤로도토스의 계산은 그렇게 정확하지는 않다.

폰토스 바람'이라고 부르고 있는——이 페르시아 함대에 몰아쳐 왔
다. 편리한 위치에 정박하고 있던 자들은 곧 바람이 거세어지고 있음
을 깨닫고 폭풍이 불어오기 전에 배를 육지로 끌어올려 자신들도 배도
화를 면할 수 있었지만, 난바다 쪽에 있다가 폭풍의 내습을 받은 배들
은 펠리온 산 기슭의, 통칭 '화덕 해변(이프노이)'이라 불리는 지점까
지 흘러가거나 본래의 해변으로 밀려 오르거나 했다. 또한 세피아스
곶에 그대로 충돌하여 난파한 배도 있었고, 일부는 멜리보이아 시, 일
부는 카스타나이아 시 해변까지 밀려 갔다. 실로 사람의 힘으로는 감
당할 수 없는 엄청난 폭풍이었다.

아테네인이 신의 계시를 받아 '북풍(보레아스)'에게 도움을 요청했
다는 이야기가 전해지고 있다. 앞서 서술했던 신탁과는 별도로 '형
제[189]에게 원조를 요청하라'는 신탁이 아테네인에게 내려졌기 때문이었
다는 것이다. 그리스의 전설에 의하면 '북풍'의 아내는 엘렉테우스의
딸인 오레이티이아라는 아티카 여자였다 한다. [190] 이러한 인척 관계가
있었기 때문에 아테네인은 북풍이야말로 자신들의 '의형제'라 추측하
고——풍설(風說)은 이렇게 전하고 있는데——에우보이아의 칼키스에
정박하여 대기하고 있다가, 앞의 폭풍이 점점 거세어지고 있음을 깨닫
자——혹은 그 이전의 일이었을지도 모르지만——희생물을 바치며 북
풍과 오레이티이아에게, 자신들을 도와 일찍이 아토스 난바다에서 그
렇게 했던 것과 같이[191] 페르시아의 함대를 쳐부숴 달라고 기원했다.
정박 중이었던 페르시아군이 북풍의 내습을 받은 것이 사실 그러한 이
유 때문이었는지는 나도 단언할 수 없지만, 아테네인은 이전에는 물론
이 당시에도 자신들을 도와 그러한 일을 해준 것은 바로 북풍이었다고

---

189) 엘렉테우스는 아테네의 조상이며, 아테네인은 스스로를 '엘렉테우스의
　　아들'이라고 칭했다. 따라서 엘렉테우스의 사위인 '북풍'은 그들의 형제
　　에 해당한다는 것이다.
190) 아테네의 일리소스 강변을 거닐던 오레이티이아를 북풍이 채갔다는 전설.
191) 제6권 참조.

주장하고 있다. 아테네인은 귀국한 후 일리소스 강변에 북풍을 모신 신전을 건설했다.

이 조난에서 페르시아군은 최소한 400척 이상의 함선과 무수한 병사, 그리고 막대한 재산을 상실했다고 전해지고 있다. 그런데 세피아스 곶 부근의 토지를 소유하고 있던 크레티네스의 아들인 아메이노클레스라는 마그네시아 인은 이 해난(海難)에 의해서 커다란 행운을 누리게 됐다. 이 남자는 해안으로 밀려온 다수의 금은제 술잔을 주웠으며, 페르시아군의 보물 상자를 발견하고 그 밖의 무수한 재보를 손에 넣게 되었던 것이다. 생각지 않은 습득물로 막대한 재산을 모은 아메이노클레스였지만, 그 밖의 점에서는 그다지 행운을 누리지 못했다. 그의 자식을 살해하게 되는 비참한 운명이 그를 기다리고 있었기 때문이었다. [192]

폭풍으로 파손된 곡물 수송선이나 그 밖의 선박 수는 일일이 헤아리기 어려울 정도였다. 이러한 정도의 막대한 피해를 입은 결과, 해상 부대의 지휘관들은 조난을 틈타 테살리아인이 습격해 올까 우려하고는 표류물을 이용하여 자군의 주위에 높은 방책(防柵)을 둘렀다. 폭풍이 3일간 계속해서 불어왔기 때문에, 마침내 마고스들이 최후로 희생물을 바치며 바람에 대해 주문을 외고, 나아가 테티스를 비롯하여 네레우스의 딸들(네레이데스)에게도 희생을 바쳐 4일째에 접어들어 겨우 폭풍을 진정시켰다——그러나 오히려 바람 쪽이 스스로 멈추었는지도 모른다. 그들이 테티스에게 희생을 올린 것은, 일찍이 그녀가 펠레우스에 의해 이 부근에서 납치되었으며, 세피아스 곶 일대의 땅은 테티스와 그 밖의 네레우스의 딸들의 소유지라는 이야기들을 이오니아인들로부터 전해 들었기 때문이었다. [193] 어쨌든 폭풍은 4일째에 접어들어 잠

192) 상세한 것은 알 수 없지만, 아메이노클레스는 어떤 이유에서인지 본의 아니게 자기 자식을 살해할 수밖에 없는 비운에 처했던 것이리라.

193) 테티스는 바다의 신 네레우스의 딸 중 하나. 제우스의 뜻에 따라 테살리아의 왕 페레우스와 맺어져 아킬레우스를 낳았다. 처음에는 페레우스의

잠해졌다.

한편 에우보이아의 고지에 주둔해 있으면서 망을 보던 그리스 정찰병들은 폭풍이 불기 시작한 지 이틀째 되던 날 서둘러서 산에서 내려와, 페르시아군의 함선들이 난파됐다는 소식을 그리스군에 자세히 전했다. 이 소식을 들은 그리스군은 '호국의 신 포세이돈'에게 감사의 기원을 하고 헌주를 한 다음 급거 아르테미시온으로 되돌아갔다. 쳐들어올 적선(敵船) 수가 이제는 얼마 되지 않으리라고 생각했기 때문이었다. 이렇게 하여 그리스군은 재차 아르테미시온 해역에 포진하게 되었는데, 그들은 그때부터 오늘날까지 '호국의 신 포세이돈'이라는 이름으로 이 신을 숭상해 마지않고 있다. [194]

바람도 잠잠해지고 파도도 잔잔해지자 페르시아군은 육지로 끌어올려 놓았던 배들을 바다로 끌어내리고 육지를 따라 항해하면서 마그네시아의 곶을 돌아 파가사이 시(市)로 통하는 만 안으로 곧장 돌입해들어갔다. 이 마그네시아의 만 입구에는, 그 옛날 이아손 일행이 양모피를 구하러 콜키스의 아이아를 향해 항해하려 했을 때, 물을 얻기 위해 해변으로 갔던 헤라클레스를, 이아손을 비롯한 아르고선의 동료들이 남겨 두고 떠났다는 장소가 있다. 일행은 급수를 끝낸 후 여기에서 대해로 나갈 예정이었기 때문에 이 고사에서는 이 땅에 '출선(出船, 아페타이)'이라는 이름을 붙이고 있다.

크세르크세스의 해상 부대가 정박했던 곳은 바로 여기였다.

페르시아 함대 중 열다섯 척이 때마침 본대에서 멀리 뒤처져 있었는데, 그들은 아르테미시온에 포진해 있던 그리스 함대를 발견하자 이들을 자기편 함선으로 착각하고 적진 한가운데로 들어가고 말았다. 이

뜻을 따르기를 거부하고 여러 가지로 변신하여 피하려 했는데, 그런 가운데 오징어(세피아)로도 변신했다. 세피아스 곶('오징어 곶')의 이름은 이고사(故事)에서 유래했다.

194) 호국의 신이라는 부칭(附稱)은 종래 제우스에게만 붙여졌던 것인데, 이때 이후로 포세이돈에게도 사용되게 되었던 것이다.

선단을 지휘하던 자는 아이올리스의 키메 총독이었던 타마시오스의 아들 산도케스였는데, 그는 그 이전에 왕실 재판관으로 복무하고 있었을 때 뇌물을 받고 부정한 재판을 한[195] 죄를 저질렀다 하여 다레이오스왕의 명에 따라 체포되었다가 책형에 처해지기 일보 직전에 풀려난 적이 있었다. 그때 다레이오스는 산도케스가 책주에 묶인 후 그가 지은 죄보다 그가 왕실을 위해 세운 공적 쪽이 크다는 생각을 하게 되자 자신의 행동이 너무 성급했고 생각이 부족했음을 깨닫고는 그를 석방했던 것이다. 이렇게 하여 처형을 면하고 살아 남았던 그였지만, 이때 그리스 함대 속으로 들어가고부터는 다시 도피할 수 없는 운명에 처하고 말았다. 그리스군은 페르시아 함선이 착오를 일으켜 그들 쪽으로 항해해 오고 있음을 발견하게 되자 배를 전진시켜 쉽게 나포했다.

이들 함선 중 한 척에 승선했던 카리아의 알라반다의 독재자 아리돌리스가 체포되었고, 또한 다른 배에서는 파포스[196] 출신의 지휘관 데모노스의 아들 펜틸로스가 포로가 되었다. 이 펜틸로스는 파포스에서 열두 척의 배를 이끌고 왔었는데, 세피아스 곶의 난바다에서 폭풍으로 그 중 열한 척을 잃고 남은 한 척을 이끌고 아르테미시온으로 항행하다가 사로잡혔던 것이다. 그리스군은 이들로부터 크세르크세스군에 관해 알고 싶었던 사항을 알아낸 후 이들을 포박한 채로 코린토스 지협으로 호송했다.

페르시아의 해상 부대는 앞서 서술한 산도케스 휘하의 열다섯 척을 제외하곤 모두 안전하게 아페타이에 도착했다. 한편 크세르크세스가 이끄는 육상 부대는 테살리아와 아카이아를 경유하여 말리스 지방으로 진입한 후 이미 3일째를 맞이하고 있었다. 크세르크세스는 테살리아에서 자군의 말과 토종말을 경주시켰었는데, 그것은 그리스에서는 테살리아의 말이 가장 뛰어나다는 소문을 듣고 있었기 때문이었다. 그러나

---

195) 이와 비슷한 이야기가 제5권에도 나온다.
196) 키프로스 섬 서안의 도시. 아프로디테 숭배로 이름이 높다.

결과는 그리스산 말이 훨씬 뒤처진 것으로 나타났다.

테살리아의 강들 중에서 원정군에게 식수를 충분히 공급할 수 없었던 것은 오직 오노코노스 강 하나뿐이었는데, 아카이아를 흐르는 강들은 최대의 강인 아피다노스조차 겨우 식수 공급을 충족시킬 정도였다.

크세르크세스가 아카이아 지방의 알로스에 도착했을 때의 일인데, 길 안내인들은 한 가지도 빠짐없이 설명하겠다는 마음에서 '제우스 라피스티오스'[197]의 성지를 둘러싼 이 지방의 전설을 크세르크세스에게 이야기해 주었다. 즉 아이올로스의 아들 아타마스가 이노와 미리 짜고 프릭소스를 모살하려 했다는 것[198]과, 그 후 아카이아인은 신탁에 따라 프릭소스의 자손에게 다음과 같은 시련을 부과했다는 것 등이었다. 아카이아인은 이 일족의 장자에게는 '국민관(國民館, 레이테이온)'——아카이아에서는 '시회당(프리타네이온)'을 '국민관'이라 부르고 있다——에 들어오는 것을 금하고 이것을 엄중히 감시했다. 만일 관내로 들어왔을 경우, 희생물로 바쳐지기까지는 밖으로 나올 수 없었다. 길 안내인들은 계속해서, 이때까지 이미 국민관에 들어간 것이 발각되어 목숨을 위협받게 된 많은 자들이 이를 두려워하여 타국으로 도주했는데, 아마도 오랜 세월이 지난 후에야 돌아왔을 것이라는 등의 이야기도 했다. 게다가 그들은 크세르크세스에게 희생 의식에 관해 묘사하기도 했는데, 언제나 전신을 성수(聖樹)의 가지와 잎으로 장식한 후 엄숙한 예식을 행하고 나서 희생물로 바쳤다는 것이었다. [199]

프릭소스의 아들 키티소로스의 자손들이 이러한 곤욕을 치르지 않으면 안 되었던 이유는 이러하다. 아카이아인이 신의 뜻을 받아 이 나라

---

197) 보이오티아의 코로네이아 시 근처에 라피스티온이라는 산이 있고, 여기에 제우스의 신전이 있었다.

198) 아타마스가 후처인 이노의 감언이설에 넘어가 전처의 소생인 프릭소스와 헬레를 없애려 했지만, 금빛 털을 지닌 양이 두 아이를 구해 콜키스로 데려갔다는 이야기.

199) 이 문장은 문맥이 제대로 통하지 않아 정확한 뜻을 파악키 어렵다. 약간의 결문(缺文)이 있는지도 모르겠다.

의 부정을 씻기 위해 아이올로스의 아들 아타마스를 희생물로서 살해
하려 했을 때 이 키티소로스가 콜키스의 아이아에서 돌아와 그를 구원
했는데, 이 행위로 인해서 신의 노여움을 사 그 자손들이 벌을 받게
되었던 것이다.

크세르크세스는 이 이야기를 들은 후 예의 성림(聖林) 부근에 이르
게 되자, 스스로 이곳에 발을 들여놓는 것을 삼가고 또한 전군에게도
명하여 들어가지 못하게 했다. 그리고 성역과 함께 아타마스의 자손의
집에 대해서도 그에 못지않은 경의를 표했다.

테르모필라이 전투

이상이 테살리아와 아카이아에서 있었던 일이다. 그건 그렇고, 크세
르크세스는 이들 지역을 떠난 후 만(灣)을 따라 말리스 지방으로 진입
했다. 이 만에서는 매일 간만의 차가 심하게 나타나고 있고, 이 만 주
위에 평탄한 토지가 있는데, 어떤 지점에서는 넓고 어떤 지점에서는
매우 좁다. 이 평지를 둘러싸고 '트라키스의 바위산'이라 불리는 험준
한 고산이 열지어 말리스 지방을 에워싸고 있다. 아카이아 쪽에서 보
면 이 만에 면한 최초의 도시는 안티키라인데, 에니아네스 나라에서
흘러오는 스페르케이오스 강이 이 도시 옆을 지나 바다로 흘러들어가
고 있다. 이 강에서 약 20스타디온 떨어진 곳에 디라스라는 또 하나의
강이 흐르고 있다. 이 강은 헤라클레스가 스스로 자기 자신을 불살랐
을 때[200] 그를 구원하기 위해 지하에서 솟아올랐다는 전설이 있다. 이
강에서 다시 20스타디온 떨어진 곳에 '흑하(黑河, 멜라스)'라는 또 하
나의 강이 있다.

트라키스 시는 이 흑하에서 5스타디온 떨어진 곳에 있다. 산악 지대
에서 바다로 뻗어 있는 평야는 이 부근에서 폭이 가장 넓어진다. 트라

---

200) 헤라클레스는 네소스의 독에 시달린 끝에 오이테 산 위에서 스스로 불 속
으로 몸을 던졌다고 전해진다.

키스는 산 가까이에 건설되어 있다. 이곳에는 2만 2천 플레트론[201]의 평야가 펼쳐져 있다. 트라키스 지방을 둘러싸고 있는 산악은 트라키스 시 남쪽에서 끊어져 협곡을 이루고 있고, 아소포스 강이 이 협곡을 지나 산기슭으로 흘러내려 오고 있다.

아소포스 강 남쪽에는 포이닉스〔赤河〕[202]라는 그다지 크지 않은 강이 또 하나 있는데, 이 강은 앞의 산악 지대에서 발하여 아소포스 강으로 합류하고 있다. 포이닉스 강 부근에서 땅이 가장 좁아져 겨우 수레 한 대가 지나갈 정도이다. 포이닉스 강에서 테르모필라이까지의 거리는 약 15스타디온이다. 포이닉스 강과 테르모필라이의 중간 지점에 안텔레라는 작은 도시가 있는데, 아소포스 강은 이 도시를 지나 바다로 흘러들어간다. 이 도시 주위에는 보다 넓은 토지가 있는데, 여기에 '데메테르 암픽티오니스' 신전이 자리잡고 있다. 또한 '인보동맹(隣保同盟, 암픽티오네스)'의 대의원 회의장과 암픽티온 자신의 신전도 여기에 있다. [203]

그런데 크세르크세스왕은 말리스 지방의 트라키스 지역에 진을 치고 있었고, 반면에 그리스군은 산마루[204]에 포진해 있었다. 대부분의 그리

---

201) 이 플레트론을 길이 단위로 해석하면, 2만 2천 플레트론은 677킬로미터 정도가 돼 실정에 맞지 않는다. 여기에서는 면적 단위(=0.095헥타르)로 해석하는 쪽이 좋을 것 같다.

202) 이 강물은 철분 또는 유황을 포함하고 있었기 때문에 붉은색을 띠었을 것이다.

203) 암픽티오네스란 동일한 성지를 공유하는 종교적, 정치적 동맹을 가리킨다. 델포이의 아폴론 신전을 중심으로 하는 동맹이 가장 대표적인 것으로, 여기에 서술되어 있는 것도 이 동맹이다. 델포이의 아폴론 신전 외에 안텔레의 데메테르 신전도 또한 이 동맹의 공통의 성지로, 동맹을 결성하는 그리스의 열두 개 유력 부족의 대의원이 1년에 2회(봄에는 안텔레, 가을에는 델포이) 회의를 개최했다. 암픽티온은 인류의 조상이라고 할 만한 데우칼리온과 피라의 자식이라 한다.

204) 앞에 서술되어 있는 것처럼 안텔레 전면의 서쪽 관문과 아르페노이 부근의 동쪽 관문 사이의 좁은 길 일대가 광의의 테르모필라이였다. 그리스군

스인은 이곳을 테르모필라이라 부르고 있지만, 이 지방 사람들이나 인근 주민들은 단지 필라이〔門〕라고만 부른다.

이렇게 양군은, 한쪽은 트라키스 이북 일대를, 다른 한쪽은 본토의 남쪽 지역을 자기 지배하에 두고 이들 위치에 진을 구축하고 있었다. [205]

그런데 이곳에서 페르시아 왕이 오기를 기다리고 있던 그리스군의 진용을 살펴보면, 스파르타의 중무장병 300명, 테게아와 만티네이아에서 각각 500명으로 합계 1천 명, 아르카디아의 오르코메노스에서 120명, 그 밖의 아르카디아 각지에서 1천 명이었다(위의 아르카디아 군대에는 코린토스 병사 400명, 플레이우스 병사 200명, 미케네 병사 80명이 포함되어 있었다). 이상이 펠로폰네소스에서 온 군대였는데, 여기에 덧붙여서 보이오티아로부터는 테스피아이인 700명, 테베인 400명이 달려왔다.

이 밖에 구원 요청에 응하여 로크리스 오푼티아[206] 지구는 전 병력을 출동시켰고, 또한 포키스인 1천 명도 원군으로 가담했다. 이것은 현지(現地)의 그리스군이 그들에게 사자를 보내 다음과 같이 전하며 구원을 요청했기 때문이었다.

"우리들은 단지 전군의 선봉 부대에 지나지 않으며, 오늘이라도 곧 동맹군의 주력 부대가 도착할 것이오. 더욱이 바다는 아테네, 아이기나 및 기타 해상 부대의 함대에 의해 철통같이 방어되고 있으며, 따라서 두려워할 하등의 이유가 없소. 지금 그리스를 위협하고 있는 자도 결국은 신이 아닌 인간일 뿐이오. 인간인 한 불운을 모르고 행운만 지

은 좁은 길을 방어했던 것인데, 그 주력은 중앙부에 있는 포키스인의 성벽 뒤에 있었다.
205) 이북은 정확하게는 이서이며 남쪽은 동쪽이다. 주 182) 참조.
206) 이 로크리스는 코린토스 만에 면한 로크리스 오조리스와 달리 에이보이아 만에 면한 지구로, 테르모필라이에서 가장 가깝다. 전 병력을 이끌고 참전한 것도 당연했을 것이다.

니고 태어나는 자는 한 사람도 없으며, 또한 권세가 있는 자일수록 더 큰 불행을 겪게 마련이오. 그러므로 지금 침입해 온 자도 인간인 한 반드시 그의 커다란 기대에 합당한 실망을 맛보게 될 것이오."

로크리스, 포키스 양국인은 이와 같은 말을 전해 듣고 트라키스로 병력을 보냈던 것이다.

그런데 그리스군은 나라마다 각각의 지휘관을 받들고 있었지만, 그 중에서 가장 신망이 높고 또한 전군의 지휘를 맡고 있었던 자는 스파르타의 레오니다스였다. 그의 계보를 살펴보면, 멀리 헤라클레스에서 시작하여 힐로스, 클레오다이오스, 아리스토마코스, 아리스토데모스, 에우리스테네스, 아기스, 에케스트라토스, 레오보테스, 도리소스, 헤게실라오스, 아르켈라오스, 텔레크로스, 알카메네스, 폴리도로스, 에우리크라테스, 아낙산드로스, 에우리크라티데스, 레온 그리고 그의 아버지 아낙산드리데스에 이르고 있었다. 이 레오니다스가 스파르타의 왕위에 오르게 된 것은 전혀 예기치 않은 사정 때문이었다.

레오니다스에게는 클레오메네스와 도리에우스라는 두 형이 있었기 때문에 그는 왕위에 오른다는 것은 전혀 생각지도 않고 있었다.[207] 그런데 클레오메네스가 후계자 없이 사망하고 도리에우스도 시켈리아에서 객사하여 이미 세상에 없었기 때문에 왕위가 레오니다스에게 돌아오게 되었다. 그는 아낙산드리데스의 막내아들인 클레옴브로토스보다 연장자였고, 게다가 클레오메네스의 딸을 아내로 맞아들였다. 그런데 이때 레오니다스는 아들이 있는 자들 중에서만 친히 선발한 전통의 '3백인대(三百人隊)'[208]를 이끌고 테르모필라이로 왔다. 레오니다스는 또한 앞서 내가 그리스군의 병력 수를 거론할 때 언급했던 테베군도 이끌고 왔는데, 테베군의 지휘자는 에우리마코스의 아들 레온티아데스였

---

207) 그간의 사정에 대해서는 제5권 참조.

208) 제1권에 나타나는 이른바 '300명의 기사'로 왕의 친위대이다. 이때는 특히 레오니다스가 손수 선발했으리라 추측된다. 자식이 있는 자만을 선발한 것은 집안의 대가 끊기지 않도록 하기 위한 배려였을 것이다.

다. 레오니다스가 그리스 제국 중에서 특히 테베 부대를 이끌고 오는
데 열의를 보인 데에는 이유가 있었다. 그것은 바로 그가 테베인의 친
페르시아적인 태도에 강한 의혹을 품고 있었기 때문이었다. 그리하여
그는 과연 테베가 타국과 함께 군대를 파견할 것인지 아니면 공공연히
그리스 제국간의 동맹 관계에서 이탈할 것인지를 알기 위해 참전을 요
구했던 것이다. 그리고 테베는 딴마음을 품고 있으면서도 병력을 보냈
던 것이다.

스파르타가 페오니다스 휘하의 부대를 먼저 파견한 것은 그를 통해
다른 동맹 제국의 출진을 촉구하기 위해서였다. 만일 스파르타가 머뭇
거리고 있음을 다른 동맹국들이 알게 될 경우 그들도 또한 페르시아측
에 가담할 우려가 있었기 때문에, 그러한 사태를 미연에 방지하려 했
던 것이다. 왜냐하면 스파르타에서는 카르네이아 제(祭)[209]가 출진을
방해하고 있어 이 제례 행사가 끝난 후 수비대만 스파르타에 남겨 두
고 전 병력을 동원하여 급거 구원하러 갈 예정이었기 때문이었다. 그
리고 다른 동맹 제국도 스파르타와 비슷한 행동을 취하려 하고 있었
다. 왜냐하면 올림피아 제례가 이 사태와 겹쳐 있었기 때문이었다. 이
렇게 하여 그리스 제국은 테르모필라이 전투가 그렇게 빨리 결정될 줄
모르고 선발 부대만 보냈던 것이다.

한편 테르모필라이의 그리스군은 페르시아 왕의 군대가 점점 산마루
쪽으로 접근해 오자, 갑자기 겁을 집어먹고 회의를 열어 철수를 논의
했다. 스파르타를 제외한 다른 펠로폰네소스군은 펠로폰네소스로 철수
하여 지협을 방어해야 한다고 주장했다. 그러나 포키스인과 로크리스
인이 이 견해에 분노를 표시하기에 이르자, 레오니다스는 이곳에 머무
르는 동시에 그리스의 모든 도시에 사자를 보내 현재의 병력을 가지고
는 도저히 페르시아군을 격퇴하기 어렵다는 실정을 알리고 구원을 요

---

209) 아폴론 카르네이오스 제. 매년 한여름에 9일 동안 행해졌다. 이 제례 도
중에는 출정이 금해져 있었다(제6권 참조). 이 제 직후에 올림피아 제례
경기가 시작된다.

청하기로 결단을 내렸다.

그리스군이 한창 협의를 거듭하고 있을 때, 크세르크세스는 그리스군의 병력 수와 그 의도를 탐색키 위해 척후 기병 한 명을 보냈다. 그는 이미 테살리아에 있을 때 이곳에 소병력의 부대가 집결해 있다는 것과, 그 지휘권을 장악하고 있는 것은 헤라클레스 가의 혈통을 이어받은 레오니다스 휘하의 스파르타군이라는 사실 등을 들어 알고 있었다. 그 기마병은 진지로 다가가 낱낱이 살펴보았지만 그리스군의 진지 전체를 관찰할 수는 없었다. 왜냐하면 그리스군이 복구하여 방어하고 있던 성벽 뒤에 배치된 부대의 모습을 볼 수 없었기 때문이었다. 척후병은 단지 성벽 전면에 포진해 있는 부대의 동정만을 알 수 있었다. 그런데 이때 마침 성벽 바깥에 배치되어 있던 것은 스파르타의 부대였는데, 병사들이 웃통을 벗어 던지고 운동 연습을 하거나 머리를 빗고 있었다. 척후병은 이 모습을 바라보고 기이하게 생각했지만, 그 부대의 병력 수를 헤아리고 또한 기타 필요한 사항을 빠짐없이 자세히 조사한 후 무사히 자군으로 되돌아갔다. 그를 추격하려는 자도 없었고 또한 그에게 주목하는 자도 없었기 때문이었다. 그는 귀환하자마자 자신이 보고 온 바를 빠짐없이 크세르크세스에게 보고했다.

이 보고를 들은 크세르크세스는 그 진의를 도저히 알 수 없었다. 그로서는 스파르타군이 죽느냐 사느냐 하는 전쟁을 눈앞에 두고 최선의 노력을 한다고는 도저히 생각할 수 없었던 것이다. 오히려 그에게는 스파르타인들의 행동이 가소롭게만 생각되었다. 그리하여 크세르크세스는 스파르타인의 행동이 무엇을 의미하는지 알고 싶어, 그의 진중에 있던 아리스톤의 아들 데마라토스를 불러 척후병의 보고에 대해 질문했다.

그러자 데마라토스는 다음과 같이 말했다.

"전하께 이미 우리가 그리스 원정을 시작할 무렵 이자들에 대해 제가 말씀드린 적이 있습니다. 그때 제가 이번 작전의 결과에 대한 제 견해를 말씀드렸던바, 전하께서는 그 말을 들으시고 저를 비웃으셨습니다. 그렇지만 전하, 전하의 어전에서는 언제나 진실을 말씀드리도록 최선을 다하는 것이 무엇보다도 중요한 저의 임무이오니, 부디 다시 한 번 더 제 말을 들어 주십시오. 저자들은 이 진입로를 우리 군대로부터 방비하기 위해 왔기 때문에 방비를 위한 준비를 하고 있을 것입니다. 그들은 생사를 건 모험을 시도할 경우에 머리칼을 손질하는 관습이 있습니다. 전하, 만약 전하께서 이자들과 아직 스파르타 본국에 머물러 있는 나머지 부대를 격파하시게 된다면, 전하의 진격로 앞에서 저항할 민족은 하나도 없게 될 것입니다. 왜냐하면 지금 전하께서 맞이하고 계시는 상대야말로 그리스의 수많은 나라 중에서 가장 훌륭한 나라이며, 그 중에서도 가장 용감한 군대이기 때문입니다."

그러나 크세르크세스는 이러한 데마라토스의 말이 아무래도 믿어지지 않았기 때문에 스파르타군이 그러한 소수의 병력으로 어떻게 자신의 군대와 싸울 수 있겠는가 하고 거듭 물었다. 그러자 데마라토스는 다음과 같이 대답했다.

"전하, 만일 한 가지라도 제가 말씀드린 대로 되지 않는다면 저를 거짓말쟁이로 취급하셔도 좋습니다."

그러나 데마라토스가 이렇게 말했음에도 불구하고 크세르크세스는 여전히 납득할 수 없었다.

크세르크세스는 나흘 동안을 기다리며, 그 동안 끊임없이 그리스 부대가 도주하리라고 기대하고 있었다. 그러나 5일째에 접어들어서도 여전히 철수하지 않자 크세르크세스는 그들이 건방지고 어리석기 짝이 없다고 생각하고, 노여움을 터뜨리며 메디아인과 키시아인 부대로 하여금 그들을 공격하여 생포한 채로 자기 앞으로 끌고 오라고 명했다. 메디아군이 공격을 가해 오자 스파르타군은 많은 전사자를 냈지만 차례로 신병으로 교체하여 막대한 손실을 입으면서도 후퇴하려 하지 않았다. 그러나 그 전투 광경을 볼 때 누구에게나——그 중에서도 페르시아 왕 그 자신에게는 실로 병력 수는 많더라도 참된 병사는 극히 적다는 것이 명백해졌다. 이 전투는 온종일 계속됐다. 메디아인 부대가 호된 곤욕을 치르고 마침내 후퇴하자 이번에는 페르시아인 부대가 대신하여 공격을 감행했다. 이 부대는 페르시아 왕이 늘 '불사부대(不死部隊, 아타나토이)'라 부르던 부대로, 히다르네스가 지휘를 맡고 있었다. 이 부대라면 쉽사리 소기의 성과를 거두리라고 확신했지만, 이 부대조차 일단 그리스군과 접전하게 되자 메디아인 부대 이상의 전과를 거둘 수 없었다. 전황은 달라지지 않았다. 좁고 제한된 지역에서의 전투였고, 또한 페르시아군의 창은 그리스군의 창에 비해 짧았기 때문에 수적인 우세가 아무 소용이 없었다.

한편 스파르타인의 분전은 실로 후세에 전할 만한 기념비적인 것이었다. 스파르타인은 전투 경험이 없는 적들을 어떻게 요리할 것인가를 잘 알았다. 그들이 사용한 특기할 만한 전법(戰法)은 적에게 등을 보이며 언뜻 패주하는 듯이 집단을 이루며 후퇴하는 것이었다. 페르시아군은 적이 도주하자 함성과 말굽 소리를 요란하게 내면서 추격해 갔다. 그러면 스파르타군은 적이 가까이 다가오기를 기다렸다가 불시에 방향을 바꿔 적을 공격했다. 이 후퇴 전술을 이용하여 스파르타군은 수많은 페르시아 병사를 쓰러뜨렸던 것이다.

그러나 이 전투에서 스파르타군도 역시 다수의 전사자를 냈다. 페르시아 군은 관문 탈취를 시도하여 차례로 부대를 번갈아 가며 투입하고 기타 모든 전법을 구사하면서 공격을 감행했지만 아무 소용이 없었다. 그리하여 마침내 후퇴할 수밖에 없었다.

이 공격이 한창 진행되고 있을 때, 관전하던 페르시아 왕은 자군을 염려한 나머지 앉아 있던 의자에서 세 번이나 벌떡 일어섰다고 전해지고 있다. 이날의 전황은 이상과 같았는데, 다음날도 페르시아군은 조금도 전과를 올릴 수 없었다. 적은 수이기 때문에 이미 많은 상처를 입어 더 이상 저항하지 못할 것이라고 얕보고 돌격을 감행했지만, 그리스측은 나라별로 진형을 갖춘 다음 교대로 싸웠다. 단 포키스인 부대만은 예외로, 샛길을 수비하기 위해 산중에 배치되어 있었다.

페르시아군은 전황이 전날과 조금도 다름이 없음을 알게 되자 다시 후퇴했다.

 페르시아 왕이 현상 타개를 위해 고심하고 있을 때, 말리스 지방 출신의 에우리데모스의 아들인 에피알테스라는 자가 왕으로부터 막대한 포상을 받으리라 기대하고 왕을 찾아와, 산중으로 해서 테르모필라이로 통하는 샛길이 있음을 왕에게 가르쳐 주었다. 이렇게 하여 그는 이 관문을 사수하던 그리스군을 파멸토록 했던 것이다.

 후일담이지만 이자는 스파르타인의 보복이 두려워 테살리아로 도주했다. 그리고 인보동맹 제국이 필라이의 연례 회의에 참석했을 때,[210] 대의원회(필라고로이)는 이자의 목에 상금을 걸기로 결정하고 이것을 공표했다. 그 후 얼마간의 세월이 흐른 뒤 에피알테스는 안티키라[211]로 돌아왔다가 트라키스인 아테나데스에 의해 살해됐다. 아테나데스가 에피알테스를 살해한 것은 실은 다른 이유에서였는데, 이에 대해서는 나중에 서술할 예정이다.[212] 그러나 스파르타인은 그럼에도 불구하고 그에게 변치 않는 경의를 표했다.

 한편 다른 설에 의하면, 왕에게 정보를 제공하고 페르시아군으로 하여금 산중으로 우회하도록 유도한 것은 바로 카리스토스[213]인 파나고라스의 아들 오네테스와 안티키라[214]의 주민 코리달로스 두 사람이었다 한다. 그러나 나로서는 이것을 절대로 믿을 수 없다. 내가 처음의 설이 옳다고 하는 첫번째 이유는 그리스 인보동맹의 대의원회가 목에 상금을 건 것은 오네테스와 코리달로스가 아니라 트라키스인 에피알테스였다는 것이다. 의심할 바 없이 대의원회는 이 일에 관해 가장 정확한

---

210) 인보동맹(隣保同盟)에 대해서는 주 203) 참조. 필라이의 회의란 매년 봄에 안텔레에서 개최되는 대의원 회의를 말하는 것으로, 여기에서 말하는 회의는 기원전 478년 봄의 일일 것이다.
211) 말리스 지방의 도시.
212) 헤로도토스는 무슨 이유에서인지 이 약속을 지키지 않고 이 인물에 대해 다시 언급하지 않고 있다.
213) 에우보이아 섬 남부의 도시.
214) 말리스 지방의 도시.

정보를 파악하고 있었을 것이기 때문이다. 두번째 이유는 우리가 알고 있다시피 에피알테스가 이 배반으로 처벌을 받을까 두려워하여 도주했다는 사실이다. 물론 오네테스가 비록 말리스 지방 출신은 아니었다 하더라도 여러 번 이 지역에 와보았다면 그도 앞의 샛길에 대해 알고 있었을지도 모른다. 그러나 어쨌든 샛길의 소재를 페르시아군에게 가르쳐 주고 이들을 산중으로 유도한 것은 에피알테스였다. 그리하여 나는 그의 이름을 배반의 죄를 저지른 자로서 기록에 남겨 둔다.

에피알테스의 제안에 왕은 매우 만족했다. 크세르크세스는 크게 기뻐하며 곧 히다르네스와 그 예하 부대에 출동을 명했다. 그리하여 부대는 불을 켤 무렵에 진지를 떠났다. 이 샛길은 본래 이 부근에 거주하는 말리스인에 의해 발견되었었다. 그리고 그들은 후에 이 길을 이용하여 테살리아인이 포키스군을 공격하는 데에 도운 적이 있었다. 즉 포키스인이 성벽을 축조하여 진입로를 봉쇄하고 전화(戰禍)를 면하던 당시의 일이었다. 그러나 그 후 오랜 세월에 걸쳐 이 샛길은 말리스인에 의해 무용시(無用視)되어 오고 있었다.[215]

이 샛길은 좁은 산골짜기를 지나며 흐르는 아소포스 강변에서 시작되는데, 이 산에도 샛길에도 똑같이 아노파이아라는 이름이 붙어 있다. 이 아노파이아 샛길은 산등성이를 따라 계속 달려 말리스측에서 보면 최초의 로크리스 도시인 알페노스 부근에서 끝난다. 그리고 통칭 '흑고남(黑尻男)의 바위'[216]라 알려져 있는 바위와 케르코페스[217]의 거처가 있는 부근에서 이 샛길은 가장 좁아지고 있다. 샛길의 형태는 이와 같다.

---

215) 이 구절의 해석에는 이설(異說)이 많다.
216) 흑고남이란 일반적으로 호걸의 다른 명칭이었던 듯하다. 털투성이의 엉덩이를 가진 남자라는 뜻. 특히 헤라클레스를 가리킨다.
217) 고대 민화에 나타나는 손버릇이 나쁜, 장난을 좋아하는 소인(小人). 대개 두 사람이 짝을 이루어 복수형으로 사용된다. 헤라클레스를 습격했다가 잡혀, 일찍이 어머니로부터 경고받은 '흑고남'이 헤라클레스였음을 깨닫는다는 이야기.

페르시아인 부대는 아소포스 강을 건너 오른쪽으로 오이테 산맥을, 왼쪽으로 트라키스의 산악 지대를 바라보면서 밤새 이 샛길로 행군했다. 그리고 날이 밝을 무렵 산등성이의 가장 높은 부근에 이르렀다. 앞서 서술했던 것처럼 바로 이 지점 부근에서 포키스의 중무장병 1천 명이 자국의 방어와 샛길의 경계를 위해 수비를 하고 있었다. 아래쪽 통로는 전술(前述)한 부대에 의해 수비되고 있었기 때문이었다. 포키스인 부대는 스스로 이 산중의 샛길을 방어하겠다고 레오니다스에게 제안하고 그곳을 수비하고 있었던 것이다.

그 산은 온통 떡갈나무로 뒤덮여 있었기 때문에 페르시아군은 조금도 사람의 눈에 띄지 않고 올라갈 수 있었다. 그런데 그날따라 바람이 없어 지상에 깔려 있는 나뭇잎이 행군해 가는 페르시아군의 발 밑에서 요란스러운 소리를 냈으므로, 그 소리에 놀란 포키스인들이 벌떡 일어나 무장을 하고 임전 태세를 갖출 수 있었다.

페르시아군은 무장을 갖춘 병사들을 보고 깜짝 놀랐다. 적군이 나타나리라고는 꿈에도 생각지 않고 있었는데, 일단의 부대가 길을 가로막고 있었기 때문이었다. 이때 히다르네스는 먼저 이 포키스군이 스파르타인 부대는 아닌가 하여 두려움을 느끼고 에피알테스에게 어느 나라 군대냐고 물었다. 그는 사실을 알게 되자 페르시아군에게 전투 태세를 갖추게 했다. 페르시아군이 소낙비처럼 화살을 쏘아 대자, 포키스 부대는 페르시아군이 자기들을 목표로 공격하는 줄로 생각하고 급히 산 정상으로 후퇴한 다음 죽음을 각오하고 싸우기로 작정했다. 그러나 에피알테스와 히다르네스와 휘하 페르시아군은 그들에게 더 이상 주의를 기울이지 않고 전속력으로 산을 내려갔다.

한편 테르모필라이에 포진해 있던 그리스인들은 먼저 희생 가축의 장부(臟腑)에서 그들의 운명을 읽은 점술사 메기스티아스로부터, 새벽과 함께 죽음이 찾아오고 있다는 경고를 받았다. 그리고 또한 투항자들로부터도 페르시아군이 우회 작전을 펴고 있다는 정보가 들어왔다. 날이 밝자마자 마지막으로 고지로부터 달려 내려온 경계병들이 소식을 가져왔다. 이에 그리스군은 곧 토의에 들어갔는데, 의견이 둘로 갈라졌다. 한쪽은 전선을 떠나서는 안 된다고 주장했고, 다른 한쪽은 이 주장에 정면으로 반대했다. 결국 부대를 해체하기로 결의하고는 일부는 나라별로 분산·철수하여 각각 귀국길에 올랐고, 나머지 부대는 레오니다스와 함께 이곳에 머무를 준비를 했다.

철수한 부대는 그들을 살리고 싶다는 레오니다스의 배려에서 돌려보내졌다는 설도 있다. 그러나 레오니다스와 현지의 스파르타인 부대만은 본래 그 방위를 위해 왔으므로 전선을 버리고 떠날 수는 없었다는 것이다. 나도 이 설에 전적으로 동감한다. 생각해 보건대 레오니다스는, 동맹군들에게는 싸울 의사도 없고 끝까지 자신들과 생사를 같이 나눌 뜻도 없음을 간파하고 그들에게는 철수를 명했을 것이다. 그리고 명예를 위해서라도 자신은 철수할 수 없다고 생각했을 것이다. 그가 이 땅에 머무른다면 그 영예는 만세에 길이 전해질 것이며 스파르타도 그 번영을 계속하리라고 생각했을 것임에 틀림없다. 왜냐하면 이 전쟁의 발발 초기에 스파르타인이 전쟁에 대해서 신탁을 구했을 때, 델포이의 무녀가 스파르타의 국토가 이국군에 의해 유린되든지 그렇지 않으면 스파르타의 왕이 살해되든지 그 어느 한쪽으로 끝나게 되리라 예언했기 때문이었다. 무녀가 육각운(六脚韻)의 운율로 스파르타인에게 내린 신탁은 다음과 같은 것이었다.

　　오, 광활한 스파르타의 주민들아, 너희의 운명을 들으라
　　너희의 이름 높고 커다란 도시가
　　페르세우스의 후예들[218]에 의해 약탈되든지
　　그렇지 않으면 헤라클레스의 혈통을 이어받은
　　왕의 죽음을 라케다이몬의 전 국토가 애도하게 되리라.
　　공격해 오고 있는 자는 제우스의 힘을 지니고 있나니

---

218) 페르시아인의 조상인 페르세스는 그리스 영웅인 페르세우스의 아들이라는 전승에서 유래.

황소의 힘, 사자의 힘을 갖고 있다 하더라도
이에 맞서 저지할 수 없으리라.
적이 그 둘[219] 중 어느 하나를 이룰[220] 때까지는
그 세력을 막을 수 없으리라.

생각해 보건대, 철수한 자들이 의견의 차이로 군기(軍紀)를 무시하고 떠났다기보다도 오히려 위의 신탁을 상기한 레오니다스가 다른 동맹군을 제외하고 오직 스파르타인의 명예를 구하려 하여 동맹군을 돌려보냈다는 것이 일의 진상이었을 것이다.

이에 대해서는 다음과 같은 사실도 매우 유력한 증거가 될 수 있다고 본다. 즉 종군 점술가 메기스티아스에 관한 일인데, 그는 아카르나니아 출신으로 그의 선조는 멜람푸스[221]라고 전해지고 있고 희생 점괘로 그리스군이 맞이하게 될 운명을 예언한 인물이다. 이 점술가는 레오니다스로부터 테르모필라이를 떠나도록 명령받았음에도 불구하고, 함께 종군했던 그의 외아들만 돌려보내고 떠나기를 거부했다.

귀환 명령을 받은 동맹국의 부대들은 레오니다스의 의향에 따라 철수했지만, 테스피아이인과 테베인의 부대만은 스파르타군과 함께 머물렀다. 그 중 테베군의 경우는 레오니다스가 그들을 인질삼아 억류했기 때문에 어쩔 수 없이 머물렀던 것이지만, 테스피아이인은 흔연히 스스로 레오니다스와 그의 부대를 버린 채로 떠나기를 거부하고 레오니다스와 운명을 같이했던 것이다. 이 부대의 지휘를 맡고 있었던 것은 디아드로메스의 아들 데모필로스였다.

크세르크세스는 아침이 되자 떠오르는 해를 향해 헌주의 예를 행하고, 시장에 사람들이 들끓을 시각이 될 때[222]까지 잠시 여유를 둔 후

---

219) 스파르타의 국토와 국왕을 가리킨다.
220) 황소와 사자의 연상에 의해 적을 맹수로 간주.
221) 신화상의 유명한 예언자(제2권 참조).
222) 시각을 나타내는 관용적인 표현으로 오전 10시경을 가리킨다.

공격을 개시했다. 이것은 에피알테스의 조언에 의한 것으로, 사실 하산로(下山路) 쪽은 길고 우회하는 등반로에 비해 시간도 훨씬 덜 걸렸고 거리도 짧았기 때문이었다.

이렇게 하여 크세르크세스 휘하의 페르시아군이 전진하자, 레오니다스가 이끄는 그리스군은 죽음의 길로 떠날 각오를 하고 바야흐로 예전보다 훨씬 앞쪽에 있는, 도로의 폭이 넓어지는 지점까지 출격했다. 지난 수일 동안은 성벽 수비에 주력했기 때문에 그리스군은 좁은 지점으로 물러나서 싸웠지만, 이때는 좁은 지역에서 바깥으로 나와 싸웠던 것이다. 페르시아군의 전사자 수는 다수에 이르렀다. 왜냐하면 부대장들이 그들 뒤에서 닥치는 대로 채찍으로 내려치면서 앞으로 몰아 댔기 때문이었다. 바다 속에 떨어져 죽는 자도 적지 않았지만, 산 채로 자기 동료들의 발에 짓밟혀 죽는 자가 훨씬 더 많았다. 그러나 그 누구도 죽은 자들을 돌아볼 여유가 없었다. 그도 그럴 것이, 산지를 우회해 오고 있는 부대에 의해서 죽음을 면치 못할 것을 잘 알고 있던 그리스군이 페르시아군을 맞아 있는 힘을 다해 필사적으로 싸웠기 때문이었다.

이 무렵에 그리스군의 창은 대부분 이미 부러져 있었다. 그래서 그들은 칼을 휘두르며 페르시아군을 쓰러뜨렸다. 레오니다스는 이 격전의 와중에서 실로 용감하게 싸우다가 쓰러졌고, 다른 이름 있는 스파르타인들도 그와 운명을 같이했다. 나는 이들 용명(勇名)을 휘날린 사람들의 이름을 들어 알고 있다. 나아가 나는 실로 전군(全軍) 300명의 이름도 들어 알고 있다.[223]

이 전투에서 페르시아의 이름 있는 인물도 다수 전사했는데, 그 중에는 다레이오스의 두 아들 아브로코메스와 히페란테스도 끼여 있었다. 이 두 사람은 아르타네스의 딸 프라타구네와 다레이오스 사이에서

---

223) 기원전 440년에 스파르타인은 레오니다스의 유골을 테르모필라이에서 스파르타로 옮겨 매장하고 그 묘소 위에 기념비를 세웠는데, 그 비에는 300명의 용사들 이름이 새겨졌다고 파우사니아스는 전하고 있다.

태어났다. 아르타네스는 다레이오스왕의 동생으로, 아버지는 히스타스
페스, 할아버지는 아르사메스였다. 이 아르타네스는 딸을 다레이오스
에게 시집보낼 때 이 딸이 유일한 자식이었기 때문에 자기 재산을 모
두 딸에게 주어 보냈었다.

한편 레오니다스의 유체를 둘러싸고 페르시아와 스파르타 양군 사이
에서 격전이 계속되었다. 그리스군은 네 차례에 걸쳐 적을 격퇴하고
마침내 유체를 구조하는 데 성공했다. 이 격전은 에피알테스가 선도
(先導)한 부대가 도착할 때까지 계속됐다.

새로운 부대가 도착한 것을 그리스군이 알게 되자 전투 양상이 바뀌
었다. 그리스군은 재차 좁은 지대로 퇴각하여 성벽 너머에 있는 작은
언덕에 이르렀다. 여기서 테베인 부대를 제외하고 모두 한덩어리로 진
을 쳤다. 언덕은 도로 입구 부근에 있는데, 현재 언덕 위에는 레오니
다스를 기념하여 세운 석조 사자상[224]이 서 있다. 그리스군은 여기에서
아직 손에 단검을 든 자는 단검으로, 무기가 없는 자는 손과 이빨로
싸웠는데, 마침내 페르시아군이 이곳에 화살을 소낙비같이 퍼부어 대
며 주력 부대는 앞쪽에서 무너진 성벽을 넘으며 공격해 오고 우회 부
대는 사방에서 포위 공격해 올 때까지 조금도 물러서지 않고 끝까지
저항했다.

스파르타와 테스피아이 양 부대의 분전은 참으로 눈부신 것이었지
만, 그 중에서도 특히 스파르타인 디에네케스의 용맹은 타의 추종을
불허하는 것이었다고 전해진다.

그리스군이 메디아군과 교전하기 전의 일인데, 그는 어느 트라키스
인으로부터 페르시아군이 화살을 쏠 때는 그 수가 하도 많아서 태양이
가려질 정도라는 이야기를 듣고도 메디아군의 수 따위에는 조금도 개
의치 않고 단지 다음과 같은 말만 했다고 한다.

---

224) 레오니다스라는 이름과 사자(獅子)의 연상이 작용하고 있음은 의심할 여
지가 없다.

"트라키스에서 온 객이여, 그대는 우리에게 즐거운 소식을 전해 주었소. 메디아군이 태양을 가려 준다면 우리는 그늘에서 싸울 수 있지 않겠소."

스파르타인 디에네케스는 이 밖에도 이와 비슷한 몇 가지 말을 후세에 남겼다고 전해지고 있다.

디에네케스 다음으로 그 무용(武勇)을 과시한 것은 오르시판토스를 아버지로 하는 스파르타의 두 형제 알페오스와 마론이었다. 그리고 테스피아이인으로서는 하르마티데스의 아들 디티람보스가 가장 용명(勇名)을 떨쳤다.

페르시아군과 싸우다가 그 땅에 묻힌 이들 장병과 레오니다스로부터 귀환 명령을 받기 전에 전사한 자들의 묘비에는 다음과 같은 비명(碑銘)이 새겨져 있다.

일찍이 이 땅에서 300만 명의 군대와 맞서 싸운
펠로폰네소스 4천의 병사.

이 비명은 전군(全軍)을 위해 새겨진 것인데, 한편 스파르타군만을 위한 비명에는 다음과 같이 새겨져 있다.

여행자여, 가서 스파르타인에게 전하라,
우리가 그들의 명을 수행하고 여기에 누워 있다고.[225]

또 점술가 메기스티아스를 위한 비명에는 다음과 같이 새겨져 있다.

여기 그 옛날 스페르케이오스의 조수(潮水)를 넘어 공격해 온

---

225) 이 시(詩)는 예로부터 시모니데스의 작품으로 알려져 있는데, 오늘날에는 오히려 그의 작품이 아니라는 견해가 우세하다.

메디아인에 의해 살해된 이름 높은 메기스티아스가 누워 있나니,
자기 목숨을 구하는 것을 수치로 여기고
스파르타인과 죽음을 같이한 점술가여.

돌기둥을 세워 비명을 새겨 넣고 용사들의 무훈을 기린 것은 인보동맹의 제국이었다. 단 점술가 메기스티아스의 묘비명을 지은 것은 레오프레페스의 아들 시모니데스[226]였다. 그는 메기스티아스와 친분을 인연으로 하여 이 시(詩)를 썼던 것이다.

전해지는 바에 따르면 이 300명의 장병 중에서 에우리토스와 아리스토데모스 두 사람은 심한 눈병을 앓고 있었기 때문에 전투가 벌어지기 전에 레오니다스의 허가를 얻어 병을 치료하기 위해 알페노이로 갔다고 한다. 따라서 이 두 사람은 모두 무사히 스파르타로 되돌아갈 수도, 또한 귀국을 바라지 않았다면 다른 장병들과 함께 운명을 같이할 수도 있었을 것이라 한다. 그러나 두 사람은 의견의 차이로 서로 다툰 끝에, 에우리토스는 페르시아군의 우회 작전을 알게 되자마자 곧 무구(武具)를 찾아 전투 태세를 갖추고 노예 병졸에게 명하여 자신을 전장까지 데려가게 했다. 병졸의 인도를 받아 전장에 도착하자 안내해 온 병졸은 도망쳤지만, 에우리토스는 한창 혼전이 벌어지고 있는 와중에 뛰어들어 싸우다가 전사했다. 한편 아리스토데모스는 두려움을 이기지 못하고 알페노이에 그대로 머물렀던 것이다. 그런데 만일 아리스토데모스가 홀로 병 때문에 스파르타로 돌아갔든지 혹은 두 사람이 함께 귀국했다면 스파르타인은 아무런 분노를 표시하지 않았을 것이라고 생각한다. 하지만 실제 두 사람 중 한쪽은 싸우다 죽었는데 다른 한쪽은 같은 사정이었음에도 불구하고 이것을 구실삼아 죽음을 면하려 했기 때문에, 스파르타 국민은 아리스토데모스에 대해 실로 격분하지 않을

---

226) 케오스 섬 출신으로 핀다로스와 같이 합창(合唱) 서정시의 대가. 특히 묘비명의 작가로서는 비견될 만한 자가 없었다(기원전 556~468년).

수 없었던 것이다.

이렇게 아리스토데모스가 위의 사정을 구실삼아 산 채로 스파르타로 돌아왔다는 설이 있는데, 또 다른 설에 의하면 아리스토데모스는 전령으로서 진지를 떠나 있다가, 제시간에 돌아와 전투에 참여할 수 있었음에도 불구하고 용기를 내지 못하고 일부러 늑장을 부려 살아 남았다는 것이다. 한편 그와 함께 전령으로 떠났던 자는 전장으로 달려가서 싸우다가 최후를 마쳤다고 한다.

스파르타로 귀국한 아리스토데모스는 국민의 지탄을 받고 치욕[227]을 감수해야 했다. 즉 스파르타인은 그 누구도 그에게 불을 빌려 주지도 않았고 말을 걸지도 않았다. 그리고 그에게 '겁쟁이 아리스토데모스'라는 별명을 붙여 주었다. 그러나 그는 후에 플라타이아 전투에서 그가 받았던 오명을 남김없이 씻어 버렸다.

또한 300명 중에는 또 한 사람, 전령으로서 테살리아에 파견되었다가 살아 남은 판티테스라는 자가 있었다고 전해진다. 이 남자는 스파르타로 귀환한 후 치욕을 견디다 못 해 목매어 죽었다고 한다.

레온티아데스가 이끌던 테베군은 처음 얼마 동안은 어쩔 수 없이 그리스군과 함께 페르시아 왕의 군대와 맞서 싸웠지만, 전황이 페르시아 측에 유리해짐을 알게 되자 레오니다스 휘하의 그리스군이 예의 언덕쪽을 향해 급히 퇴각할 때를 이용하여 그들로부터 이탈했다. 그리고 양손을 앞으로 내밀고 자기들은 본래 페르시아 편으로, 페르시아 왕에게 땅과 물을 바칠 때에도 가장 먼저 앞장섰던 자들 중의 하나인데, 자신들의 의사와는 관계 없이 강제로 테르모필라이로 출진하게 되었던 것인만큼 왕에게 끼친 손실에 대해서는 죄가 없다고 소리치면서 페르시아군 쪽으로 다가갔다. 테베인의 주장은 모두 사실이었고 테살리아인들이 또한 그들의 주장을 뒷받침해 주었기 때문에, 테베인 부대는 목숨을 구할 수 있었다. 그러나 그럼에도 불구하고 테베인들도 모든

---

227) '치욕'으로 번역한 atimia는 단순히 윤리적인 것이 아니라 법적 제재도 포함하는 말이다.

면에서 행운을 누릴 수는 없었다. 왜냐하면 그들 중 소수가 투항시 앞
장서서 다가오다가 페르시아군에 의해 살해되었고, 크세르크세스가 명
을 내려 지휘관 레온티아데스를 비롯한 모든 테베인의 이마에 왕의 인
장이 든 낙인228)을 찍게 했기 때문이었다. 훨씬 뒤의 일이지만 레온티
아데스의 아들 에우리마코스는 테베군 4천 명을 이끌고 플라타이아 시
를 점령하던 중 플라타이아인에 의해 살해됐다. 229)

테르모필라이에서의 그리스군의 분전 광경은 이상과 같았다.

한편 크세르크세스는 전투가 끝나자 데마라토스를 불러 다음과 같이
물어 보았다.

"데마라토스여, 그대는 정말 훌륭하오. 그대의 말에 거짓이 없음이
그걸 증명하고 있소. 모든 것이 그대가 말한 대로 되었기 때문이오.
그래서 그대에게 몇 가지 묻겠는데, 나머지 스파르타인의 수는 얼마나
되며 또한 그 중 이번의 스파르타군만큼이나 전투력을 갖춘 자는 몇
사람 정도나 있을 것 같소? 그들이 모두 그렇게 대단한 건 아니오?"

데마라토스는 이에 대해 다음과 같이 대답했다.

"왕이시여, 라케다이몬에는 대단히 많은 인구가 있으며 또한 도시도
상당수 있습니다. 그러나 전하께서 실제로 알고 싶어하시는 것을 말씀
드리도록 하겠습니다. 라케다이몬 나라230)에는 스파르타라는 도시가 있
으며, 이곳에는 장정(壯丁)이 약 8천 명 가량 있습니다. 이들은 모두
이 땅에서 싸운 장병들에 비해 조금도 뒤지지 않습니다. 그 밖의 스파
르타인은 이들에게는 미치지 못하지만 훌륭한 병사들임에는 틀림이 없
습니다."

이 말을 듣고 크세르크세스는 이렇게 말했다.

---

228) 페르시아 왕의 이름 또는 문장(紋章)과 같은 것.
229) 기원전 431년 봄의 일.
230) 라케다이몬은 스파르타와 거의 동의어이기 때문에 여기에서는 라코니아
　　라고 해야 할 것이다. 그러나 라케다이몬을 라코니아 대신 사용하는 용례
　　가 다른 곳에도 있다.

"데마라토스여, 가장 쉽게 그들을 패배시킬 수 있는 묘책은 없겠소? 자, 그대의 생각을 밝혀 보시오. 그대는 일찍이 그들의 왕이었으니 그들의 정책을 속속들이 잘 알고 있을 것이 아니겠소?"

데마라토스는 다음과 같이 대답했다.

"왕이시여, 전하께서 진지하게 제 의견을 듣기를 바라신다면 저로서도 최선의 대답을 해야 할 것입니다. 전하의 수군 중 300척을 라코니아 주(州)로 파견하시는 게 어떨까 생각합니다. 라코니아 해안 가까이에 키테라라는 섬이 있습니다. 우리 나라 최고의 현인으로 추앙받았던 킬론231)이 일찍이 이 섬에 대해, 해상에 있기보다는 오히려 바다 속으로 가라앉아 있는 편이 스파르타에 유리할 것이라고 말한 적이 있습니다. 킬론은 물론 전하의 원정을 예견하고 있었던 것은 아니지만, 어떤 민족의 원정에 의해서든 지금부터 제가 설명드릴 그러한 사태가 이 섬에서 언제 어느 때 일어날지 모른다고 우려하고 있었던 것입니다.232) 그러하오니 파견할 함선들로 하여금 이 섬을 기지로 하여 스파르타인을 위협하도록 하십시오. 스파르타라 할지라도 전쟁의 위험이 코앞에 닥쳐 있는 이상, 그 밖의 그리스 제국이 우리의 육상군에 의해 점거된다 하더라도 결코 그들을 구원하러 오지 못할 것인바, 전하께서는 그러한 사태를 염려하시지 않아도 될 것입니다. 그리고 다른 그리스 제국이 예종되었을 때에는 라코니아는 이미 고립무원의 상태에 있을 것입니다.

그렇지만 만약 이 작전대로 수행하지 않기로 결정하신다면 다음과 같은 사태가 일어나게 되리라는 걸 각오하셔야 할 것입니다. 즉 펠로폰네소스에는 지협이 있는데, 이 지점에서 전하께 저항하기로 맹약을 해놓고 있는 펠로폰네소스 제국의 전 군대를 맞아 이전보다 훨씬 더 격렬한 전투를 수없이 치르셔야만 될 것입니다. 하지만 제가 말씀드린

---

231) 이른바 7현인 중의 한 사람(제1권 참조).
232) 사실 훗날의 펠로폰네소스 전쟁에서는 아테네측이 이 섬을 기지로서 크게 이용했다.

대로 하신다면 이 지협도 그 밖의 도시들도 전투 없이 전하의 지배하에 들어오게 될 것입니다."

이때 크세르크세스의 동생으로 해상 부대의 사령관직을 맡고 있던 아카이메네스가 때마침 이 자리에 있다가 크세르크세스가 데마라토스의 의견을 받아들일까 두려워하며 다음과 같이 말했다.

"어찌하여 전하께서는 전하의 성공을 시기하고 어쩌면 전하를 배반할지도 모르는 자의 의견에 귀를 기울이고 계십니까? 그는 전형적인 그리스인입니다. 그리고 그리스인 놈들은 타인의 행운을 시기하고 자신보다 강대한 자를 증오하는 못된 버릇을 갖고 있습니다. 해난(海難) 때문에 함선 400척을 잃어버린 현재 상황에서 또다시 주력 함대에서 함선 300척을 빼내어 펠로폰네소스로 회항케 한다면, 적은 능히 우리와 맞설 수 있게 될 것입니다. 그러나 우리 해상 부대가 함께 전진한다면 그 함선 수에 압도되어서라도 적은 처음부터 감히 우리에게 맞서지 못할 것입니다. 또한 해상 부대는 완전한 진용을 갖추고 있어야만 육상 부대를 엄호할 수 있으며, 육상 부대는 수군과 함께 전진해 나가야 비로소 해상 부대를 도울 수 있습니다. 그래야 함에도 불구하고 만일 함대를 분산시킨다면, 분산된 함대는 더 이상 전하께 아무런 도움도 요청하지 못하게 될 것이며, 그들도 전하께 아무런 힘이 되어 드리지 못할 것입니다. 그러하오니 전하께서는 전하 스스로 굳건히 계획을 세우시고 적이 어디에서 싸움을 걸어 올까, 적의 작전은 어떤 것일까, 그리고 적의 병력은 어느 정도나 될까 등등 적군에 관해서는 쓸데없이 신경쓰지 마십시오. 적은 적대로 우리와 마찬가지로 자신의 일을 관리할 만한 능력을 갖추고 있습니다. 만일 스파르타군이 또다시 페르시아군을 향해 도발해 올 경우, 그들은 단연코 회복할 수 없는 상처를 입게 될 것입니다."

크세르크세스는 이 말을 듣고 그를 향해 다음과 같이 말했다.

"아카이메네스야, 나는 네 말이 옳다고 본다. 따라서 네 충고대로 할 생각이다. 데마라토스의 판단은 너만은 못하지만, 그래도 그로서는 나를 위해 최선의 방책이라고 믿고 있는 바를 내게 말해 준 게야. 그가 내게 악의를 품고 있다는 너의 말은 인정할 수 없다. 그것은 이전에 그가 한 말로도 판별할 수 있고, 또한 다음과 같은 잘 알려진 사실에 비추어 보더라도 그것은 명백하다. 즉 동국인끼리라면 이웃을 가끔 증오하거나 그의 성공을 시기하고 충고를 요청받으면 자신이 최선책이라고 생각하는 바를 일러 주지 않을지도 모른다. 물론 인품이 높은 자라면 다르겠지만 그러한 사람은 찾아보기 어렵다. 그러나 나라가 서로 다른 인간 관계에 있어서는 한쪽이 행운을 누린다 하더라도 이를 기뻐하며, 상담을 요청받으면 최선의 지혜를 빌려 주게 마련이다.

데마라토스는 이국인이며 내 손님이다. 따라서 금후 그 누구든 그에 대해 험담을 하면 용납치 않겠다."

크세르크세스는 이렇게 말한 후 전장을 둘러보며 죽은 시체들을 살펴보았다. 그가 레오니다스의 유체에 이르러 그가 스파르타의 왕으로 지휘를 맡았다는 말을 듣자 신하에게 명하여 그의 목을 잘라 말뚝에 매달게 했다. 다른 여러 가지 증거도 있지만 그 중에서도 특히 이것은 크세르크세스왕이 생전의 레오니다스에 대해 다른 어떠한 자에 대해서보다도 격렬한 노여움을 느끼고 있었다는 명백한 증거라고 내게는 생각된다. 그렇지 않았다면 크세르크세스가 레오니다스의 유해에 대해 이 같은 도리에 어긋난 짓을 했을 리가 없기 때문이다. 내가 아는 한 페르시아인은 다른 어떤 민족보다도 전장에서 눈부신 활약을 한 병사를 정중히 다루는 습관을 갖고 있다. 그러나 크세르크세스의 명령은 그대로 수행되었다.

나는 여기에서 앞서 서술하다가 중도에서 생략했던 부분으로 돌아가기로 하겠다.

그리스 제국 중에서 페르시아 왕이 그리스에 대한 침략 준비를 하고 있다는 소식을 맨 먼저 안 것은 스파르타였다. 그랬기 때문에 그들은 델포이에 신탁 사절을 파견해 앞서 서술했던 것과 같은 신탁을 받았던 것이었다. 그런데 스파르타가 이러한 정보를 입수하게 된 경위는 실로 불가사의했다. 페르시아에 망명해 있던 아리스톤의 아들 데마라토스는 내가 보기에는——또한 당연히 그렇게 볼 수밖에 없는데——스파르타 인에 대해 호의를 품고 있지는 않았을 것 같다. 그러므로 다음에 서술 할 그의 행동이 과연 선의에 의한 것이었느냐, 그렇지 않으면 스파르 타인을 괴롭히려는 악의에 의한 것이었느냐 하는 의문이 생긴다. 여하 튼 크세르크세스가 그리스를 원정하기로 결의를 굳혔을 때 수사에 있 었던 데마라토스는 이것을 알고 어떻게든 이 소식을 스파르타에 알려 야 한다고 생각했다. 그러나 일이 발각될 염려가 있고 달리 알릴 수단 도 없었기 때문에 다음과 같은 계책을 짜냈다. 즉 데마라토스는 이중 으로 된 서판(書板)을 입수하자 밀랍을 벗겨 내고 서판의 나무 부분에 왕의 의도를 기록했다. 그렇게 한 후 문자 위에 다시 밀랍을 칠하여 이 서판이 운반 도중 국도(國道)의 경비병들에게 검색되더라도 곤란한 일이 일어나지 않도록 했던 것이다. 서판이 무사히 스파르타에 도착했 을 때 스파르타인은 처음에는 그 비밀을 풀지 못해 난감해했는데, 내 가 듣기로는 클레오메네스의 딸이자 레오니다스의 아내였던 고르고[233] 가 서판의 비밀을 알아내어 밀랍을 벗겨 내면 목질 부분에 문자가 새 겨져 있음을 알게 될 것이라고 다른 사람들에게 말했다 한다. 스파르 타인이 그녀의 말대로 하자 과연 문자가 나타났다. 그리하여 그들은 그것을 읽고 다른 그리스 제국에 이 소식을 통보했다. 여하튼 이러한 일이 있었다고 전해지고 있다.

---

233) 현녀(賢女) 고르고의 유년시의 일화가 제5권에 기술되어 있다.

제 *8* 권

아르테미시온 해전

군선과 병력을 파견한 그리스 제국을 다음에 열거하면, 우선 127척의 배를 낸 아테네인을 들 수 있다. 그런데 아테네의 배에는, 용감하고 사기 또한 왕성했지만 바다 일에 관해서는 전혀 무지했던 플라타이아인이 동승해 있었다. 코린토스인은 40척, 메가라인은 20척의 배를 냈다. 칼키스인은 아테네가 제공한 20척의 배에 승선해 있었으며, 아이기나인은 18척, 시키온인은 12척, 스파르타인은 10척, 에피다우로스인은 8척, 에레트리아인은 7척, 트로이젠인은 5척, 스티라인[1]은 2척, 케오스[2]인은 배(삼단노선)[3] 2척과 오십노선 2척을 제공했다. 아울러 로크리스 오푼티아인[4]이 오십노선 7척을 가지고 응원하러 왔다.

아르테미시온에 출격해 있던 그리스 제국은 이상과 같았고 각국이

---

1) 에우보이아 섬 서남부에 있는 소도시.
2) 아티카 반도 동남 해상에 떠 있는 섬.
3) 이때 해군의 주력은 삼단노선이었기 때문에, 단순히 배라 하면 이것을 가리키고 그 이외의 선종(船種)만 특별히 표시하는 것이 관습이었다. 따라서 해상 부대의 군세는 삼단노선의 수만을 가지고 표시하는 것이 보통이었다.
4) 제7권, 주 206) 참조.

제공한 배의 수도 방금 거론한 그대로였다. 따라서 아르테미시온에 집결해 있던 배의 총수는 오십노선을 제외하고 271척에 이르렀다. 최고 지휘권을 가진 사령관직은 스파르타군 출신의 에우리클레이데스의 아들 에우리비아데스가 맡고 있었다. 그것은, 동맹 제국이 아테네인의 지휘를 받기보다는 차라리 바야흐로 결성되려 하고 있는 원정군을 해체하는 편을 택하겠다고 선언하면서 라코니아인의 지휘를 받겠다고 서로 약속했기 때문이었다.

이미 시켈리아에 동맹을 구하는 사절을 보내기 이전에도 해상 부대는 아테네인이 지휘해야 한다는 주장이 일찍부터 있었다. 그러나 동맹 제국이 반대했기 때문에 아테네인은 그리스의 존립(存立)을 먼저 생각하여, 지휘권을 둘러싸고 내분이 일어나면 그리스는 멸망하게 될지도 모른다고 판단하고 지휘권을 양보했던 것이다. 아테네인의 판단은 옳았다. 전쟁이 평화보다 못한 만큼 실제 내분은 거국 일치로 단결해서 전쟁을 벌이는 것보다 못하기 때문이다. 아테네인은 바로 이 이치를 깨닫고, 그들의 그 후의 행동에서도 알 수 있듯이 자신들이 동맹군을 절실히 필요로 하는 동안은 굳이 이의를 제기하지 않고 양보했다. 그 증거로 들 수 있는 것은, 페르시아 왕을 격퇴한 후 곧 페르시아 왕에게 귀속되어 있던 지역5)을 둘러싸고 대립이 일어났을 때 아테네가 파우사니아스의 교만을 구실삼아 스파르타로부터 통수권을 빼앗은 일이다.6) 그러나 이것은 뒷날의 일이다.

그런데 이때 그리스 해상 부대는 아르테미시온에 이르러 많은 적선이 아페타이에 입항해 있고 그 지역 일대가 군대로 가득 차 있음을 보게 되었다. 페르시아군의 정황이 그들의 예상과는 전혀 다른 데 놀란 그들은 회의를 열고 아르테미시온에서 그리스 중앙부로 철수할 것을 논의하기 시작했다. 그리스군이 이러한 생각을 하고 있음을 안 에우보

---

5) 에게 해의 도서, 소아시아 연안, 흑해 연안 등.
6) 기원전 477년 비잔티움 점령 후의 일.

이아의 주민은 이에 경악을 금치 못하고 여하튼 자식들이나 가족들을 피란시킬 수 있는 동안 만큼만이라도 머물러 있어 달라고 에우리비아데스에게 요청했다. 그러나 그를 설득시킬 수 없게 되자, 이번에는 아테네의 지휘관이었던 테미스토클레스에게 가서 그리스군이 에우보이아의 전면에 머물러 해전을 벌인다는 조건으로 사례금 30탈란톤을 주고 그의 동의를 얻어냈다.

테미스토클레스가 그리스군을 머물러 있게 하기 위해 취한 방법은 이러한 것이었다. 그는 위의 금액 중에서 5탈란톤을 마치 자신이 갖고 나온 것인 듯 꾸미고 에우리비아데스에게 주었다. 이렇게 하여 에우리비아데스를 설복시킬 수 있었는데, 나머지 지휘관 중에서 코린토스의 지휘관이었던 오키토스의 아들 아데이만토스 혼자만이 어떻게 하든 이곳에 머무르지 않고 아르테미시온을 떠나겠다고 말하며 완강히 반대했다. 그러자 테미스토클레스는 그를 향해 다음과 같이 약속했다.

"결코 그대로 하여금 곤경에 처해 있는 우리를 버려 두고 떠나게 하지는 않겠소! 만일 우리와 함께 머물러 준다면 그대가 동맹군을 버릴 경우 페르시아 왕이 그대에게 줄 이상의 것을 내가 그대에게 주겠소."

이렇게 말한 후 테미스토클레스는 곧 해상에 있는 아데이만토스의 배로 은 3탈란톤을 보냈다. 이렇게 하여 두 사람은 뇌물을 받고 동의하기에 이르렀고, 일은 에우보이아인이 바라는 대로 진행됐다. 그리고 테미스토클레스 역시 이를 통해 사복을 채웠다. 그가 나머지 돈을 갖고 있는지는 누구도 몰랐고, 그 돈을 분배받은 두 사람도 이 돈을 특별히 이러한 목적을 위해 아테네에서 갖고 나온 것인 줄로만 생각했다.[7]

이와 같은 배경에서 그리스군은 에우보이아에 머물러 해전을 벌이게 되었는데, 그 전투의 흐름은 이러했다.

---

7) 일의 진위는 여하튼 작자가 테미스토클레스에 대해 냉정한 태도로 일관하고 있는 것은 예로부터 잘 알려져 있는 사실이다. 헤로도토스가 묘사하는 테미스토클레스는 유능한 군인 정치가이지만, 수뢰·증뢰 등에는 깨끗하지 못한 모사가이다.

페르시아 함대는 오후 일찍 아페타이에 입항했다. 소수의 그리스 군
선이 아르테미시온 해역에 몰려 있다는 정보를 이미 들어 알고 있었지
만, 이때 눈으로 직접 확인하게 되자 이들을 어떻게든 나포하고자 공
격을 가하려고 하고 있었다. 그러나 정면에서 공격하는 것은 아직 좋
은 방법이 못 된다고 생각했다. 그 이유는 정면에서 공격을 가하면 그
것을 보고 그리스 함대가 도주하여 결국 야음을 틈타 탈출해 버릴 우
려가 있었기 때문이었다. 그리스군은 결국은 도주하지 못하고 말았을
것이지만, 페르시아측의 주장대로 한다면 성화병(聖火兵)조차 살려 보
내서는 안 되었던 것이다.[8]

그리하여 페르시아군은 다음과 같은 작전을 세웠다. 즉 전 함대 중
에서 200척을 선발하여 적의 눈에 띄지 않도록 조심스럽게 스키아토스
섬의 바깥쪽을 통해 출항시킨 다음, 에우보이아의 카페레우스 곳[9]에서
게라이스토스 부근을 우회하여 에우리포스 해협에 이르게 한다는 것이
었다. 그리고 그 후 이 부대로 하여금 그리스군의 퇴로를 차단케 함과
동시에 주력 부대로 하여금 정면에서 공격케 하여 그리스 함대를 나포
한다는 작전이었다.

작전에 따라 페르시아군은 위와 같은 특명을 받은 선단을 출항시켰는
데, 주력 함대는 우회 부대로부터 목적지에 도착했다는 신호가 올려지
지 않는 한 그날은 그리스군에게 공격을 가하지 않을 생각이었다. 우회
부대를 파견한 후 아페타이에 남은 함선들에 대해 점호를 실시했다.

페르시아군이 함선들에 대해 점호를 행하고 있을 때 한 가지 흥미로
운 사건이 일어났다. 페르시아 진중에 스키오네[10] 출신의 스킬리아스라

---

8) 그리스군, 특히 스파르타군에는 국가에서 가져온 성화(聖火)를 받드는 역할
   을 맡는 병졸이 있어 신성시되고 있었다. 이 성화병조차 살아 남지 못한다
   는 것은 전멸을 의미한다.
9) 다음의 게라이스토스와 함께 에우보이아 섬 남(동)단의 곳.
10) 칼키디케 반도가 세 갈래로 나뉘어 있다. 그 가장 서쪽에 있는 팔레네 반
    도에 있는 도시.

는 자가 있었다. 그는 당시 그 누구도 따를 수 없었던 잠수의 명수로, 펠리온 난바다에서의 난파 때[11]에도 페르시아군을 위해 막대한 재보를 건져 내고 그 자신도 막대한 부를 수중에 넣은 자였다. 그런데 이 스킬리아스는 이전부터 그리스군 쪽으로 탈주하려 마음먹고 있었지만 이 때까지 그 기회를 잡을 수가 없었다. 그가 나중에 결국 어떻게 해서 그리스 진영에 도달하게 되었는지에 대해서는 나로서도 확실한 것을 말할 수 없다. 그리고 전해지고 있는 이야기에도 과연 그것이 진실인지 아닌지 의심을 불러일으키는 부분이 적지 않게 있다. 즉 전해지고 있는 이야기에 따르면 이 남자는 아페타이에서 바다 속으로 뛰어들어 잠수하기 시작해 아르테미시온에 이를 때까지 한 번도 떠오르지 않았다 한다. 그렇다면 약 80스타디온이나 되는 거리를 바다 속으로만 잠수해 왔다는 것이 된다. 이 밖에도 이 남자에 대해서는 얼마간 허황된 이야기가 여러 가지 전해져 내려오고 있다. 물론 개중에는 진실된 이야기도 있기는 하지만, 지금의 이 일에 대해서는 나는 그가 배로 아르테미시온까지 왔던 것이라고 생각하고 싶다. 그런데 스킬리아스는 아르테미시온에 도착하자 페르시아군이 폭풍에 휘말려 재난을 겪게 된 자세한 사정과 부대의 일부가 에우보이아를 우회하여 오고 있다는 소식을 그리스의 지휘관들에게 전했다.

이 소식을 들은 그리스군은 곧 회의를 열고 협의를 했다. 여러 가지 의견이 제시되었지만, 결국 그날은 그대로 그곳에서 정박한 후 한밤중이 지난 다음 발진하여 적의 우회 부대를 맞아 싸우기로 하자는 의견이 지배적이었다. 그러나 그 후 적이 전혀 나타나지도 않고 또한 공격해 오지도 않았으므로 그리스군은 오후 늦게까지 기다렸다가 먼저 페르시아의 주력 함대를 향해 공격을 개시했다. 적의 기량과 전술, 특히 선간(船間) 돌파 작전(데이에크프로오스)[12]을 시험해 보고 싶었기

---

11) 제7권 참조.
12) 이 전법(戰法)에 대해서는 제6권 참조.

때문이었다.

그리스 부대가 얼마 되지도 않는 함선을 가지고 공격해 오자, 크세르크세스군의 지휘관이나 병사들은 그들이 제정신이 아니라고 생각하고 쉽게 적을 격멸할 수 있으리라 확신하면서 그들도 곧 배를 전진시켰다. 그리스 부대의 함선 수는 얼마 되지 않았는 데 반해서 페르시아 함대의 함선 수는 그 수배에 달했고 또한 속도도 훨씬 빨랐기 때문에, 그들이 그렇게 생각한 것도 결코 무리는 아니었다.

페르시아군은 이렇게 그들의 우세를 확신하고 그리스 함대를 포위할 태세를 갖추었다. 이오니아인 부대 중 그리스군에게 호의를 갖고 있던 자들은 본래부터 마음에도 없는 종군을 하고 있었기 때문에, 그리스인 부대가 점차 포위되는 광경을 보자 그리스 병사들이 한 사람도 살아남지 못하게 되리라 생각하고 크게 마음 아파했다. 그들 눈에는 그리스군의 전력이 그 정도로 약해 보였기 때문이었다. 한편 이러한 사태에 쾌재를 부르고 있던 자들은 누구나 자기가 맨 먼저 아티카의 배를 포획하여 왕으로부터 은상을 받고자 경쟁을 벌였다. 페르시아 진영에서는 아티카 해군의 명성이 가장 높았기 때문이었다.

그리스 부대는 최초의 신호가 떨어지자 우선 뱃머리를 이국 함대 쪽으로 향하게 하고 후미는 진형 중앙 쪽으로 모이게 했다. 그리고 두번째 신호와 함께 좁은 해역에 갇혀 정면으로 나갈 수밖에 없는 태세를 갖춘 채 공격을 개시했다. 이 전투에서 그리스군은 적선 30척을 나포하고, 나아가 살라미스 왕 고르고스의 동생이자 케르시스의 아들인 필라온을 포로로 잡았다. 그는 적군 중에서 명성이 있는 자였다. 그리스인 중 적선을 나포한 최초의 인물은 아테네인이었다. 그는 아이스크라이오스의 아들로 이름은 리코메데스라 했는데 전투 후 최고 무훈상을 받았다. 이 전투에서 양군은 악전고투를 되풀이했지만 결국 승패를 결정짓지 못한 채로 밤을 맞기에 이르렀다. 그리하여 이 해전은 이것으로 막을 내리게 되었다.

그리스군은 아르테미시온으로, 크세르크세스 군대는 아페타이로 각각 되돌아갔는데, 페르시아측으로서는 전혀 예상 밖의 전투였다. 이 해전 중 페르시아 왕 휘하에 있었던 유일한 그리스인이던 렘노스인 안티도로스가 그리스군 쪽으로 탈주해 왔다. 아테네인은 이 공(功)을 높이 사, 뒤에 그에게 살라미스에 있는 거대한 토지를 주었다.

밤이 되자 한여름인데도 불구하고 밤새 폭우가 계속해서 쏟아져 내렸고, 펠리온 산 쪽에서는 천둥이 작렬하듯이 울려 왔다. 또한 시체와 선체의 파편들이 아페타이 항구 내로 밀려들어와 함선의 머리를 가로막고 노 젓는 것을 방해했다. 이러한 사태와 천둥 소리에 공포를 느낀 페르시아의 병사들은 거듭되는 재난으로 이윽고 종말의 시간이 오게 되지는 않을까 우려하기 시작했다. 그도 그럴 것이, 펠리온 난바다에서 폭풍우를 겪고 겨우 한숨 돌리려 하던 차에 격렬한 해전을 치러야 했고, 해전이 끝나자 이번에는 호우와 바다로 흘러들어오는 격심한 수류(水流), 그리고 작렬하는 듯하는 천둥 등을 맞아야 했기 때문이었다.

이렇게 페르시아군은 아페타이에서 참담한 하룻밤을 보내야 했는데, 한편 에우보이아를 우회하도록 명령받았던 부대는 바다 위를 항해하는 중이었으므로 더욱더 잔혹한 밤일 수밖에 없었다. 그들은 실로 비참한 운명을 맞이했다. 즉 이 부대가 항해하여 에우보이아의 '움푹 들어간 곳(코이라)' [13] 부근에 다다랐을 때 폭풍우가 몰아쳐 와, 그들은 바람에 밀려 방향도 모르는 채 표류하다가 모두 좌초하고 말았다. 이것도 모두 페르시아의 훨씬 우세한 전력을 격하시켜 그리스군과 똑같이 만들려 한 신의 배려에서 비롯된 것이었다.

이렇게 하여 이 부대는 에우보이아의 '움푹 들어간 곳' 부근에서 전멸했는데, 한편 아페타이에 있던 이국인 부대는 새벽을 맞게 되자 안도의 숨과 함께 배를 정박시키고 더 이상 모험을 감행하지 않았다.

---

13) 에우보이아의 남단 게라이스토스 곶에서 에우보이아 서해안을 따라 북상해 가면, 중앙부인 에레트리아 부근까지의 일대는 산악이 바닷가까지 미쳐 해안선이 굴곡이 심하고 암초도 많아 항해사로 하여금 어려움을 겪게 했다 한다.

참사를 겪고 난 직후의 그들로서는 우선은 평정을 유지하는 것으로 충분했던 것이다.

이에 대해 그리스 쪽에는 아티카의 군선 53척이 원조하러 왔고, 이 원군과 함께 배를 같이하여 에우보이아를 우회하던 적군이 전날 밤의 폭풍 때문에 전멸했다는 소식이 날아들어 와 그리스군의 사기를 드높였다. 그리하여 그리스 함대는 먼젓번과 똑같은 시각을 가늠하여 킬리키아의 선단에 공격을 가했다. 그리고 이들을 섬멸한 후 일몰과 함께 아르테미시온으로 귀항했다.

3일째에 접어들어 페르시아의 지휘관들은 이러한 소수의 함대에 호된 경을 치게 된 것에 굴욕을 느끼고 또한 크세르크세스의 노여움을 사게 될까 두려워 더 이상 그리스군이 싸움을 걸어 오기를 기다리지 않고 전투 준비를 갖춘 다음 한낮에 함대를 대양 쪽으로 전진시켰다. 때마침 이 해전이 벌어진 같은 날에 테르모필라이에서는 육상전이 일어났다. 마치 레오니다스 휘하의 부대에게 있어서 진입로의 방어가 그러했듯이, 해상 부대에게 있어서는 에우리포스 해협의 확보에 모든 것이 걸려 있었다. 이렇게 그리스군은 페르시아군의 침입을 저지하기 위해, 페르시아군은 진격로를 방비하는 그리스군을 섬멸하기 위해 분투하고 있었다.

크세르크세스의 함대가 진형을 갖추고 진격해 오는 동안, 그리스 부대는 아르테미시온 수역에 조용히 기다리고 있었다. 페르시아군이 초승달형의 진형을 갖추고 그리스 함대를 포위하기 위해 진격해 오자, 그리스 부대도 이에 대항키 위해 발진했다. 그리하여 곧 전투가 시작됐다. 이 해전에서 양군은 서로 호각지세를 이루었다. 크세르크세스군은 지나치게 함선 수가 많아 선열(船列)이 흐트러져 자기편 배끼리 충돌하는 등 자멸하는 형편이었다. 그러나 그럼에도 불구하고 페르시아군은 과감히 싸우며 조금도 양보하려 하지 않았다. 소수의 적에게 등을 보인다는 것은 치욕이었기 때문이었다. 그리스군도 다수의 함선과 병력을 잃었지만, 페르시아군의 함선 및 병력 손실은 훨씬 더 컸다.

이렇게 싸운 후 양군은 각각 철수했다.

이 해전에서 크세르크세스의 부대 중에서는 이집트인이 가장 뛰어난 수훈을 세웠다. 그 많은 무공 중에서 특기할 만한 것은 그들이 그리스의 군선 다섯 척을 그 승무원들과 함께 나포한 것이었다. 또한 그리스군 중에서 당일 첫번째 무공을 세운 것은 아테네군이었다. 그리고 아테네군 중에서는 알키비아데스의 아들 클레이니아스[14]가 최고의 무훈을 세웠다. 그는 자기 재산으로 200명의 승무원을 고용한 후 자신의 군선을 이끌고 참전한 인물이었다.

양군은 서로 멀어지게 되자 신바람이 나서 각자의 정박지로 전속력으로 되돌아갔다. 그리스군은 해전이 끝난 후 퇴각할 때 시체와 선체의 파편들을 수거하기는 했지만,[15] 그 손해는 막대한 것이었다. 특히 아테네 부대는 그 함선의 반이 손상을 입었다. 그리하여 그들은 그리스 중앙부로 탈주하기로 계획을 세웠다.

테미스토클레스는 이때 만약 페르시아군으로부터 이오니아 및 카리아인 부대를 분리시키면 나머지 페르시아 군대는 성공적으로 제압할 수 있을 것이라고 생각했다. 때마침 에우보이아의 주민은 가축들을 이미 해변으로 몰아 놓고 있었는데, 그는 그 장소로 지휘관들을 불러모아 놓고 자기에게 좋은 계책이 있으니 그대로 하면 페르시아 연합군 중에서 최정예 부대를 이반시킬 수 있으리라 생각한다고 말했다. 그리고 그 계략에 대해서는 그 이상은 이야기하지 않고, 우선 에우보이아인의 가축들은 적에게 넘기기보다는 자기편 것으로 만드는 것이 좋으니 그것들을 바라는 만큼 잡으라고 말했다. 그리고 각자 예하 부대에게 평상시처럼 불을 지피도록 하라고 명했다.[16] 철수 문제에 대해서는 자신이 적당한 시기를 생각해 그리스로 무사히 귀환할 수 있도록 조치

14) 유명한 아르키피아데스의 부친. 기원전 477년 코로네이아 전투에서 전사.
15) 시체 등의 수습은 전장(戰場)에 남아 있을 여유가 없으면 할 수 없는 일이므로, 적어도 우세했다는 증거가 된다.
16) 적으로 하여금 그리스군이 야영한다고 생각하기 하기 위한 것이다.

하겠다고 말했다. 지휘관들은 그의 지시에 따르기로 양해하고 곧 불을 지피고 가축을 도살했다.

내가 여기서 덧붙이고 싶은 것은 에우보이아인이 바키스[17]의 신탁을 가벼이 여기고 이에 주의하지 않았다는 것이다. 즉 다가올 전쟁에 대비하여 가재(家財)를 안전한 곳으로 옮기거나 식량을 비축해 놓지 않았기 때문에 그들은 스스로 파국을 자초했던 것이다. 이 사태에 대한 바키스의 신탁은 다음과 같았다.

"외국 말을 지껄이는 자들이 바다에 파피루스 다리[18]를 놓을 때는 심사숙고하여 시끄럽게 우는 산양 떼를 에우보이아에서 격리시켜 놓으라."

에우보이아인은 이 신탁을 무시했기 때문에 당시 이미 직면해 있던 재난뿐만 아니라 다가올 불행에 대해서도 최악의 고난을 겪어야만 했다.

그리스군이 이렇게 행동하고 있을 때 트라키스로부터 관측병이 도착했다. 그리스군은 두 명의 관측병을 두었는데, 아르테미시온에서는 안티키라[19] 출신의 폴리아스가 언제라도 출항할 수 있도록 배를 준비시켜 놓고 해상 부대가 고전할 경우에는 테르모필라이의 부대에게 이 소식을 통보하도록 명령받고 있었다. 이와 마찬가지로 레오니다스의 곁에서도 아테네인 리시데스의 아들 아브로니코스가 육상 부대에 이변이 생기면 삼십노선으로 아르테미시온의 부대로 달려가기 위해 대기하고 있었던 것이다. 그런데 이 아브로니코스가 도착하여 레오니다스와 그 예하 부대의 운명을 전했다. 아르테미시온의 부대는 그 보고를 듣자 더 이상 철수를 늦추지 않고 곧 그때의 진형 그대로 코린토스의 부대를 선두에 세우고 아테네군이 후미를 맡은 채 철수했다.

테미스토클레스는 아테네의 군선 중에서 가장 속력이 빠른 배 몇 척

---

17) 바키스라는 예언자가 과연 실재했는지는 확실하지 않지만, 예로부터 바키스의 신탁집이라는 것이 널리 그리스에 유포되어 있어 그리스인의 공사(公私) 생활에 무시할 수 없는 영향을 미치고 있었다(제7권 참조).
18) 제7권 참조.
19) 트라키스의 북방, 스페르케이오스 하구의 도시.

을 선발하여 식수(食水)가 있는 지점을 돌며 바위에 문자를 새겨 놓게 하고 떠나갔다. 다음날 아르테미시온에 온 이오니아인이 그 문자를 읽었는데, 거기에는 다음과 같이 새겨져 있었다.

"이오니아인 여러분, 조상의 땅에 병력을 진격시켜 그리스를 복속시키려 하고 있는 그대들의 행동은 옳지 않다. 그대들에게 있어서 최선의 길은 우리 편이 되는 것이다. 그렇게 할 수 없다면 지금부터라도 우리와의 싸움에는 가담하지 말도록 하고 카리아인에게도 그대들과 같은 행동을 취하도록 권유해 주기 바란다. 만약 적의 속박이 너무나도 강해 이탈이 불가능한 까닭으로 위와 같은 행동 중 어느 쪽도 할 수 없다면, 그대들의 혈통은 우리와 같다는 것과 또한 우리의 오랑캐에 대한 적대 관계도 본래는 그대들로 인해서 생긴 것임을 명심하고, 전투시에는 짐짓 소극적인 행동으로 나와 주기 바란다."

테미스토클레스는 이와 같은 글을 새겨 놓으면서 두 가지 의도를 갖고 있었던 것 같다. 즉 만일 이 글이 페르시아 왕에게 알려지지 않을 경우에는 이오니아인을 이반시켜 자기편으로 끌어들이는 효과를 거둘 수 있고, 만약 크세르크세스에게 보고되어 중상 모략의 구실로 활용된다면 왕은 이오니아인에 대한 불신감을 품고 해전에 그들을 가담시키지 않을 수 있으리라 생각했을 것이다.

이런 일이 있은 직후 히스티아이아의 한 주민이 그리스군의 아르테미시온 철수 소식을 가지고 배를 타고 페르시아군 진영으로 찾아갔다. 페르시아인은 그 소식에 의심을 품고 그 남자를 감금시켜 두는 한편, 쾌속선 몇 척을 파견하여 정황을 정찰케 했다. 그렇게 사실을 확인하고서야 비로소 페르시아 전 함대는 일출시에 아르테미시온으로 이동하여 거기서 한낮까지 머문 후 히스티아이아로 향했다. 이곳에 도착하자 히스티아이아 시를 점령하고 북(北)에우보이아(엘로피아[20])의 히스티아이오티스 지방의 해안 부락을 모두 유린했다.

---

20) 엘로피아란 에우보이아 북쪽을 가리키는 옛 이름.

아테네 점령과 그리스의 해전 준비

해상 부대가 이 방면에서 행동하고 있을 때, 크세르크세스는 시체들을 처리해 놓은 다음 해상 부대에 전령을 파견했다. 시체들은 다음과 같이 처리됐다. 테르모필라이에서 전사한 페르시아군의 수는 실로 2만 명에 달하고 있었는데, 그 중 1천 명만 남겨 놓고 나머지는 호를 파고 여기에 집어넣은 다음 그 위에 흙을 덮고 나뭇잎을 흩뿌려 해상 부대가 눈치 채지 못하도록 해놓았다.

전령은 바다를 건너 히스티아이아에 도착한 후 전군을 모아 놓고 다음과 같이 전했다.

"전우 여러분, 크세르크세스왕께서는 희망자는 누구든 주둔지를 떠나, 왕의 군대를 이길 수 있다고 생각한 어리석은 자들을 상대로 왕께서 어떻게 싸우셨는가를 직접 보러 와도 좋다고 하셨소."

이런 포고가 있은 후 곧 작은 함정들이 모자랄 정도로 많은 자들이 지원했다. 바다를 건넌 다음 일동은 시체들을 돌아보았다. 그들은 모두 지상에 널려 있는 시체는 전부 스파르타인과 테스피아이인일 것이라고 믿고 있었다. 그러나 그들이 본 유해들 중에는 스파르타의 국가 노예들도 끼여 있었던 것이다. 물론 바다를 건너 보러 왔던 자들도 크세르크세스가 자군의 전사자 수를 감추기 위해 꾸몄던 우스꽝스러운 의도를 깨닫지 못했던 것은 아니었다. (페르시아군) 1천 명의 유해는 눈에 띄는 대로 여기저기에 널려 있었는데 반해, (그리스군) 4천 명[21]의 시체는 한곳[22]에 모여 있었기 때문이었다. 이렇게 하루를 보낸 후 해군들은 다음날 히스티아이아의 선단으로 귀환했고, 크세르크세스의 휘하 부대는 진군을 개시했다.

때마침 소수의 아르카디아인이 식량이 다 떨어지자 일자리를 얻고자

---

21) 4천이라는 숫자는 처음에 테르모필라이에 포진한 그리스군의 전 병력인데, 실제로는 대부분이 철수했고 끝까지 싸운 것은 스파르타군 300명, 테스피아이인 700명이었다(제7권 참조).
22) 최후의 전투가 행해졌던 구릉일 것이다.

페르시아 진영 쪽으로 탈주해 왔다. 페르시아인들은 그들을 왕 앞으로 끌어내어 그리스군의 행동에 대해 신문하고자 했다. 한 페르시아인이 일동을 대표하여 신문을 하자, 탈주자들은 그리스인은 지금 올림피아 제를 벌이면서 체육 경기와 전차 경주를 관람하고 있다고 답했다. 다음으로 신문자가 그 경기의 상품은 무엇이냐고 묻자, 그들은 올리브 가지로 엮은 관이 수여된다고 답했다. 이 말을 듣고 아르타바노스의 아들 트리탄타이크메스가 실로 정상적인 말을 했는데, 그럼에도 불구하고 그는 이 말로 인해서 크세르크세스로부터는 겁쟁이란 비난을 받게 되었다. 왜냐하면 그는 상품으로 금품 대신 화환이 수여된다는 말을 듣자 침묵을 지키지 못하고 만인 앞에서 다음과 같이 소리쳤기 때문이었다.

"아 마르도니오스여, 그대는 어찌하여 우리로 하여금 하필이면 이런 인간들과 싸우게 만들었는가? 금품이 아닌 명예를 걸고 경기를 행하는 사람들과 !"

한편 테르모필라이에서 재난이 벌어진 직후, 테살리아인은 사자를 포키스로 보냈다. 테살리아인은 일찍부터 포키스인에 대해 원한을 품고 있었는데, 특히 최근에 겪은 참패로 그 원한이 더욱 깊어진 참이었다. 그것을 설명하면, 테살리아인은 페르시아의 침입이 있기 수년 전에 그 동맹군과 자국의 전 병력을 동원하여 포키스를 침입한 일이 있었는데, 포키스군에 의해 막대한 손실을 입고 패배하고 말았다. 처음에는 포키스군이 그들에게 쫓겨 엘리스 출신의 예언자 텔리아스[23]를 동반하고 파르나소스 산중으로 들어가 농성을 했다. 이때 이 텔리아스가 포키스군을 위해 다음과 같은 작전을 짜냈던 것이다. 즉 그는 포키스군 중에서 500명의 정예를 선발한 다음 그들에게 그 전신(全身) 및 무장 도구에 석고를 칠하게 했다. 그리고 미리 병사들에게 흰 칠이 되어

---

23) 엘리스 지방에 뿌리박고 살고 있었던 유명한 예언자 일족(텔리아다이)에 속하는 인물로 생각된다.

있지 않은 인간을 보면 닥치는 대로 모두 죽이라고 명해 두고 야음을
틈타 테살리아군을 습격하도록 했던 것이다. 테살리아군의 경계 부대
가 먼저 이 부대를 발견했지만, 이들이 유령인가 생각하고 두려움에
떨기만 했다. 이러한 공포는 본대에도 전염되었다. 그리하여 포키스군
은 공포에 떨며 변변히 대항도 못 하는 적군을 맞아 4천 명을 살해하
고 그 시체와 방패를 손에 넣었다. 그리고 그 방패의 반을 아바이[24]와
델포이에 봉납했다. 또한 이 전투에서 얻은 금의 10분의 1을 사용하여
몇 개의 거상(巨像)을 델포이 신전 전면의 세발솥 주위에 세웠다. 아
바이에도 역시 같은 것이 봉납되어 있다.

포기스인은 테살리아의 보병 부대를 이상과 같이 격파하는 한편, 아
울러 국내에 침입한 테살리아의 기병 부대에게도 회복 불능의 타격을
가하였다. 즉 히암폴리스[25] 부근의 진입로에 깊은 호를 파고 여기에 커
다란 빈 항아리들을 묻은 다음 그 위에 흙을 살짝 덮고 다른 지면과
같도록 땅을 고른 후 테살리아군이 침입해 오기를 기다렸다. 테살리아
기병대는 포키스군을 섬멸하고자 쇄도해 오다가 이곳을 딛고 말과 함
께 항아리로 빠져들었고 말들은 다리를 다쳤다.

이 두 가지 일로 해서 포기스인에 대해 원한을 품고 있던 테살리아
인은 사자를 보내 다음과 같이 말했다.

"포키스인이여, 이제야말로 생각을 바꿔 그대들이 우리의 적이 못
됨을 인정토록 하라. 과거에 우리가 그리스 쪽에 가담해 있던 때에도
그리스인들은 언제나 우리를 그대들보다 중요한 존재로 여겼다. 그리
고 바야흐로 페르시아 왕과 함께 있는만큼 우리의 세력은 절대적이다.
따라서 우리의 한마디에 따라 그대들은 나라를 빼앗기고 노예 신세로
전락할 수도 있다. 우리는 지금 무슨 일이든 마음먹은 대로 할 수 있

---

24) 포키스 동북부, 보이오티아와의 국경 가까이에 위치한 도시. 여기에도 아
폴론의 신전과 신탁소가 있었다.
25) 아바이 서북쪽에 있는 도시. 테살리아에서 시작되는 도로가 이 부근을 지
난다.

는 입장이지만, 그럼에도 불구하고 과거의 일을 문책하지는 않겠다. 다만 그 대가로 은 30탈란톤을 우리에게 지불토록 하라. 그렇게 하면 귀국을 위협하고 있는 재난이 비켜갈 수 있도록 해주겠다."

테살리아인은 포키스인에게 이와 같이 제안했는데, 그것은 이 방면의 주민 중에서 페르시아측에 가담하지 않은 것은 포키스인뿐이었기 때문이었다. 포키스인이 이러한 태도를 취한 이유는, 추측컨대 오로지 테살리아인에 대한 적의(敵意) 때문이었을 것이다. 따라서 만일 테살리아인이 그리스측에 계속해서 가담해 있었다면 포키스인은 페르시아측에 서게 되었으리라고 나는 생각한다.

테살리아인의 이와 같은 제안에 대해 포키스인은 돈을 주지 않기로 하고, 적어도 그럴 마음이 있었다면 자기들도 테살리아인과 같이 쉽게 페르시아측에 붙을 수 있지만 자기들로서는 결코 그리스를 배반할 생각이 없다고 답했다.

사자가 이러한 답변을 가지고 돌아오자 테살리아인은 분노를 금치 못하고 곧 페르시아군에게 길 안내를 맡겠다고 자청했다. 그들은 트라키스 지구(트라키니아)에서 도리스 지방으로 침입했다. 도리스 지방은 이 부근에서는 말리스와 포키스 두 지방에 끼여 약 30스타디온 가량의 폭으로 좁은 띠 모양을 이루며 뻗어 있다. 이 지방은 옛날에는 드리오피스라 불렸고, 펠로폰네소스에 거주하는 도리스인의 발상지였다. 페르시아군은 이 도리스 지방에 침입하기는 했지만 이곳을 유린하지는 않았다. 주민이 페르시아측에 동조적이었고, 또한 테살리아인이 반대했기 때문이었다.

페르시아군이 도리스에서 포키스로 침입했지만, 포키스인을 붙잡을 수는 없었다. 왜냐하면 포키스인은 이미 그곳을 비우고 떠났기 때문이었다. 포키스인의 일부는 파르나소스 산의 정상——파르나소스 산맥 중에 티토레아라는 봉(峰)이 네온 시(市) 근처에 우뚝 솟아 있는데, 이곳에는 많은 사람을 수용할 수 있는 튼튼한 요새가 있어 포키스인은 가져갈 수 있는 가재(家財)를 갖고 이 봉우리로 올라갔던 것이다——

으로 올라갔으며, 대부분의 사람들은 오졸라이 로크로이인[26]의 나라로 피란하고 가재는 크리스 평야 너머에 있는 암피사 시(市)로 옮겨 놓았다. 페르시아군은 포키스 전역을 완전히 유린했다. 테살리아인이 그렇게 하도록 페르시아군을 유도했기 때문이었다. 그리하여 그들은 가는 곳마다 모두 불과 칼로 황폐화시켰고 도시와 사원도 불질러 버렸다.

페르시아군은 케피소스 강을 따라 전진하며 닥치는 대로 약탈하고 드리모스를 비롯하여 카라드라, 에로코스, 테트로니온, 암피카이아, 네온, 페디에이스, 트리테이스, 엘라테이아, 히암폴리스, 파라포타미오이, 아바이 등의 도시들을 낱낱이 불태워 버렸다. 아바이에는 많은 재보와 봉납물을 지닌 호화로운 아폴론 신전이 있었고, 지금과 마찬가지로 당시에도 여기에서는 신탁이 내려지고 있었다. 페르시아군은 이 성역도 약탈한 후 불태워 버렸다. 또한 산 부근에서 약간 명의 포키스인을 추적하여 포박하고, 수명의 부녀자를 윤간한 후 살해해 버렸다.

페르시아군은 파라포타미오이를 통과한 후 파노페이스에 도착했다. 원정군은 여기에서 부대를 둘로 나누고 각기 다른 진로를 택했다. 크세르크세스 자신이 이끄는 가장 강대한 부대는 아테네를 목표로 진군하여 오르코메노스 근처의 보이오티아로 침입해 갔다. 대부분의 보이오티아인은 페르시아측으로 넘어가 있었고, 알렉산드로스가 파견한 마케도니아군이 각지에 배치되어 보이오티아의 도시들을 전화(戰火)에서 구원하려 하고 있었다. 요컨대 마케도니아인은 보이오티아의 인심(人心)이 페르시아 쪽으로 기울어 있음을 크세르크세스에게 명백히 보여줌으로써 보이오티아를 구원하려 했던 것이다.

크세르크세스가 이끄는 부대가 이 방면으로 향하고 있을 때, 다른 한 부대는 안내자를 동반하고 파르나소스 산을 오른쪽으로 바라보면서 델포이의 신역으로 향했다. 이 부대도 포키스를 통과할 때 도상에 있

---

26) 오픈티오이 로크로이(로크리스 오픈티아)와 구별하기 위한 것. 라틴 이름으로 로크리스 오졸리스라는 것이 알기 쉬울지도 모르겠다. 그 수도는 암피사이다.

는 것은 모두 황폐화시키고 파괴해 버렸다. 그리고 파노페이스를 비롯
하여 다울리스, 아이올리다이 등의 도시를 불태워 버렸다. 이 부대가
본대에서 갈라져 이 방면으로 향한 이유는, 델포이의 신전을 약탈하고
재보를 크세르크세스에게 헌납하기 위해서였다. 내가 듣기로는 크세르
크세스는 많은 사람들로부터 이에 관한 이야기를 수없이 듣고 있었기
때문에 신전에 있는 중요 물품에 대해서는 모두 알고 있었고, 그것에
관한 지식은 자신이 궁전에 남겨 두고 온 재보에 대한 것보다도 자세
했다고 한다. 특히 그는 알리아테스의 아들 크로이소스가 봉납했던 물
품[27]에 가장 깊은 관심을 보였다고 한다.

 델포이인은 이 소식을 듣자 크게 당황하고 공포에 떨면서, 신보(神
寶)를 지하에 묻어야 하는지 아니면 다른 장소로 옮겨야 하는지에 관
해 신의 뜻을 물었다. 그러나 신은 자신의 재물은 자신이 지킬 수 있
으니 신보에 손을 대지 말라고 답했다. 이러한 신탁을 받은 델포이인
은 이번에는 자신들의 목숨을 구할 방도를 생각했다. 그리하여 처자식
들은 바다 건너 아카이아 지방으로 보내고, 그들 자신은 대부분 파르
나소스의 봉우리들로 올라갔다. 그리고 가재는 코리키온 동굴[28] 속으로
옮겨 놓았다. 일부는 로크리스의 암피사로 피난하기도 했다. 이렇게
하여 델포이인은 겨우 60명의 주민과 신탁 사제만 남겨 놓고 모두 도
시를 떠났던 것이다.

 이미 페르시아군이 가까이 육박해 와 멀리 성역이 바라다보이는 지
점까지 왔을 때의 일인데, 이때 갑자기 신탁 사제는——그의 이름은
아케라토스였다——어떠한 인간도 손을 댈 수 없는 성스런 무기가 어
느 틈에 본전 안에서 나와 신전 앞에 놓여 있는 것을 발견하게 됐다.
그리하여 그는 도시에 남아 있던 델포이인들에게 이 이변을 알리기
위해 급히 달려갔다. 한편 페르시아군이 서둘러서 '아테네 프로나이

---

27) 제1권 참조.
28) 아폴론의 사랑을 받은 님프의 이름 코리키아를 본떠 이름붙인 거대한 암굴
    로, 튼튼한 피난처였다.

아'[29] 신전 부근까지 왔을 때, 앞서 일어났던 이변보다 훨씬 놀라운 이변이 페르시아군에 일어났다. 무기가 스스로 본전 안에서 나와 신전 앞에 놓여 있었다는 것도 실로 놀랄 만한 일이지만, 뒤이어서 일어난 일은 모든 기적 중에서도 가장 놀랄 만한 것이었다. 즉 공격을 가하려고 페르시아군이 아테네 프로나이아 신전 부근까지 왔을 때, 하늘에서 돌연 벼락이 그들 머리 위로 떨어져 내려왔고 파르나소스로부터는 두 개의 바위산이 페르시아군 위로 무너져 내려 수많은 병사를 압사시켰다. 그리고 그와 동시에 프로나이아 신전 안에서는 노호하는 소리와 함성이 울려 나왔던 것이다.

이러한 괴변이 거듭해서 일어나자 페르시아군은 공포에 떨며 도주했다. 그것을 본 델포이 인은 추격하여 많은 페르시아군을 살해했다. 살아 남은 자들은 곧장 보이오티아로 황급히 도망쳤다. 내가 듣기로는 무사히 귀환한 페르시아인들은 위에 언급한 것 이외에도 여러 가지 신비로운 사건을 겪었다고 한다. 예컨대 보통 인간이라고는 생각할 수 없는 중무장한 두 거인이 도망치는 그들을 쫓아와 닥치는 대로 죽였다는 것이다.

델포이인의 이야기에 따르면, 이 두 사람은 그 땅의 영웅(헤로스)인 필라코스와 아우토노스였다고 한다. 이 두 사람을 모신 성역은 신전 곁에 있다. 그 중 필라코스의 사원은 프로나이아 신전 위쪽을 지나가는 가로변에 있고, 아우토노스의 사원은 히암페이아 암벽 밑에서 솟아나는 카스탈리아 샘[30] 근처에 있다. 파르나소스로부터 무너져 내려온 바위들은 우리 시대까지 그대로 프로나이아의 경내에 남아 있었다. 바위들은 페르시아군 위로 떨어져 내려온 후 이 지점까지 굴러 왔던 것

---

29) 델포이 신전 동남쪽, 약간 아래에 통칭 '마르마리아'라는 지역이 체육장에 인접해 있다. 여기에 아테네 프로나이아의 유적이 있다.

30) 수많은 그리스의 샘 중에서 가장 유명한 것. 신전 동쪽의 깎아지른 듯한 두 암벽 사이에서 용솟음치고 있는 것은 오늘날에도 변함없다. 두 암벽 중 하나(동쪽)가 히암페이아이다.

이다. 이 부대가 신역에서 쫓겨가게 된 경위는 이상과 같았다.

아르테미시온을 떠난 그리스 함대는 아테네군의 요청에 따라 뱃머리를 살라미스 섬으로 돌렸다. 아테네인이 살라미스로 가자고 요청한 것은 현실적인 문제로, 부녀자와 아이들을 아티카에서 피난시키는 방법과 그 뒤에 취해야 할 조치는 무엇인가에 대해서 논의할 수 있는 여유를 얻고 싶었고, 또한 아테네인은 당초에 당연히 그러리라 했던 예상이 빗나가 새로운 사태에 대해 협의를 해야 할 필요가 있었기 때문이었다. 요컨대 그들은 펠로폰네소스군이 보이오티아에서 페르시아 왕의 군대를 맞아 전력을 다해 싸울 것으로 기대하고 있었는데, 그러기는커녕 아테네인이 얻은 정보에 의하면, 펠로폰네소스군은 오히려 코린토스 지협에 방어벽을 구축하고 자기들의 안전만을 우선적으로 생각하여 그곳의 방어에만 전력을 기울이고 있으며 나머지 일은 안중에도 없다는 것이었다. 아테네인은 이러한 정보를 접했기 때문에 해상부대에게 요청하여 살라미스로 향하도록 했던 것이다.

그리하여 다른 해상 부대는 살라미스로 향했고, 아테네인 부대만은 자국으로 향했다. 아테네인 부대는 자국으로 돌아오자 포고령을 내려, 아테네 시민은 각자 그 힘이 닿는 범위 내에서 자식과 가속(家屬)들을 안전한 장소로 피란시키라고 권고했다. 거기에서 대부분의 시민은 트로이젠[31]으로 자식과 가족들을 대피시켰는데, 일부는 아이기나나 살라미스로 보내기도 했다. 아테네인이 가족들을 급히 피란시킨 것은 부분적으로는 앞의 신탁[32] 때문이기도 했지만, 보다 근본적인 이유는 다음과 같은 데 있었다. 아테네인의 전승에 의하면 한 마리의 거대한 뱀이 아크로폴리스의 수호자로서 신전 내에서 서식하고 있다고 한다. 이러한 전승에 따라 아테네인은 그 뱀이 실제로 있다고 믿고 매달[33] 공물을

---

31) 아르고리스 근처의 도시. 테세우스 전설로도 알려진 것처럼 아테네와는 예로부터 인연이 깊은 도시였으며, 이때에도 극히 호의적으로 아테네의 피란민을 받아들였다.

32) 제7권 참조.

바쳤는데, 그 공물은 꿀이 든 과자였다. 이때까지는 이 과자가 언제나 다 없어졌는데, 이때는 그대로 있었다. 신전의 무녀가 이 일을 시민에게 알리자 아테네인들은 여신조차 아크로폴리스를 버렸다고 믿고 도시를 비울 준비를 한층 더 서둘렀던 것이다.[34] 아테네인은 피난을 끝낸 후 곧 해로(海路)로 해서 본진(本陣)[35]으로 향했다.

아르테미시온을 떠난 함선이 모두 살라미스로 집결하자, 이것을 안 다른 그리스의 해상 부대도 트로이젠에서 이곳으로 합류했다. 이 부대는 원래 트로이젠의 외항 포곤에 집결해 있도록 명령받았었다. 이렇게 하여 집결한 함대의 수는 아르테미시온 해전시보다 훨씬 많았고, 참가한 도시 수도 증가했다. 해상 부대의 총지휘관은 아르테미시온 때와 마찬가지로 에우리클레이데스의 아들 에우리비아데스였다. 그는 스파르타인이긴 했지만 왕가(王家) 출신은 아니었다. 그러나 다른 도시에 비해 훨씬 많고 또한 우수한 함선을 낸 것은 아테네였다.

해상 부대에 가담한 도시를 살펴보면 다음과 같다. 우선 펠로폰네소스로부터는 스파르타인이 16척, 코린토스인은 아르테미시온 때와 같은 수의 배를 냈다. 시키온인은 15척, 에피다우로스인은 10척, 트로이젠인은 5척, 헤르미오네인은 3척을 냈다. 이 도시들의 주민은 헤르미오네인을 제외하고 모두 도리스 및 마케도노이계[36] 민족으로, 에리네오스, 핀도스 및 드리오피스 지방에서 가장 늦게 (펠로폰네소스로) 이주해 왔다.[37] 헤르미오네인은 본래 드리오페스인으로, 헤라클레스와 말리스인에 의해 오늘날 도리스라 불리고 있는 지방에서 추방되어 왔던 것이다.

이상이 펠로폰네소스로부터 출동해 온 부대인데, 펠로폰네소스 이외

---

33) 매월 첫째 날, 즉 신월(新月)의 날.
34) 이것이 테미스토클레스의 계략이었다는 것은 상상하기 어렵지 않다.
35) 해상 부대의 주력이 정박하고 있었던 살라미스를 가리킨다.
36) 마케도니아인과 동일시하는 사람도 많지만, 명칭이 일단 다르기 때문에 다른 민족으로 보는 게 좋을 것 같다.
37) 에리네오스와 핀도스는 도리스 지방의 도시.

의 본토에서 참가한 도시를 살펴보면 다음과 같다.

먼저 아테네군은 전 함대의 반에 해당하는 180척의 배를 냈다.[38] 이 번에는 아테네인만이 함대에 승선했고[39] 플라타이아인은 아테네 부대에 가담하지 않았는데, 그 사정은 이러했다. 그리스 함대가 아르테미시온에서 철수해 칼키스 부근까지 왔을 때, 플라타이아인은 맞은편의 보이오티아에 상륙한 다음 가족들과 재산을 안전한 곳으로 옮기다가 결국 뒤에 처지고 말았기 때문이다.

역시 펠라스고이인이 현재의 그리스(헬라스) 땅을 점유하고 있을 때에는 아테네인도 펠라스고이인으로서 크라나오이인이라 불리었다. 뒤이어 케크롭스 왕의 시대에는 케크로피다이(케크롭스 일족)라 불리다가 에레크테우스가 왕위를 계승하기에 이르러 아테네인이라고 이름을 바꾸었다.[40] 나아가 크수토스의 아들 이온이 아테네의 군사령관이 되었을 때[41] 그 이름을 따 이오니아인으로 불리게 됐던 것이다.

메가라인은 아르테미시온 당시와 같은 수의 배를 냈다. 암브라키아[42]인은 7척, 레우카스[43]인은 3척의 배를 가지고 원조하러 왔다. 이들은 모두 코린토스계의 도리스족이다.

섬 주민으로서는 우선 아이기나인이 30척을 냈다. 아이기나에는 장비를 갖춘 다른 배들도 있었는데 이것들은 자국의 방어에 쓰고, 가장 우수한 30척의 배를 가지고 해전에 가담했던 것이다. 아이기나인은 에피다우로스에서 이민 온 도리스 민족이고, 섬은 이전에는 오이노네라

---

38) 다른 함선의 총수는 198척이었다.
39) 아르테미시온에서는 플라타이아인이 승선해 있었기 때문에 순수히 아테네 부대라고는 말할 수 없었다.
40) 에레크테우스가 여신 아테네에 의해 양육되었기 때문이다.
41) 아테네가 엘레시우스와 싸울 때, 이온이 아테네의 군사장관(軍事長官)이었다는 전승에서 비롯되었다.
42) 서부 그리스, 에페이로스(에피르스) 지방 남단의 도시. 다음의 레우카스와 함께 기원전 7세기 중엽에 코린토스인에 의해 식민되었다.
43) 그리스 서부 아카르나니아 지방 맞은편에 있는 섬. 레우카디아라고도 한다.

불리었다.

아이기나인 다음으로는 아르테미시온에서와 똑같이 20척을 거느린 칼키스인과 7척을 거느린 에레트리아인이 가담했는데, 이들은 모두 이오니아 민족이다. 다음으로는 아테네인의 분파로 이오니아족인 케오스인이 역시 아르테미시온 당시와 같은 수의 배를 가지고 가담했다. 낙소스인은 함선 4척을 냈다. 그들은 본래 다른 섬의 주민들과 마찬가지로 페르시아군에 가담하라는 명을 받고 파견되었던 것인데, 데모크리토스의 열렬한 권유에 따라 반대편인 그리스 진영으로 달려왔던 것이다. 이 데모크리토스는 당시 잘 알려진 인물로 삼단노선의 지휘관이었다. 낙소스인은 아테네에 기원을 둔 이오니아 민족이다.

스티라인은 아르테미시온 때와 같은 수의 배를 냈고 키트노스[44]인은 전함 1척과 오십노선 1척을 냈는데, 이들 모두 본래는 드리오페스인이다.

또한 세리포스, 시프노스, 멜로스 각 섬의 주민도 해상 부대에 가담하여 참전했는데, 섬 중에서는 위의 섬들만이 페르시아 왕에게 땅과 물을 바치지 않았다.

지금까지 언급한 나라들은 모두 테스프로토이인[45]의 나라 및 아케론 강[46]의 이쪽 편 지역에 위치하고 있다. 테스프로토이인이란 참전 부대 중에서는 가장 먼 곳에서 가담했는데, 암브라키아 및 레우카스인과 국경을 접하고 있는 민족이다. 이보다 멀리 떨어진 지역에 살고 있는 주민 중에서는 오직 크로톤[47]인만이 전함 1척을 가지고 위기에 처한 그리

---

44) 앞서의 케오스 섬을 비롯하여 키트노스, 세리포스, 시프노스, 멜로스 등의 섬들은 키클라데스 군도 서쪽에 늘어선 섬들로, 아티카 반도에서 거의 일직선을 이루며 남쪽으로 연해 있다.

45) 그리스 서북부 에페이로스 지방의 일부인, 북쪽으로는 케르키라(코르푸 섬) 맞은편 해안 부근에서 남쪽으로는 암브라키아 만에 걸쳐 이오니아 해안 일대에 거주하던 민족.

46) 테스프로토이인의 나라 남부를 흐르다가 이오니아 해(海)로 들어가는 강.

47) 남부 이탈리아의 식민시(植民市).

스를 구원하러 달려왔다. 이 배의 지휘를 맡은 사람은 피티아 경기에서 세 번 우승한 기록을 갖고 있던 파일로스[48]였다. 크로톤인은 아카이아[49]계 민족이다.

다른 부대는 삼단노선을 갖고 참전해 온 데 반해 멜로스, 시프노스, 세리포스 등 각 섬은 오십노선을 냈다. 멜로스인은 스파르타의 이주민인데 오십노선 2척을, 시프노스인과 세리포스인은 아테네를 발상지로 하는 이오니아족으로 각각 1척씩을 냈다.

이렇게 하여 오십노선을 제외한 전함의 총수는 378척에 이르렀다. [50]

위에 언급한 도시들로부터 종군한 지휘관들은 살라미스에 집합한 다음 회의를 열었다. 그 회의에서 에우리비아데스는, 아직 그리스의 지배하에 있는 지역 중에서 해전을 벌이기에 가장 적합한 지점에 관해 의견이 있는 사람은 각기 그것을 제시해 보라고 요청했다. 아티카는 이미 포기했으므로 에우리비아데스는 아티카 지역은 거기에서 제외시켰다. 발언자 대부분은 코린토스 지협 쪽으로 배를 진격시켜 펠로폰네소스의 전면에서 해전을 벌이자는 데 의견이 일치했다. 만일 해전에 패할 경우 살라미스에서는 구원군이 나타날 가능성이 전혀 없는 섬에 갇혀 공격을 받게 될 것이지만, 지협 부근에서라면 아군이 있는 곳으로 상륙할 수도 있을 것이라는 이유 때문이었다.

펠로폰네소스 출신의 지역 사령관들이 이와 같은 논의를 하고 있을 때, 한 아테네인이 배를 타고 달려와 페르시아 왕이 이미 아티카 지방에 침입하여 전 국토를 초토화시키고 있다고 보고했다. 즉 크세르크세스의 지휘하에 보이오티아를 통과한 부대는, 이미 주민이 펠로폰네소스로 피란한 테스피아이 시와 플라타이아 시를 잇따라 불살라 버린 후

---

48) 그는 5종 경기에서 두 번, 경주에서 한 번 우승했다.

49) 펠로폰네소스 북부 지방. 이곳의 도시 리페스에서 온 식민(植民)이었다.

50) 헤로도토스가 지금까지 거론한 수의 합계는 366척이므로 12척이 모자란다. 학자들의 추정에 의하면 아이기스인이 자국의 방위를 위해 보유한 군선의 수를 12척으로 가정하고, 작자는 이것을 가산한 것이었으리라 한다.

아테네령에 침입하여 이곳에 닥치는 대로 유린하고 있었던 것이다. 페르시아군이 테스피아이와 플라타이아를 불지른 것은 테베인으로부터이 두 도시가 페르시아측에 가담하지 않았다고 들었기 때문이었다.

페르시아군은 그 원정의 기점인 헬레스폰토스 부근에서 해협을 건너는 데 1개월이 걸렸고, 거기서 아티카까지 행군해 오는 데 3개월이 걸렸다. 당시 아테네는 칼리아데스의 집정하에 있었다.[51] 페르시아군이 점령한 시가지에는 이미 인적이 없었고, 소수의 아테네인만이 성역[52]에 머물러 있을 뿐이었다. 잔류한 아테네인은 신전 관리자[53]와 빈민들이었는데, 그들은 문짝과 목재로 아크로폴리스 주위에 방책(防柵)을 치고 공격해 오는 적을 막으려 했다. 그들이 다른 대다수의 아테네인과 같이 살라미스로 피란하지 않은 것은 부분적으로는 재력이 없어 그렇게 할 수 없었기 때문이기도 했지만, 한편 델포이의 무녀가 아테네인에게 내린 "나무 성채는 결코 무너지지 않으리라"는 신탁[54]의 진의를 자신들만이 깨닫고 있다고 믿었기 때문이기도 했다. 그들은 자신들이 둘러친 방책이야말로 신탁이 계시한 피란처이며, 신탁은 배를 가리킨 것이 아니라고 생각하고 있었던 것이다.

페르시아군은 아크로폴리스 맞은편에 있는 작은 언덕——아테네인이 "아레스의 언덕"이라고 부르는——에 포진하여 다음과 같이 성에 대한 공격을 개시했다.

페르시아군은 화살에 삼베 조각을 감고 여기에 불을 붙인 다음 목책을 향해 쏘았다. 이렇게 하여 방책이 무너지는 등 매우 힘든 곤경에 처하게 되었음에도 불구하고, 농성하던 아테네인은 여전히 굴복하지 않았다. 또한 화의(和議)하자는 페이시스트라토스 일족의 제안도 일축

---

51) 기원전 480년. 그리스사(史)에 관한 한 헤로도토스가 연대를 명시한 유일한 것.
52) 아크로폴리스상의 아테네 및 에레크테우스의 신전을 가리킨다.
53) 신보(神寶)나 봉납품 등의 관리를 맡은 10명의 관리.
54) 제7권 참조.

해 버리고 적의 공격에 대항하여 성문으로 육박해 오는 적들의 머리 위에 바위를 떨어뜨리는 등 온갖 작전을 구사했다. 이렇게 하여 크세르크세스는 한동안 별다른 방도를 생각해 내지 못하고 곤혹 상태에 처해 있었다. 그러나 이윽고 페르시아인은 이러한 곤혹 상태에서 벗어날 수 있는 타개책을 발견하기에 이르렀다. 신탁이 계시했던 대로 그리스 본토에 위치한 아티카 전역은 필경 페르시아군에 굴복하게 될 운명이었던 것이다. 아크로폴리스의 앞쪽이면서[55] 성문 쪽으로 올라오는 길 뒤쪽이 되는 곳에 매우 가파른 지역[56]이 있는데, 그 경사(傾斜)가 심해 아무도 그곳으로 올라오지 못할 것이라 생각하고 경비병을 한 사람도 세우지 않았다. 그런데 몇 명의 페르시아 병사가 이곳을 노려 케크롭스의 딸 아글라우로스를 모신 신전[57] 부근에서 가파른 절벽을 타고 올라왔던 것이다. 이들 페르시아 병사가 아크로폴리스로 올라온 것을 본 아테네인 가운데는 성벽에서 뛰어내리다 죽은 사람도 있고, 일부는 신전 안으로 도피하는 사람도 있었다. 이곳까지 올라온 페르시아 병사들은 우선 성문으로 달려가 문을 연 후 성전 안으로 피신한 자들을 살해했다. 아테네인을 모두 죽인 다음 페르시아군은 신전을 약탈하고 아크로폴리스를 온통 불질렀다.

아테네를 완전히 점령한 크세르크세스는 수사로 기마병 사자를 보내 자군의 성공을 아르타바노스에게 알렸다. 사자를 보낸 다음날 크세르크세스는 어떤 꿈을 꾸고 그 꿈 때문에 그랬는지 아니면 신전을 불태운 것에 양심의 가책을 받아서였는지, 자신을 수행하고 있던 아테네의 망명자들을 불러모으고 아크로폴리스에 올라가 아테네의 관습에 따라

---

55) 아크로폴리스의 공식적인 정면은 서쪽이지만, 페르시아군은 북쪽에서 아크로폴리스로 진입해 왔기 때문에 페르시아측에서 본 표현.

56) 아크로폴리스 북면의 서쪽, 이른바 에레크테이온의 서단(西端)보다 더 서쪽 사면으로 생각된다.

57) 이른바 아글라우리온. 아크로폴리스 북벽(北壁)에 있는 몇 개의 동굴 중 하나 속에 있었다.

희생을 바치라고 지시했다. 그리고 아테네의 망명자들은 명령대로 시행했다.

내가 위와 같은 일을 기록한 데는 다음과 같은 특별한 이유가 있다. 아크로폴리스에는 대지(大地)에서 태어났다고 전해지는 에레크테우스[58]의 신전이 있다. 포세이돈과 아테네가 이 땅의 소유권을 둘러싸고 서로 다툴 때 그 권리의 증거[59]로서 삼았다는 아테네 전승 속의 올리브나무와 바닷물이 그 경내에 있었는데, 페르시아인의 방화로 신전의 다른 부분과 함께 이 올리브나무가 소실되고 말았다. 그런데 화재가 있은 다음날, 페르시아 왕으로부터 희생을 바치라는 명을 받은 아테네인들이 신전이 있는 곳까지 올라왔을 때 1페키스 정도의 싹이 그루터기에서 자라나는 것을 발견했던 것이다. 이상은 이들 아테네인이 전하고 있는 바에 따른 것이다.

살라미스 해전

그런데 한편 살라미스에 있던 그리스군은 아테네의 아크로폴리스에서 있었던 일이 전해지자 큰 혼란에 빠졌다. 그리하여 지휘관의 일부는 토의중인 안건이 결정되기도 전에 급히 배로 달려가 돛을 올리고 탈주를 하려고까지 했다. 그러나 남은 지휘관들에 의해 지협의 전면에서 적을 맞아 해전을 벌이자는 결정이 내려졌다. 그들은 일몰(日沒)과 함께 산회하고 각자 자기 배로 돌아갔다.

---

58) 보통의 전승에서는 에레크토니오스의 손자, 판디온의 아들로 간주되는 전설상의 아테네 왕. 그러나 에레크토니오스와 종종 혼동되고, 또 포세이돈과 동일시되는 일도 있었다. 대지에 태어났다는 것은, 에레크토니오스(이 경우에는 에레크테우스와 동일)가 포세이돈과 대지 사이의 자식이라는 전승에서 유래. 현존하는 에레크테우스 신전(에레크테이온)은 기원전 480년 이후에 지어진 것이므로 그 전신(前身)이다.

59) 포세이돈이 삼지창으로 암석을 꿰뚫어 바닷물이 용솟음치게 하자 아테네가 바위산에서 처음으로 올리브나무를 기르게 했다. 올리브나무 쪽이 아테네인을 위해 더 유익하다는 판단에서 아테네의 주장이 통했다는 전설.

이때의 일인데, 테미스토클레스가 자기 배로 귀환하자 므네시필로스[60]라는 아테네인이 회의의 결정 사항을 물었다. 테미스토클레스가 함대를 지협으로 돌려 펠로폰네소스 전면에서 해전을 벌이기로 했다고 말하자 므네시필로스는 다음과 같이 말했다.

"안 됩니다. 일단 함대를 살라미스에서 떠나 보내게 된다면 각하께서는 더 이상 단일 조국을 위해 해전을 벌이실 수 없게 될 것입니다. 각 부대는 반드시 각자 자국으로 돌아갈 것이며, 에우리비아데스는 물론이고 그 누구도 해상 부대가 완전히 해체되는 것을 막지 못할 것입니다. 이러한 터무니없는 계획 때문에 그리스는 결국 멸망하게 될 것입니다. 그러하오니 가능하면 결정 사항이 번복될 수 있도록 하십시오. 각하라면 에우리비아데스를 설복시켜 살라미스에 머물도록 하실 수 있을지도 모릅니다."

이 충언은 주효하여 테미스토클레스의 마음을 크게 움직였다. 그러나 그는 아무런 대답도 하지 않고 에우리비아데스가 탑승해 있던 배를 찾아서 공적인 중대한 문제로 상의할 일이 있다고 말했다. 그러자 에우리비아데스는 용무가 있으면 배로 올라와 이야기하라고 권유했다. 이리하여 테미스토클레스는 그와 무릎을 맞대고 새로운 내용을 덧붙이며 마치 자신의 의견처럼 므네시필로스의 주장을 되풀이했다. 마침내 그는 사태의 긴급성을 호소함으로써 에우리비아데스를 설복시켜 그로 하여금 배에서 내려 지휘관 회의를 소집하는 것에 동의하도록 하는 데 성공했다.

지휘관들이 모이자, 에우리비아데스가 소집 취지를 설명하기도 전에 테미스토클레스는 성급함을 참지 못하고 열정적으로 말하기 시작했다. 그러자 코린토스 부대의 지휘관이었던 오키토스의 아들 아데이만토스가 그의 연설을 가로막으며 이렇게 말했다.

---

60) 테미스토클레스와 같은 구(區) 출신이며 그의 선배 되는 인물로서, 조언자 역할을 했을 것이다.

"테미스토클레스여, 경기에서도 출발 신호를 기다리지 않고 뛰어나가면 채찍으로 얻어맞소."[61]

테미스토클레스도 이에 지지 않고 다음과 같이 응수했다.

"그러나 신호에 뒤늦는 자는 승리의 명예로운 관을 쓸 수 없소."[62]

이때는 테미스토클레스도 코린토스인에 대해 온건한 어조로 응수했다. 그리고 그는 에우리비아데스를 향해서, 전에 말했던 것, 즉 함대를 살라미스에서 떠나 보내게 되면 해상 부대는 완전히 해체되고 말 것이라는 말은 조금도 하지 않았다. 동맹국 사람들을 앞에 놓고 힐난하는 듯한 말을 하는 것은 적절하지 못하리라고 생각했기 때문이었다. 거기에서 그는 다른 논법을 사용하여 다음과 같이 말했다.

"그리스가 구원되느냐 아니냐는 그대에게 달려 있소. 부디 여기 있는 여러 지휘관들이 주장하는 대로 지협으로 함대를 떠나 보내지 말고 내 의견을 좇아 이곳 살라미스에서 해전을 벌이도록 하시오. 그러면 내 주장을 잘 들은 다음 양설의 득실을 비교 검토해 보기 바라오. 먼저 지협에서 적과 교전하게 되면 해전은 대해(大海)에서 벌어지게 될 것이오. 그렇게 되면 수도 적고 속력도 느린 함선을 갖고 있는 우리측은 몹시 불리한 위치에서 싸우게 될 것이오. 또한 설사 다른 모든 점에서 행운이 뒤따른다 하더라도 살라미스, 메가라, 아이기나 등은 잃게 될 것이오. 게다가 적은 틀림없이 해상 부대와 함께 지상군도 이끌고 올 것이오. 그리하여 그대는 스스로 적을 펠로폰네소스로 유도해 온 꼴이 될 것이며, 마침내 그리스 전역을 위기에 빠뜨리게 되고 말 것이오.

이에 반해서 만약 그대가 내가 말하는 대로 하게 된다면 다음과 같은 이점이 있을 것이오. 첫째, 좁은 해역에서 다수의 함선을 맞아 싸

---

61) 올림피아를 비롯하여 공식 경기 때에는 봉(棒)을 든 경비원이 있어 위반자들에게 체벌을 가했다는 것은 사실이며, 그 실례도 전해지고 있다.

62) 플루타르코스를 비롯한 헤로도토스 이후의 작가들은 이 일이 테미스토클레스와 에우리비아데스 사이에서 일어난 것으로 보고 있다.

우게 될 경우에는 사태가 우리가 기대하는 대로 이치에 맞게 진행되는 한 소수의 함선을 지니고 있는 우리측이 대승을 거두게 될 것이오. 좁은 수역에서의 해전은 우리측에 유리하며, 넓은 수역에서의 전투에서는 적이 유리하기 때문이오. 둘째로는 우리가 부녀자와 아이들을 피란시켜 놓은 살라미스를 확보할 수 있다는 것이오. 게다가 이 작전에는 그대들이 제일 관심을 갖고 있는 사항도 포함되어 있소. 여기에 머물러 싸운다면, 그것은 지협 부근에서 싸우는 것과 다름없이 펠로폰네소스를 방위하는 데 도움을 주게 될 것이오. 또한 그대들이 양식 있게 판단하여 나의 의견에 따른다면 적을 펠로폰네소스로 끌어들이는 위험도 피할 수 있게 될 것이오.

내가 기대하는 대로 일이 진행되어 우리측이 해전에서 승리를 거두게 된다면 적은 그대들의 지협에까지 침입하지 않을 것이며, 아마도 아티카 너머로는 나아가지 않을 것이오. 적은 뿔뿔이 흩어져서 퇴각할 것이며, 우리는 메가라와 아이기나, 나아가서는 우리들이 적을 제압하게 되리라고 신탁이 이미 예언한 곳인 살라미스 등을 확보할 수 있게 될 것이오. 인간은 이치에 맞는 계획을 수립하면 대개의 경우 성공하게 되오. 그리고 이치에 어긋나는 계획을 수립할 때는 신께서도 인간의 생각에 동조하시지 않게 마련이오."

테미스토클레스가 이와 같이 말하고 있을 때, 코린토스인 아데이만토스가 다시 그에게 시비를 걸며 조국을 잃은 자는 침묵을 지키고 있으라고 말하고, 에우리비아데스를 향해서는 회의에 망국민을 참가시키는 법이 어디 있느냐고 따지고 들었다. 그리고 다시 테미스토클레스에게 자기 나라를 확실히 밝힌 다음에 의견을 제시하라고 말했다. 그가 테미스토클레스에게 이러한 발언을 한 근거는, 이미 아테네가 점령당해 적의 수중에 있었기 때문이었다.

그러자 이번에는 테미스토클레스도 아데이만토스 및 코린토스인 모두를 호되게 매도하고, 병력이 갖추어져 있는 200척의 함선이 자신들에게 있는 한 그것은 그들 동맹 제국보다 강대한 국가와 국토가 있는 것과 마찬가지라는 사실을 밝힌 후, 현재 아테네의 공격을 격퇴할 수 있는 힘을 지닌 나라는 그리스 중에 한 나라도 없지 않은가 하고 반문했다.

테미스토클레스는 이와 같이 논한 후 다시 에우리비아데스를 향해 전보다 격렬한 어조로 다음과 같이 말했다.

"그대가 여기에 머물러서 남자의 면목을 세워 준다면 모든 것이 잘 될 것이오. 그러나 그러지 않으면 그대는 그리스를 멸망시키게 될 것이오. 이 전쟁에서 모든 것은 해상 부대에 달려 있소. 부디 내가 말하는 대로 하기 바라오. 그러나 만약 내 계획대로 실행하지 않는다면, 우리는 이대로 곧 가족들을 승선시키고 이탈리아의 시리스⁶³⁾로 이주할 것이오. 이 도시는 옛날부터 우리 나라의 소유였고, 신탁도 우리가 언젠가는 이 도시를 식민해야 한다고 예언해 왔소. 그대들은 이러한 동맹군을 잃고 나서야 비로소 내 말을 상기하게 될 것이오."

이와 같은 테미스토클레스의 말에 동요되어 에우리비아데스는 결국 마음을 바꾸게 되었는데, 생각건대 이것은 함대를 지협 쪽으로 퇴각시키면 아테네군이 그들을 버리게 될까 깊이 우려했기 때문이었을 것이다. 아테네의 함대가 없이 나머지 함대를 가지고 적에 대항한다는 것은 무리였기 때문이었다. 이렇게 하여 그는 그 장소에 머물러 해상에서 결전을 벌이자는 안(案)을 채택했던 것이다.

이러한 작은 말씨름이 벌어진 후 에우리비아데스가 위와 같은 방침을 결정하자, 그들은 그 장소에서 해전 준비를 했다. 날이 밝고 태양이 떠오름과 동시에, 육상에서도 해중에서도 지진이 일어났다. 그리스군은 신들에게 기원하고 아이아코스 일족(의 혼령)에게 구원⁶⁴⁾을 청하

---

63) 남부 이탈리아에 있는 같은 이름의 강변에 있었던 도시. 부근(남쪽)에 유명한 시바리스가 있었다. 다만 아테네가 소유권을 주장한 근거는 밝혀지지 않고 있다.

64) 이러한 실례(實例)와 그 의미에 대해서는 제5권 참조. 요컨대 결전장이 될 살라미스, 아이기나 수호신의 가호를 기원했던 것이다.

기로 결정했다. 그리고 결정과 동시에 그것을 실행했다. 모든 신에게 기원한 후 살라미스로부터는 아이악스 및 텔라몬(의 신령)의 가호를 요청했고, 아이기나로는 아이아코스 및 다른 아이아코스 일족을 청하여 맞이하기 위해 배를 보냈다.

여기에 아테네인 테오키데스의 아들 디카이오스가 말했다는 다음과 같은 이야기가 있다. 그는 아테네의 망명자로 페르시아인 사이에 명성이 있던 인물인데, 아테네인이 이미 피란하여 무인지경이 된 아티카 땅이 크세르크세스 휘하의 육상 부대에 의해 유린되고 있을 때 때마침 스파르타인 데마라토스와 함께 트리아 평야[65]에 있었다 한다. 그때 그들은 약 3만 명의 군대가 행군하면서 피워 내고 있는 듯한 먼지 구름이 엘레우시스 방면으로부터 다가오고 있는 것을 보고 도대체 어떤 자들일까 하고 의아해했다. 그러자 홀연 목소리가 들려 왔는데, 디카이오스에게는 이 소리가 어떤 밀의(密儀)에서 행해지는 이아코스의 절규[66]처럼 생각됐다. 데마라토스는 엘레우시스의 제의(祭儀)에 관해 잘 모르고 있었기 때문에 이 소리가 무엇이냐고 디카이오스에게 물었다. 그러자 디카이오스는 다음과 같이 말했다.

"데마라토스님, 아무래도 대왕의 군대에 일대 재난이 닥치게 될 것 같습니다. 아티카에는 이미 아무도 남아 있지 않으니 이 소리는 신의(神意)에 의해 나는 것으로, 틀림없이 아테네군과 그 동맹군을 구원하기 위해 엘레우시스로부터 왔을 것입니다. 만약 이것이 펠로폰네소스로 향하게 된다면 육상에 있는 왕 자신과 그 군대에 위난(危難)이 미

---

65) 엘레우시스 평야의 일부, 아테네 서북방, 엘레우시스 조금 앞에 트리아 시가 있었다.

66) 엘레우시스에는 데메테르와 페르세포네를 모신 신전이 있었고, 6월 말에 그 제(祭)가 행해져 아테네로부터 대행렬(大行列)이 엘레우시스로 향했다. 바쿠스(디오니소스)와 동일신으로 간주되는 이아코스의 신상(神像)을 운반하면서 "오오, 이아코스여" 하고 부르짖으며 보조를 맞춰 천천히 걸었다. 앞서 3만이라는 숫자가 거론된 것은 이때의 행렬에 참가하는 사람 수에 맞춘 것인지도 모른다.

치게 될 것이며, 또한 만약 살라미스의 해상 부대 쪽으로 향하게 된다면 대왕은 필경 해상 부대를 잃게 될 것입니다. 아테네인은 매년 모신(母神)과 여신[67]을 위해 축제를 벌이고 있으며, 아테네인은 물론 그 밖의 그리스인도 희망하는 자는 누구나 그 비의(秘儀)에 입회할 수 있습니다. 지금 듣고 계시는 소리는 그 축제 때 울려 나오는 이아코스의 절규입니다."

그러자 데마라토스는 이렇게 말했다.

"지금 이야기는 나 이외에는 누구에게도 하지 마시오. 만약 그대가 지금 한 말이 왕의 귀에 들어가게 된다면 그대의 목은 날아가게 될 게요. 그리고 나도——아니 나 이외의 누구도 그대를 구할 수 없게 될 게요. 그러니 잠자코 있으시오. 왕의 군대에 관한 일은 신들께 맡겨 두는 게 좋소."

데마라토스가 이렇게 충고하고 있을 동안 신비스런 소리가 발생시킨 먼지 구름이 이윽고 하늘 높이 떠오른 후 살라미스의 그리스군 쪽으로 날아갔다. 이렇게 하여 두 사람은 크세르크세스의 해상 부대가 멸망할 운명에 놓여 있음을 깨닫게 되었다 한다.

위의 이야기는 테오키데스의 아들 디카이오스가 데마라토스와 그 밖의 사람들을 증인으로 들면서 말한 것이다.

크세르크세스 해상 부대의 장병들은 스파르타군이 전멸한 흔적을 보고 트라키스로부터 히스티아이아로 건너온 후 여기서 3일간 정박했다. 그런 다음 이곳을 떠나 에우리포스를 경유하여 다시 3일 후 팔레론[68]에 도착했다. 나는 해륙 양면에서 아테네[69]로 침입해 들어온 페르시아군의 세력은 세피아스 곶이나 테르모필라이에 도달했던 당시와 비교해 결코 약화되지 않았을 것이라고 생각하고 있다. 폭풍우에 의한 피해, 테르모필라이 및 아르테미시온 해전에서의 손실을 보충한 병력으로서, 당

---

67) 데메테르와 페르세포네.
68) 아테네 남쪽에 있는 아테네의 외항.
69) 아티카의 뜻으로 사용되고 있다.

시 아직 페르시아 왕의 원정군에 가담치 않았던 다음과 같은 부대를 헤아릴 수 있기 때문이다. 즉 말리스인, 도리스인, 로크리스인, 그리고 테스피아이와 플라타이아를 제외하고 전 병력을 동원하여 페르시아 군에 가담한 보이오티아인의 각 부대, 나아가 카리스토스인,[70] 안드로스인, 테노스인 및 앞서 그 이름을 들었던 다섯 개 섬[71]을 제외한 나머지 모든 섬의 주민들 등이다. 실제 페르시아 왕의 군대가 그리스의 중심부를 향해 진군함에 따라 이에 참가하는 주민 수도 증가해 갔다.

그런데 위의 전 부대가 아테네 지구에 도달했을 때——그보다는 키트노스 섬에 잔류하여 전쟁의 추이를 관망하고 있었던 파로스인 부대를 제외한 나머지 전 부대가 팔레론에 도달했을 때라고 해야 할 것이지만——크세르크세스가 해상 부대의 장병들과 만나 그 의견을 듣고자 스스로 선단을 방문했다. 크세르크세스가 도착하여 최상석(最上席)에 앉자, 선단으로부터 소집에 응해 참집(參集)한 각국의 독재자와 부대장이 왕이 정해 놓은 서열에 따라 자리에 앉았다. 첫번째 자리에는 시돈 왕, 두번째 자리에는 티로스 왕, 이런 식으로 차례대로 자리에 앉았다. 일동이 서열에 따라 앉자, 크세르크세스는 각자의 진의를 탐색하고자 마르도니오스를 중간에 끼워 해전을 벌이는 데 대한 문제를 묻게 했다.

마르도니오스가 시돈 왕을 선두로 하여 차례로 질문을 계속해 나갔다. 여기서 모든 사람이 해전을 벌여야 한다고 대답했는데 오로지 아르테미시아[72]만은 다음과 같이 대답했다.

"마르도니오스여, 부디 지금부터 내가 말하는 바를 그대로 왕께 전해 주기 바라오. 에우보이아 난바다의 해전에서 누구 못지않게 용감하게 활약을 했던 나는 전하께 이렇게 말씀드리고자 하오.

'전하, 저로서는 마땅히 제가 지금 전하께 가장 유리한 길이라 믿고

---

70) 에우보이아 섬의 남부 도시.
71) 실제로는 케오스 섬이 이에 더 덧붙여진다.
72) 작자의 탄생지인 할리카르나소스의 여왕(제7권 참조).

있는 바를 그대로 말씀드려야 한다고 생각합니다. 제가 말씀드리고 싶은 것은 해상 부대를 그대로 두고 해전을 벌이지 마시라는 것입니다. 그 이유는 해상에 있어서는 그리스인이 우리에 비해 남자와 여자의 차이만큼이나 훨씬 우월하기 때문입니다. 대체 전하께서 위험을 무릅쓰고 해전을 벌이실 필요가 어디 있습니까? 금번 원정의 목표였던 아테네는 이미 전하의 수중에 있고, 그 밖의 그리스령도 마찬가지 형편이 아닙니까? 전하의 진로를 가로막을 자는 이젠 아무도 없습니다. 전하께 저항하던 자들은 당연한 일이지만 모두 흩어져 도망쳐 버렸습니다.

적의 정황이 어떻게 되어 갈 것인지, 이에 관해 제가 생각하고 있는 바를 말씀드리도록 하겠습니다. 만약 전하께서 서둘러 해전을 벌이시지 않고 수군을 육지 가까운 지금 이곳에 그대로 머물러 있게 하시든지, 혹은 나아가 펠로폰네소스로 전진[73]시킨다면, 전하, 일은 당초의 계획대로 쉽게 진행될 것입니다. 그리스군에게는 장기간에 걸쳐 저항할 힘이 없습니다. 전하께서는 곧 그들이 분산되어 각자 자기 나라로 도망치는 모습을 보시게 될 것입니다. 제가 들은 바에 따르면 이 섬에는 충분한 식량이 없다고 합니다. 또한 만약 전하께서 육상 부대를 펠로폰네소스로 진군시킨다면, 그곳 출신의 부대는 필경 동요할 것이고, 더 이상 아테네를 위해 해전을 벌인다는 생각 따위는 하지 않게 될 것입니다.

그러나 전하께서 서둘러 해전을 벌이시게 된다면, 제가 우려하는 바는 수군이 패하게 될 경우 그 화가 육군에게도 미치게 되리라는 것입니다. 게다가 또한, 왕이시여, 훌륭한 인간은 못난 종을, 못난 인간은 훌륭한 종을 거느리게 마련이라는 것을 명심해 두시기 바랍니다. 전하께서는 세계에서 가장 훌륭한 분이시지만, 못난 종들을 거느리고 계십니다. 이들은 바로 전하께서는 아군 편에 넣어 생각하고 계시는 이집트인, 키프로스인, 킬리키아인, 팜필리아인 등으로, 아무짝에도 쓸모

---

73) 이것은 물론 육상 부대뿐이다.

없는 무리들입니다!"

아르테미시아가 마르도니오스에게 이렇게 말하는 것을 듣고 아르테미시아에게 호의를 품고 있던 자들은 이 말에 적이 당황해하며, 그녀가 해전을 벌이는 데 반대했으므로 왕으로부터 처벌받게 되리라 생각했다. 그러나 한편 아르테미시아가 동맹 제국 가운데서도 특히 존중받고 있는 데 대해 질투심을 품고 있던 자들은 이 항변을 듣고 그녀의 파멸을 예상하면서 득의의 미소를 지었다.

그러나 이러한 의견들이 크세르크세스에게 전해지자, 그는 아르테미시아의 의견에 매우 기뻐했다. 그는 이전부터 그녀를 뛰어난 여성으로 생각하고 있었지만, 이때는 그 어느 때보다도 그녀를 높이 평가했다. 그럼에도 불구하고 크세르크세스는 다수의 의견에 따르도록 하라고 명했다. 그것은 앞서의 에우보이아 부근의 해전에서는 자신이 그 자리에 없었던 까닭에 장병들이 고의로 소극적으로 행동했다고 생각하고, 이번에는 친히 해전을 지켜 보려고 준비하고 있었기 때문이었다.

발진 명령이 떨어지자 페르시아군은 함선들을 살라미스 방면으로 진격시키고 이들을 평온리에 각각의 위치에 배치해 전투 대형을 갖추었다. 그러나 이미 날이 저물어 해전을 벌이기에 적합치 않을 정도로 어두워졌기 때문에 다음날 행동에 옮기기로 했다.

한편 그리스인 부대는 공포와 불안에 떨고 있었는데, 특히 펠로폰네소스 부대들의 동요가 격심했다. 왜냐하면 그들은 아테네인의 국토를 위해 해전을 벌이고자 살라미스에 머물러 있다가, 혹시 패하게 될 경우 섬 안에 갇혀 자국을 무방비 상태로 방치한 채로 적의 포위를 받게 되리라는 불안감을 떨쳐 버릴 수 없었기 때문이었다.

그리고 실제로 페르시아의 육상 부대는 같은 날 밤에 펠로폰네소스를 향해 진격을 개시했다. 그러나 그럼에도 불구하고 육로를 통한 페르시아군의 침입을 저지하기 위해 온갖 작전이 다 강구되고 있었다. 펠로폰네소스의 주민들은 레오니다스 휘하의 부대가 전사했다는 비보를 접하자 각 도시에서 급히 지협으로 달려와 진을 쳤다. 그 지휘를

맡은 것은 아낙산드리데스의 아들 클레옴브로토스로, 그는 레오니다스
의 동생이다. 지협에 진을 친 펠로폰네소스인들은 스케이론 도로[74]를
파괴하고, 협의 끝에 지협을 가로지르는 장성(長城)[75]을 축조키로 하고
이 공사를 시작했다. 수만 명의 인원이 모두 이 일에 달라붙었기 때문
에 공사는 빠른 속도로 진척됐다. 석재·연와(煉瓦), 목재, 모래주머
니 등이 속속 운반되는 등 공사는 밤낮없이 계속해서 진행되었다.

　지협을 방어하기 위해 국력을 총동원한 그리스 제국을 열거하면 다
음과 같다. 즉 스파르타, 모든 아르카디아, 엘리스, 코린토스, 시키
온, 에피다우로스, 플레이우스,[76] 트로이젠, 헤르미오네 등이다. 이들
은 모두 위기에 처한 그리스의 운명을 염려하여 두려움을 떨치고 원조
하러 왔다. 그 밖의 펠로폰네소스 제국은 올림피아 제(祭)와 카르네이
아 제 등이 이미 끝났음에도 불구하고[77] 이에 전연 무관심한 태도를 보
였다.

　펠로폰네소스에는 7개 종족이 살고 있다. 그 중 아르카디아인과 키
누리아[78]인 등 두 종족은 토착민으로 옛날이나 오늘이나 같은 지역에서
줄곧 거주하고 있다. 또한 그 중 한 종족인 아카이아족은 펠로폰네소
스 바깥으로 나간 적은 없지만 원주지를 떠나 타지역에서 거주하고 있
다.[79] 7개 종족 중 나머지 4개 종족은 외래인들로, 도리스인, 아이톨리

---

74) 중부 그리스에서 펠로폰네소스로 들어가는 세 갈래 길 중 가장 짧은 길로
　　서, 이용도도 높았다. 사론 만(灣)과 연한 위험한 도로로, 그 이름은 옛날
　　에 이 부근에서 여행자들을 습격했다는 악한(惡漢) 스케이론의 이름을 따
　　명명되었다.
75) 코린토스 지협의 본토측 머리 부분에 비스듬히 축조됐던 것. 전장(全長) 7
　　킬로미터로 오늘날에도 그 유적이 남아 있다.
76) 코린토스 서남부의 도시.
77) 양제(兩祭) 기간 중에는 출정하지 않는다는 구실도 있었지만, 이미 제가
　　끝나게 되어 그런 이유는 통하지 않게 된 것이다(제7권 참조).
78) 키누리아는 그 북방에 있는 티레아 지방과 함께 펠로폰네소스 동해안에 있
　　고, 아르고스와 스파르타 사이에 소유권 분쟁이 그치지 않던 지방.
79) 본래는 펠로폰네소스 동부 및 남부에 살고 있었는데, 침입한 도리스인에게

아인, 드리오페스인, 렘노스인 등이다. 도리스인이 거주하는 도시는 상당히 많고 또한 잘 알려져 있지만, 아이톨리아인이 거주하고 있는 곳은 엘리스 지방뿐이다. 드리오페스인의 도시로서는 헤르미오네(헤르미온)와, 라코니아 지방의 카르다밀레 맞은편에 아시네[80]가 있다. 파로레아타이인[81]은 모두 렘노스계 주민이다. 키누리아인은 토착민이자 유일한 이오니아계 주민으로 생각되는데, 장기간에 걸쳐 아르고스인의 지배를 받아 도리스화(化)되어 있다. 이른바 오르네아이인으로 스파르타의 주위 주민(페리오이코이)과 같은 처지에 놓여 있다.[82]

그런데 이들 7개 종족에 속하는 도시들 중 앞서 언급한 도시들을 제외한 나머지 도시들은 모두 중립적인 입장을 취했다. 솔직하게 이야기하자면 그들은 페르시아측에 가담했다고 말해도 틀린 것은 아니다.

지협의 그리스 부대는 조국의 흥망이 이번의 한판 승부에 걸려 있음을 자각하고 해상 부대가 성공하리라는 기대는 하지 않은 채 위와 같은 방어벽 공사에 전력을 기울이고 있었다. 한편 살라미스의 해상 부대는 이러한 사실을 알고 있었음에도 불구하고 불안감을 떨쳐 버릴 수 없었다. 왜냐하면 그들은 자기 자신보다 오히려 펠로폰네소스의 안위가 염려됐기 때문이었다. 처음 얼마 동안은 믿을 수 없을 정도로 어리석은 에우리비아데스를 사적으로 서로 비난할 정도였지만, 마침내 그것이 폭발하여 공공연한 분노로 변했다. 그리하여 또 다른 회의가 개최되어 앞서와 같은 문제를 놓고 여러 가지 논의가 오갔다. 한쪽은 펠로폰네소스로 이동하여 펠로폰네소스의 방위를 위해서 배수진을 쳐야

쫓겨 북해안의 아카이아 지방으로 이주했다.

80) 이 아시네는 아르고리스 시가 아니라 메세니아 만을 끼고 동안(東岸)의 카르타밀레를 마주 보는 서안의 아시네이다.

81) 펠로폰네소스 서해안 중부의 트리피리아 지방에 살고 있었던 종족(제4권 참조).

82) 오르네아이는 아르고스 서북방의 도시로, 아르고스의 지배하에 있었다. 그로부터 오이네아이인은 일반적으로 예속민의 뜻으로 사용되어 스파르타의 주위 주민에 해당한다고 작자가 주석을 단 것이다.

하며 이미 적에게 함락된 국토를 위해 머물러 싸워서는 안 된다고 촉구했고, 이에 대해 아테네인, 아이기나인, 메가라인 등은 여기에 머물러 방위해야 한다고 주장했다.

이때 테미스토클레스는 펠로폰네소스인들과의 논쟁에서 자신의 주장이 패배하리라는 걸 깨닫게 되자 비밀리에 회의 석상에서 빠져 나와 한 남자에게 가서 해야 할 말을 일러 주고 작은 배에 태워 페르시아 진영으로 보냈다. 시킨노스라는 그 남자는 테미스토클레스의 하인으로 그의 자식들을 돌보고 있었다. 이 일이 있은 후 테미스토클레스는 테스피아이에서 새로이 시민을 받아들이고 있을 때[83] 이 남자가 테스피아이의 시민 자격을 획득할 수 있도록 해주고 그를 부자로 만들어 주었다. 어쨌든 이자가 페르시아군의 진영으로 가 적의 지휘관들을 만나게 되자 그들을 향해 다음과 같이 말했다.

"저는 아테네 지휘관의 비밀 전갈을 갖고 왔습니다. 그분은 페르시아 왕께 호의를 갖고 계시며, 그리스군보다는 오히려 귀국군의 승리를 바라고 계십니다. 그분은 제게 그리스군은 두려움을 이기지 못하여 도망치려 계획하고 있다고 전하라 하셨습니다. 그리스군이 빠져 나가지 못하도록 가로막기만 하십시오. 지금 귀군은 사상 유례 없는 전과를 올릴 수 있는 절호의 기회를 맞고 있습니다. 그리스군은 분열되어 서로간에 적의를 품고 있기 때문에 귀군과 싸우기는커녕 어쩌면 친페르시아파와 그렇지 않은 파끼리 해전을 벌이게 될지도 모릅니다."

이렇게 전한 후 시킨노스는 바로 떠났다.

페르시아군은 이 전갈을 믿고 우선 살라미스 섬과 본토 사이에 놓여 있는 작은 섬인 프시탈레이아에 다수의 병력을 상륙시켰다. 그리고 한밤중이 되자 서쪽 편대로 하여금 원을 그리며 살라미스로 진격시키는 동시에 케오스 및 키노수라[84] 부근에 배치되어 있던 부대도 발진시켜,

---

83) 페르시아 전쟁으로 시민 다수를 잃었기 때문에, 시킨노스는 노예의 몸이면서도 테미스토클레스의 알선으로 테스피아이의 시민권을 얻었던 것이다.
84) 이 두 지명에 대해서는 예로부터 여러 가지 설이 있는데, 키노수라(개의

무니키아에 이르는 해협 전역을 봉쇄했다. [85] 함선을 출동시킨 것은 그리스군의 도주를 불가능하게 하고 살라미스에서 이들을 포착하여 아르테미시온에서의 고전(苦戰)에 대한 복수를 하기 위해서였다. 또한 프시탈레이아라 불리는 작은 섬에 페르시아 병사들을 상륙시킨 것은, 이 섬이 곧 벌어지게 될 해전의 통로에 위치하고 있었기 때문에, 해전이 벌어지면 병력과 난파물이 이곳으로 특히 많이 표류해 오리라 보고 아군을 구조하고 적을 격멸하기 위해서였다. 위의 행동은 적이 깨닫지 못하도록 은밀히 행해졌다. 페르시아군은 밤중에 한숨도 자지 않고 이러한 준비를 했다.

이제 나로서는 신탁에 진실이 있다는 사실을 부정할 수 없게 되었다. 특히 다음과 같은 신탁의 문구를 접하게 될 때는 실로 명백한 언어로 사실을 예언하고 있는 신탁을 결코 불신하고 싶지 않다.

그렇지만 그들이 광기어린 욕심에 휘말려 빛나는 아테네를 파괴하고
바다에 면한 키노수라에서 황금칼을 차신 아르테미스의 성스러운 해변[86]까지를 배로 이을 때,
고귀하신 정의의 여신(데이케)께서 '교만(驕慢, 히브리스)'의 아들 '포만(飽滿, 코로스)'으로 하여금
모든 것을 다 삼키게 하여 그 광폭함을 진정시키시리라.
청동은 청동과 서로 맞부딪치고, 군신(軍神, 아레스)께서는 피로 바다를 물들이실 것이다.

꼬리)라는 그 이름에서도 나타나듯이 살라미스 섬 동쪽 끝이 좁고 길게 프시탈레이아 섬 쪽으로 뻗은 곳을 가리킨다고 생각된다. 케오스가 키클라데스의 유명한 섬이 아니라는 것은 거의 확실하며, 키노스라 부근, 혹은 본토의 무니키아 부근의 지명인 듯하다.

85) 이리하여 살라미스 해협은 북쪽 출구는 페르시아군의 서쪽 날개에 의해, 남쪽 출구는 다른 부대에 의해 봉쇄되어, 살라미스 항에 집결한 그리스 함대의 퇴로가 막혔던 것이다.

86) 무니키아에는 아르테미스의 신전이 있었다.

그리고 만기(萬機)를 어람(御覽)하시는 크로노스의 아드님과
고귀하신 승리의 여신(니케)께서는 헬라스의 나라에 자유의 달을 가
져오시리라.

이렇게 바키스가 실로 명백히 예언하고 있는 이상, 나로서는 감히
신탁에 이의를 제기할 수 없다. 또한 나는 다른 사람들의 비난에도 귀
를 기울이지 않을 것이다.

한편 그리스군의 지휘관들은 살라미스에서 여전히 격렬한 논쟁을 계
속하고 있었다. 그들은 페르시아 함대가 자신들의 퇴각로를 봉쇄하고
있다는 사실을 아직 모르고 낮에 본 장소에 그대로 머물러 있으리라고
만 믿고 있었다.

지휘관들이 논쟁을 벌이고 있을 때 리시마코스의 아들 아리스테이데
스[87]가 아이기나로부터 바다를 건너왔다. 그는 아테네인으로 국민에 의
해 도편추방(陶片追放, 오스트라키스모스)을 당했던 인물이다. 그렇지
만 나는 그의 사람 됨됨이를 깊이 알게 될수록 그가 아테네 사상 가장
훌륭하고 또한 가장 고결한 인물이었다는 사실을 더욱더 확신하게 되
었다. 그런데 그는 회의장 입구에 서서 테미스토클레스를 바깥으로 불
러냈다. 테미스토클레스는 그에게 우호적인 인물이 결코 아니었고, 오
히려 최악의 적이었다. 그러나 아리스테이데스는 직면한 국난(國難)
의 중차대함을 생각하고 구원(舊怨)을 잊기로 한 다음 면담하고자 했
던 것이다. 아리스테이데스는 이미 펠로폰네소스인 부대가 함선을 지
협으로 회항시키고 싶어한다는 사실을 들어 알고 있었다. 그래서 테미
스토클레스가 회의장에서 나와 자기 앞에 서자 그는 이렇게 말했다.

"그대와 내가 서로 다투는 목적은, 언제나 그래야 하겠지만 특히 현
재의 상황에서는 그대와 나 둘 중 누가 더 조국을 위해 유익한 일을

---

87) '정의의 인물'이라는 별칭으로 유명했던 아리스테이데스. 그 인망을 두려
워한 테미스토클레스의 책략에 의해 기원전 482년에 도편추방을 당했지만,
살라미스 해전 직전에 해제된 듯하다.

많이 할 수 있는가 하는 데 있어야 할 것이오. 무엇보다 먼저 나는 그대에게 확실히 말하지만, 이 땅에서 펠로폰네소스인들이 함선을 철수시켜야 하느냐 여부에 대해 길게 논하든 간단히 논하든 그것은 요컨대 마찬가지라는 것이오. 나는 내 눈으로 확인한 바를 말하건대, 설사 코린토스인이나 에우리비아데스 자신이 출항을 원한다 하더라도 지금으로서는 그것은 이미 불가능하오. 그 이유는 우리가 이미 적에 의해 포위되어 있기 때문이오. 그러니 그대는 그 사실을 모두에게 전하도록 하시오!"

이 말을 듣고 테미스토클레스는 다음과 같이 답했다.

"그대는 실로 유익한 충고를 했고 또한 기쁜 소식을 전해 주었소. 그대가 직접 목격하고 알려 준 사실은 실로 내가 바라던 바요. 페르시아군이 그렇게 행동하도록 만든 것은 바로 나요. 그리스군이 자진해서 여기서 싸우지 않으려 한다면 무리를 해서라도 싸우게끔 만들 필요가 있었기 때문이오. 그대가 이러한 좋은 소식을 가지고 와주었으니 부디 그대의 입으로 그것을 일동에게 전해 주시오. 내가 그것을 말하면 틀림없이 꾸민 이야기라 생각하고 내 말을 믿지 않을 것이오. 그러니 그대가 안으로 들어가 직접 전해 주기 바라오. 그리하여 그들이 믿게 된다면 더욱 좋고 또한 그들이 믿지 않더라도 마찬가지요. 그대가 말한 것처럼 우리가 사방으로 포위되어 있다면 어쨌든 우리는 더 이상 탈주할 수 없을 것이기 때문이오."

그리하여 아리스테이데스는 안으로 들어가 위와 같은 사실을 알림과 동시에 자신은 아이기나로부터 올 때 초계(哨戒) 중인 적선의 눈을 피해 겨우 통과할 수 있었다고 말했다. 그리고 그리스 해상 세력은 크세르크세스의 해상 부대에 의해 완전히 포위되어 있으니, 그리스군은 곧 항전 태세를 갖추어야만 한다고 권고했다. 아리스테이데스가 이렇게 말하고 퇴장하자, 지휘관들 사이에서는 재차 논쟁이 벌어졌다. 대부분의 지휘관들은 그 소식을 믿지 않았기 때문이었다.

그들이 여전히 의혹에 차 있을 때 테노스인의 삼단노선 한 척이 페르시아 해상 부대로부터 탈주해 와 페르시아 해상 부대의 진상을 남김 없이 전했다. 그 배의 함장은 테노스인 소시메네스의 아들 파나이티오스였다. 나중에 페르시아군을 격파한 그리스인과 함께 테노스인의 이름이 델포이의 세발솥에 새겨졌는데, 그것은 이때의 공적 때문이었다.

살라미스로 탈주해 온 이 배와 앞서 아르테미시온으로 탈주해 왔던 렘노스의 배를 합쳐 그리스 함대의 선박 수는 꼭 380척이 되었다. 그때까지는 이 숫자보다 두 척이 적었다.

그리스군은 테노스인이 전한 바를 듣고서 겨우 그 사실을 믿게 되어 마침내 해전 준비에 착수했다. 날이 밝자마자 지휘관들은 함상 전투원들을 집합시켰는데, 이때 테미스토클레스가 내린 훈시는 다른 어떤 것보다 훌륭한 것이었다. 그 연설은 시종 인간의 본성 및 그 정황에 관련되는 온갖 선악·우열을 대비시키는 것으로 일관됐다. 그리고 그는 최후로 양자 중에서 나은 쪽을 선택하라고 훈시하면서 그 연설을 끝맺고 승선 명령을 내렸다. 이렇게 하여 그리스군이 승선하고 있을 때 아이아코스 일족의 신령을 모셔 오기 위해 떠났던 삼단노선이 아이기나로부터 돌아왔다. 그러자 그리스군은 전 함선을 동원하여 바깥 바다로 나아갔고, 그와 동시에 페르시아군이 곧 그들을 향해 육박해 왔다.

그러자 그리스의 함선들은 노를 거꾸로 저어 배를 육지에 상륙시키려 했다. 그런데 이때 아테네 함선을 지휘하던 팔레네 구(區) 출신의 아메이니아스가 전열에서 빠져 나와 적선 한 척을 향해 돌진했다. 두 함선이 서로 엉켜 떨어질 수 없게 되어 있음을 보고 나머지 그리스 함대가 급히 아메이니아스의 배를 도우러 달려갔다. 이것으로 전면전이 시작됐다.

아테네인들이 말하는 바에 따르면 해전은 이렇게 하여 시작되었다고 하는데, 반면에 아이기나인들의 주장에 의하면 아이아코스 일족의 신령을 모셔 오기 위해 아이기나로 파견됐던 함선이 전투의 발단이 되었다고 한다. 게다가 다음과 같은 이야기도 전해지고 있다. 한 여자의 환영이 그리스군의 눈앞에 나타나 먼저 그리스 전군이 들을 수 있을 만큼 큰소리로 꾸짖으며 고무 격려했다고 한다.

"어리석은 놈들, 네놈들은 언제까지 노를 거꾸로 저을 셈이냐?"

아테네군의 정면에 포진해 있던 것은 엘레우시스 방향의 서쪽 날개를 맡고 있던 페니키아 부대였고, 스파르타군의 맞은편에 있던 것은 페이라이에우스 방향의 동쪽 날개를 맡고 있던 이오니아 부대였다. 그러나 이오니아 부대 중 테미스토클레스의 요청에 응해 고의로 전투에 소극적으로 나온 자는 소수에 지나지 않았고, 대부분은 적극적으로 나왔다. 나는 여기서 그리스 함선을 포획한 삼단노선의 함장들 이름은 다수 열거할 수 있지만, 단지 안드로다마스의 아들 테오메스토르와 히스티아이오스의 아들 필라코스 두 사람만 언급하겠는데, 그들은 모두 사모스인이다. 특히 이 두 사람의 이름만 언급하는 이유는, 테오메스토르는 그가 세운 공적으로 페르시아인에 의해 사모스의 독재자로 옹립되었고, 필라코스는 왕의 은인으로서 목록에 그 이름이 기록되었고 또한 막대한 영토를 하사받았기 때문이다. 왕의 은인(에우에르게타이)을 페르시아 말로는 오로상가이라 한다.

내가 서술한 대로 이 두 사람은 얼마간 성공을 거두었지만, 대부분의 페르시아 함선은 아테네군과 아이기나군에 의해 파괴되어 항해 불능의 상태에 빠졌다. 그리스군은 질서 정연하게 전열을 흩뜨리지 않은 채 싸운 데 반해 페르시아군은 이미 전열이 흐트러져 더 이상 계획적으로 행동할 수 없는 상태였기 때문에, 그것은 당연한 결과였던 것이다. 그럼에도 불구하고 페르시아군은 이날 훌륭히 싸웠다. 에우보이아 난바다의 해전 당시와는 비교도 되지 않을 정도였다. 페르시아군 병사들은 누구나 대왕이 자신을 주시하고 있다고 생각하고 대왕을 두려워한 나머지 최선을 다했던 것이다.

나로서는 페르시아군과 그리스군을 불문하고 개개의 인물들이 어떻게 싸웠는지에 대해서는 정확히 기술할 수 없다. 다만 아르테미시아의 몸에 다음과 같은 일이 일어나 결과적으로 그녀에 대한 왕의 총애가 한층 더 깊어졌기 때문에, 그녀에 관해서만큼은 언급해야겠다. 즉 왕의 군대가 대혼란에 빠진 후 아르테미시아가 타고 있던 배는 아테네 함선의 추격을 받았다. 전방에 우군 함선이 있었음에도 불구하고 아르테미시아의 배는 적선과 너무 가까운 거리에 있었기 때문에 적의 추격에서 벗어날 수 없었다. 그리하여 마침내 결의를 굳히고 다음과 같은 조치를 취한 결과 성공을 거두었던 것이다. 즉 아테네의 함선이 이미 가까이까지 다가오자 그녀는 칼린다[88]인과 그 왕 다마시티모스가 타고 있던 우군 함선을 향해 격렬히 돌진해 들어갔다. 비록 헬레스폰토스 부근에서 이미 아르테미시아와 다마시티모스와의 사이에 무엇인가 불화가 있었던 것이 사실이라 하더라도,[89] 과연 그녀가 그것 때문에 고의로 그렇게 나왔던 것인지, 아니면 때마침 우연히 칼린다의 함선이 부근에 있어서 그랬는지에 대해서는 나로서도 판단은 내릴 수 없다.

그러나 여하튼 자신의 배를 칼린다의 배에 돌입시켜 이것을 침몰시킨 아르테미시아는 다행히도 이로써 두 가지 이익을 얻게 되었다. 즉 우선은 그 배가 페르시아군의 배를 향해 돌입하는 것을 본 아테네 함선의 함장이, 아르테미시아의 배를 그리스의 함선 아니면 그리스측에 서서 싸우고 있는 페르시아의 탈주선으로 생각하고 방향을 바꿔 다른 적선을 공격함으로써 요컨대 아르테미시아는 첫째로는 적의 손에서 벗어나 파멸을 면할 수 있었고, 둘째로는 좋지 않은 행위를 했음에도 불구하고 도리어 그 때문에 크세르크세스로부터 더한층 깊은 신임을 얻게 되었다. 즉 관전하고 있던 왕은 그 배가 돌입한 사실을 알고 있었는데, 그때 측근 중 한 사람이 이렇게 말했다 한다.

"전하, 보고 계십니까? 아르테미시아가 얼마나 훌륭히 싸우고 있습니까? 그녀는 적선을 격침시켰습니다."

이 말을 들은 크세르크세스가 그것이 진실로 아르테미시아의 공적인가 하고 묻자, 일동은 자기들이 아르테미시아 함선의 표지를 잘 알고

---

88) 카리아의 동부, 로도스 섬 맞은편 부근에 있는 도시.

89) 헤로도토스의 이 상정(想定)이 어떤 근거에 의한 것인지 명확치 않다. 당시 그러한 풍문이 있었는지도 모르겠다.

있기 때문에 그것은 조금도 의심할 나위가 없으며 파괴된 배는 확실히
적선이었다고 대답했다. 앞에서도 서술했던 것처럼 아르테미시아는 여
러 가지 면에서 행운을 누렸지만, 그 중에서도 특히 그녀의 허물을 탓
할 만한 칼린다 함선의 승무원이 한 사람도 구조되지 않았다는 사실은
실로 그녀에게 있어서는 어느 것 못지않은 행운이었다. 크세르크세스
는 일동의 말을 듣고 다음과 같이 말했다 한다.

"우리 군대의 남자는 모두 여자가 되었고 여자는 남자가 되었구려."

이 격전에서 다레이오스의 아들이자 크세르크세스의 동생인 사령관
아리아비그네스를 비롯하여 페르시아, 메디아 및 그 밖의 동맹 제국의
이름 있는 인사가 다수 전사했다. 그리스측에서도 사상자가 나왔지만
그 수는 얼마 되지 않았다. 그리스인은 대부분 헤엄을 칠 수 있었던
까닭에, 배가 파괴되더라도 적의 칼에 맞아 전사하지 않는 한 살라미
스섬으로 헤엄쳐 갔던 것이었다. 그러나 페르시아 병사들은 대부분 헤
엄을 칠 줄 몰라 바다 속에 빠져 죽었다. 또한 전선(前線)의 함선들이
도망치기 시작할 즈음에 페르시아 함대는 그 태반이 격침되는 비운을
맞게 되었다. 왜냐하면 후방에 배치되어 있던 부대가 왕 앞에서 수훈
을 세워 보이고자 조급하게 함선들을 전방으로 전진시키려 서둘다가,
도망치려던 자기편 함선들과 대충돌을 일으켰기 때문이었다.

이 혼란의 와중에서 또한 다음과 같은 사건도 일어났다. 배를 잃은
페니키아 부대의 일부가 왕에게로 가 자신들이 배를 잃은 것은 이오니
아인들 때문이라며 그들은 배반자들이라고 비방했다. 그러나 기묘하게
도 결과적으로는 이오니아의 장령(將領)들은 파멸을 면했고, 비방한
페니키아인들이 다음과 같은 보복을 받게 되었다. 즉 페니키아인들이
위와 같은 중상을 하고 있을 때 사모트라케의 함선이 아테네의 함선을
향해 돌입했다. 아테네의 함선이 침몰하려 할 때 아이기나의 함선이
급히 달려와 사모트라케의 함선을 격침시켰다. 그런데 사모트라케인들
이 뛰어난 투창 실력을 발휘하여 침몰되어 가는 배 위에서 창을 던져
적선의 전투원들을 일소하고 그 배로 옮겨 타 배를 점령해 버렸다. 이

사건이 이오니아인들을 구원하게 되었다. 왜냐하면 사모트라케인이 훌륭한 공적을 세우는 것을 본 후, 패전 탓으로 매우 마음이 상해 누구를 막론하고 책망하려던 참이었던 크세르크세스가 페니키아인들을 향해, 자기 자신들은 겁쟁이처럼 행동하면서 자신들보다 용감한 자들을 비방하는 그러한 행위는 용납할 수 없다고 말하고 그들의 목을 베라고 부하들에게 명했기 때문이었다. 실제 크세르크세스는 살라미스 섬 정면에 있는 아이갈레오스 산 기슭에 앉아 자군의 장병들이 공훈을 세울 때마다 그 인물의 이름을 물었고, 서기는 그 함장의 이름을 부칭(父稱) 및 출신 도시의 이름과 함께 기장하고 있었다. 이때 그 자리에 함께 있던 아리아람네스라는, 이오니아인에게 호의를 품고 있던 페르시아인도 이 페니키아인들의 수난 사건에 일조를 했다.

한편 패주하던 페르시아 함대가 팔레론을 향해 항해하고 있을 때, 해협 입구에서 이들을 기다리며 진을 치고 있던 아이기나 부대는 기념할 만한 대활약상을 보였다. 즉 이 혼란의 와중에서 아테네 부대는 저항하는 배와 탈주하는 배를 격파했고, 반면에 아이기나 부대는 해협에서 빠져 나가려 하는 배들을 격멸했다. 이리하여 페르시아의 함선들은 겨우 아테네군의 추격에서 벗어나자마자 이번에는 아이기나 부대의 포위망으로 직진하는 꼴이 되었던 것이다.

이때 적선을 추격하고 있던 테미스토클레스의 배와, 시돈의 배로 막 돌격하던 아이기나인 크리오스[90]의 아들 폴리크리토스의 배가 조우했다. 이 시돈의 배는 다름 아니라 스키아토스 섬 부근에서 초계중이던 아이기나 함선을 나포했던 배로, 이스케노스의 피테아스가 승선해 있었다. 이 사람은 일찍이 페르시아군이 그 무용(武勇)에 감탄하여 전신에 상처를 입었음에도 불구하고 배 안으로 옮겨 보호했던 인물이다.[91] 페르시아 병사와 함께 이 피테아스를 태우고 있던 시돈의 배가 나포되

---

90) 제6권 참조.
91) 제7권 참조.

었다. 이렇게 하여 피테아스는 구원을 받아 아이기나로 귀국할 수 있
었다.

그런데 폴리크리토스는 아테네의 배를 발견하고 사령관의 표지를 목
격하게 되자, 아이기나가 페르시아측에 가담했다는 오명을 뒤집어썼던
일[92]과 관련하여 큰소리로 테미스토클레스를 비난하고 비웃었다.

한편 격침을 면한 페르시아 부대는 도주하여 팔레론에 도착한 다음
육상부대의 엄호하에 들어갔다.

이 해전에서 그리스 군대 중에서 가장 이름을 드높인 것은 아이기나
군이었고, 아테네군이 그 다음이었다. 개인으로서 가장 명성을 얻은
자는 아이기나인 폴리크리토스와, 아나기루스 구 출신의 에우메네스
및 아르테미시아를 추격했던 팔레네 구 출신의 아메이니아스 등 두 사
람의 아테네인이었다. 아메이니아스는 만일 그 배에 아르테미시아가
탑승해 있음을 알고 있었다면, 그녀를 사로잡든지 아니면 자신이 사로
잡히든지 할 때까지 추적을 멈추지 않았으리라 생각된다. 왜냐하면 아
테네군의 함장들에게는 아르테미시아를 생포하는 자에게 1만 드라크마
의 상금을 준다는 약속과 함께 그녀에 대한 특별 명령이 내려져 있었
기 때문이었다. 아테네인으로서는, 일개 여자의 몸이면서 아테네 군대
에 대항했다는 사실에 분노를 금치 못했던 것이다. 그러나 그녀는 앞
서 언급했던 것처럼 무사히 도피했고, 함선의 파괴를 면한 다른 부대
도 또한 팔레론으로 들어갔다.

아테네인들이 이야기하는 바에 따르면, 코린토스의 지휘관 아데이만
토스는 양 함대가 전투에 돌입하자마자 공포에 질려 돛을 올려 도주했
고, 다른 코린토스 부대도 사령관의 표지가 달려 있는 배가 도주하는
것을 보고 같이 도망쳤다 한다. 도주하여 살라미스 영내의 아테네 스
키라스[93] 신전 부근에 이르렀을 때, 그들은 신이 보냈다고 생각할 수밖

---

92) 이 경위에 대해서는 제6권 참조. 폴리크리토스는 아버지인 크리오스가 이
일로 인해 아테네에 감금된 일이 있었기 때문에 한층 더 아테네에 원한을
품고 있었던 것이다.

에 없는 한 척의 작은 배를 만나게 되었다. 왜냐하면 누가 이 작은 배를 보냈는지 끝내 밝혀지지 않았기 때문이었다. 그리고 이 배를 만나게 되었을 때 코린토스인은 그리스 함대의 운명에 대해서는 전혀 모르고 있었다. 그들이 신의 손길이 이 일에 개입되었다고 추정한 이유는 이러하다. 즉 이 작은 배가 코린토스 선단에 가까이 다가서게 되자, 거기에 타고 있던 자들이 다음과 같이 말했다.

"아데이만토스여, 그대는 그리스군을 배반하고 선단을 돌려 도망치고 있지만, 그리스군은 이미 그들이 기원한 대로 적군을 격파하고 승리를 거두고 있소."

이렇게 말했는데 아데이만토스가 그것을 믿지 않자, 그들은 거듭해서 자신들을 인질로서 잡고 함께 간 다음 만약 그리스군의 승리가 확인되지 않으면 살해해도 좋다고 말했다. 그러자 아데이만토스와 다른 배들은 뱃머리를 돌려 이미 전투가 끝난 후에 본대에 도착했다 한다.

이러한 소문은 아테네인이 퍼뜨린 것이며, 코린토스인 자신은 그러한 소문을 부정하고 자군이 해전에서 대활약을 했다고 믿고 있다. 그리고 다른 그리스 제국도 그 주장이 옳다고 증언하고 있다.[94]

아테네인 리시마코스의 아들 아리스테이데스에 대해서 조금 전에 가장 뛰어난 인물이었다고 언급한 바 있지만, 살라미스 해역에서 이러한 혼전을 벌이는 와중에 이 인물은 다음과 같은 활약을 했다. 그는 살라미스의 해안 일대에 배치되어 있던 아테네 출신의 중무장병 다수를 이끌고 프시탈레이아 섬에 상륙하여 이 섬에 있던 페르시아 병사들을 모

---

93) 이 신전의 위치에 대해서는 자세히 알 수 없다. 살라미스 섬 남단으로 보는 사람도 있고, 반대로 북단으로 생각하는 사람도 있다. 이 이름의 아테네 숭배는 본토에도 있었는데, 아테네에서는 스키로폴리론 달 즉 5, 6월에 그 제(祭) 스키로폴리아가 행해졌다.

94) 이 최후의 첨언(添言)에 의해 작자는 이 이야기가 아테네인의 악의에서 만들어진 것이라는 걸 암시하고 있는 것 같다. 예로부터 지나치게 아테네측에 호의를 보였다고 비판당해 온 작자이지만, 맹목적으로 아테네 일변도가 아님을 말해 주는 대목이다.

조리 살해해 버렸다.

해전이 끝난 후 그리스군은 아직 그 해역에서 표류하고 있는 파손된 선체를 모두 살라미스로 끌고 간 다음, 새로운 해전에 대비하고 있었다. 그들은 페르시아 왕이 남은 함선을 이용해 공격해 오리라 예기(豫期)하고 있었던 것이다. 선체의 파편들은 대부분 서풍(西風)에 밀려 흐르다가 아티카 지방의 콜리아스[95] 해변으로 밀려 올라갔다. 이렇게 하여 이 해전에 관하여 바키스나 무사이오스가 행했던 예언이 모두 이루어졌다. 뿐만 아니라 이곳으로 밀려 올라간 배의 파편들에 대해서도, 아테네의 점쟁이인 리시스트라토스가 수십 년 전에 신탁의 형태로 말했었지만 당시 아테네인들이 모두 잊고 있었던, 다음과 같은 예언이 실현됐던 것이다.

"콜리아스에 사는 여자들은 배의 노로 요리를 하게 되리라."

이 일은 크세르크세스의 퇴각 후에 일어나게 될 것이었다.

크세르크세스의 퇴각

크세르크세스는 패전을 깨닫게 되자, 그리스인들이 그들 스스로의 생각이나 아니면 이오니아인들의 사주로 선교(船橋)를 파괴하기 위해 헬레스폰토스로 가지 않을까 염려했다. 그와 같은 일이 벌어진다면 그는 꼼짝없이 유럽에 갇혀 파멸할 위험성이 컸기 때문이었다. 그리하여 그는 퇴각을 고려하기 시작했지만, 그와 동시에 그리스군도 자군의 병사들도 그 계획을 깨닫지 못하게 하기 위해 살라미스 섬에 이르는 통로를 만들기로 했다.[96] 선교 대용으로도 쓰고 장벽용(障壁用)으로도 이용하기 위해 페니키아의 화물선을 서로 연결시키고, 또한 재차 해전을

---

95) 팔레론 남방 20스타디온 정도의 지점에서 바다쪽으로 돌출된 곳. 여기에 아프로디테와 데메테르의 신전이 있었다.

96) 일종의 양동작전이라 할지라도 너무나 기이한 행동이며, 또한 패전 후에는 생각할 수도 없는 일이다. 이것은 해전 이전의 계획이었다고 보는 것이 타당할 것이지만, 그렇다 하더라도 과연 사실이었는지는 의문이다.

결행하려는 듯이 다른 전투 준비에도 들어갔던 것이다. 왕의 이런 행동을 본 자들은 누구나 그가 그리스에 머물러 전력을 다해 싸울 준비를 하고 있다고 믿었지만, 이러한 행동도 왕의 심정을 가장 잘 알고 있었던 마르도니오스의 눈을 속일 수는 없었다.

크세르크세스는 위와 같이 행동함과 동시에 그가 현재 처한 곤경을 알리기 위해 페르시아에 파발을 보냈다. 그런데 이 페르시아의 파발꾼보다 빠른 것은 이 세상에 없다. 이 제도는 페르시아의 독자적인 고안에서 나온 것이다. 전 행정(行程)에 소요되는 일수(日數)와 같은 수의 말과 인원이 각 곳에 배치되어 있고, 1일의 행정에 말 1필, 인원 1명이 할당되어 있다 한다. 눈도, 비도, 더위도, 어둠도, 이 파발꾼들이 전속력으로 각자 분담된 구간을 질주해 내는 것을 방해할 수 없다. 최초의 주자(走者)가 다 달려 맡겨진 전달 사항을 두번째 주자에게 인계하면 두번째 주자는 세번째 주자에게 넘기는 식으로, 마치 그리스에서 헤파이스토스 제례 때 행하는 횃불 경주[97]처럼 차례로 중계되어 목적지에 이르는 것이다. 이 파발꾼 제도를 페르시아어로 안가레이온이라 한다.

크세르크세스가 아테네를 점령했다는 제일보(第一報)가 수사에 도착했을 때에는, 본국에 남아 있던 페르시아인들은 몹시 기뻐하여 모든 길에 도금양 가지를 뿌리고 향을 피우며 흥청망청 먹고 마시며 즐겼다. 그러나 두번째 소식이 전해지자 심한 동요가 일고 페르시아인들은 모두 옷을 찢고 마르도니오스의 죄를 탓하면서 큰소리로 울며 비탄해 마지않았다. 페르시아 국민들이 이같이 행동한 것은 함대의 상실을 슬퍼해서가 아니라 크세르크세스왕 개인의 신상을 염려했기 때문이었다.

페르시아 국민들의 이러한 상태는 크세르크세스가 귀국하여 그들을 안심시킬 때까지 계속되었다.

---

97) 헤파이스토스나 프로메테우스와 같이 불과 관련이 있는 신의 제례시에 행해진 행사. 몇 조로 나뉘어 횃불을 꺼뜨리지 않고 최초로 목적지에 도달하는 조가 우승했다.

그런데 크세르크세스가 해전의 결과에 낙심하고 있는 모습을 지켜보고 그가 아테네로부터의 철수를 고려하고 있다고 추측한 마르도니오스는, 왕에게 그리스 원정을 설득했던 자신으로서는 어차피 어떻게 되든 간에 처벌을 받을 것이므로 오히려 이제 다시 한 번 흥하든 망하든 모험을 시도하여 그리스를 정복하든지 멋지게 싸우다가 죽는 것이 낫겠다고 생각했다. 그러나 그가 그리스 정복의 가능성에 더한층 기대를 걸고 있었다는 것은 두말할 필요도 없다. 이렇게 생각한 끝에 마르도니오스는 왕에게 다음과 같이 아뢰었다.

"전하, 부디 이번 일로 너무 슬퍼하거나 낙담하지 마십시오. 우리들의 싸움을 결정하는 것은 재목(材木)이 아니라 사람과 말〔馬〕입니다. 적은 이미 승리를 거둔 셈이지만 그 어느 한 사람 배를 떠나 전하께 대항할 자는 없을 것입니다. 육지에 있어서도 마찬가지입니다. 우리 군대에 대항하는 자는 모두 그에 따른 대가를 받았습니다. 그러하오니 좋으시다면 곧 펠로폰네소스를 공략하십시오. 또한 잠시 기다리는 게 좋다고 생각하시면 그렇게 하십시오. 어찌 되었든 낙담하지는 마십시오. 그리스인들은 여하튼 이전과 이번에 저지른 죄값을 치르고 마침내는 전하의 노예가 될 것이기 때문입니다. 될 수 있는 한 앞서 말씀올린 대로 하시기를 바라지만, 만약 전하께서 군대를 이끌고 철수할 의향을 이미 굳히셨다면 그 경우에도 제게는 한 가지 복안이 있습니다. 전하께서는 부디 페르시아인이 그리스인의 웃음거리가 되게는 하지 마십시오. 페르시아인은 이번 재난에 대해서는 아무런 잘못도 없습니다. 전하께서도 언제 어디에서 우리 페르시아인들이 볼꼴 사나운 짓을 했다고는 말씀하지 못하실 것입니다. 확실히 페니키아인, 이집트인, 키프로스인, 킬리키아인 등이 변변치 못했다고 할 수 있습니다. 이 패전(敗戰)은 결단코 페르시아인과는 관련이 없습니다. 페르시아인은 결코 전하께 잘못을 저지르지 않았사오니, 부디 제가 말씀올리는 바를 들어 주십시오. 만약 전하께서 이 땅에 머무르지 않을 결심이시라면 군의 주력을 이끌고 고국으로 철수하시기 바랍니다. 그러나 저는 군대 중에

서 30만을 선발해 어떻게 하든 그리스를 예속시켜 전하께 넘겨드리도
록 하겠습니다."

실의에 빠져 있던 크세르크세스는 이 말을 듣자 크게 기뻐하고, 마
르도니오스에게는 생각해 본 다음 두 가지 방책 중 어느 쪽을 취할 것
인지 알려 주겠다고 말했다. 크세르크세스는 페르시아인 고문관들과
협의를 하는 동안 아르테미시아도 불러 토의에 참여시키는 것이 좋겠
다는 생각이 들었다. 먼젓번 사태에 있어서 그녀만이 올바른 충고를
해주었기 때문이었다. 아르테미시아가 오자 크세르크세스는 고문관들
과 친위병들을 모두 물리치고 다음과 같이 말했다.

"마르도니오스는 내게 여기에 머물러 펠로폰네소스를 공격하도록 권
유했소. 페르시아 군대 및 육상 부대는 최근의 재난에 대해 아무런 책
임이 없으니 무엇인가 그 결백함의 증거를 보이게 해달라고 말했소.
그래서 그렇게 하든지, 아니면 내가 잔여 부대를 이끌고 본국으로 철
수할 테니 군대 중에서 30만을 골라 그리스를 정벌하게 해달라고 했
소. 그리고 그는 그 군대를 가지고 그리스를 예속시킨 후 내게 건네
주겠다고 약속했소. 그대는 전에 있었던 해전에 대해서도 싸워서는 안
된다는 의견을 제시하는 등 실로 적절한 진언을 해주었었소. 그러니
지금도 내가 어느 길을 택하는 것이 현명한지 의견을 말해 주시오."

크세르크세스가 이렇게 상의하자 아르테미시아는 말했다.

"왕이시여, 상담을 요청해 온 상대방에게 최선의 충고를 하기란 쉬
운 일이 아닙니다. 그렇지만 현재의 정황대로라면, 전하께서는 본국으
로 철수하시고 마르도니오스는 만약 본인이 원한다면 바라는 만큼의
병력을 주고 이곳에 남기시는 것이 좋으리라고 저는 생각합니다. 만약
마르도니오스가 그가 바라는 대로 정복을 하고 그 계획대로 일이 진행
된다면, 전하, 그것은 전하의 종복(從僕)이 행한 일이기 때문에 곧 전
하의 공적이 될 것입니다. 또한 비록 마르도니오스의 생각대로 되지
않고 그 반대의 결과가 초래되더라도 전하 자신과 본국의 가문이 안전
한 한 그다지 불행한 사태는 일어나지 않을 것입니다. 전하와 전하의

가문이 안전한 한, 그리스인은 자국을 지키기 위해 수많은 고된 시련을 겪지 않으면 안 될 것이기 때문입니다. 마르도니오스가 어떠한 경우에 처하든 그것은 문제가 되지 않습니다. 설사 그리스군이 승리한다 하더라도 그것은 전하의 종복을 없애는 것일 뿐, 진실한 승리는 아닙니다. 그에 대해 전하께서는 이번 원정의 목적을 달성하고 귀국하는 셈이 됩니다. 왜냐하면 전하께서는 이미 아테네를 불태웠기 때문입니다."

크세르크세스는 이 같은 진언을 듣고 기뻐했다. 아르테미시아가 한 말은 바로 그 자신이 생각하고 있었던 바였기 때문이었다. 생각건대 이때의 크세르크세스는, 남녀를 불문하고 세상 사람들이 모두 모여 그에게 잔류하도록 진언했다 하더라도 결코 머무르지 않았을 것이다. 그의 공포는 그 정도로까지 심했던 것이다. 크세르크세스는 아르테미시아를 칭찬한 뒤 그의 자식들을 데리고 에페소스로 돌아가게 했다. 그는 서자(庶子)[98] 몇 명과 동행하고 있었기 때문이었다. 크세르크세스는 그 자식들을 돌보기 위해 헤르모티모스라는 자를 딸려 보냈는데, 그는 페다사 출생으로 왕 측근의 환관 중에서 첫째로 손꼽히는 자였다. (페다사인은 할리카르나소스 북쪽에 사는데, 이 페다사에서는 다음과 같은 이변이 일어나기도 한다. 이 도시 주변 일대의 주민에게 머지않아 어떤 재난이 일어날 때에는 이 도시의 아테나 무녀(巫女)에게서 긴 수염이 자라난다. 이러한 일이 이미 두 번[99]이나 일어났다. 헤르모티모스는 이 페다사 출신이었다.)[100]

이 헤르모티모스는 우리가 아는 한 유례가 없을 정도로 무서운 복수를 행하여 옛 원한을 푼 자이다. 그는 적의 손에 사로잡혔다가 파니오니오스라는 자에게 팔렸는데, 이 파니오니오스라는 자는 참으로 비정한 직업으로 생계를 유지하는 자였다. 즉 잘생긴 남자아이를 사들여

---

98) 첫번째 부인 아메스트리스 이외의 처첩에서 태어난 자식.
99) 제권에는 '3회'로 되어 있다.
100) 후에 삽입되거나 잘못 들어간 것으로 추측된다.

거세시킨 후 사르데스나 에페소스로 데리고 가서는 비싼 값에 팔아 치우고 있었다. 동방(東方)의 여러 나라에서는 환관은 모든 면에서 신뢰할 만하다는 이유에서 보통 사람보다 훨씬 비싼 값에 팔렸기 때문이었다. 이를 생업으로 하고 있던 파니오니오스는 다수의 인간을 거세했던 것인데, 헤르모티모스도 그 중 한 사람이었다. 그러나 헤르모티모스가 운이 거듭해서 나빴던 것만은 아니었다. 그는 사르데스에서 다른 진상품과 함께 왕에게로 보내져, 이윽고 크세르크세스 측근의 환관 중에서 가장 중용되었던 것이다.

페르시아 왕이 사르데스에서 바야흐로 아테네 원정에 나설 무렵 헤르모티모스는 어떤 용건으로 키오스인이 거주하는 미시아 지방의 한 항구인 아타르네우스[101]에 들렀는데, 여기에서 파니오니오스를 만났다. 헤르모티모스는 곧바로 그를 알아보고 친한 듯이 오랫동안 이야기를 하며 먼저, 자신이 그의 덕택으로 현재 어느 정도의 행운을 누리고 있는지를 모두 말하고, 다음으로는 만약 그가 가족을 데리고 이 땅으로 이주해 온다면 옛 은혜를 갚기 위해 노력하겠다고 좋은 말만 늘어놓았다. 그리하여 결국 파니오니오스는 기뻐하며 그 제안을 받아들이고 처자식을 데리고 왔다. 헤르모티모스는 파니오니오스를 그 가족과 함께 사로잡게 되자 그에게 이렇게 말했다.

"이 세상에 너만큼 비정한 일을 생업으로 삼아 온 자는 없다. 한 사람의 남자였던 나를 아무 쓸모 없는 몸으로 만들어 놓았는데, 도대체 나 또는 내 몸안의 것이 너 또는 네 몸안의 것에 어떤 해로움을 주었단 말이냐? 지난날 네가 저지른 일들이 모두 신들의 눈에 벗어난 줄 알았더냐? 신들은 정의로우시어 비정한 짓을 한 너를 내 손에 넘겨주셨다. 그러니 너로서도 지금부터 내가 네게 가할 벌에 불만이 없을 것이다."

헤르모티모스는 파니오니오스에게 이와 같이 조소를 퍼부은 뒤, 파

---

101) 제1권 참조.

니오니오스의 자식들을 그 자리로 끌어내고는 파니오니오스로 하여금 그 네 명의 자식들 음부를 직접 절단하게 했다. 그 일이 끝나자, 이번 에는 그 자식들로 하여금 아버지를 거세하게 했다. 이리하여 헤르모티 모스는 원한을 풀었던 것이다.

크세르크세스는 자식들을 아르테미시아에게 맡기고 에페소스로 데 리고 가게 한 뒤, 마르도니오스를 불러 군대 중에서 그가 원하는 장병 들을 골라 되도록 말한 그대로 실행하여 보라고 말했다. 그날 낮에는 그 말만 했으나, 밤이 되자 왕은 명령을 내려 각 지휘관으로 하여금 왕의 귀환로를 확보하도록 했다. 이에 따라 지휘관들은 선교를 수비하 기 위해 전속력으로 팔레론에서 헬레스폰토스로 향했다. 그들이 항해 하여 조스테르 곶[102]까지 왔을 때, 페르시아군은 육지가 가늘고 길게 바다로 뻗어 있는 그곳 지형을 선단(船團)으로 착각하고 멀리 도망쳐 갔다. 그러나 결국은 그것이 곶임을 알고 집결하여 항해를 계속했다.

밤이 새자 적의 육상 부대가 본래 모습 그대로 머물러 있는 것을 본 그리스군은 해상 부대도 팔레론 부근에 있으리라 생각하고 적의 또 다 른 공격에 대비하고 있었다. 그러나 적의 해상 부대가 이미 철수했음 을 알게 되자, 곧 추격하기로 결의했다. 실제로 그들은 안드로스 섬까 지 추격했지만 크세르크세스의 해상 부대를 발견할 수는 없었다. 안드 로스에 도착한 그들은 곧 회의를 열었다.

테미스토클레스는 섬과 섬 사이를 누비고 나가 끝까지 적의 함대를 추격하고, 선교를 파괴하기 위해 헬레스폰토스로 직행해야 한다고 제 안했다. 그러나 에우리비아데스는 이에 반대 의견을 제시하고, 만약 선교를 파괴하게 된다면 그리스는 비할 데 없는 위난을 받게 될 것이 라고 말했다. 즉 페르시아 왕이 귀로(歸路)가 끊어져 어쩔 수 없이 유 럽에 머무르게 된다면 결코 가만 있지는 않을 것이다, 잠자코 있어 가

---

102) 아티카 반도의 서안, 팔레론과 수니온 곶의 거의 중간 지대에 해당하는 지점에 있다.

지고는 아무 일도 진척되지 않을 것이고 귀국할 수 있는 희망도 보이
지 않을 것이며 원정군은 굶주림을 면치 못하게 될 것이다, 따라서 그
가 만약 적극적인 태도를 취하고 결연한 행동으로 나온다면 도시나 주
민들이 차례로 점령되거나 혹은 그 이전에 항복하여 유럽 전역이 점차
그의 손으로 들어갈 것이다, 더욱이 그들의 식량은 해마다 그리스인이
수확한 것으로 충족될 것이다, 그렇지만 해전에 패한 페르시아 왕은
유럽에 머무르고 싶은 생각이 없을 것이다, 따라서 그가 도망치도록
내버려 두어 본국으로 돌아가게 하는 것이 현명한 계책이다, 결국 금
후의 전투는 페르시아 왕의 영토에서 행해지지 않으면 안 된다는 것이
에우리비아데스의 의견이었다. 그리고 그 밖의 펠로폰네소스 제국의
지휘관들도 이 의견에 찬동했다.

테미스토클레스는 이 다수의 의견을 굴복시킬 수 없음을 깨닫고 태
도를 바꾸어 아테네의 장병들에게 다음과 같이 말했다. 아테네인은 페
르시아군이 도망치는 것을 몹시 유감스럽게 생각하고, 다른 부대들이
의사가 없다면 단독으로라도 헬레스폰토스로 진격하려 했던 것이다.

"나 자신 이때까지 여러 번 그러한 자리에 있어 보았고, 나아가 많
은 사례를 들어 알고 있는데, 싸움에 패해 궁지에 몰린 인간은 재차
싸움을 시도하여 앞서의 실패를 만회하는 일이 있소. 우리가 저 구름
과 같이 바다를 새까맣게 뒤덮었던 대군(大軍)을 몰아내고 우리 나라
와 전 그리스를 구해 낼 수 있었던 것은 실로 뜻밖의 요행이었소. 그
러니 도망치는 적을 쫓지 말도록 합시다. 이번 일은 결코 우리의 공적
이 아니오. 신과 반신(半神)들이 한 인간——그것도 신을 두려워하지
않는 극악 무도한 인간이 아시아와 유럽에 군림하는 것을 달갑게 여기
지 않아 그렇게 된 것이오. 그자는 성역도 개인의 가옥과 똑같이 취급
하여 방화를 하고 신상(神像)을 파괴했을 뿐만 아니라, 바다에 채찍형
을 가하고 족쇄를 던져 넣는 일[103]까지 한 인간이었소. 그러나 우선 우

---

103) 제7권 참조.

리로서는 당분간 그리스 내에 머물러 자기 자신이나 가족의 일에 전념하는 것이 좋을 것이오. 이미 이국군을 완전히 몰아낸 지금 각자는 집을 수리하고 농사짓는 일에 힘을 쏟도록 하시오. 봄을 기다려 헬레스폰토스와 이오니아를 향해 배를 띄워도 되지 않겠소?"

테미스토클레스가 이렇게 말한 것은, 자신이 아테네인들로부터 무엇인가 고난을 겪게 될 경우 도피할 장소를 찾을 수 있도록 페르시아 왕에게 은혜를 베풀겠다는 속셈이었는데, 기묘하게도 그것이 현실로 일어났던 것이다.[104] 테미스토클레스가 이렇게 말하며 아테네인을 기만했지만, 아테네인은 그 제안에 따랐다. 테미스토클레스는 이전부터 유능한 인물로 생각되어 왔고 지금도 진실로 유능하고 지략이 풍부하다는 사실이 명백해졌으므로, 아테네인은 그가 말하는 것은 무엇이든 기꺼이 따랐던 것이다.

아테네인들을 설득한 테미스토클레스는 곧, 어떠한 고문을 받더라도 그가 페르시아 왕에게 전하라고 명한 내용을 누설할 염려가 없다고 믿고 있던 몇 사람을 작은 배에 실어 보냈다. 그의 하인 시킨노스도 이전처럼 다시 이 일행 속에 들어 있었다. 배가 아티카에 도착하자, 다른 자들은 배에 남고 시킨노스 홀로 육지에 있는 크세르크세스를 찾아가 다음과 같이 말했다.

"저는 그리스 연합국 중에서 지용(智勇)을 모두 갖추신 아테네군의 총수, 네오클레스의 아드님이신 테미스토클레스님의 명을 받아 왔습니다. 아테네인 테미스토클레스는 전하께 도움을 드리고자 하는 희망으로, 귀국의 함대를 추격하고 헬레스폰토스의 선교를 파괴하고자 하는 그리스군을 저지했다는 말씀을 전해 드립니다. 이제 안심하시고 귀국하십시오."

일행은 위와 같이 페르시아 왕에게 고하고 돌아갔다.

---

104) 기원전 470년경 도편추방을 당하고 여러 곳을 편력하다가 페르시아 왕인 아르타크세르크세스의 비호를 받았다.

한편 그리스군은 적의 함대를 추격하는 것도, 다리를 파괴하기 위해 헬레스폰토스로 가는 것도 중지하기로 결정하자, 안드로스 섬을 점령하고자 이곳을 포위했다. 그 이유는 섬 주민들 중에서 테미스토클레스로부터 금전을 요구받고 이것을 최초로 거절한 것이 바로 안드로스인이었기 때문이었다. 테미스토클레스가 아테네인은 '설득'과 '강제'라는 두 대신(大神)을 받들어 왔으니 어떻게 하든 돈을 내라고 말한 데 대해 안드로스인은 이렇게 대답했다. 즉 아테네는 유익한 신들의 원조까지 받고 있어 부강함을 누리고 있으나 안드로스는 토지가 매우 척박한데다가 '빈곤'과 '불능(不能)'이라는 쓸모 없는 두 신이 이 섬을 떠나지 않고 언제나 머물러 있기 때문에 이 신들을 모시고 있는 한 돈을 지불할 수 없다, 아테네의 힘이라 하더라도 우리 나라의 무력(無力)함에는 이길 수 없을 것이라고 대답했던 것이다. 그들은 이렇게 회답하고 돈을 내지 않았기 때문에 포위 공격을 받게 되었다.

한편 테미스토클레스는 여전히 사복(私腹)을 채우기 위해 앞서 페르시아 왕에게 보냈던 자들을 사자로 삼아 다른 섬들로도 보내 위협을 가하고 금품을 요구했다. 만약 요구를 들어 주지 않으면 그리스군을 보내 포위하여 점령하겠다고 전했던 것이다. 테미스토클레스는 이 같은 수단으로 카리스토스인과 파로스인들로부터 다액의 금품을 거두었다. 이들 주민은 안드로스가 페르시아측에 가담했기 때문에 공격을 받았다는 것과, 또한 테미스토클레스가 지휘관 중에서 가장 명망이 높은 인물이라는 등의 소문을 듣고 두려움에 못 이겨 금품을 보냈던 것이었다. 그 밖에 또 돈을 지불한 섬 주민이 있었는지는 나로서도 알 수 없다. 그러나 이 섬 주민뿐만 아니라 그 밖에도 몇몇 섬 주민이 돈을 지불했으리라고 나는 생각한다. 다만 카리스토스인의 경우는 그러한 일을 했음에도 불구하고 재난을 유예시킬 수는 없었다. 그러나 파로스인은 돈으로 테미스토클레스를 달래는 데 성공하여 공격을 면했다. 이처럼 테미스토클레스는 안드로스를 기지로 하여 다른 지휘관들 몰래 섬 주민들로부터 금품을 우려내고 있었다.

크세르크세스 휘하의 부대는 해전 후 며칠이 지난 다음 침공 때와 똑같은 길을 통해 아티카에서 철수하여 보이오티아로 향했다. 마르도니오스는 왕을 배웅할 생각도 있었고, 또한 계절이 이미 작전 행동에 적합하지 않으므로[105] 테살리아에서 겨울을 보내고 봄을 기다려 펠로폰네소스를 공격하는 것이 현명하다고 생각했던 것이다. 테살리아에 도착하자, 마르도니오스는 먼저 이른바 '불사대(不死隊)'의 전 대원 —— 다만 대장인 히다르네스는 왕의 곁을 떠나는 것을 거부했기 때문에 제외되었다 ——을 자신의 부대로 선발하고, 다음으로 다른 페르시아 부대 중에서 흉갑병(胸甲兵)과 1천 명의 기병 부대,[106] 나아가 메디아, 사카이, 박트리아, 인도의 각 부대에서 기병, 보병의 양 병종에 걸쳐 선발했다. 위 민족의 부대는 부대 전부가 마르도니오스의 군에 편입되었는데, 마르도니오스는 여타 민족의 부대로부터, 용모가 뛰어난 자라든지 공훈을 세웠다고 들은 바가 있는 자 등을 선발하여 30만이 될 때까지 여기저기서 조금씩 차출했다. 마르도니오스가 선발한 부대 중에서 단일 민족으로서는 목걸이와 팔찌를 긴 페르시아인 부대가 최대였고, 그 다음은 메디아인 부대였다. 메디아인 부대는 숫자상으로는 페르시아인 부대에 못지않았지만 전투력에 있어서 뒤떨어졌다.

마르도니오스가 부대를 선발하고 크세르크세스가 테살리아에 있었을 무렵의 일인데, 레오니다스를 살해한 보상을 크세르크세스에게 요구하고 그가 주는 것을 받으라는 신탁이 델포이로부터 스파르타에 도착했다. 그러자 스파르타인은 사자를 파견했는데, 그 사자는 페르시아의 전 부대가 아직 테살리아를 떠나기 전에 그곳에 도착하여 크세르크세스를 면담하고 다음과 같이 말했다.

"메디아인의 왕이시여, 스파르타 국민과 헤라클레스 일족은 당신이 그리스 방위를 담당했던 스파르타 왕을 살해했으므로 그 살해에 따른

---

105) 이 무렵에는 10월에 들어서 있었다.
106) '1천 명의 기병'이 특수 부대였다는 것은 제7권에서 알 수 있다.

보상을 요구합니다."

크세르크세스는 웃으며 오랫동안 아무런 말도 하지 않다가, 때마침 왕의 곁에 있던 마르도니오스를 가리키며 다음과 같이 말했다.

"어떻게 하든 여기에 있는 마르도니오스가 그것에 상응하는 보상을 할 것이다."

사자는 이 말을 받아 돌아왔다.

크세르크세스는 마르도니오스를 테살리아에 남겨 두고 헬레스폰토스를 향해 급히 떠나 45일이 지난 후 도해(渡海) 지점에 도달했다. 그의 휘하에는 비정규군 소수만이 있을 뿐이었다. 그들은 행군 도중, 통과하는 장소를 불문하고, 또한 어느 주민들로부터도 닥치는 대로 그 수확을 빼앗아 식량으로 충당했다. 곡류가 보이지 않을 때는 땅에서 자라는 들풀이나, 재배수(栽培樹)든 야생수든 구별하지 않고, 나무 껍질을 벗겨 그 잎을 뜯어 먹었다. 그리하여 그들이 지나간 자리에는 아무것도 남지 않았다. 또한 행군 도중 역병(疫病)과 이질이 군을 휩쓸어 사망자가 속출했다. 크세르크세스는 이들 병자들을 뒤에 남겨 두고, 테살리아, 파이오니아의 시리스,[107] 마케도니아 등 그가 통과한 지방의 도시에 병자들의 간호와 식사 시중을 명했다. 또한 크세르크세스는 그리스로 향할 때 이 시리스에 제우스신의 마차[108]를 남겨 두었었는데, 귀국할 때 이것을 되찾을 수 없었다. 파이오니아인은 이것을 트라키아인에게 주고 말았었는데, 크세르크세스로부터 반환을 요구받자, 말이 풀을 뜯고 있을 때 스트리몬 강의 수원(水源) 부근에 사는 상(上)트라키아인에게 빼앗기고 말았다고 답했던 것이다.

트라키아인의 우두머리격인 비살티아와 크레스토니아[109]의 왕이 참으

---

107) 스트리몬 강 오른쪽 연안에 있던 도시로 세라이라고도 했다. 마케도니아 북쪽에 있기 때문에 마케도니아에 앞서 기술된 것은 적절하지 않다고 하겠다.
108) 제7권 참조.
109) 제7권 참조.

로 가혹한 짓을 저지른 것도 이 무렵의 일이었다. 이 사람은 자진해서 크세르크세스에게 복종할 의사가 없다고 말하며 로도페 산중으로 도망쳐 들어가고, 자식들에게도 그리스 원정에 가담해서는 안 된다고 말해 두었었다. 그러나 자식들은 아버지의 명령을 무시했는지 혹은 단지 전쟁을 구경하고 싶었는지, 페르시아 왕의 원정에 종군했던 것이다. 나중에 그의 자식 여섯 명 모두가 무사히 귀국하자, 아버지는 그 죄를 탓하며 그들의 두 눈을 도려내 버리고 말았다. 자식들은 아버지의 말을 어긴 대가를 이렇게 치렀던 것이다.

페르시아군은 트라키아로부터 진군을 계속하여 도해 지점에 이르자 급히 배로 헬레스폰토스를 건너 아비도스에 도착했다. 왜냐하면 그들이 도착했을 때에는 양안에 걸쳐 뻗어 있던 선교가 이미 폭풍우 때문에 산산이 해체되고 말았기 때문이었다. 그곳에 머물고 있는 동안은 행군 도중에 비해 식량이 풍부했으므로 마구 과식한데다가 물맛이 달라져, 살아 남은 군대 중에서 다수의 사망자가 나왔다. 그리고 남은 자들만 크세르크세스와 함께 사르데스로 귀환했던 것이다.

이와는 다른 설이 전해지고 있다. 이 설에 의하면 크세르크세스는 아테네로부터 철수하여 스트리몬 강변의 에이온에 이르자, 여기서부터는 더 이상 육로로 가는 것을 중지하고 군대는 히다르네스에 맡겨 그로 하여금 헬레스폰토스로 인솔케 하고 자신은 페니키아 배를 타고 아시아로 향했다고 한다. 그런데 항행 도중 '스트리몬 바람'[110]의 습격을 받아 바다가 요동쳤다. 바람이 점점 더 심하게 불고, 배는 만원으로 크세르크세스와 동행하던 다수의 페르시아인이 갑판 위에 밀치락달치락 웅성거리고 있는 형편이었기 때문에, 공포에 빠진 왕은 선장을 불러 살 수 있는 방도가 있는지 물었다. 그러자 선장은 이렇게 말했다.

"전하, 이 많은 승객을 어떻게 처리하지 않는 한 사실 방도가 없습니다."

---

110) 북풍(北風)의 별칭.

이 말을 들은 크세르크세스는 다음과 같이 말했다 한다.

"페르시아인들이여, 지금이야말로 그대들 각자가 왕에 대한 충성을 증명할 순간이오. 나의 안전은 그대들의 손에 달려 있는 것과 같기 때문이오."

크세르크세스가 이렇게 말하자 페르시아인들은 왕 앞에 엎드려 절하고 바다 속으로 뛰어들어갔다. 이리하여 가벼워진 배는 무사히 아시아에 도착했다. 육지에 닿자 크세르크세스는 그 선장에게 왕의 목숨을 구해 준 공을 기려 황금관을 주었으나, 나중에는 많은 페르시아인의 목숨을 잃게 한 죄가 있다 하여 그의 목을 잘랐다.

크세르크세스의 귀국에 관해서는 위와 같은 두 가지 설이 전해지고 있지만, 나는 여러 가지 점——특히 페르시아인들이 비참한 경우에 처해졌다는 점에서 이 이야기를 믿을 수가 없다. 설사 선장이 크세르크세스에게 위에 기록한 대로 그런 말을 한 것이 사실이라 할지라도, 왕은 그러한 조치를 취하지 않고 오히려 갑판 위에 있었던 페르시아인 ——그것도 페르시아의 요인들——을 배 안으로 들어가게 하고 페르시아인과 같은 수만큼의 페니키아인 노잡이들을 바다 속으로 던졌을 것이라는 데 이의를 제기할 사람은 1만 명 중 한 사람도 없을 것이라 생각한다. 크세르크세스는 앞서 말했던 것처럼 역시 육로를 통해 군대와 함께 아시아로 돌아왔음에 틀림없다.

거기에는 다음과 같은 유력한 증거도 있다. 크세르크세스가 귀국 도중 아브데라에 도착하여 이 도시의 주민과 우호 관계를 맺고 페르시아풍의 황금 단검과 금사(金絲)로 자수를 놓은 두건을 그들에게 주었다는 것은 틀림없는 사실이기 때문이다. 또한 아브데라인들의 말에 따르면——나로서는 도저히 믿기지 않는 일이지만——왕은 아테네로부터 패퇴한 이래 이 땅에 와서 겨우 안도하기 시작하고 허리띠를 풀었다고 한다. 아브데라는 왕이 승선했다고 전해지고 있는 스트리몬이나 에이온보다 헬레스폰토스 쪽에 가까이 있다.

한편 그리스군은 안드로스를 공략하는 데 실패하자 이번에는 카리스토스로 관심을 돌려 그 땅을 유린한 후 살라미스로 철수했다. 그리스 군은 살라미스에 도착하자 신들에게 감사의 표시로 바칠 첫 열매로서 전쟁 포획물 중에서 여러 가지 물품을 선정했는데, 그 중에는 페니키 아의 삼단노선 세 척이 있었다. 그 중 한 척은 지협에 봉납했고[111] —— 이 배는 내 시대까지 보존되어 있었다 —— 한 척은 수니온[112]에, 나머지 한 척은 함대가 정박하고 있었던 살라미스의 영웅 아이아스에게 봉납 했다. 그 후 노획물의 분배를 행하고 그 '첫 열매'를 델포이에 보냈는 데, 이 '첫 열매'로 주조한 것이 손으로 배의 이물을 잡고 있는 12페키 스 높이의 남자상이다. 이 상은 마케도니아 왕 알렉산드로스[113]의 황금 상과 같은 장소에 서 있었다.

그리스인은 델포이로 '첫 열매'를 보낸 후, 각국 연명(連名)으로 봉 납하는 '첫 열매'가 충분하고 신의 뜻에 맞는지를 물었다. 그러자 신 의 대답은, 다른 그리스 제국으로부터는 받았지만 아이기나인으로부터 는 받지 않았으므로 아이기나인은 자신에게 살라미스의 해전에서 받은 무훈상(武勳賞)에 대한 예를 취하라는 것이었다. 아이기나인은 이에 황 금 별을 헌납했는데, 그것은 청동의 돛대 위에 달린 세 개의 별로 크 로이소스의 혼주기[114]와 가장 가까운 방의 구석에 놓여 있다.

전리품의 분배를 끝낸 후 그리스군은 이번 전쟁을 통해 그리스군 중 에서 가장 큰 수훈을 세운 자에게 무훈상을 수여하기 위해 지협으로 향했다. 지협에 도착한 후 지휘관들이 포세이돈의 제단에서 투표를 행 하고 그들 중에서 제1위와 제2위의 사람을 뽑았는데, 이때 누구나 자기 야말로 가장 용감하게 싸웠다고 생각하며 자기 이름들을 제1위에 써냈 다. 그러나 제2위에는 테미스토클레스를 뽑는 데 다수의 의견이 일치

---

111) 코린토스 지협의 주신(主神)인 포세이돈에 대한 봉납.
112) 수니온에는 아테네와 포세이돈의 신전이 있었으므로, 그 중 어느 하나였 을 것이다.
113) 알렉산드로스 1세(제5권 참조).
114) 제1권 참조.

했다. 이리하여 제1위의 표는 누구나 한 표씩밖에 얻지 못했지만 제2위의 표수에서는 테미스토클레스가 단연 다른 사람들을 눌렀던 것이다.

그러나 이 그리스인들은 질투심이 일어 결정을 보류하고 각기 자국으로 돌아갔지만, 테미스토클레스가 그리스인 중에서 뛰어나게 유능한 인물이라는 명성은 그리스 전역에 널리 퍼져 갔다. 테미스토클레스는 승리의 수훈자였음에도 불구하고 살라미스의 해전에 참가했던 부대로부터 영예를 받을 수 없자, 표창을 받으리라는 희망을 가지고 곧 스파르타로 갔다. 스파르타인은 그를 정중하게 맞아 그의 공적을 크게 찬양하고, 에우리비아데스에게 무훈상으로서 올리브 관을 수여한 것과 같이 테미스토클레스에게도 그 지모와 기략(機略)을 찬양하여 올리브 관을 내렸다. 아울러 스파르타에서 가장 훌륭한 전차도 증여했다. 이렇게 한 후 그가 귀국할 때에는 '기사(騎士)'라고 칭하는 스파르타군의 정예 300명이 테게아 지구의 국경까지 배웅했다. 우리가 아는 한, 스파르타인의 배웅을 받은 자는 세계에서 테미스토클레스 단 한 사람뿐이었다.

테미스토클레스가 스파르타로부터 아테네로 돌아왔을 때, 아피드나[115]인인 티모데모스라는 자에게 중상모략을 당했다. 티모데모스는 반대파 중 한 사람으로 특별히 유명한 자는 아니었지만 그가 테미스토클레스의 명성을 질투한 나머지 그의 스파르타 방문에 시비를 걸며 그가 스파르타로부터 받은 영예는 그 자신의 공적 때문이 아니라 아테네의 음덕 때문이라고 주장했다.

테미스토클레스는 그자가 계속해서 모욕을 가하자, 마침내 그의 말을 막고 이렇게 말했다.

"과연 그대가 말한 그대로요. 내가 벨비나[116]인이었다면 이런 영예를

---

115) 마라톤 서북방에 있던 도시. 아티카의 한 구(區). 따라서 이곳의 주민은 광의의 아테네인이다.

116) 수니온 남방에 떠 있는 작은 섬. 이 일화는 플라톤(《국가》), 플루타르코스(《테미스토클레스전》)도 전하고 있는데, 테미스토클레스의 상대는 모두

스파르타인으로부터 받지 못했을 것임에 틀림없소. 그러나 그대가 아
테네인일지라도 그대는 그런 대접을 받지 못할 것이오!"

마르도니오스의 대(對) 아테네 교섭

그리스에서는 이러한 일이 일어나고 있을 때, 한편 파르나케스의 아
들 아르타바조스는——그는 이전부터 페르시아인 중에서 이름이 높았
는데, 플라타이아 전투 이후는 더한층 그 명성이 높아졌다——마르도
니오스가 선발한 부대 중에서 6만의 병사를 끌고 왕을 선교까지 배웅
했다. 왕이 아시아에 도착하자 그는 다시 돌아서 팔레네[117] 부근까지
왔는데, 당시 마르도니오스는 테살리아 및 마케도니아에서 겨울을 보
내고 있었고, 그 자신도 본대에 귀환하는 것이 급하지 않았기 때문에
포티다이아인이 공공연히 반란을 일으키고 있는 것을 보자 그들을 굴
복시키는 것이 자기의 책무라고 생각했다. 포티다이아인은 팔레네 지
방의 다른 주민과 마찬가지로 이미 페르시아 왕이 통과하고 페르시아
해상 부대도 살라미스로부터 도망하여 자취를 감추자 공공연히 페르시
아에 반기를 들고 있었다. 이리하여 아르타바조스는 포티다이아를 포
위 공격했다.

그는 올린토스인도 왕에게 반기를 들지 않을까 의심하고 이 도시에
대해서도 공격을 가했다. 이곳은 당시 마케도니아인에 의해 테르메 만
(灣) 방면으로 쫓겨났던 보티아이아인[118]들이 살고 있던 도시였다. 포
위 끝에 이 도시를 공략하게 되자, 주민들을 죽여 호수에 던져 넣고

셀리포스인으로 되어 있고 아피드나인은 아니다. 모멸적으로 작은 섬의
이름을 드는 예는 다른 데서도 찾아볼 수 있다(예컨대 솔론의 〈살라미스
의 시〉에서는 폴레간드로스, 시키노스 등의 섬 이름이 같은 의미로 사용
되고 있다).

117) 칼키디케 반도는 그 끝이 세 갈래로 나뉘어 있다. 그 서단의 소반도가 팔
레네이고 그 머리 부분에 포티다이아가 있다.

118) 제7권 참조.

토로네인인 크리토불로스와 칼키디케[119]의 주민들에게 이 도시를 관리하게 했다. 이리하여 칼키디케의 주민이 이 도시를 영유하게 되었던 것이다.

아르타바조스는 올린토스를 점령한 후 포티다이아의 공격에 전념하고 있었는데, 이때 스키오네인 부대를 이끌고 있던 티목세이노스라는 자가 아르타바조스와 내통하고 도시를 인도하려 획책했다. 그 내통이 당초 어떻게 시작되었는지는 전해지지 않기 때문에 나도 서술할 수 없지만, 사건의 결말은 다음과 같이 되었다. 티목세이노스와 아르타바조스는 서로 연락할 때마다 화살의 홈이 파진 끝에 통신문을 말아 넣고 여기에 깃털을 달아 미리 약속한 장소로 쏘았다. 그런데 포티다이아를 적에게 넘기려 한 티목세이노스의 기도가 발각되기에 이르렀다. 왜냐하면 아르타바조스가 미리 약속한 장소로 화살을 쏘았을 때 그 화살이 그 장소에 맞지 않고 어느 포티다이아인의 어깨에 맞았다. 그리하여 전투 중에 흔히 벌어지는 그대로 화살을 맞은 자의 주변에 많은 병사가 달려왔다. 그들은 그 화살을 빼내고 통신문이 있는 것을 발견하자 그것을 지휘관에게로 가져갔다. 거기에는 팔레네 지방의 동맹 제국의 사람들도 동석하고 있었다. 지휘관들은 그 통신문을 읽고 배반자가 누구인지를 알게 되었지만, 스키오네인이 금후 언제까지나 배반자라는 오명을 뒤집어쓰지 않도록 하려는 배려에서 티목세이노스의 배반죄를 추궁하지 않기로 했다.

아르타바조스가 포위 공격을 한 지 3개월이 경과했을 때, 격심한 간조(干潮)가 일어나 장기간에 걸쳐 계속됐다. 페르시아군은 얕은 여울이 드러나자 이를 통해 팔레네 반도로 들어가고자 전진했다.[120] 그들이

---

119) 본래 에우보이아 섬의 도시 칼키스에서 비롯된 식민시가 이 지방에 많았기 때문에 이 이름이 붙여졌던 것이다.

120) 포티다이아는 팔레네 반도 머리 부분에 있어 보통 육지로부터 들어갈 수는 없다. 페르시아군은 배가 없었기 때문에 얕은 여울을 이용해서 반도 내부로 들어가 포티다이아를 배후에서 치려 했던 것이다.

여울의 5분의 2쯤을 지날 무렵에, 그 지방 사람들의 말에 따르면, 흔히 있는 일이라고 하지만 일찍이 유례가 없을 정도의 맹렬한 높은 파도가 습격해 왔다. 수영을 할 줄 모르는 자는 빠져 죽고, 수영을 할 줄 아는 자는 포티다이아인이 배를 타고 나가 죽여 버렸다. 포티다이아인이 말하는 바에 따르면 이 높은 파도와 잇따른 조난의 원인은 페르시아인들이 포세이돈의 신전과 도시 바깥에 있는 신상에 불경스런 행동을 한 데 있었다고 한다. 개인적으로 나는 그들의 설명이 맞다고 생각한다. 아르타바조스는 살아 남은 부대를 이끌고 테살리아의 마르도니오스 쪽으로 철수했다.

한편 크세르크세스 해상 부대의 잔존 함대는 살라미스에서 탈출하여 아시아에 이르자, 왕과 그 군대를 케르소네소스에서 아비도스로 건네준 후 키메에서 겨울을 보냈다. 그 후 다음해의 봄 기운이 싹트자마자 사모스에 군대를 집결시켰는데, 여기에서는 함대의 일부가 겨울을 보내고 있었다. 탑승한 승무원은 대부분 페르시아인과 메디아인이었고, 그 지휘관으로서 바가이오스의 아들 마르돈테스와 아르타카이에스의 아들 아르타윈테스가 왔다. 나아가 아르타윈테스의 희망으로 참가한 그의 조카 이타미트레스가 그들과 함께 지휘를 맡았다. 아무래도 격심한 타격을 입은 후였기 때문에 그 이상 서쪽으로 향하지는 못했고 또한 그것을 강요하는 자도 없으므로, 사모스에 머물러 있으면서 이오니아가 반란을 일으키지 못하도록 경비하고 있었다. 그들 함대는 이오니아 함대를 합쳐 300척에 이르렀다. 물론 그들은 그리스군이 이오니아로 올 리는 없다고 생각했다. 그들이 살라미스로부터 도망쳐 올 때에도 그리스군이 추격해 오지 않아 기뻐하며 전장(戰場)으로부터 철수해 왔던 것으로 보아, 자신들은 자국의 경비에 충실하면 그만이라고 생각하고 있었다. 해상에서는 패하여 완전히 전의를 상실하고 있었지만 육상에서는 마르도니오스가 압도적으로 승리를 거둘 것이라고 그들은 믿고 있었다. 그리고 사모스에 있으면서 적에게 어떻게 손상을 줄 만한 것이 없을까 계략을 꾸미면서 마르도니오스의 소식을 기다리고 있었다.

봄이 오자 테살리아의 마르도니오스와 대치하고 있던 그리스측도 활동을 다시 시작했다. 육상 부대는 아직 집결하지 않았지만 해상 부대는 총 110척의 함선이 이미 아이기나에 도착해 있었다. 해상 부대의 총지휘를 맡은 자는 레오티키데스였다. 레오티키데스는 스파르타의 젊은 쪽 왕가의 출신[121]이었는데, 그의 계보를 거슬러올라가면 메나레스, 헤게실라오스, 히포크라티데스, 레오티키데스, 아낙실라오스, 아르키다모스, 아낙산드리데스, 테오폼포스, 니칸드로스, 카릴라오스, 에우노모스, 폴리덱테스, 프리타니스, 에우리폰, 프로클레스, 아리스토데모스, 아리스토마코스, 클레오다이오스, 힐로스, 헤라클레스가 된다. 레오티키데스 다음에 열거한 최초의 7인[122]을 제외하고는 모두 스파르타의 왕이 되었던 인물들이다. 아테네 함대를 지휘한 것은 아리프론의 아들 크산티포스[123]였다.

전 함선이 아이기나에 도착했을 때 이오니아로부터 온 사절 일행이 그리스 진영에 도착했다. 그들은 조금 전에 스파르타에도 가서 이오니아의 해방을 스파르타인에게 요청했었다. 바실레이데스의 아들 헤로도토스[124]도 이 일행 속에 끼여 있었는데, 그들은 처음에는 일곱 명이 공모하여 키오스의 독재자 스트라티스[125]의 암살을 획책했던 것이다. 그

---

121) 스파르타의 두 왕가에 대해서는 제6권 참조. 레오티키데스는 프로클레스가 계통이었다.

122) 메나레스에서 아낙산드리데스에 이르기까지의 7인. 이 가계(家系)는 테오폼포스 이후 다시 둘로 나뉘어, 아낙산드리데스는 동생이었기 때문에 그 이후에는 왕위에 오를 수 없었다. 그랬던 것이 제6권에 서술되어 있는 사정에서 레오티키데스가 데마라토스 대신에 왕위에 올랐던 것이다.

123) 밀티아데스의 정적(政敵). 기원전 479년에 집정관이 된 같은 이름의 인물이 있었지만 이와는 다른 인물이다.

124) 이 인물에 대해서는 달리 알려진 것이 없지만, 단순히 작자와 같은 이름을 가진 인물일 뿐만 아니라 무엇인가 혈연 관계가 있어 특별히 거론한 것이라고 추측하는 사람도 적지 않다.

125) 다레이오스의 스키타이 원정에 참가한 이오니아의 지도자 중 한 사람.

런데 일당 중 한 명이 그 계획을 누설했기 때문에 반란의 모의가 무산되었고, 나머지 여섯 명은 키오스를 탈출하여 그리스인의 이오니아 출병을 청원하기 위해 스파르타로 갔다가 이번에 아이기나에 왔던 것이다. 그러나 그들은 그리스군을 델로스까지밖에는 전진시킬 수 없었다. 그 이상은 지리에 어두웠기 때문에, 그리스군에게는 모두가 두렵고 이르는 곳마다 적병으로 가득 차 있는 듯한 생각이 들었던 것이다. 그들에게는 사모스가 헤라클레스의 기둥만큼이나 먼 곳처럼 생각됐던 것이다. 이리하여 부절(符節)을 맞춘 듯이, 페르시아군은 공포에 질려 사모스 서쪽으로 전진할 용기를 내지 못했고, 한편 그리스군도 키오스인들의 요청에도 불구하고 델로스 동쪽으로는 감히 나가려 하지 않았다. 요컨대 공포감이 양군의 중간 지대에 안전을 확보했던 셈이다.

그리스군이 델로스로 향하고 있을 무렵, 마르도니오스는 테살리아에서 겨울을 보내고 있었다. 마르도니오스는 에우로포스[126] 태생의 미스라는 자에게 이곳을 중심으로 가능한 한 모든 신탁소를 돌아다니면서 신탁을 구해 오라고 명했다. 마르도니오스가 신탁으로 무엇을 알고 싶어 이러한 지령을 내렸는지는 전해지고 있지 않기 때문에 나도 그것을 서술할 수 없지만, 그가 미스를 파견한 이유는 아마 직면할 사태에 관한 정보와 충고를 얻기 위해서였을 것임에 틀림없고, 그 이외의 목적은 없었을 것이다.

미스가 레바데이아[127]에 가 토착인 중 한 사람을 돈으로 고용해서 트로포니오스[128]의 동굴로 내려가게 했으며 포키스의 아바이에도 가 신탁을 구했다는 것은 확실하다. 또한 최초로 테베를 방문했을 때에는 아폴론 이스메니오스[129]의 신탁 ——여기에서는 올림피아와 똑같이 희생[130]

---

126) 같은 이름의 도시는 여러 곳에 있었지만, 여기에서는 카리아에 있는 도시를 가리킨다고 생각된다.
127) 보이오티아 서북부, 포키스와의 국경 근처에 있는 도시.
128) 일종의 지령(地靈)으로, 제우스와 동일시됐다.
129) 테베 시내를 흐르는 이스메노스 강변에 신전이 있었기 때문에 이 이름이 생겼다.

에 의해 신탁을 받을 수 있다——을 구함과 동시에 테베인이 아닌 어
느 타국인을 고용해 암피아라오스의 신탁소에서 밤을 보내게 하기도
했다.[131] 테베인은 다음과 같은 사정이 있어 누구도 여기에서는 신탁을
구할 수 없었기 때문이었다. 즉 일찍이 암피아라오스는 신탁을 통해
테베인에게, 자신을 예언의 신으로서 숭상하든지 혹은 유사시에 도움
을 주는 신이 되기를 원하든지 그 어느 한쪽을 택하고 다른 쪽은 단념
하라고 명했다. 테베인은 유사시에 도움을 받는 쪽을 선택했기 때문에
이 신전에서 밤을 보낼 수 없게 되었던 것이다.

테베인이 전하는 바에 따르면 나로서는 실로 기괴하다고 생각되는
일이 이때 일어났다 한다. 그것은 에우로포스인인 미스가 각지의 신탁
소를 순례하면서 아폴론 프토오스의 성지를 방문했을 때의 일이다. 이
신전은 프토온(프토오스 신전)이라 불리며 테베에 귀속되어 있는데,
그 위치는 코파이스 호(湖) 위쪽, 아크라이피아 시(市) 근처에 있는 산
등성이다.[132] 그런데 이 미스라는 자가 이 신전을 방문했을 때 그에게
는 이 도시의 주민 중에서 선발된 세 명이 공식적인 자격으로 수행하
면서 신이 내리는 말을 기록하게 되어 있었는데 일행이 신전에 들어가
자마자 사제가 그리스인들로서는 알아들을 수 없는 말로 신탁을 고했
다. 수행하던 테베인들은 그리스어가 아닌 이국의 언어를 듣게 되자
그 사태에 어떻게 대처해야 좋을지 몰라 당황하고 있었다. 그러자 에
우로포스인인 미스가 테베인이 들고 있던 서판(書板)을 잡아채고는 사

---

130) 희생수(犧牲獸)를 구울 때 그 화염이나 재에 의해 점치는 방법.
131) 암피아라오스는 데베를 공격한 7인의 장군 중 한 사람인데, 본래는 역시
    일종의 지령이었다고 보아야 할 것이다. 일종의 꿈점으로 신전 내에서 잠
    을 자고 그때 본 꿈을 해석해 신의 뜻을 알아내는 것이다.
132) 코파이스 호는 보이오티아 북부에 있는 큰 호수. 현재는 간척되어 거의
    그 모습을 감추었다. 이 호수 동쪽 연안에서 에우보이아 해(海)에 이르는
    사이에 프토오스 산이 연해 있고, 그 주봉(主峰) 기슭에 아폴론의 신전이
    있었다. 아크라이피아는 그 부근에 있는 도시로, 오늘날에도 그 유적이
    있다.

제가 고하는 말을 서판에 적었는데, 신탁의 언어는 카리아어였다고 한다. 신탁을 다 옮겨 쓴 후 그는 곧 테살리아로 돌아갔다고 한다.

　마르도니오스는 이들 신탁의 기록을 모조리 읽은 후, 마케도니아인 아민타스의 아들 알렉산드로스를 사절로 삼아 아테네로 파견했다. 그를 택한 이유 중 하나는 그와 페르시아인 사이에 인척 관계가 있었기 때문이었다. 즉 아민타스의 딸로 알렉산드로스에게는 누이에 해당하는 기가이아를 페르시아인인 부바레스가 아내로 삼았는데,[133] 이 여자로부터 태어난 자가 아시아에 있었던 아민타스로 그 이름은 외조부의 이름을 땄던 것이다. 이 아민타스는 프리기아 지방의 대도시인 알라반다[134]를 왕으로부터 영지로 수여받고 있었다. 알렉산드로스를 파견한 두번째 이유는, 알렉산드로스가 아테네인을 위해 명예 영사의 역할을 수행하며 여러 가지 은혜를 베풀고 있다는 것을 마르도니오스가 잘 알고 있었기 때문이었다. 그는 이 조치에 의해 반드시 아테네인을 자군 쪽으로 끌어들일 수 있다고 생각하고 있었으며, 사실 그는 아테네인이 수적인 면에서나 무력의 면에서 뛰어난 국민이라는 것을 들어 알고 있었다. 해상에서 페르시아군이 겪은 패전도 그 대부분은 아테네군의 활동 때문이었다고 믿고 있었던 것이다. 그렇기에 아테네를 아군으로 가담시키면 용이하게 해상을 제패할 수 있다고 생각했고――또한 사실 그렇게 됐을 것임에 틀림없다――육상에서는 본래 자군이 훨씬 더 우세하다는 생각을 갖고 있었다. 이렇게 되면 그리스군을 제압할 수 있으리라는 것이 마르도니오스의 계산이었던 것이다. 아마 여러 곳의 신탁도 아테네를 아군으로 삼을 것을 권유하고 위와 같은 사태를 예언했을 것이라고 생각된다. 그러므로 마르도니오스는 신탁의 뜻을 좇아 알렉산드로스를 파견했던 것이다.

---

133) 그 사정에 대해서는 제5권 참조.
134) 이 이름을 가진 도시가 카리아에 있었다고는 알려져 있지만(제7권 참조), 페니키아에 있었다고는 전해지지 않고 있다. 따라서 알라바스토라로 고쳐야 한다는 설도 유력하다.

이 알렉산드로스로부터 헤아려 7대째의 조상에 해당하는 페르디카스는 다음과 같이 해서 마케도니아의 왕위를 손에 넣은 인물이다. 그 옛날 아르고스국으로부터 테메노스[135]의 후예에 해당하는 세 명의 형제, 즉 가우아네스, 아에로포스, 페르디카스가 일리리아인의 나라로 도망쳐 왔다. 그리고 그들은 다시 일리리아에서 산을 넘어 상(上)마케도니아의 레바이아 시에 이르렀다.[136] 그들은 이 도시의 왕에게 고용되어 한 사람은 말을, 또 한 사람은 소를, 그리고 제일 나이가 어린 페르디카스는 그 밖의 작은 가축들을 사육하며 일하고 있었다. 옛날에는 일반 백성들뿐만 아니라 백성들을 다스리는 왕가도 가난했기 때문에 왕비가 직접 집안 식구들의 식사를 준비하고 있었다. 그런데 빵을 구울 때마다 나이 어린 고용인인 페르디카스의 빵이 저절로 보통 크기의 두 배로 부풀었다. 언제나 같은 일이 일어나 왕비가 그것을 남편에게 고하자, 그것은 무엇인가 심상치 않은 일이 일어날 전조일 것이라는 생각이 왕의 머리를 스쳐 지나갔다. 그리하여 세 명의 고용인을 불러낸 다음 이 나라로부터 떠나라고 명령했다. 그러자 세 명의 형제는 마땅히 품삯을 받아야 할 것이라며 품삯을 받으면 즉시 떠나겠다고 말했다. 품삯 이야기를 듣자 왕은 화가 벌컥 일어 때마침 굴뚝으로부터 햇빛이 방안으로 쏟아져 들어오고 있는 것을 보고는 마루에 비치는 햇빛을 가리키며 말했다.

"너희들에게 상응하는 품삯으로 이것을 주겠다."

위의 두 형인 가우아네스와 아에로포스는 이 말을 듣자 어리둥절하여 아무 말도 못 하고 있었는데, 어린 소년이 이 말을 받았다.

"왕이시여, 내리시는 것을 고맙게 받겠습니다."

---

135) 이른바 '헤라클레스 일족의 귀환' —— 역사적으로 말하면 도리스족의 침입 ——시(時)에 테메노스는 아르고스의 지배권을 얻었다고 전해진다.
136) 일리리아는 오늘날의 유고슬라비아에서 알마니아에 이르는 지역을 가리킨다. 스카르도스 산맥을 넘어 북쪽 마케도니아로 돌아간다. 레바이아라는 도시는 불명(不明).

그는 이렇게 말하고는 때마침 손에 들고 있던 작은 칼로 방안의 마루에 비치고 있는 햇빛의 형태를 자르는 일을 세 번 되풀이하고는 햇빛을 품속에 집어넣는 시늉을 하고는[137] 두 형과 함께 떠났다.

이리하여 그들은 레바이아를 떠나갔다. 한편 왕의 곁에 있던 한 사람이 소년이 한 행동은 심상치 않은 일로, 제일 나이가 어린 동생이 왕이 주겠다고 말한 것을 받아들인 것은 무엇인가 생각해야 할 바가 있음에 틀림없다고 왕에게 고했다. 이 말을 듣고 격노한 왕은 삼형제를 살해하도록 기마병에게 추격을 명했다. 그런데 이 지방에서 앞서의 아르고스에서 도망 온 사람들의 자손이 지금까지도 여전히 생명의 은인으로서 제물을 바치고 있는 강이 있는데, 테메노스 가(家) 출신의 삼형제가 이 강을 건넌 후 강물이 급격히 불어나 추격하는 기마대가 강을 건널 수 없게 되었다. 삼형제는 마케도니아의 다른 지역에 이르러 미다스(고르디아스의 아들)[138]의 정원이라 불리는 곳 근처에 자리잡고 살았다. 이 미다스의 정원에는 자생하는 장미가 있는데, 꽃 하나하나에 60개씩의 꽃잎이 있고 다른 장미들에 비해 훨씬 좋은 향기를 풍긴다. 마케도니아인의 전설에 따르면 실레노스[139]가 사로잡힌 것도 이 정원에서였다고 한다. 이 정원의 위쪽에는 추위 때문에 올라가기가 불가능한 베르미온이라는 산이 솟아 있다. 그런데 그들은 이 땅을 점유하자 곧 이곳을 근거지로 하여 마케도니아의 다른 지역을 정복하여 나갔던 것이다.

이 페르디카스로부터 알렉산드로스에 이르까지의 계보는 다음과 같다. 즉 알렉산드로스는 아민타스의 아들이고, 아민타스는 알케테스의

---

137) 이에 의해 왕가, 왕령(王領)의 소유권을 자기 것으로 삼았다는 뜻을 상징적으로 나타냈다고 생각된다. 왕도 후에 측근의 충언에 의해 이것을 깨닫는 것이다.

138) 미다스는 보통 프리기아의 왕으로 알려져 있지만, 프리기아인이 본래 유럽에 살고 있었다는 것은 제7권에도 서술되어 있다.

139) 실레노스는 사티로스나 판과 같이 산야(山野)의 정령(精靈). 미다스가 샘에 술을 섞어 실레노스를 잡았다는 전설이 있다(제7권 참조).

아들이며, 알케테스의 아버지는 아에로포스이고, 그 아버지는 필리포스이며, 필리포스의 아버지는 아르가이오스이고, 아르가이오스의 아버지가 왕위를 최초로 획득한 페르디카스이다.

마르도니오스의 명을 받은 아민타스의 아들 알렉산드로스는 아테네에 도착하자 다음과 같이 말했다.

"아테네인 여러분, 마르도니오스로부터의 전언은 다음과 같습니다.

'내게 왕으로부터 지시가 있었소 ——왕께서는 아테네인이 그분에 대해 저지른 과실은 모두 용서하기로 했다면서 내게 다음과 같이 하라고 하셨소.

아테네인에게는 그 국토를 반환하고 그에 덧붙여 그들이 원하는 지역을 선정케 하여 그들이 독립국으로서 대우받도록 하며, 또한 아테네인에게 강화할 의사가 있을 경우에는 그분이 불태워 버린 신역(神域)을 모두 재건해 주라는 것이었소. 이러한 지시가 있는 이상 나로서는 귀국에 이의가 없는 한 명령대로 실행할 수밖에 없소. 내가 귀국에 대해 묻고 싶은 것은 이것이오. 대체 무슨 까닭으로 대왕에게 싸움을 거는 그와 같은 미친 짓을 하는가 이 말이오. 귀국은 대왕을 이길 승산도 없고, 또한 언제까지나 지탱해 나갈 수도 없을 것이오. 크세르크세스왕이 거느리는 군대의 규모와 활동상은 그대들이 직접 목격한 바이고, 내 휘하의 병력도 그대들이 알고 있는 바 그대로요. 그렇다면 설사 귀국이 우리 군대를 쳐부수고 승리를 거둔다고 가정하더라도 ——적어도 그대들에게 양식(良識)이 있다면 그러한 희망은 가지지는 않을 것이지만 ——그 경우에는 지금보다 몇 배 더 되는 새로운 군대가 나타날 것이오. 그러니 대왕에게 저항하여 국토를 빼앗기거나, 나라의 흥망을 거는 위험한 승부를 내려는 따위의 마음은 먹지 말고 강화하도록 하시오. 대왕이 위와 같은 마음을 갖고 있는 지금이야말로 귀국은 가장 유리한 강화를 맺을 수 있소. 귀국은 이제 모든 기만과 술책을 버리고 우리 나라와 동맹을 맺고 독립을 유지해야 할 것이오.'

아테네인 여러분, 마르도니오스는 위와 같이 그대들에게 고하라고

내게 명했소. 나로서는 귀국에 대해 내가 품고 있는 우호적인 감정을
여기서 말할 생각은 추호도 없소——그것은 여러분들이 이미 더 잘 알
고 있을 테니까 말이오. 나는 다만 그대들에게 부디 마르도니오스의
제안에 따르기를 부탁하오. 내가 보기로는 귀국에는 크세르크세스와
언제까지나 싸움을 계속할 힘이 없소. 본래 귀국에 그러한 힘이 있다
고 생각했다면 나는 이러한 이야기를 가지고 귀국에 오지도 않았을 것
이오. 페르시아 왕이 가진 힘은 인간의 정도를 훨씬 넘는 것이며, 그
팔의 길이도 심상하지 않소.[140] 만약 저쪽에서 매우 관대한 조건을 제
시하고 화의를 맺으려 하고 있는데 귀국이 즉각 화평을 강구하려 하지
않는다면, 나로서는 귀국을 위해 심히 우려하지 않을 수 없을 것이오.
왜냐하면 귀국은 동맹 제국 중에서 가장 군대가 행군하기 쉬운 통로에
있어, 귀국만이 항상 피해를 입는 위치에 있고, 또한 양 진영 사이에
끼여 알맞은 전쟁터가 되는 장소에 국토가 놓여 있기 때문이오.

부디 내가 이야기하는 대로 따라 주기 바라오. 적어도 페르시아 대
왕이 그리스 제국 중에서 귀국에 대해서만은 이때까지의 과실을 용서
하고 우의를 맺자고 제안했다면 귀국으로서는, 결코 이를 소홀히 생각
해서는 안 될 것이오."

알렉산드로스는 이렇게 말했다. 그런데 그에 앞서, 알렉산드로스가
아테네와 페르시아를 화해시키기 위해 아테네에 왔다는 것을 안 스파
르타인들은 자신들이 다른 도리스인들과 함께 페르시아와 아테네 때문
에 펠로폰네소스로부터 추방될 운명에 있다고 예언했던 신탁[141]을 상기
하고 아테네가 페르시아 왕과 화의를 맺는 것을 심히 두려워하여 즉각
아테네에 사절을 보내기로 결의했다. 그리고 그 결과 아테네인은 양자
의 접견이 동시에 행해지도록 했던 것이다. 왜냐하면 아테네인들은 페
르시아 왕으로부터 화평 교섭을 위해 사절이 왔다는 것을 스파르타측

---

140) 그 권력이 미치는 범위가 확대됐다는 의미의 상징적 표현.
141) 제5권에 언급되어 있는 신탁을 가리키는 듯하다.

이 잘 알고 있으리라는 점과, 그리고 그것을 알게 되면 급히 사절을 파견하리라는 것을 잘 알고 그것을 기다려 시간을 지연시켰기 때문이었다. 아테네인은 자국의 견해를 스파르타인들에게 보여 주기 위해 고의로 그러한 행동을 취했던 것이다.

그런데 알렉산드로스가 입을 닫자, 그 뒤를 이어 스파르타의 사절단이 다음과 같이 말했다.

"우리는 스파르타의 명을 받아, 귀국이 그리스 전체를 배반하는 그러한 행동을 일절 취하지 말고, 또한 페르시아 왕이 보낸 제안을 받아들이지 말기를 요청하기 위해 왔소. 그러한 행위는 귀국 이외의 다른 그리스 제국에 있어서도 물론 도리에 어긋나고 불명예스런 일이지만, 어느 나라보다도 특히 귀국에 있어서는 더욱 그러하오. 본래 우리는 이번 전쟁을 바라지 않았는데 귀국이 도발한 터이며, 싸움의 동기는 귀국의 안전을 지키기 위해서였던 것으로서 그것이 이제 와서 그리스 전역까지 파급됐던 것이오. 설사 이러한 일들은 모두 불문에 부친다 하더라도 예로부터 종종 해방자로서 알려져 있는 귀국 아테네가 그리스를 노예화하는 동인(動因)으로서 작용한다면 그것은 우리로서는 참기 어려운 일일 것이오. 물론 우리로서도 귀국이 두 번씩이나 수확물을 약탈당하고 또한 장기간에 걸쳐 집과 재산이 파괴된 어려운 처지를 당한 걸 동정하는 마음 금할 길 없소. 그러나 그 대신 스파르타와 그 동맹 제국은 전쟁이 계속될 때까지 귀국의 부녀자와 전쟁 수행에 도움이 되지 못하는 가족들을 모두 부양하기로 공약하오. 부디 귀국이 마르도니오스의 제안을 그럴듯하게 꾸며 수락시키려 하는 마케도니아인 알렉산드로스의 설득에 넘어가지 말기 바라오. 그로서는 그렇게 할 수밖에 없소. 그 자신 독재자인 알렉산드로스가 독재자 편을 드는 것은 당연하오. 그러나 귀국으로서는 양식을 잃지 않은 한 외이(外夷)에게는 신뢰도 진실도 존재하지 않는다는 건 반드시 알고 있으리라 믿소."

스파르타의 사절단이 이렇게 말하자, 아테네측은 먼저 알렉산드로스를 향해서 다음과 같이 답변했다.

"페르시아 왕에게 우리의 수배에 달하는 힘이 있다는 것은 우리 자신도 잘 알고 있으니 굳이 정색을 하고 그렇게 불유쾌하게 되풀이 할 필요는 없소. 그러나 우리는 자유를 열망하는 사람들로서, 힘이 닿는 데까지 우리 자신들을 방어할 것이오. 따라서 그대가 페르시아 왕과의 강화를 설득하려고 애써 보았자 그것은 쓸데없는 일이오. 우리는 결코 그대에게 설득되지 않을 것이기 때문이오. 자, 마르도니오스에게 전하도록 하시오. 태양이 현재와 똑같은 궤도를 달리는 한, 우리는 크세르크세스와 강화하는 일은 없을 것이오. 반대로, 우리는 적왕(敵王)이 한 번도 되돌이켜 보지 않고 그 신전과 신상을 불태워 버린 신들이나 영웅들의 후원을 믿고, 그를 맞아 끝까지 항전할 생각이라고 말이오. 그러니 이후부터는 이러한 제안을 가지고 아테네인 앞에 나타나지 말도록 하시오. 또한 상대방을 위해 정성을 다하고 있다고 생각하면서 실은 그릇된 행동을 권유하는 그러한 짓을 하지 말기 바라오. 우리로서는 우리에게 은혜를 베푼 사람이며 친구이기도 한 그대가 아테네인에 의해 불쾌한 경우에 처하게 되는 그러한 사태를 맞고 싶지 않기 때문이오."

아테네인은 알렉산드로스에게는 이렇게 답변하는 한편, 스파르타의 사절단에게는 다음과 같이 답했다.

"우리 나라가 페르시아 왕과 강화를 하지 않을까 하고 스파르타인이 두려워하는 것은 인간으로서 지극히 당연한 일이오. 그렇지만 아테네인의 정신을 모르고 그대들이 그러한 위구심을 품었다는 것은 실로 부끄러워해야 할 일이라 생각하오. 세계의 모든 황금을 가지고도, 또한 경관이 아름답고 비옥하기가 이를 데 없는 땅을 가지고도, 우리의 마음을 움직여 공동의 적인 페르시아에 가담한다는 것은 있을 수 없는 일이오. 비록 우리가 그렇게 하려 해도 그렇게 하지 못할 중대한 이유가 몇 가지 있소. 첫번째이자 가장 중요한 이유는 신상과 신전이 불태워지고 파괴되어 이제는 잿더미로 화했다는 것이오. 우리는 이에 대해 어떻게 하든 적에게 최대의 보복을 가하지 않으면 안 되고, 이러한 옳지 못한 행동을 한 자와는 강화를 맺을 수 없소. 두번째로 우리는 모두 똑같이 그리스 민족이라는 점이오. 우리는 같은 피, 같은 언어를 가졌고 같은 신들을 모시며 같은 의식을 행하며 같은 생활 양식을 가지고 있소. 그러므로 아테네인이 동포들을 적에게 팔아 넘긴다는 것은 결코 있을 수 없는 일일 것이오. 만일 지금까지 잘 모르고 있었다면 지금에야말로 잘 알아 두시오. 아테네인은 한 사람이라도 살아 남아 있는 한 결코 크세르크세스와 강화하지 않을 것이라는 점을.

그럼에도 불구하고 재산과 집을 잃은 우리를 생각하여 우리 가족들의 부양을 제의한 귀국의 호의는 실로 고맙기 짝이 없소. 귀국의 호의는 감사하지만, 우리들은 귀국에 신세를 지지 않고 우리가 할 수 있는 데까지 노력할 생각이오.

이것이 우리의 결심이니 먼저 일각도 지체 말고 빨리 군대를 파견해 주기 바라오. 우리가 추측하기로는 이국의 왕은 머지않아 아니, 우리가 그의 요구에 따르지 않는다는 보고를 듣자마자 곧 우리 국토로 침입해 올 것이오. 그러니 지금이야말로 그가 도착하기에 앞서 우리가 보이오티아로 출격할 호기(好機)요."

스파르타의 사절 일행은 이러한 아테네측의 회답을 듣고 스파르타로 돌아갔다.

제9권

마르도니오스의 아티카 침입과 철수

마르도니오스는 귀환한 알렉산드로스로부터 아테네측의 회답을 듣자, 곧 전속력으로 테살리아에서 발진하여 아테네를 목표로 군대를 전진시켰다. 그리고 그가 지나가는 모든 지역에서 병력을 징발했다. 테살리아의 여러 왕들은 이전의 행동을 후회하기는커녕 더욱더 적극적으로 페르시아군을 격려했고, 전에 크세르크세스 도주시에 동행하여 배웅했던 라리사의 토락스[1] 같은 자는 이제는 공공연히 마르도니오스의 그리스 침공을 격려했다.

원정군이 보이오티아 지방에 들어왔을 때, 테베인은 마르도니오스에게 진군을 멈추도록 설득했다. 진영을 세우기에는 여기보다 더 좋은 장소가 없다고 진언하고, 더 이상 전진하지 말고 이 땅을 거점으로 하여 싸우지 않고 그리스 전역을 평정할 계책을 세우라고 권유했다. 그들은 마르도니오스에게 이전의 그리스인의 동맹이 계속해서 단합한다면 그리스인을 제압하기란 전세계의 모든 병력을 동원하여도 어려울 것이라고 말하고, 다음과 같이 덧붙였다.

---

1) 이른바 알레우아스의 일족.

"그러나 당신들이 만약 우리의 진언대로 한다면 그리스인의 작전을 모두 쉽게 탐지할 수 있을 것입니다. 각 도시의 유력자들에게 돈을 보내십시오. 그러면 그리스를 분열시킬 수 있고, 그렇게 되면 당신들측에 가담한 자들의 협력을 얻어 당신들의 뜻에 따르지 않는 자들을 쉽게 평정할 수 있을 것입니다."

테베인이 이렇게 진언했지만 마르도니오스는 이에 귀를 기울이지 않았다. 그는 다시 아테네를 점령하고 싶다는 어쩔 수 없는 욕망에 쫓기고 있었다. 그것은 그의 완고함에 기인하기도 했지만, 그와 동시에 또한 섬에서 섬으로 봉화를 올려 가는 방법을 통해 사르데스에 있는 왕에게 자신의 아테네 점령을 알리겠다는 희망 때문이기도 했다. 그러나 마르도니오스가 아티카에 도착했을 무렵에는 아테네인은 이미 전처럼 모습을 감추어 버렸고, 그가 알게 된 대로 대부분의 아테네인은 살라미스 섬이나 함선 위에 있었다. 결국 그가 점령한 것은 인적 없는 시가(市街)뿐이었다. 이것은 이전에 페르시아 왕이 점령했던 때로부터 10개월 후의 일이다.

마르도니오스는 아테네에 도착하자, 헬레스폰토스인인 무리키데스라는 자에게 이전에 마케도니아인 알렉산드로스가 아테네인에게 전했던 것과 똑같은 제안을 가지고 살라미스로 가도록 했다. 마르도니오스는 물론 처음부터 아테네인의 적대적인 감정은 잘 알고 있었다. 그러나 그가 이렇게 재차 사절을 파견하게 된 이유는, 아티카 전역이 점령된 지금, 아테네인도 그 완강한 태도를 굽히지 않을까 하는 기대 때문이었다.

무리키데스는 아테네의 평의회[2]에 출석하여 마르도니오스로부터의 전언을 전했다. 그러자 평의회의 한 사람이었던 리키데스가 무리키데스가 가져온 제안을 받아들여 이것을 민회(民會)에 회부하는 것이 좋

---

2) 아테네 시민 500명에 의해 구성됐다. 민회에 제출된 의안은 먼저 평의회의 심의를 거쳐야만 한다.

겠다는 의견을 제시했다. 그가 마르도니오스에게 매수되어 있었기 때문에 이러한 의견을 발표했는지 아니면 실제로 그렇게 하는 것이 옳다고 믿었기 때문에 그랬는지는 알 수 없다. 그러나 평의회에 참석하고 있던 자들은 물론 회의장 밖에 있던 자들 모두가 그 이야기를 듣고는 격앙되어 리키데스의 주위를 둘러싸고 돌을 던져 죽이고 말았다. 다만 헬레스폰토스인인 무리키데스에게만은 위해를 가하지 않고 돌아가게 했다. 리키데스의 사건과 관련한 살라미스에서의 소동으로 일의 전말을 들어 알게 된 아테네인의 아내들은 남편들로부터 어떤 말도 듣지 않았는데도 서로 부추기며 리키데스의 집으로 몰려가 그 아내와 자식들도 돌을 던져 죽이고 말았다.

아테네인이 살라미스로 옮겨 온 경위는 다음과 같다. 펠로폰네소스로부터 원군이 오리라고 기대하고 있을 동안은 그들도 아티카에 머무르고 있었다. 그러나 스파르타인들이 꾸물거리며 거동하기를 꺼려함을 눈치 채는 한편 적군이 이미 보이오티아에 들어왔다는 보고를 접하자, 아테네인은 가재(家財)를 모두 안전 지대로 옮기고 가지고 갈 수 있는 것만 갖고 자신들은 살라미스로 건너갔다. 그리고 스파르타에 사절을 보내 스파르타가 이국군의 아티카 침공을 간과한 점과 아테네인과 협력하여 적을 보이오티아에서 맞아 싸우지 않았던 점을 꾸짖음과 동시에, 아테네가 그리스 동맹을 이탈할 경우에 페르시아측이 주기로 약속한 사항 모두를 다시 스파르타인들에게 상기시키고, 게다가 만약 스파르타가 아테네를 원조하지 않을 때는 스스로를 위해 다른 방위책을 강구할 것이라고 언명했다.

사실은 그 무렵 스파르타에서는 히아킨토스 제(祭)[3]가 집행되고 있었다. 스파르타인은 신에게 의무를 다하는 것을 무엇보다도 중요하게

---

3) 7월 초순 3일간에 걸쳐 집행됐다. 히아킨토스는 아폴론이 던진 원반에 맞아 불의의 죽음을 당한 미소년. 이 제는 스파르타 시 남방의 아미클라이에 있는 아폴론 신전에서 행해졌고, 제례 날에는 스파르타 시에 인적이 없을 정도로 성대하게 치러졌다 한다.

여겼으므로 제례를 중단할 수 없었다. 그와 함께 지협 지대에 구축 중이던 방어벽[4]은 이미 흉벽을 설치할 단계에 이르러 있었다. 아테네의 사절 일행은 메가라 및 플라타이아의 사절들과 같이 스파르타에 도착하자, 감독관들을 만나 다음과 같이 말했다.

"우리는 다음과 같은 말을 전하기 위해 아테네로부터 파견돼 왔소. 즉 페르시아 왕은 우리 나라의 영토를 반환하고, 어떠한 기만 술책도 없이 진실한 자세로 우리 나라와 정당하고 평등한 동맹을 맺기를 원하며, 나아가 우리 국토에 덧붙여서 우리가 원하는 지역을 주고 싶다고 말하고 있소. 그러나 전 그리스인의 신인 제우스께 경의를 표하고 그리스인에 대한 배반을 떳떳하게 여기지 않는 우리는 그리스 동포로부터 배반당하고 부당한 취급을 받으면서도, 아니 그뿐만 아니라 페르시아군과 싸우기보다도 그들과 강화하는 것이 유리하다는 것을 잘 알면서도, 역시 그 제안을 단호하게 거절했소. 우리는 자진해서 적과 강화하는 그러한 일은 절대로 하지 않을 것이오. 이와 같이 우리의 그리스 민족에 대한 태도는 순수하오.

그런데 귀국은 앞서는 우리가 페르시아와 강화하지는 않을까 전전긍긍하는 상태였는데, 그리스를 적에게 파는 그러한 일은 절대로 하지 않겠다는 우리의 마음을 분명히 알고부터는, 또한 지협을 관통하는 그대들의 방어벽이 거의 완성되어 감을 알자 이제 아테네인의 일 따위는 전혀 돌이켜보지도 않고 페르시아군을 보이오티아에서 맞아 싸우자는 우리와의 약속도 배반하고 적군이 아티카로 침입해 들어오는 것을 빤히 보고만 있었소. 그런 까닭에 현재 아테네인은 귀국에 대한 분노로 충만해 있소. 귀국이 행동하기에는 시의가 적절하지 못했을 것이오. 그래도 귀국이 즉시 해야 할 의무는 우리의 요구에 부응하는 것이오. 귀국과 우리가 아티카에서 페르시아군을 맞아 싸울 수 있도록 귀국이 일각도 지체 말고 군대를 파견해 주시오. 이미 보이오티아를 잃은 지

---

4) 제8권 참조.

금, 우리 나라의 영토 내에서 적과 전투를 벌일 만한 가장 적당한 장
소는 트리아 평야[5]일 것이오."

그 말을 들은 감독관들은 회답을 다음날로 연기했는데, 다음날이 되
자 다시 그 다음날로 연기했다. 이리하여 하루하루 연기를 거듭한 끝
에 마침내 열흘이라는 시간이 흘렀다. 그리고 그사이에 펠로폰네소스
인은 총력을 기울여 열심히 지협을 요새화하는 공사에 매달려 거의 완
성 단계에 이르렀다. 처음에 마케도니아인 알렉산드로스가 아테네에
도착했을 때에는 아테네인이 페르시아측으로 넘어가는 것을 막기 위해
그렇게 열의를 보였던 펠로폰네소스인이 이번에는 조금도 신경을 쓰지
않았던 이유는 무엇일까? 그것은 나로서도 분명히 알 수 없지만, 생각
건대 지협을 이미 요새화하여 이제는 아테네인이 필요하지 않다고 생
각했기 때문이었을 것이라고밖에 해석할 도리가 없을 것이다. 즉 알렉
산드로스가 아테네를 방문했을 때에는 아직 요새화가 완료되지 않아
페르시아군에 대한 심한 공포감 때문에 이 공사에 매달리던 중이었던
것이다.

스파르타측의 회답과 스파르타군의 출진 문제는 결국 다음과 같이
결말이 났다. 최종적인 회담이 열리기 전날의 일인데, 스파르타에 사
는 이방인 가운데서는 가장 유력한 인물이었던 테게아인 킬레오스라는
자가 아테네인이 한 말을 감독관들로부터 모두 물어 듣고는 감독관들
을 향해 이렇게 말했다.

"감독관 여러분, 현재의 사태를 어떻게 생각하시오? 아테네인이 우
리의 아군이 되지 않고 이국군에 가세하게 된다면, 설사 견고한 방벽
을 지협에 둘렀다 하더라도 페르시아군이 펠로폰네소스로 침입하기에
는 실로 넓은 통로가 열려 있는 것과 같은 상태가 아니오? 아테네인이
그리스에 파탄을 초래할 그러한 결의를 굳히기 전에 그들의 요구를 들

---

5) 아티카 서북부, 케피소스 강 유역을 중심으로 한 평야. 트리아, 엘레우시스
   등의 도시가 있었다(제8권 참조).

어 주는 것이 좋을 것이오."

감독관들은 이 진언을 충심으로 받아들였으나 사절들에게는 전혀 알리지 않고 그날 밤 안으로 스파르타 병사 5천 명과 나아가 그 각각의 병사에게 국가 노예 7인씩을 붙여 클레옴브로토스의 아들 파우사니아스에게 지휘를 맡겨 진발시켰다. 본래는 출정군의 지휘권은 레오니다스의 아들인 플레이스타르코스에게 있었지만 그는 당시 아직 어려 그의 종형인 파우사니아스가 그의 후견자 역할을 하고 있었던 것이다. 파우사니아스의 아버지로 아낙산드리데스의 아들이었던 클레옴브로토스는 이미 세상을 떠났는데, 그는 방벽 구축을 담당했던 부대를 이끌고 지협으로부터 철수한 후 곧 사망했다. 클레옴브로토스가 지협으로부터 부대를 철수시킨 것은 그가 페르시아군에 대한 승리를 축원하며 한창 희생을 바치고 있을 때 하늘의 태양이 어두워졌기 때문이었다.[6] 파우사니아스는 자신의 동료로서 같은 가문 출신 도리에우스의 아들 에우리아낙스를 선택했다. 이리하여 스파르타군은 파우사니아스의 지휘하에 출발하여 이미 스파르타의 국경을 넘고 있었다.

한편 사절들은 날이 밝자 스파르타군이 출동한 사실을 전혀 모르는 채 감독관들 앞에 출두하였는데, 그들은 이미 각각 귀국할 마음을 굳혀 놓고 있었다. 거기에서 그들은 다음과 같이 말했다.

"스파르타인 여러분, 그대들은 이 땅에 편안히 머물러 동맹국을 배반하면서 히아킨토스 제를 지내며 즐기고 있으시오. 아테네로서는 귀국으로부터 부당한 취급을 받고 또한 원조군도 없는 형편이 된 이상은 최선의 방도를 찾아 페르시아측과 강화를 하게 될 것이오. 일단 강화를 하게 되면 우리는 페르시아 왕의 동맹국이 되어 페르시아군이 이끄는 대로 어느 나라와든 싸울 것이라는 사실은 상식적인 것이오. 그때에 이르러 비로소 그대들은 일의 결과가 중차대함을 깨닫게 될 것이오."

---

6) 이때의 일식은 부분식으로, 날짜는 기원전 480년 10월 2일로 계산되고 있다.

사절단이 이렇게 말하자 스파르타의 감독관들은 외국부대(크세이노이) ——이국군(바르바로이)을 그들은 이렇게 불렀다—— 를 맞아 싸우기 위해 진격한 부대가 이미 오레스테이온[7] 부근에 이르고 있을 것이라고 맹세하며 말했다. 사절들은 당황하여 그 말뜻을 묻고는 일의 전말을 들어 알게 되자 놀라며 급히 스파르타군의 뒤를 쫓아갔다. 그리고 스파르타의 주위 주민[8]으로부터 징집된 5천 명의 중무장 부대가 그 뒤를 곧바로 따랐다.

그런데 위의 일행이 지협을 목표로 급히 서둘러 가고 있을 때, 한편 아르고스인은 파우사니아스 휘하의 부대가 스파르타를 떠났다는 것을 알게 되자 가장 빠른 사자 한 명을 선발하여 아티카에 파견했다. 아르고스인은 이전에 마르도니오스에 대해 자발적으로 스파르타군의 출격을 저지하기로 약속해 놓고 있었다. 사자는 아테네에 도착하자 다음과 같이 말했다.

"마르도니오스 각하, 저는 아르고스인의 명에 따라, 스파르타의 병사들이 이미 진군 중에 있으며 아르고스인의 힘으로는 그것을 저지할 수 없음을 알리기 위해 왔습니다. 그러하오니 이 사태에 대처하여 적절한 조치를 취하시기 바랍니다."

사자는 위와 같이 말하고 돌아갔다. 이 말을 들은 마르도니오스는 더 이상 아티카에 머물고 싶은 생각이 들지 않았다. 그는 그전까지 아테네가 어떠한 행동으로 나올지 궁금해하며 아테네가 화의에 응해 올지도 모른다는 기대감에서 아티카의 농작물이나 재산을 유린하는 것을 보류하고 있었다. 그러나 설득에 성공하지 못했고 사태의 전모가 밝혀

---

7) 라코니아와의 국경 근처에 있었던 아르카디아 남부의 도시. 스파르타에서 지협에 이르는 도로로부터는 서쪽으로 떨어져 있기 때문에 왜 이런 우회 방법을 택했는지에 대해서 여러 가지 설이 있지만 그 어느 것도 확증은 없다.

8) 스파르타인에 의해 정복된 선주민(先住民)으로, 그리스계와 비그리스계가 혼합되어 있었다고 생각된다. 국가 노예와는 달리 준시민적인 대우를 받고 있었다. 주로 스파르타 도시 밖의 지방에 살고 있었던 데서 그런 이름이 생겼다(제6권 참조).

지기에 이르자, 그는 파우사니아스 휘하의 부대가 지협으로 들어오기에 앞서 아테네 시가지를 불태우고 성벽이며 집이며 신전이며 지상에 서 있는 것은 모두 완전히 파괴해 버린 다음 철수했다. 마르도니오스가 군대를 철수시킨 이유는 아티카의 땅이 기마전에 적합치 않다는 것과, 만일 싸움에 패했을 경우 퇴로가 소수의 병력으로 차단될 수 있는 좁은 골짜기 하나밖에 없다는 것 등이었다. 그래서 그는 테베까지 후퇴해, 자국에 우호적인 도시 부근이며 기마전에도 적합한 곳에서 싸움을 벌이기로 했던 것이다.

마르도니오스는 철수를 하던 도중에, 파우사니아스에 앞서 또 다른 1천 명의 스파르타군이 메가라에 도착했음을 알리는 정보를 받았다. 그는 이 소식을 듣자 어떻게 하면 이 부대를 먼저 격멸할 수 있을까 계책을 강구하다가 마침내 군대를 되돌려 메가라로 향했다. 그리하여 기병 부대가 선두에 서서 메가라 지구를 온통 유린했다. 이 지방은 페르시아 원정군이 도달한 가장 먼 서쪽 지점에 해당한다.

그러나 이윽고 그리스군이 지협에 집결했다는 정보가 또다시 이르렀다. 거기에서 마르도니오스는 데켈레이아[9]를 통해 후퇴했다. 이것은 보이오티아 연합의 수뇌부[10]가 아소포스인[11]을 불러와 그들이 마르도니오스의 길 안내를 맡았기 때문이다. 그들은 우선 스펜달레이스[12]로, 다시 거기에서 타나그라로 길을 인도했다. 타나그라에서 밤을 밝힌 후 다음날 스콜로스[13]를 향해 길을 떠나 테베 지구에 들르게 되었다. 여기에서 마르도니오스는 테베가 페르시아측에 가담했음에도 불구하고 이

---

9) 아티카 지방의 동북부 국경에 가까운, 파르네스 산맥 남쪽 기슭에 있는 도시. 아테네에서 타나그라, 오로포스 등에 이르는 도로상의 요충지.
10) 보이오타르코이 11인(후에는 7인)에 의해 구성된 보이오티아 연합 사령부와 같은 것.
11) 도시 이름이 아니라 아소포스 강 중류(中流) 지구의 주민을 가리킬 것이다.
12) 아티카의 구(區) 중 하나로, 보이오티아 국경에 가까운, 위의 도로상에 있다.
13) 테베 남쪽, 키타이론 산 북쪽 기슭에 있던 작은 마을. 그러나 타나그라에서 플라타이아에 이르는 도로상에 있어 교통상의 요충지였다.

지역의 수목을 베어 쓰러뜨렸다.[14] 이것은 테베에 대한 적의에서가 아니라 진지 강화를 위한 부득이한 조처에서 나온 것으로, 교전 결과가 생각했던 대로 되지 않을 경우에는 여기에서 농성하려 했기 때문이었다. 마르도니오스가 여기에서 구축한 진지는 아소포스 강을 따라 에리트라이에서 시작되어 히시아이를 경유해 플라타이아령에 이르렀다. 다만 방어벽은 그 구간 전체에 걸쳤던 것은 아니고 사방 약 10스타디온의 구역에 한정되어 있었다.

페르시아군이 이러한 공사에 전념하고 있을 동안 프리논의 아들인 아타기노스[15]라는 테베인이 호화스럽게 준비를 한 후 마르도니오스를 연회에 초청했다. 그리고 그 밖에 페르시아측의 요인 50명도 함께 초대되어 대접을 받았다. 연회는 테베 시에서 열렸다.

이후의 이야기는 내가 토박이 오르코메노스인으로 그곳에서는 가장 존경받는 명사였던 테르산드로스라는 사람으로부터 들은 것이다. 이 테르산드로스의 이야기에 따르면 그도 아타기노스로부터 이 연회에 초대를 받았는데 그 밖에 테베인 50명도 초대받았다 한다. 그리고 그리스인과 페르시아인은 별도의 좌석에 앉은 것이 아니라 각 좌석에 페르시아인과 테베인이 각각 한 명씩 앉았다 한다. 식사가 끝나고 일동이 술을 마시고 있을 때 그의 동석자였던 페르시아인이 그리스어로 어느 나라 사람이냐고 물어 그는 오르코메노스인이라고 대답했다. 그러자 그 페르시아인은 이렇게 말했다.

"당신과 나는 식탁을 함께하고 또한 함께 대작도 한 인연이 있으므로 뭔가를 남긴다는 뜻에서 내 생각을 들려주고 싶소. 그것을 통해 당신이 지금부터 일어나게 될 것을 미리 알고 적절한 처신을 할 수 있게 되길 바라오. 당신은 여기에서 식사하고 있는 페르시아인들, 그리고 우리가 강변에 야영시켜 두고 온 군대를 보았을 것이오. 그러나 이제

14) 진지 강화를 위해 목재가 필요했기 때문이다.
15) 티마게니다스와 함께 테베에서는 친페르시아파의 우두머리였다.

얼마 지나지 않아서 이들 모두 중에서 극히 일부의 인간만이 살아 남게 될 것이오."

그렇게 말하면서 그 페르시아인은 하염없이 울었다 한다. 테르산드로스는 이 말에 놀라 말했다.

"그렇다면 그것을 마르도니오스를 비롯하여 그 휘하에 있는 고위 장교들에게 이야기해야 될 것이 아니오?"

그가 이렇게 말하자, 그 페르시아인은 대답했다.

"이국의 친구여, 신이 정해 놓은 일은 인간의 손으로는 어떻게 해도 바꿀 수 없소. 페르시아인 중에도 지금 내가 말한 것이 진실임을 아는 자가 적지 않소. 그러나 우리는 모두 '필연'의 힘에 속박되어 정해진 대로 따라가는 데 불과하오. 우리의 경고가 진실임에도 불구하고 어떤 지휘관도 그것을 믿지 않으니 말이오. 이 세상에서 자신이 여러 가지를 알고 있으면서도 힘이 없기 때문에 실행할 수 없는 것만큼 비참한 고통은 없소."

위의 이야기는 내가 오르코메노스의 테르산드로스로부터 들은 이야기인데, 그는 덧붙여, 자신은 이 이야기를 곧——플라타이아 전투 이전에——많은 사람들에게 말한 바 있다고 한다.

마르도니오스가 보이오티아에 주둔하고 있을 때, 이 방면에 사는 그리스인으로 페르시아에 복종하고 있던 자들은 모두 병력을 제공했다. 이것은 또한 앞서의 아테네(아티카) 침공 때에도 마찬가지였는데, 오로지 포키스인만은 가담하지 않고 있었다. 그들도 또한 페르시아측에 대해 정성을 다하고 있었지만 침공에 가담하지 않은 것은 만부득이한 사정으로 그랬을 뿐 본심에서 우러나온 것은 아니었다. 마르도니오스가 테베에 도착한 지 며칠 지나서 포키스의 중무장병 1천 명이 도착했다. 그 지휘를 맡고 있던 자는 포키스에서 이름이 높았던 하르모키데스였다. 포키스군이 테베 지구에 도착하자 마르도니오스는 기병을 사자로 보내 포키스 부대에게 다른 부대와 떨어져 독립해서 야영하라고 명했다. 그들이 명령대로 하자 돌연히 페르시아 기병의 전 부대가 나타났다. 마침내 페르시아 진영 내의 그리스 부대 사이에는 기병 부대가 포키스군을 투창으로 섬멸시킬 예정이라는 풍문이 떠돌았고, 또한 같은 소문이 문제의 포키스군 사이에도 퍼졌다. 이때 지휘관인 하르모키데스는 대략 다음과 같이 휘하 부대를 격려했다.

"포키스인 여러분, 이자들이 지금 우리를 도망칠 수도 없는 사지로 몰아넣으려 하고 있음이 분명하오. 생각건대 이것은 테살리아 놈들이 꾸민 이야기 때문일 것이오. 그러니 지금이야말로 그대들은 한 사람도 빠짐없이 그대들이 어떤 종족인지를 보여 주어야만 하오. 적에게 굴복하여 치욕스럽게 죽기보다는 장렬하게 싸우다 죽는 것이 나을 것이오. 어리석게도 오랑캐인 주제에 그리스인을 살해하려 하면 어떻게 되는지를 그들에게 보여 줍시다."

기병 부대는 포키스군을 포위하자 섬멸시키려는 기세를 보이며 언제라도 창을 던질 수 있는 태세로 전진해 왔고, 개중에는 실제로 던진 자도 있었으리라고 생각된다. 포키스군은 사방을 향해 가능한 한 밀집된 진형으로 집결하여 적과 대치했다. 그러자 기병 부대는 발길을 되돌리며 물러갔다. 애당초 이 부대는 테살리아인의 요청에 따라 포키스군을 격멸하기 위해 왔는데, 포키스군이 방위 태세를 갖춘 것을 보고 자군에게도 피해가 있을까 두려워 철수했을 가능성이 높다(그러한 지령이 마르도니오스로부터 내려져 있었다). 그러나 한편으로는 마르도니오스가 단지 포키스인의 용기를 시험하고 싶었던 때문일지도 모른다. 나로서도 어떤 설이 정확한지 알 수 없다.

기병대가 돌아간 뒤 마르도니오스는 포키스군에게 사자를 보내 다음과 같이 전하게 했다.

"포키스인이여, 안심하도록 하라. 내가 들은 바와는 달리 그대들이 용감한 부대라는 것을 잘 알았다. 이후부터는 열성을 다하여 이 싸움을 수행해 주기 바란다. 상대방에게 은혜를 베푸는 데 있어서는 나도 대왕도 결코 그대들보다 못하지 않기 때문이다."

포키스인과 관련된 사건은 위와 같았다.

양군의 플라타이아 포진

한편 스파르타군은 지협에 도착하자 여기에 진을 쳤다. 그 밖의 펠로폰네소스 제국도 이 소식을 듣고 또 직접 눈으로 스파르타군이 출진한 것을 보게 되자, 뒤에서 수수방관하고 있는 자신들을 부끄럽게 여겼다. 그리하여 희생을 통해 길조의 점괘를 얻은 후 펠로폰네소스 연합군은 지협을 출발하여 엘레우시스에 도착했다. 여기에서 다시 희생점으로 길조를 얻자 전진을 계속했다. 그리고 살라미스로부터 건너와 엘레우시스에서 합류했던 아테네인 부대도 그들과 행동을 같이했다. 이리하여 보이오티아의 에리트라이에 이르렀을 때 페르시아군이 아소포스 강변에 주둔하고 있음을 알고 이에 대항하여 키타이론 산 기슭에 진을 쳤다.

마르도니오스는 그리스군이 평지로 내려오지 않으므로 모든 기병대로 하여금 그곳을 공격하게 했는데, 기병 부대의 지휘를 맡은 것은 페르시아에서 이름이 높았던 마시스티오스였다. 그는 그리스에는 바쿠스티오스라는 이름으로 알려진 인물로, 황금 굴레를 비롯하여 호화로운 마구(馬具)로 장식된 니사이아 말[16]을 타고 있었다. 기병대는 그리스군을 향해 진격하여 군단 단위로 돌격을 되풀이했는데, 그때마다 막대한 피해를 입고 그리스군을 계집이라고 욕했다. [17]

이때 메가라인 부대가 모든 전선 중에서 가장 적의 공격을 받기 쉬운 지점에 있었다. 즉 적의 기병대로 볼 때는 이 방면이 가장 접근하기가 용이했다. 그리하여 계속적인 기병대의 공격을 받아 곤경에 처한 메가라인은 그리스군 사령부에 전령을 보냈다. 전령은 지휘관들에게 메가라군의 전언을 전한다며 다음과 같이 말했다.

"동맹국 여러분, 우리 부대는 더 이상 단독으로 페르시아 기병의 공격을 막아내 우리가 맡은 바 지역을 수호할 수가 없게 되었소. 이때까

---

16) 제7권 참조.
17) 페르시아에서는 이것이 남자에 대한 최대의 모욕이었다.

지는 적의 격심한 공격을 받으면서도 인내와 용기로 버텨 왔지만, 이제는 구원군을 보내 주지 않는 한 우리는 이 지역을 포기할 것임을 알리는 바이오."

그러자 파우사니아스는, 자진해서 메가라인을 대신해 그 지역을 맡기를 희망하는 부대는 없는지 그리스 모든 부대의 의향을 타진했다. 여기에서 아테네인 외에는 그 누구도 그 역할을 맡겠다고 하지 않았다. 아테네인 부대는 람폰의 아들 올림피오도로스가 이끄는 300명의 정예 부대였다.

이렇게 하여 앞서 에리트라이의 지역을 맡았던 다른 그리스 부대 대신에 위험한 그 지역으로 진군한 아테네인 부대는 궁병대(弓兵隊)도 동반하고 있었다. 한동안 전투는 계속됐는데, 이윽고 이 전투는 다음과 같은 결말을 고했다.

군단 단위로 기병 부대가 돌격을 되풀이하고 있는 동안, 맨 앞에서 달리고 있던 마시스티오스의 말이 옆구리에 화살을 맞고 고통에 못 이겨 꼿꼿이 서며 마시스티오스를 흔들며 떨어뜨렸다. 아테네군은 낙마한 그에게 곧 달려들어 그 말은 그 자리에서 사로잡고 저항하는 마시스티오스는 결국 살해했는데, 그는 비늘 모양의 황금 갑옷을 밑에 입고 그 위에 주홍색 상의를 걸치고 있었기 때문에 처음에는 쉽게 죽일 수가 없었다. 그 갑옷을 찔러도 아무 소용이 없었다. 그러나 결국 한 사람이 겨우 그것을 깨닫고 그의 눈을 찔러 그를 쓰러뜨렸던 것이다.

그러나 기병 부대는 이것을 깨닫지 못한 듯했다. 그들은 마시스티오스가 낙마하는 것도, 죽는 것도 보지 못하고 물러났다가는 다시 돌아와 공격을 되풀이했기 때문이다. 그러나 그들이 말고삐를 당겨 정지하기에 이르자 곧 작전을 지휘하는 자가 없는 것을 깨달았다. 그리고 비로소 일의 전말을 알게 되자, 서로 격려하며 유체를 되찾아오려고 전군이 하나가 되어 말을 달려나갔다.

적의 기병이 이제 군단 단위로가 아니라 전군이 일시에 돌격해 오는 것을 본 아테네인 부대는 다른 부대에 응원을 요청했다. 전 보병 부대가 응원하러 달려오는 동안, 유체를 둘러싸고 격전이 계속됐다. 300명의 아테네군이 고립무원의 상태에 있는 동안은 열세에 처해 사체(死體)를 포기하려 할 정도였지만, 대부대가 구원하러 오기에 이르자 적의 기병 부대는 더 이상 공격하지 못했다. 그들의 사체를 거두어들이지도 못했을 뿐만 아니라 약간의 기병도 잃었던 것이다. 그들은 약 2스타디온 가량 후퇴한 뒤 대책을 협의했는데, 지휘관을 잃은 이상 마르도니오스에게로 돌아가 보고하는 것이 좋겠다고 결론지었다.

기병 부대가 진지로 귀환한 뒤, 마르도니오스를 비롯한 전 장병은 마시스티오스의 죽음을 깊이 애도하여 자신들은 물론 말이나 운반용 가축의 머리까지 깎고 호곡을 그치지 않았다. 페르시아 왕이나 왕의 측근들이 페르시아 군대에서 마르도니오스 다음으로 중요하게 여겼던 인물을 잃었다 하여 그 호곡 소리가 보이오티아 전역을 짓누를 정도였다.

페르시아군이 그 나라의 풍습에 따라 전사한 마시스티오스의 장례에 정성을 다하고 있는 동안, 그리스군은 적의 기병 부대의 공격을 맞아 이것을 격퇴하게 되자 더욱더 사기가 올랐다. 그리하여 먼저 그 사체를 수레에 싣고 진열(陳列)을 따라 끌고 돌아다녔다. 마시스티오스는 체격도 컸고 용모도 아름다웠기 때문에 정말 한번 볼 만한 가치가 있었다. 그래서 그의 사해(死骸)를 보기 위해 많은 그리스 병사들이 전열을 흩트리며 몰려들었다.

뒤이어 그리스군은 산지에서 내려와 플라타이아로 진출하기로 결의했다. 야영지로서 플라타이아 지역이 에리트라이 부근보다 여러 가지 점에서 훨씬 나았고 특히 물 사정이 좋았기 때문이었다. 이 지역에서도 특히 가르가피아 샘 근처로 진출하여 전열을 가다듬고 야영할 필요가 있다는 데 중의(衆議)가 모아졌다. 그리스군은 무기를 들고 키타이론 산 기슭을 떠나 히시아이를 지나 플라타이아 지역으로 들어가 가르가피아 샘과 그 지방의 영웅신인 안드로크라테스의 신역 부근에 있는 낮은 구릉과 평지가 교차하는 지역 일대에 걸쳐 나라별로 지역을 분담했다. [18]

이때 부대의 배치와 관련하여 테게아인과 아테네인 사이에 격렬한 논쟁이 벌어졌다. 쌍방 모두 과거 및 최근의 실적을 들추며 한쪽 날개[19]는 자군이 맡는 것이 당연하다고 주장했기 때문이었다. 테게아측은 다음과 같이 주장했다.

"헤라클레스 일족(헤라클레이다이)이 에우리스테우스[20]가 죽은 후 펠로폰네소스로의 복귀를 시도했던 과거와 현재를 통틀어 먼 옛날부터 펠로폰네소스인이 서로 제휴하여 출진한 때에는 반드시 우리 부대가 이 부분을 맡는다는 것을 전 동맹국들이 인정해 왔소. 그 옛날 우리가 이러한 특권을 얻게 된 것은 다음과 같은 활약 때문이었소. 즉 우리가 당시 펠로폰네소스에 거주하고 있던 아카이아인과 이오니아인과 함께 아군을 구원하기 위해 지협에 출동하여, 복귀를 꾀하는 헤라클레스 일족과 맞서 포진하고 있었을 때의 일이오. 전하는 바에 따르면 이때 힐로스가 양군이 서로 싸워 위험을 초래할 필요 없이 펠로폰네소스군 중에서 가장 뛰어난 용사로서 뽑힌 자와 자기가 정해진 협정하에 한 번의 격투로 결판을 내자고 제안했다 하오. 펠로폰네소스군도 이 제안에 따르기로 결정하자 이에 양측은 서로 서약하고, 만약 힐로스가 펠로폰네소스군의 대장과 싸워 승리를 거두면 헤라클레스 일족은 복귀하여 조상의 권리를 계승해도 좋지만, 만약 패하면 헤라클레스 일족은 철수하여 군대를 이끌고 돌아가 100년 동안은 펠로폰네소스로의 복귀를 하지 않기로 약속했소. 그리고 당시 우리 나라의 왕으로 군대를 지휘하

---

18) 샘도 신역(神域)도 오늘날에는 그 위치를 확실히 알 수 없다. 그러나 샘은 그리스군 전선의 오른쪽 날개의 위치를 나타내고, 신역은 왼쪽 날개를 나타낸다고 추측된다.

19) 왼쪽 날개를 가리킨다. 오른쪽 날개는 스파르타군의 특권적 지위로서 부동의 것이었다.

20) 티린스(혹은 미케네)의 왕으로 헤라클레스를 박해한 인물. 헤라클레스의 사후에도 헤라클레스 일족을 계속 박해하다가 결국 헤라클레스의 아들인 힐로스에 의해 살해됐다. 헤라클레스 일족의 펠로폰네소스 복귀란 역사적 사실인 '도리스족의 침입'의 전설적 표현이다.

고 있었던 페게우스의 손자이자 아에로포스의 아들인 에케모스가 자원하여 전 동맹군의 대표로 힐로스와 한 번의 격투로 맞서 싸워서 결국 쳐죽였소. 이 공적에 따라 우리 나라는 당시의 펠로폰네소스 제국 중에서 현재도 계속해서 지니고 있는 여러 가지 큰 특권을 얻었는데, 그 중에서도 가장 큰 것이 연합하여 출진할 때는 항상 한쪽 날개를 지휘한다는 권리였소.

그러나 스파르타인 여러분, 우리도 귀군에 대해서는 이의를 제기할 생각이 없소. 귀군이 어느 쪽 날개의 지휘를 바라든 그 선택은 기꺼이 귀군의 자유에 맡길 것이오. 다만 다른 한쪽의 지휘권만은 과거와 마찬가지로 우리 부대에 속해야만 한다고 주장하오. 단 지금 이야기한 우리의 공적은 별도로 하더라도, 아테네인 부대보다는 우리 부대 쪽이 이 부분을 맡기에 적합하오. 스파르타인 여러분, 우리는 이미 수없이 귀국을 적으로 삼아 훌륭히 싸운 실적을 갖고 있소. 귀국뿐만 아니라 다른 나라들에 대해서도 마찬가지였소. 따라서 아테네인이 아니라 우리 부대가 한쪽 날개를 맡아야 하오. 아테네인은 과거에 있어서도 최근에 있어서도, 우리가 보인 그와 같은 활약을 보이지 못했기 때문이오."

테게아인이 위와 같이 말하자, 아테네인은 다음과 같이 답했다.

"우리가 여기에 모인 것은 침략자를 격퇴하자는 데에 있지, 토론을 하는 데 있지 않다는 것을 우리는 잘 알고 있소. 그러나 유사 이래 양 국민이 각각 세운 공적을 과거와 현재를 불문하고 서로 이야기하자고 테게아인이 말을 꺼낸 이상, 우리는 아르카디아인과 같은 자들을 능가하며 항상 무용(武勇)의 영예를 빛내 왔으므로 우리 쪽에야말로 보다 우월한 지위를 차지할 만한 전통적인 권리가 있다는 근거를 여러분에게 명백히 밝히지 않을 수 없소.

우선 이자들이 지협에서 그 수령을 죽였다고 칭하고 있는 헤라클레스 일족에 관한 일인데, 그들은 맨 처음에 미케네인[21]에게 예종당하는 모욕을 피하기 위해 피난처를 찾았으나 그리스 제국으로부터 모두 추방당하는 곤경에 처했소. 우리 나라만이 그들을 받아들여 그들과 힘을 합쳐 당시 펠로폰네소스를 영유하고 있었던 자들을 격파하고 에우리스테우스의 폭정을 분쇄했소.[22] 다음으로는 폴리네이케스와 함께 테베를 공격했던 아르고스인들이 죽음을 당해 장례식도 치러지지 않은 채 방치되어 있었던 것을 우리 나라는 카드모스 일족(테베인)을 향해 군대를 진격시켜 아르고스인의 유체를 수습하고 이들을 우리 영내의 엘레우시스에서 장례지낸 것을 말할 수 있소.[23] 게다가 우리는 일찍이 테르모돈 강변으로부터 아티카에 침입했던 아마존족에 대해 훌륭한 승리를 거둔 실적도 있고,[24] 또한 트로이 전쟁 때에도 우리는 어느 나라에 못지않은 활약을 보였소.

그러나 이러한 일들을 늘어놓아 보았자 무슨 소용이 있겠소. 옛날에 용감했던 민족이 이제는 변변치 못할 수도 있고, 옛날에 변변치 못했던 민족이 이제는 용감해진 경우도 있을 것이기 때문이오. 그러므로 과거의 업적에 대해서는 지금까지의 이야기로 충분할 것이오. 그리스 제국 중에 수없이 많은 훌륭한 활약상을 보인 나라가 있다면 우리가 바로 거기에 해당할 것이오. 설사 우리 나라에 다른 업적이 없었다 하더라도 마라톤에 있어서의 업적만으로도 우리는 이 특권뿐만 아니라 그 밖의 여러 가지 특권도 누릴 자격이 있소. 그리스 제국 중에서 실로 우리 나라만이 페르시아군을 상대로 홀로 도전하여 그 어려운 싸움에서 모두 46개에 이르는 민족을 격파하여 훌륭한 승리를 거두었기 때문이오! 이 공적 한 가지만 가지고도 우리 군이 이 부서를 확보할 만

---

21) 이 경우에 에우리스테우스는 미케네의 왕이라 생각되고 있다.
22) 에우리피데스의 비극 〈헤라클레스의 후예(헤라클레이다이)〉의 제재(題材) 가 된 이야기.
23) 이 이야기도 에우리피데스의 〈탄원하는 여자들(히케티데스)〉에 의해 잘 알려져 있다.
24) 테세우스가 아마존의 한 사람인 안티오페(혹은 히폴리테)를 약탈한 데서 아티카가 아마존의 보복 공격을 받아 격전 끝에 이를 격파했다는 전설. 아마존에 대해서는 제4권 참조.

하지 않소? 그러나 지금과 같은 때에 부대를 배치하는 일을 가지고 내분을 일으켜서는 안 될 것이오. 스파르타인 여러분, 귀군이 어느 지점을 맡도록 명하든 우리로서는 귀군의 의향에 따를 생각이오. 우리는 어느 곳에 배치되더라도 용감히 싸울 각오이니 부디 명령을 내려 주시오. 우리는 그에 따를 것이오."

아테네인이 위와 같이 응수하자, 스파르타의 전 장병은 큰소리로 아르카디아인보다는 아테네인이 그 날개를 맡는 것이 더 적합하다고 외쳤다. 이리하여 아테네인이 테게아인을 누르고 이 부분을 맡기로 했던 것이다.

이와 같은 일이 있은 후, 처음에 도착한 부대에 그 뒤에 속속 도착한 부대를 덧붙여 그리스군은 다음과 같이 전열을 짰다. 오른쪽 날개는 스파르타군[25] 1만이 맡았는데, 그 중 5천 명은 순수한 스파르타인으로 여기에는 1인당 7인씩의 비율로 총수 3만 5천 명의 국가 노예 출신의 경무장병이 호위병으로서 배치되었다. 스파르타군은 자군의 이웃에 배치될 부대로서 테게아군을 선택했는데, 그것은 그들에게 경의를 표하기 위함과 동시에 테게아군의 무용을 높이 샀기 때문이었다. 이 병력은 중무장병 1500명이었다. 그 다음으로는 코린토스군 5천 명이 진을 쳤는데, 그들은 파우사니아스의 허가를 얻어 팔레네 지방의 포티다이아로부터 종군하고 있었던 300명의 병사를 자군 곁에 포진시켰다. 그 다음에는 아르카디아의 오르코메노스인 부대 600명, 그 다음으로는 시키온군 3천 명이 있었고, 그 이웃에는 에피다우로스군 8천 명이 있었다. 에피다우로스군의 곁에는 트로이젠 군 1천 명이 배치되었고, 트로이젠군 옆에는 레프레온[26]군 200명, 이어서 미케네군과 티린스군 합쳐

---

25) 여기에서는 라케다이몬과 스파르타를 엄밀하게 구별하지 않고 대개 스파르타라고 옮겼지만, 이 경우에는 다소 곤란하다. 정확히는 '라케다이몬인 1만'으로, 그 중 5천이 스파르타인, 그 나머지 5천은 이른바 주위 주민(헤리오이코이)이었으리라 생각된다.
26) 펠로폰네소스 서해안 중앙부의 트리피리아 지방의 도시.

400명, 나아가 플레이우스[27]인 부대 1천 명이 그 뒤를 이었다. 그 곁에 자리잡은 것은 헤르미오네군 300명이었고, 헤르미오네군 다음에는 에레트리아군과 스티라군 합계 600명, 계속해서 칼키스군 400명, 그 다음으로는 암브라키아인 부대 500명이 위치했다. 위의 부대 뒤에는 레우카스군과 아낙토리온군 합계 800명, 그 다음으로는 케팔레니아 섬[28]의 팔레인 부대 200명이 진을 쳤다. 그 곁에는 메가라군 3천 명이 배치되었고, 플라타이아군 600명이 뒤를 이었다. 그리고 마지막으로——그리고 맨 선두이기도 했다——포진된 것은 왼쪽 날개를 담당한 8천 명의 아테네군으로, 그 지휘를 맡은 것은 리시마코스의 아들 아리스테이데스였다.

위에 열거한 병력은 스파르타 병사 한 명당 7명씩 배속되어 있던 노예병들을 제외하면 모두 중무장병으로, 그 총수는 3만 8700명이었다. 페르시아군을 맞아 싸우기 위해 집결한 중무장병의 총수는 이와 같았다. 한편 경무장 병력으로서는 우선 순수 스파르타인 부대에 스파르타 병사 1명당 7명씩 배속되어 있었던 3만 5천 명의 병사가 있었는데, 이들은 모두 전투용 장비를 갖추고 있었다. 다음으로 그 밖의 스파르타 부대 및 그리스 모든 부대의 경무장 병력 수는 중무장병 1명당 1명씩의 비율로 모두 3만 4500명[29]이었다. 이리하여 전투 능력이 있는 경무장병의 총수는 6만 9500명이었다.

플라타이아에 집결한 그리스군의 총수는 중무장병과 전투 능력이 있는 경무장병을 합쳐 11만에서 1800명이 모자라는 숫자였다. 그러나 종군하고 있던 테스피아이인을 덧붙이면 그 숫자는 꼭 11만이었다. 테스

---

27) 아르고스 지방 서북부의 도시.
28) 이오니아 해(海)의 큰 섬. 팔레는 이 섬 안에 있는 도시.
29) 중무장병의 총수 3만 8700에서 순수 스파르타병 5천을 뺀 수는 3만 3700이 므로, 중무장병과 경무장병의 비(比)를 엄밀히 1대 1로 계산한 3만 4500에서 800이 모자란다. 이것을 단지 작자의 계산상의 착오로 보아야 할지 어떨지는 의문이다.

피아이인 부대도 살아 남은 1800명이 그리스군의 진영에 가담하고 있었기 때문이다.[30] 다만 이 부대는 중무장을 하지 않고 있었다.[31]

그리스군이 위와 같이 포진하여 아소포스 강변에서 야영한 데 대해, 마시스티오스의 죽음에 깊은 조의를 표한 마르도니오스 휘하의 페르시아군은 그리스군이 플라타이아에 있다는 정보를 접하자 그들도 또한 이 땅을 흐르고 있는 아소포스 강변으로 이동했다. 그들은 마르도니오스의 지휘에 따라 그리스군에 대항하기 위해 다음과 같이 진을 갖추었다.

마르도니오스는 스파르타군의 전면에는 페르시아인 부대를 배치했다. 페르시아인 부대는 그 병력이 스파르타군을 훨씬 능가하고 있었으므로 전열을 두텁게 하여 그것이 테게아군의 전면에까지 미쳤다. 마르도니오스는 배치를 할 때 페르시아군 중에서 최정예군을 뽑아 스파르타군의 전면에 두고 비교적 약한 병사들로 하여금 테게아군을 상대하도록 유의해서 배치했다. 그의 이러한 조치는 테베인의 조언에 의한 것이었다. 페르시아인 부대 오른쪽에는 메디아인 부대를 배치했다. 이 부대는 코린토스, 포테이다이아, 오르코메노스, 시키온 등의 그리스 부대에 대항하도록 되어 있었다. 마르도니오스는 메디아군 다음에는 박트리아인 부대를 배치했는데, 이 부대는 에피다우로스, 트로이젠, 레프레온, 티린스, 미케네, 플레이우스 등의 그리스 부대를 정면에서 상대했다. 박트리아군 다음에는 인도군이 배치되어 헤르미오네, 에레트리아, 스티라, 칼키스 등의 부대를 맡았다. 인도군 다음에 배치된 것은 사카이인 부대로, 이들은 암브라키아, 아낙토리온, 레우카스, 팔레, 아이기나 등의 부대를 상대했다. 나아가 마르도니오스는 아테네, 플라타이아, 메가라 등의 부대 전면에는 보이오티아, 로크리스, 말리스, 테살리아 부대 및 포키스인 1천 명을 배치했다. 포키스인은 모두가

---

30) 테르모필라이 전투에서 살아 남은 자들.
31) 중무장병과 같이 큰 방패와 긴 창을 지니지 않았다는 의미. 따라서 경무장병이었던 것이다.

페르시아측에 가담한 터는 아니고, 그 일부는 파르나소스 산에서 농성하면서[32] 그리스측에 유리하게 이곳을 본거지로 하여 마르도니오스군 및 이를 원조하는 그리스 부대를 습격하여 괴롭히고 있었다. 마르도니오스는 이 밖에 마케도니아인 부대 및 테살리아 주변의 주민 부대도 또한 아테네군 전면에 배치했다.

위에서는 마르도니오스에 의해 전선에 배치된 민족 중에서 가장 유력한 민족들만을 거론했는데, 이들은 모두 전군 중에서 이름이 잘 알려진 중요한 부대였다. 페르시아 원정군 중에는 그 밖의 잡다한 민족의 병사들도 섞여 있었는바, 프리기아인, 미시아인, 트라키아인, 파이오니아인 등이 그들이며, 나아가 에티오피아인 및 헤르모티비에스, 칼라시리에스라 불리는 이집트인도 끼여 있었다. 이집트에서는 헤르모티비에스와 칼라시리에스만이 군무에 종사하는데,[33] 이들은 단검을 착용하고 있다. 이 이집트군은 마르도니오스가 아직 팔레론에 있을 때 함상 전투원으로 승선해 있던 것을 하선시킨 것으로, 본래 이집트인은 크세르크세스를 따라 아테네를 침공했던 육상 부대에는 끼여 있지 않았다.

페르시아군의 병력은 전에도 명백히 했던 것처럼 총 30만이었다. 마르도니오스에 가세한 그리스인 부대의 수는 애초부터 병력 수에 대한 조사가 한 번도 행해지지 않았기 때문에 알 수 없다. 그러나 내 추정으로는 총 5만에 달했으리라고 생각된다. 이상 전선에 배치된 병력은 모두 보병이었고, 기병 부대는 별도로 배치되었다.

플라타이아 전투

전군이 민족별, 군단별로 배치를 완료한 후, 양군은 모두 다음날 희생식을 행했다. 그리스군에서 희생식을 집행한 것은 안티오코스의 아

---

32) 제8권 참조.
33) 이집트의 무사 계급(제2권 참조).

들 테이사메노스였는데, 그는 점쟁이 자격으로 종군하고 있었다. 이 사람은 엘리스인으로 이아모스 가(이아미다이)[34]였는데, 스파르타인은 그를 스파르타의 시민으로 대우하고 있었다. 그렇게 된 사정을 살펴보면 다음과 같다.

이전에 테이사메노스가 자식을 얻을 수 있을지를 알아보기 위해 델 포이의 신탁을 받았는데, 무녀의 대답은 그가 커다란 승부에서 다섯 번에 걸쳐 이기리라는 것이었다.[35] 테이사메노스는 신탁의 진의를 오해하여 체육 경기에서 이길 것이라는 의미로 생각하고 5종경기[36]를 연습하여 올림피아에서 안드로스 출신의 히에로니모스를 상대로 싸웠지만 한 종목 차이로 애석하게 우승을 놓쳤다. 그런데 스파르타인은 테이사메노스가 받은 신탁이 체육 경기에서의 승부가 아니라 전쟁에서의 승부를 가리킴을 알고 그에게 보수를 주고 설득하여 전쟁시 헤라클레스 가의 왕과 함께 지휘를 맡게 했다. 테이사메노스는 스파르타인이 자신을 그들 편으로 끌어들이기 위해 몹시 애쓰는 것을 보고 보수를 올려, 자신을 스파르타의 시민으로 만들어 주고 모든 권리를 부여하면 응하겠지만 그 밖의 보수로는 응하지 않겠다고 말했다. 처음엔 스파르타인은 그 말을 듣고 분개하여 그에 대한 요청을 단념했지만, 페르시아군의 침입이라는 커다란 위협이 닥치게 되자 결국 그를 불러들이고 그 요구를 들어 주겠다고 했다. 그러자 테이사메노스는 스파르타인의 마음이 변한 것을 알고 이제는 그것만으로는 안 되고 자신의 형제인 헤기아스도 자신과 똑같은 조건으로 스파르타 시민으로 만들어 주지 않으면 안 되겠다고 말했다.

테이사메노스가 이렇게 제안한 것은——요구한 것이 왕위와 시민권이라는 차이를 별도로 한다면——멜람푸스[37]의 예를 따랐다고 할 수 있

---

34) 아폴론의 아들 이아모스를 조상으로 하는 올림피아의 점술가 일족.
35) 자식에 대해 물었는데 그 대답이 이상하다. 테이사메노스가 자식 복이 없는 것을 위로하는 의미에서 이렇게 말했는지 확실하지 않다.
36) 넓이뛰기, 창던지기, 경주, 원반던지기, 레슬링 등 다섯 종목.

다. 멜람푸스도 아르고스의 여자들이 미치자[38] 아르고스인이 그를 필로 스로부터 초빙하여 그 여자들을 치료해 달라고 했을 때, 그 보수로서 왕국의 반을 달라고 제안했다. 아르고스인은 그 요구를 거부했지만 발 광하는 여자의 수가 점점 더 늘어가므로 마침내 멜람푸스의 제안을 받 아들이기로 하고 승낙의 뜻을 전하기 위해 그를 방문했다. 이때 멜람 푸스는 아르고스인이 마음을 바꾼 것을 깨닫자 값을 올려 자기 형제인 비아스에게도 왕국의 3분의 1을 주지 않으면 응하지 않겠다고 답했다. 아르고스는 빼도 박도 못 하고 그 요구를 수락했던 것이다.

이 예와 똑같이 스파르타인은 테이사메노스를 적절히 필요로 하고 있었기 때문에 전적으로 양보했다. 스파르타측이 양보하여 새로운 요 구도 들어 준 결과, 엘리스인 테이사메노스는 스파르타의 시민이 되고 점쟁이로서 스파르타인을 도와 5회에 걸쳐 대전쟁을 승리로 이끌게 했 다. 천하가 아무리 넓다 하더라도 외국인으로서 스파르타의 시민권을 얻은 것은 이 두 사람밖에 없다. 다섯 번의 대전쟁이란 그 첫째는 플 라타이아 전투, 그 다음은 테게아인과 아르고스인을 상대로 싸웠던 테 게아 전투, 그 다음은 만티네이아를 제외한 전 아르카디아인을 상대로 싸웠던 디파이아[39] 전투, 그 다음은 이스토모스 부근에서의 대 메세니 아 전투, 마지막은 아테네 및 아르고스를 상대로 했던 타나그라 전투[40] 등이다. 이 타나그라 전투가 다섯 번의 전투 중 최후의 전투였다.

---

37) 전설상의 유명한 점쟁이(제2권 참조).
38) 아르고스 지방의 도시 티린스의 왕 프로이토스의 세 왕녀(王女)가 디오니 소스(혹은 헤라)의 노여움을 사 광기에 빠졌다. 그리고 이 병은 다른 여자 들에게도 전염됐기 때문에 멜람푸스가 초빙되어 이것을 치유시켜, 그 답례 로서 동생과 함께 왕녀를 한 사람씩 아내로 맞이하고 왕권도 분양받았다 한다.
39) 아르카디아 남쪽의 마이나리스 지방에 있는 도시. 테게아의 서북방에 해당.
40) 기원전 457년에 일어났다. 포키스에 출격했던 스파르타군이 귀로에 아테네 군의 방해를 받았기 때문에, 아테네군과 이에 연합한 아르고스인을 상대로 싸웠다.

이 테이사메노스가 이때 스파르타군을 종군하여 플라타이아 지역에서 그리스군의 무운(武運)을 점쳤던 것이다. 희생의 괘는 그리스군이 수세(守勢)에 서면 길(吉), 아소포스를 도하하여 먼저 공격을 가하면 흉(凶)이라고 나왔다.

한편 마르도니오스의 희생의 점괘도 싸움을 걸면 흉하고 수세를 지키면 길하다고 나왔다. 왜냐하면 마르도니오스도 헤게시스트라토스라는 점쟁이를 데려와 그리스풍의 희생점을 치게 했기 때문이었다. 이 헤게시스트라토스라는 자는 엘리스인으로 텔리아스 일족[41] 중에서는 가장 명망이 높았던 인물이었다. 그는 한때 스파르타에 커다란 해를 주었다 하여 스파르타인에게 포박당하고 사형수로서 유폐당했었다. 이러한 비운에 처했던 그는 생사의 갈림길에 서서 죽음을 면할 수만 있다면 어떠한 참혹함도 견딜 수 있다는 생각에서, 실로 말로 표현할 수 없는 대담하고 기발한 행동을 연출했다. 그는 철테가 둘러진 나무 차꼬를 차고 있었는데, 어떻게 손에 넣었는지 칼붙이를 손에 넣자마자 어느 정도 잘라 내면 나머지 발이 빠져 나올 수 있는지를 계산한 뒤 스스로 발을 잘라 냈던 것이다. 그런 뒤 보초가 지키고 있었으므로 감옥 벽에 구멍을 뚫고 밤에만 걷고 낮에는 숲 속에 숨어 잠자면서 테게아를 향해 탈주했다. 이리하여 스파르타인이 나라 안을 모두 수색했음에도 불구하고 그는 3일째 밤에 테게아에 도착했다. 한편 스파르타인은 잘라 낸 발 조각은 남아 있는데 본인의 모습은 발견할 수 없었으므로 그의 대담무쌍한 행위에 혀를 내둘렀다. 위와 같이 하여 헤게시스트라토스는 이때 스파르타를 탈주하여 당시 스파르타와 사이가 좋지 않았던 테게아로 피했던 것이었다. 상처를 치료하고 의족을 단 그는 이때부터 공공연히 스파르타의 적이 되었다. 그러나 그가 스파르타에 대해 불태웠던 증오는 결국 자신의 몸을 그르치게 되었다. 그가 자킨

---

41) 이아모스 가, 클리디오스 가 등과 함께 엘리스에서 유명했던 점술가의 가계(家系)(제8권 참조).

토스에서 점을 치고 있을 때 스파르타인이 그를 잡아죽였기 때문이다.

그러나 헤게시스트라토스의 죽음은 플라타이아 전투 이후의 일이다. 그는 플라타이아 전투시에 거액의 보수를 받고 아소포스 강변에서 마르도니오스를 위해 희생점을 치며 스파르타에 대한 증오심과 돈 두 가지를 위해 열성을 다하고 있었다. 그러나 페르시아군뿐만 아니라 페르시아군을 따르는 그리스인 부대 쪽에도 선제 공격을 하면 흉하다는 괘가 나타났으며(그리스인 부대에도 레우카스인인 히포마코스라는 전속 점쟁이가 있었던 것이다), 한편 그리스군은 지원군이 계속 유입되어 그 세력이 증대되고 있었다. 그러자 헤르피스의 아들 티마게니다스라는 테베인이, 그리스군은 매일 계속 증대되고 있으므로 키타이론의 진입로를 경계하면 많은 그리스병의 유입을 저지할 수 있을 것이라고 마르도니오스에게 진언했다.

티마게니다스가 마르도니오스에게 위와 같이 진언했을 때는 이미 양군이 대치하고 있은 지 8일이 경과하고 있었다. 마르도니오스는 이 진언을 좋은 계책이라고 생각하고 밤이 되자 플라타이아로 통하는 키타이론의 진입로로 기병 부대를 파견했다. 이 가도(街道)를 보이오티아인은 '삼두(三頭)'라고 부르고, 아테네인은 '떡갈나무 머리'[42]라고 부르고 있었다.

이 작전은 효과가 없지 않았다. 펠로폰네소스로부터 식량을 진영으로 수송하고자 평야로 들어오려던 500마리의 운반용 가축류와 그에 딸린 사람들을 사로잡았기 때문이다. 페르시아군은 이들을 포획하자 가축류도 인간도 사정없이 마음 내키는 대로 살육했다. 그리고 살육하는 데 싫증이 나자 나머지 아직 살아 남은 자들을 한데 모아 마르도니오스의 진영으로 끌고 갔다.

위와 같은 일이 있은 후 양군 모두 싸움을 걸지 않고 다시 이틀이

---

42) 삼두(三頭)란 이 부근에 산봉우리 세 개가 나란히 놓여 있는 데서, 떡갈나무 머리란 이들 산봉우리가 떡갈나무로 뒤덮여 있는 데서 붙여진 이름이다.

지났다. 그사이 페르시아군은 그리스군이 먼저 공격해 오도록 유도하기 위해 아소포스 강변까지는 진출했지만 쌍방 모두 강을 넘지는 않았다. 그러나 마르도니오스 막하의 기병 부대는 끊임없이 그리스군을 괴롭혔다. 이것은 열렬한 페르시아의 지지자인 테베인이 유달리 전쟁에 열의를 보이며 계속해서 페르시아군의 선두에 서서 유도했기 때문인데, 단 그것은 전투에 돌입하기까지만이고, 그 뒤를 이어 무공을 세운 것은 페르시아인과 메디아인이었다. [43]

따라서 이 10일간은 이것 이상의 진전은 없었다. 그러나 양군이 플라타이아에서 대치한 지 11일째 되던 날, 그리스군의 수가 점점 더 늘고 있었고 마르도니오스는 아무 진전 없이 질질 끄는 것을 참지 못하고 파르나케스의 아들로 크세르크세스의 신임을 특히 많이 받는 몇몇 페르시아인 중 한 사람이었던 아르타바조스와 회담을 가졌다. 이 회담에서 이야기된 의견은 다음과 같았다. 아르타바조스가 제시한 의견은 한시바삐 전군을 전선에서 철수시켜 병력 및 운반용 가축류를 위한 식량과 사료를 충분히 비축해 둔 테베 성내로 들어가 여기에서 천천히 자리잡고 있으면서 다음과 같이 일을 진행시켜야 한다는 것이었다. 즉 페르시아군은 화폐로 주조한 것이나 그렇지 않은 것을 합쳐 다량의 황금을 소유하고 있고, 그 밖에도 다량의 은 및 (은제) 술잔류도 있으므로 이들 물품을 아끼지 말고 그리스인, 특히 각 도시의 가장 유력한 사람들에게 보내면 페르시아군으로서는 굳이 싸우는 위험을 무릅쓰지 않더라도 소기의 목적을 달성할 수 있다는 것이었다. 이렇게 그들로 하여금 스스로 자유를 포기하게 할 수 있다고 주장했다.

아르타바조스의 견해는 테베인의 견해와 일치하는 것으로 선견지명이 있는 주장이었지만, 마르도니오스의 의견은 그보다 더 경색되어 일절 타협을 허용하지 않았다. 그는 페르시아군의 병력은 그리스군보다

---

43) 헤로도토스의 필치에 테베인에 대한 통렬한 야유가 깃들여 있음은 의심할 나위도 없다. 플루타르코스의 이른바 〈헤로도토스의 악의(惡意)〉의 예.

훨씬 우세하므로 즉시 교전을 해야 하며 그리스군의 병력이 현재보다
증강되는 것을 간과해서는 안 된다고 말하며, 무리하게 헤게시스트라
토스의 희생 점괘에 따를 것이 아니라 그것을 무시해 버리고 페르시아
인의 방법에 따라[44] 전투를 개시하는 것이 좋다는 것이었다.

마르도니오스가 이러한 의견을 제시하자 그의 의견대로 되었다. 왜
냐하면 왕으로부터 통솔권을 부여받고 있었던 자는 아르타바조스가 아
니라 마르도니오스였기 때문이다.

그 후 마르도니오스는 페르시아의 각 군단장과 그를 수행하고 있는
그리스인 부대의 지휘관들을 소집하고는 페르시아군이 그리스에서 섬
멸된다는 예언을 알고 있느냐고 물었다. 실제 그 신탁을 모르는 자도
있었지만 물론 알고 있는 자들도 그것을 입 밖에 내면 위험하다고 생
각하고 침묵을 지키고 있었던바, 마르도니오스는 이렇게 말했다.

"그대들이 실제로 아무것도 모르든지 혹은 그것을 감히 말하려 하지
않으므로 모든 것을 잘 알고 있는 내가 그것을 말하겠소. 페르시아군
은 그리스에 도달하여 델포이의 성역을 약탈한 후 전멸하게 될 운명에
있다는 신탁이 있었소. 우리는 이 신탁을 잘 알고 있으므로 성역에서
멀찌감치 떨어져 그것을 유린하려고 하지 않을 것이오. 따라서 그것이
원인이 되어 우리 군이 전멸하는 따위의 일도 없을 것이오. 그러므로
그대들 중 적어도 페르시아가 번영하길 원하는 사람은 우리 군이 그리
스에 반드시 승리할 것이라는 걸 알고 기뻐해 주기 바라오."

마르도니오스는 일동에게 위와 같이 말하고 이튿날 아침 벌어지게
될 전투에 대비하여 만반의 준비를 갖추고 실수가 없도록 하라고 지시
했다.

그러나 나는 마르도니오스가 페르시아군에 관한 것이라고 말한 신탁
이 실은 일리리아의 엔켈레이스인[45]의 침공에 관한 것이고 페르시아군

---

44) 이것이 구체적으로 무엇을 뜻하는지는 잘 알 수 없다. 그리스식의 희생점
　　과 같은 번거로운 짓은 하지 않고 곧바로 전쟁을 시작하자는 의미로도 해
　　석된다.

과는 관계가 없다는 것을 알고 있다. 그리고 실제로 이 전투에 관하여 바키스[46]가 내린 예언은 다음과 같다.

> 풀이 부드럽게 깔린 테르모돈과 아소포스 강가에서
> 그리스군이 모이고, 알아들을 수 없는 외국인의 함성이 울릴 것이다.
> 운명의 날이 이르렀을 때, 활로 무장한 수많은 메디아 병사들이
> 정해진 운명을 채우지 못하고 여기서 최후를 마칠 것이다.

이 예언이나 이와 유사한 무사이오스의 예언이야말로 페르시아인과 관련된 것임을 나는 알고 있다.

또한 테르모돈이란 타나그라와 글리사스 사이를 흐르는 강 이름이다.[47]

마르도니오스가 신탁에 대해 묻고 나서 앞서와 같이 훈시한 후, 날이 저물어 초병(哨兵)이 배치되었다. 이윽고 밤은 깊어지고 양 진영에 침묵만이 흐르고 병사들도 모두 잠들었다고 생각될 무렵, 마케도니아의 왕으로 군대를 지휘하고 있었던 아민타스의 아들 알렉산드로스는 말을 달려 아테네군의 보초 앞에 나타나 지휘관들에게 면회를 요청했다. 그러자 대부분의 보초는 그 자리에 남고 일부의 보초는 지휘관들에게로 달려가, 페르시아군의 진영에서 말을 탄 남자 한 명이 와 다른 아무것도 밝히지 않고 다만 지휘관들의 이름만 들고는 면담하고 싶다고 말한다고 전했다.

지휘관들은 그 보고를 듣자 곧 달려온 병사들과 함께 초병들이 있는 곳으로 갔다. 지휘관들이 오자 알렉산드로스가 그들을 향해 이렇게 말

---

45) 테베에서 쫓겨난 전왕(前王) 카드모스 일당이 일리리아의 엔켈레이스인에게 도망친 뒤 그들을 이끌고 다시 그리스로 돌아왔다는 전설에서 유래.

46) 이 유명한 예언자에 대해선 제8권 참조.

47) 이렇게 예언한 것은 같은 이름의 강이 소아시아에 있고, 그쪽이 유명했기 때문이다.

했다.

"아테네인 여러분, 그대들을 믿고 말하거니와, 지금부터 내가 말하는 것을 파우사니아스 이외에는 누구에게도 비밀로 해주시오. 그러지 않으면 나는 파멸될 것이오. 만약 내가 그리스 전체를 위해 깊이 우려하지 않았다면 이런 말을 하러 오지도 않았을 것이오. 나 자신도 옛날로 거슬러올라가면 그리스인의 피를 이어받았으며, 그리스가 자유를 잃고 타국에 예속되는 것을 볼 수 없다는 생각이오. 그럼 지금부터 전하고 싶은 것을 말하겠소. 마르도니오스와 그 휘하의 군대에 희생점의 결과가 아무래도 좋지 않다는 것이오. 만약 그렇지 않다면 그대들은 훨씬 이전에 전투에 돌입했을 것이오. 그런데 마침내 마르도니오스는 희생점을 무시하고 내일 아침 날이 밝자마자 전투를 도발할 결심을 굳히고 있소. 내 추측으로는 귀군이 증강되는 것을 마르도니오스는 두려워하고 있는 것 같소. 귀군은 이에 대한 준비를 갖추어 두시오. 그러나 만일 마르도니오스가 전투를 연기할 경우엔 계속 머물러 있는 게 좋소. 그들에게는 이젠 수일간의 식량밖에 남아 있지 않기 때문이오.

이번 싸움이 귀군이 바라는 대로 성공적으로 끝날 때에는 본인이 아무런 위해를 입지 않도록 반드시 나를 기억해 주십시오. 마르도니오스의 의도를 귀측에 전달하여 귀군이 그들의 습격에 대응할 수 있도록 그리스인을 위한 일념으로 이렇게 위험을 무릅쓰고 온 나를 꼭 기억해 주십시오. 나는 마케도니아의 알렉산드로스요."

그는 이렇게 말한 뒤 말을 달려 페르시아 진영의 자기 부대로 돌아갔다.

아테네의 지휘관들은 전선의 오른쪽으로 가 알렉산드로스로부터 들은 바를 파우사니아스에게 전했다. 그는 이 이야기를 듣자 페르시아군에 대해 공포를 느끼고 이렇게 말했다.

"전투가 내일 새벽녘에 벌어질 것이라면 꼭 그대들 아테네군이 페르시아인 부대를 맡고, 우리는 보이오티아군과 귀군의 전면에 있는 그리스인 부대를 맡기로 하는 것이 좋겠소. 귀군은 이미 마라톤 전투를 통하여 페르시아인의 전투 방법을 알고 있지만, 여기 있는 스파르타군은 이들과 싸운 경험이 없기 때문이오. 그러나 우리는 보이오티아인, 테살리아인에 대해서는 이미 충분한 경험을 갖고 있소. 부디 귀군은 무기를 휴대하고 이쪽 날개로 이동하고 우리 군이 왼쪽 날개 쪽으로 이동하도록 해주시오."

이에 대해 아테네의 지휘관들은 이렇게 말했다.

"본래 처음 귀군의 전면에 페르시아인 부대가 배치되어 있는 것을 보았을 때부터 우리 자신으로서도 방금 귀측이 먼저 말을 꺼낸 그런 제안을 하고 싶다고 생각하고 있었으나, 그런 말을 하면 귀군의 기분이 상할까봐 염려했소. 그러나 지금 귀측으로부터 그것을 제안받았으므로 우리는 기꺼이 그것을 받아들이겠소."

양측 모두 양해했으므로 날이 밝자마자 양군은 그 위치를 바꾸었다. 그런데 보이오티아인이 이 행동을 알고 마르도니오스에게 이것을 보고했다. 마르도니오스는 이 보고를 듣자, 곧 페르시아인을 스파르타군 전면으로 이동시켰다. 파우사니아스는 이러한 움직임을 관찰하고는 적의 눈을 속일 수 없음을 깨닫고 다시 스파르타군을 오른쪽으로 돌렸다. 그러자 마르도니오스도 또한 똑같이 부대를 왼쪽으로 돌렸다.

양 부대가 처음 위치로 돌아왔을 때, 마르도니오스가 스파르타군에게 전령을 보내 다음과 같이 전했다.

"스파르타인이여, 이 땅의 주민들은 그대들이 용맹한 국민이라고 생각하고 있는 것 같다. 그대들은 결코 싸움터에서 도피하거나 위치를 포기하지 않고, 끝까지 고수하여 적을 쓰러뜨리든지 그렇지 않으면 자신이 쓰러지든지 한다고 찬탄해 마지않고 있다. 그러나 이 소문은 전혀 거짓이었다. 여기 있는 그대들은 싸우기도 전에 이미 맡은 위치를 버리고 도망치는 한편, 이테네인을 이용해 먼저 우리 군의 힘을 시험하고자 하고, 자신들은 우리의 노예에 불과한 부대 앞에 포진하는 것을 이 눈으로 보았다. 이것은 결코 용맹한 자의 행동이 아니다. 우리는 그대들에게 정말 실망했다. 우리로서는 그대들의 명성에서 추측하건대 그대들이 이제 곧 우리 쪽에 사자를 보내 페르시아인만을 상대로 싸우고 싶다고 도전장을 보내 오리라 기대하고 있었다. 그대들이 도전장을 보냈다면 우리는 반드시 도전에 응했을 것이다. 그러나 그대들은 그러한 말은커녕 목을 움츠리고 꽁무니를 빼고 있지 않은가? 그대들 측에서 도전을 하지 않으므로 이편에서 하겠다. 어디 용감무쌍함을 자랑하는 그대들은 그리스측의 대표, 우리는 페르시아측의 대표가 되어, 같은 수의 병력을 가지고 대결해 보지 않겠는가? 다른 부대도 싸우는 것이 좋다면 그들은 우리의 싸움이 끝난 뒤에 싸우게 하면 된다. 그러나 그럴 필요 없이 우리만으로 결전을 치뤄 우리 중 어느 쪽이 이기든 그 승리로 전군의 승리를 가름하자."

　사자는 위와 같이 말하고 잠시 응답을 기다리고 있었는데, 아무도 응답하지 않자 페르시아 진영으로 돌아와 마르도니오스에게 일의 전말을 복명했다. 마르도니오스는 크게 기뻐하고 공허한 승리의 환상에 취해[48] 기병 부대로 하여금 그리스군을 공격토록 했다. 기병 부대는 돌격하여 창을 던지고 화살을 날리며 그리스 전군에 손상을 입혔는데, 기병들이 활로 무장했기 때문에 그리스군이 이에 접근할 수가 없었다. 기병대는 나아가 그리스 전군이 급수를 의존하고 있던 가르가피아 샘을 유린하고 파괴해 버렸다. 이 샘 부근에 포진하고 있었던 것은 스파르타 병사뿐으로, 다른 부대는 각각의 위치가 샘에서 멀었고 아소포스 강에 가까웠다. 그러나 이들 부대도 적의 기병 부대가 화살을 쏴 그들이 아소포스 강으로 접근하는 것을 막았기 때문에 이 샘에 식수를 의지하고 있었다.

　기병대에 의해서 전열이 교란당하고 식수를 단절당하는 곤경에 처하게 되자 여러 그리스인 부대의 지휘관들은 하나같이 이러한 문제와 기타 문제를 협의하기 위해 오른쪽 날개 편에 있는 파우사니아스에게로

---

48) 스파르타측의 침묵은 마르도니오스의 큰소리를 차갑게 묵살한 것이었는데, 마르도니오스는 이것을 가지고 기가 죽었다고 보았을 것이다.

모여들었다. 실은 식수 문제도 그렇지만 그들을 우려시키는 다른 사정이 있었다. 그리스군은 이미 식량이 다하고, 게다가 식량 조달을 위해 펠로폰네소스에 파견했던 병졸들이 적의 기병대에 의해 진로가 차단되어 진영에 도착할 수 없었던 것이다.

지휘관들은 협의 끝에, 만약 페르시아군이 그날 전면적인 싸움을 걸어 오지 않고 끝나면 '섬'으로 옮겨 가기로 결정했다. 이 '섬'은 그리스군이 가까이에 진영을 구축하고 있었던 아소포스 강과 가르가피아 샘으로부터 10스타디온 떨어진 플라타이아 시 전면에 있다. 육지에 섬이 있다는 것은, 키타이론에서 평야로 흘러내리는 강이 갈라져 약 3스타디온의 거리를 두고 두 갈래로 흐르다가 다시 하상(河床)에서 하나로 합류하기 때문이다. 이 강의 이름은 오에로에라 하고, 이 지방 주민은 이 강을 아소포스의 딸이라고 한다. 그리스군의 지휘관들은 물도 풍부히 구할 수 있고 적의 기병으로부터도 정면에서 상대할 때보다는 피해를 덜 보게 될 것이라는 이유에서 이곳으로 진영을 옮기기로 했던 것이다. 그리고 이렇게 행동을 하는 것을 페르시아군이 보고 기병대로 하여금 추격하여 교란케 하지 못하도록 하기 위해 이동은 밤중 제2야경시(第二夜警時)[49]에 하기로 했다. 나아가 키타이론에서 흘러내리는 아소포스의 딸 오에로에 강이 두 갈래로 갈라져 둘러싼 이 지역에 도착하면, 그날 밤 안으로 부대의 반을 키타이론에 파견하여 식량 조달을 위해 나갔던 병졸들을 구출하기로 결정했다. 그들은 키타이론 산중에서 진로를 차단당하고 있었기 때문이다.

위와 같이 결정한 후 그리스군은 그날 종일 습격해 오는 기병대 때문에 고통을 겪었다. 이윽고 날이 저물자 기병대의 공격도 끝났다. 그리고 밤이 되어 마침내 미리 약속했던 철수 시각이 되자, 대다수의 부대는 진영을 거두고 철수를 시작했다. 그러나 그들은 약속 장소에 가

---

49) 그리스의 경우도 로마와 똑같이 일몰에서 날이 밝을 때까지를 4야경시로 나누었는지는 명확하지 않다. 그러나 만일 그랬다 하고 일몰이 오후 6시이고 일출이 오전 6시일 경우에는 제2야경시는 오후 9~12시가 된다.

는 것 따위는 염두에 두지도 않고 일단 이동을 시작하자 기병 부대로
부터 도망하는 기쁨에 들떠 길을 플라타이아 방향으로 잡고 도망을 계
속하여 헤라 신전에 이르렀다. 이 신전의 위치는 플라타이아 시 전면
에 해당하고 가르가피아 샘으로부터는 20스타디온 떨어진 곳에 있다.
여기에 도착한 그들은 신전 앞에서 정지하고 무기를 내려놓았다.

한편 파우사니아스는 이들이 진영에서 철수하는 것을 보고 그들이
약속 장소로 가리라 믿고 스파르타군에게도 진영을 철수해 선발 부대
뒤를 좇아가라고 명령을 내렸다. 대장(隊長)들은 모두 파우사니아스의
명을 따르는 데 이의가 없었지만, 피타네 군단⁵⁰⁾을 지휘하고 있었던 폴
리아데스의 아들 아몸파레토스만은 자신은 이국군에게 뒤를 보이는 것
이 불쾌하고 또한 스스로 스파르타의 이름을 욕되게 하는 일은 할 수
없다고 주장했다. 그리고 그는 앞서의 협의 때 참석하지 않았기 때문
에 이러한 행동을 보고 놀람을 금치 못했던 것이다. 파우사니아스와
에우리아낙스⁵¹⁾는 그가 자신들의 명령에 복종하지 않는 데 매우 화가
났지만, 아몸파레토스의 의향이 그렇다 하여 피타네 군단을 두고 떠날
수도 없었다. 다른 그리스 부대와의 협정을 이행하기 위해 그 군단을
두고 떠난다면 뒤에 남은 아몸파레토스도, 그 휘하의 부대도 전멸할
것이라 느껴졌기 때문이다. 두 사람은 이렇게 생각하고 스파르타군의
진지 이동을 철회하고 아몸파레토스에게 그가 잘못하고 있음을 설득하
기로 했던 것이다.

한편, 아테네인의 행동은 다음과 같았다. 말과 생각이 서로 다른 스
파르타인의 습관을 잘 알고 있던 아테네인은 처음 위치를 지키며 움직
이지 않고 있었다. 그러나 진영이 이동하기 시작하자, 과연 스파르타
군이 이동하려 하는지 그렇지 않으면 전혀 철수할 의지가 없는지를 알
아보기 위해, 그리고 금후 취해야 할 행동을 묻기 위해 자군 한 사람

---

50) 스파르타의 군제(軍制)는 대부분 수수께끼에 휩싸여 있어 정확히 알 수 없
　　다. 피타네는 스파르타를 구성하는 5개 구(區) 중 하나.
51) 파우사니아스의 상담역(相談役)이었다.

을 말에 태워 파견했다.

그 사자는 스파르타군의 진영에 도착하자 스파르타인 부대가 그대로 원위치에 포진해 있고 그 수뇌들이 입씨름을 하고 있는 모습을 발견했다. 즉 파우사니아스와 에우리아낙스는 스파르타군 중 그 부대만이 남아 위험에 노출되는 그러한 일을 해서는 안 된다고 아몸파레토스에게 권고했지만, 납득시킬 수 없었다. 그 권유는 마침내 입씨름으로 번져 갔는데, 이때 아테네군의 사자가 도착하여 그 자리에 나타났던 것이다. 언쟁하면서 아몸파레토스는 양손으로 큰 돌을 부둥켜 들고 이것을 파우사니아스 발 아래 놓고 자신은 이 돌을 투표석[52]으로 사용하여 외국인(크세노이)[53] ──그는 이방인(바르바로이)을 크세노이라 했다── 에게 뒤를 보이는 것에는 반대 투표를 한다고 말했다. 파우사니아스는 상대방을 미치광이, 바보라고 매도하면서 아테네군의 사자가 명령받은 용건에 대해 질의를 하자 스파르타군의 지금 상태를 있는 그대로 전하여 달라고 말하고, 나아가 아테네군은 자군 가까이로 이동하고[54] 철수 문제에 대해서는 자군과 똑같은 행동을 취해 달라고 요청했다.

사자는 아테네 진영으로 돌아왔고 스파르타인들은 다음날 동이 틀 때까지 의론을 벌였다. 이사이 파우사니아스는 부대의 위치를 바꾸지 않고 있었는데, 다른 스파르타 부대가 철수해 버리면 아몸파레토스도 남아 있지 않을 것이라고 판단하고 ──그리고 사실 그렇게 됐다──진 군 신호를 내려 나머지 전 부대를 이끌고 진지를 떠나 구릉을 따라 이동했다. 그리고 테게아 부대도 이에 따랐다. 아테네군은 받은 지령 그대로 스파르타군과는 반대 방향으로 진군했다. 왜냐하면 스파르타군은

---

52) 그리스에서는 작은 돌로 투표했는데, 큰 돌을 투표에 이용한 것은 결의의 확고함을 나타내고자 했기 때문이었을 것이다.

53) 보통의 용법(用法)에는 바르바로이는 그리스인 이외의 이민족을 가리키고, 크세노이는 일반적으로 외국인으로, 그리스인끼리라도 자신의 폴리스 이외에 사는 자를 가리킨다.

54) 전선의 중앙부에 있었던 부대가 도주, 탈락한 까닭에 양 날개 사이가 비었기 때문이다.

적의 기병대를 두려워하여 높은 곳과 키타이론의 산기슭에 바짝 붙어 진군하는 데 반해 아테네군은 평야로 내려와 있었기 때문이다.

아몸파레토스는 처음에 설마 파우사니아스가 자신들을 두고 정말로 떠나지는 않을 것이라고 판단하고 있었기 때문에 끝까지 그들의 위치를 떠나지 않겠다고 고집했던 것이었다. 그러나 파우사니아스가 이끄는 부대가 먼저 떠나는 것을 보자 그들이 믿었던 바가 무너졌음을 깨달았다. 따라서 아몸파레토스는 휘하 군단으로 하여금 무기를 들고 보통 발걸음55)으로 본대를 뒤따라 행진하게 했다.

한편 먼저 출발한 본대는 약 10스타디온 떨어진 지점에서 아몸파레토스 군단의 도착을 기다리고 있었다. 부대가 정지한 이곳은 몰로에이스라는 강가의 아르기오피오스라는 곳이었는데, 여기에는 엘레우시스의 데메테르 신전도 있었다. 여기에서 기다리고 있었던 이유는, 만일 아몸파레토스와 그 군단이 배치된 장소에서 떠나지 않고 머물러 있을 경우에는 그들 곁으로 되돌아가 구원하려고 했기 때문이었다. 그런데 아몸파레토스가 이끄는 부대가 본대에 이르자마자 적의 기병 전 부대가 습격을 가해 왔다. 기병대는 이때까지 줄곧 해왔던 대로 그리스군을 공격하려고 했는데, 이때까지 그리스군이 포진하고 있었던 곳이 비어 있는 것을 보고 말을 달려 쫓아와 그리스군을 포착하자마자 곧 이들을 공격했던 것이다.

마르도니오스는 그리스군이 밤중에 후퇴하여 그 진지가 비어 있는 것을 보자 라리사의 토락스와 그 형제인 에우리필로스와 트라시데이오스를 불러 이렇게 말했다.

"아레우시스의 아들들이여, 이 비어 있는 진지를 앞에 두고도 그대들은 할말이 있소? 스파르타 근처에 사는56) 그대들은, 스파르타인은 결코 전장(戰場)에서 도주하는 일이 없고 전투에 돌입해서는 용맹무쌍하

---

55) 철수하는 것을 적이 깨닫지 못하도록 하기 위해서였을 것이다.
56) 페르시아 왕에게는 테살리아도 스파르타의 인근 국가로 보였을 것이다.

다고 말했었소. 그런데 그대들은 어제 위치를 변경하는 것을 보았을 것이고, 지금은 또한 어젯밤 사이에 탈주한 것이 우리 모두의 눈앞에서 밝혀졌소. 그들도 사실상 세계 최강의 군대를 상대로 자웅을 겨루지 않으면 안 되는 처지에 이르러서는 결국 어쩔 수 없는 약졸이고, 똑같이 별수 없는 그리스인 사이에서만 명성을 얻고 있었던 데 불과하다는 것을 스스로 폭로했소. 그러나 그대들은 페르시아에 대해서는 아무것도 모를 뿐더러 스파르타인에 대해서도 조금밖에 알지 못했으므로, 스파르타인을 칭찬했다는 것은 그런 대로 용납할 수 있소. 그러나 스파르타인들을 두려워하여 마침내는 진지를 거두고 테베 성내에서 농성함으로써 자진해서 포위당하지 않으면 안 된다고 주장한 아르타바조스에 대해서는 참으로 놀라지 않을 수 없소. 그의 이 의견은 머지않아 내가 전하께 주청할 것이지만, 그러한 일은 뒤에 논하기로 하고 우선 우리가 해야 할 급선무는 그리스인들이 도망하지 못하도록 하는 것이오. 그들을 포착하여 이때까지 페르시아군에 대해 저지른 악행을 톡톡히 보상할 때까지 추궁해야만 하오."

마르도니오스는 이렇게 말한 후 페르시아군에게 아소포스 강을 건너도록 명령했다. 페르시아군은 그리스군이 정말로 도주했다고 여기고 그 뒤를 급속히 쫓았다. 그들은 스파르타군과 테게아군만을 목표로 공격했는데, 그것은 평야로 향했던 아테네군의 모습이 중간에 있는 언덕에 가려 그들의 눈에 비치지 않았기 때문이었다.

페르시아인 부대가 그리스군을 쫓아 발진하는 것을 보자 이국군의 다른 군단의 지휘관들도 곧 출발신호를 내리고 최대한 빠른 속도로 추격해 갔지만, 대형(隊形)은 무너지고 배치 상태도 어지러워 난잡하기 그지없는 모습이 되어 있었다. 그들은 일거에 그리스군을 포착 섬멸하고자 함성을 올리며 눈사태가 일어나듯 일시에 우르르 돌진해 갔다.

파우사니아스는 적의 기병대가 육박해 오자 아테네군 쪽으로 기마병을 보내 다음과 같이 전하게 했다.

"아테네인 여러분, 그리스의 자유가 지켜지는가 적에게 굴복하는가

하는 건곤일척(乾坤一擲)의 싸움을 목전에 두고 우리들 스파르타군과 귀(貴)아테네군은 동맹군으로부터 배반을 당했소. 그들은 어젯밤에 도 망쳐 버리고 말았으므로, 지금부터 우리가 해야 할 일은 이미 결정되 어 있는 그대로 서로 도와 힘을 다해 싸우는 것뿐이오. 만약 적의 기 병대가 먼저 귀군 쪽으로 향했다면 당연히 우리 군대, 그리고 우리 군 대와 함께 그리스에 충성을 맹세하고 있는 테게아군이 귀군을 돕기 위 해 달려갔을 것이오. 그러나 지금 적의 전군이 우리를 향해 달려오고 있으니 귀군이 가장 곤경에 처해 있는 부대를 구원하러 와 주는 것이 당연할 것이오. 그러나 어떤 사정이 있어서 귀군이 스스로 구원하러 올 수 없을 경우에는 부디 궁병대(弓兵隊)만이라도 보내 주기 바라오. 이번 전쟁에서 귀군이 다른 부대에 비해 남달리 전의(戰意)가 왕성하 다는 것은 우리가 익히 아는 바이니, 이 요청도 들어 줄 것으로 믿고 있소."

아테네군은 이 말을 듣자 스파르타군을 힘이 닿는 한 원조하여 주고 자 출발을 서둘렀다. 그러나 그때 그 전면에 포진하고 있었던 페르시 아 왕측의 그리스인 부대가 공격을 가해 왔기 때문에, 이 공격군에 시 달려 이미 응원하러 갈 수 없게 되었다. 이리하여 고립된 스파르타군 과 테게아군——스파르타군은 경장병을 합쳐 총 5만 명, 테게아군은 시종 스파르타군 곁을 떠나지 않았는데 그 수는 3천 명이었다——은 마르도니오스가 이끄는 적 부대와 교전하기 위해 희생을 행했다. 그러 나 희생의 전조는 좋지 않았으며, 그사이에도 병사 다수가 전사하고 그보다 훨씬 많은 수의 부상자가 나왔다. 이것은 페르시아군이 방패를 나란히 세워 방벽을 만들고 화살을 비 오듯 쏘아 댔기 때문으로, 이 격렬한 공격에 스파르타군이 궁지에 빠지고 말았다. 여기에 희생의 괘 도 좋지 않자, 파우사니아스는 멀리 눈을 플라타이아의 헤라 신전으로 돌리고 여신의 이름을 부르며 자신들이 승리의 희망을 잃지 않도록 해 달라고 기원했다.

파우사니아스의 기원이 아직 끝나기도 전에 테게아인 부대가 먼저 뛰쳐나가 이국군을 공격했다. 또한 파우사니아스의 기원이 끝나자마자 스파르타군의 희생점이 길조를 나타냈다. 이에 스파르타군도 역시 페르시아군을 향해 진격했고, 페르시아군도 활을 버리고 육탄전을 벌였다. 처음에는 방패로 이루어진 방벽을 둘러싸고 싸웠는데, 이것이 무너지자 이번에는 데메테르의 신전 부근에서 장시간에 걸쳐 격전이 계속되었다. 페르시아의 병사들은 스파르타군의 긴 창 자루를 잡고 이를 부러뜨렸다. 페르시아군은 용기와 힘은 뒤떨어지지 않았지만 무장(武裝)이 견고하지 못한데다가 잘 훈련되지 못했고 전술에도 매우 약했다. 그들은 혼자 또는 10인 안팎의 병사들이 한 무리가 되어 스파르타군 속으로 돌입해서 싸우다가 쓰러졌다.

마르도니오스는 백마를 타고 싸웠으며 그 주위에는 페르시아군에서 선발된 최정예병 1천 명이 배치되어 있었는데, 그가 이르는 지점에서 페르시아군은 적을 가장 격렬하게 압박했다. 마르도니오스가 아직 살아 있을 때는 페르시아군은 잘 버티며 힘을 내 싸워 많은 스파르타군을 쓰러뜨렸지만, 마르도니오스가 전사하고 또한 그 주위에 배치되어 있던 최강 부대도 무너지자 잔존 부대는 스파르타군 앞에 굴복하고 퇴각했다. 그들이 타격을 입은 최대의 원인은 무장이 덜 된 복장이었다. 중무장한 적을 상대로 경무장을 하고 싸웠기 때문이었다.

이리하여 스파르타인에게 내렸던 신탁 그대로[57] 레오니다스의 죽음에 대한 보상은 마르도니오스에 의해 치러졌고, 아낙산드리데스의 손자이며 클레옴브로토스의 아들인 파우사니아스는 유사 이래 미증유의 대승리를 거두었던 것이다. 파우사니아스의 그 이전의 조상의 이름은 이미 레오니다스의 계보를 말할 때 거론한 바 있다.[58] 두 사람의 조상

---

57) 여기에 기록되어 있는 크세르크세스의 무심한 농담이 사실로 변한 데서 그 것이 신의 뜻이었다는 것으로 받아들여졌을 것이다(제8권 참조).

58) 조상의 이름을 거론한 것은 그 인물을 기리기 위해서인데, 파우사니아스의 경우 3대까지로 그친 데 대한 이유로서 이렇게 서술한 것이다(제7권 참조).

은 동일하다.[59] 마르도니오스는 스파르타에서 명망이 있었던 아림네스
토스에 의해 살해되었는데, 이 아림네스토스는 페르시아 전쟁이 있은
후 얼마 뒤에 300명의 병사를 이끌고 스테니클레로스[60]에서 전(全) 메
세니아인을 상대로 싸우던 중[61] 그 휘하의 병사들과 함께 전사했다.

페르시아군은 플라타이아에서 스파르타군에게 격파되어 패주하자,
뿔뿔이 흩어져 그 진지 및 앞서 테베 지구에 건조해 두었던 목조 요새
로 도망해 들어갔다. 여기에서 내가 기이하게 생각하는 것은, 데메테
르 숲 주위에서 전투가 행해졌음에도 불구하고 페르시아 병사 중 한
사람도 신역(神域) 안으로 들어가거나 그 안에서 죽은 흔적이 없고,
대부분이 신역 주위의 성지(聖地)에 속하지 않은 곳에서 전사했다는
것이다. 신들과 관련된 것이지만 감히 내 의견을 밝힌다면, 엘레우시
스의 신전을 불태운[62] 그 페르시아군이 신역에 들어오는 것을 여신 스
스로 허락하지 않았을 것이다.

이때의 싸움은 위와 같이 끝났다. 그런데 파르나케스의 아들 아르타
바조스는 왕이 마르도니오스를 뒤에 남겨 두는 것에 대해 처음부터 반
대했는데, 이때에도 싸워서는 안 된다는 논리를 펴며 단념시키려 최선
을 다했지만 아무 효과도 없었다. 그러자 마르도니오스의 전략에 불만
을 품은 그는 다음과 같이 행동했다. 아르타바조스가 그 휘하에 거느
린 군세(軍勢)는 결코 적지 않아 그 수가 4만에 이르렀는데, 전투가 시
작되자 싸움의 귀추를 잘 살피고 있던 아르타바조스는 자신의 부대에
게 전투 준비를 시키고, 전군은 자신이 취하는 속도에 맞추어 자신이
인솔하는 대로 따라오라고 명했다. 그리고 그는 선두에 서서 전진했
다. 그는 이렇게 마치 전쟁터로 향하는 듯이 군대를 이끌고 나갔는데,

---

59) 파우사니아스는 레오니다스의 조카가 된다. 그의 아버지 클레옴브로토스
　　와 레오니다스는 함께 아낙산드리데스의 자식이다.
60) 메세니아 동북부의 평야 이름임과 동시에 그곳에 있는 도시의 이름.
61) 제3차 메세니아 전쟁을 가리킨다.
62) 이 사실은 이때까지 서술되지 않았다.

길을 따라 나아가던 중 곧 페르시아군이 패주해 오는 것을 보았다. 이렇게 되자 아르타바조스는 이제 지금까지의 대형(隊形)으로 군대를 전진시키는 것을 중지하고 갑자기 태도를 바꾸어 도망쳤는데, 그는 목조요새로도, 테베 성안으로도 향하지 않고 포키스를 향해 도망쳤다.

한시바삐 헬레스폰토스에 이르고 싶었기 때문이었다.

아르타바조스의 군대가 그 방면으로 향하고 있을 때, 페르시아 왕측에 섰던 대부분의 그리스인 부대는 거의 열의 없이 전투에 임했다. 그러나 보이오티아군만은 아테네군을 상대로 장시간에 걸쳐 열심히 싸웠다. 테베인 중 친페르시아파들은 고의로 비겁한 행동을 하지 않고 남다른 전의를 불태우며 싸웠기 때문에, 테베군 중에서 가장 훌륭하고 용감한 용사 300명이 이때 장렬히 전사할 정도였다.

그러나 이 테베군도 이윽고 패주하여 테베로 도망쳐 들어갔는데, 그들은 페르시아 부대나 적과 변변히 싸우지도 않고 아무런 무공(武功)도 세우지 않은 그 밖의 오합지졸의 동맹군이 취한 퇴로(退路)와는 다른 길로 귀환하였다.

이 전투에서 이국군이 페르시아군의 패주를 보자 적과 교전도 하지 않고 도망친 사실에서 추측해 볼 때, 싸움에 있어 승패는 결국 페르시아군에 달려 있었던 것이 명백하다고 나는 생각한다. 이리하여 기병부대 ──그 중에서도 보이오티아의 기병대를 제외한 전군이 패주했다. 이 보이오티아 기병대는 항상 적군에 가장 가까이 접근하여 도주하는 우군(友軍)을 그리스군의 공격으로부터 보호하는 등 패주 부대를 지원하는 데 큰 공을 세웠던 것이다.

승기를 잡은 그리스군이 크세르크세스의 군대를 바짝 추격하여 살해하고 있을 때, 이 패주가 시작되는 무렵 헤라 신전 부근에 포진한 채 전쟁터로부터 밀리 떨어져 있었던 그리스 부대에 파우사니아스의 부대가 승리를 거두고 있다는 소식이 들어왔다. 이 소식을 들은 그들은 대오를 무너뜨리고, 코린토스군은 산기슭과 구릉 지대를 통해 위쪽의 데메테르 신전으로 직통하는 길을 취하고, 또한 메가라군과 플레이우스

군은 평야로 통하는 제일 평탄한 길을 따라 되돌아갔다. 메가라군과
플레이우스군이 적의 근처까지 왔을 때, 대오도 정비하지 않고 서두르
는 이 부대를 발견한 테베 기병대는 말머리를 이 부대 쪽으로 향했는
데, 기병대를 지휘하고 있었던 것은 티만드로스의 아들 아소포도로스
였다. 그들은 그리스군 사이로 돌입하여 그 병사 600명을 쓰러뜨리고
나머지 부대를 추격하여 키타이론 산중으로 몰아넣었다.

　이들은 아무도 돌아보지 않는 가운데 전원 개죽음을 당하고 말았다.
한편 페르시아인 부대와 기타 군대는 목조 요새 안으로 도망쳐 들어가
자 성루에 올라가 스파르타군의 내습에 앞서 전력을 다해 요새의 수비
를 강화했다. 이윽고 스파르타군이 내습해 왔을 때, 성을 사이로 하여
극도로 맹렬한 싸움이 전개됐다. 아테네군이 전투에 가담해 오지 않았
을 동안은, 스파르타군이 성을 공격하는 데에 익숙하지 않았기 때문에
방어군이 스파르타군을 압박하며 훨씬 우세한 형세에 있었다. 그러나
아테네군이 가담해 오자 성을 사이에 두고 격렬한 전투가 장시간에 걸
쳐 계속됐다. 최후로 아테네군이 용맹을 발휘하며 불굴의 투혼으로 성
벽을 기어올라 결국 성벽을 파괴하자, 그리스군이 성안으로 돌입했다.
성벽 안으로 제일 먼저 들어간 것은 테게아 부대였다. 마르도니오스의
막사를 약탈한 것도 이 부대였는데, 그들이 막사에서 약탈한 여러 가
지 물품 중에는 모두 청동제로 실로 훌륭하기 짝이 없는 말의 구유가
있었다. 테게아인은 이 마르도니오스의 구유를 알레아 아테네[63] 신전에
봉납했고, 다른 전리품은 모두 그리스군 공통의 노획물 보관소로 운반
했다. 그런데 일단 방벽이 무너지자 이국군은 이미 통제력을 잃고 한
사람도 방어전을 펼치려고 하지 않은 채 수십만의 인간이 좁은 지역에
갇혀 공포에 떨며 망연자실하고 있을 뿐이었다. 이리하여 그리스군은
제멋대로 살육을 자행할 수 있었다. 총 30만의 군대 중에서 아르타바
조스가 인솔하고 도망친 4만을 뺀 숫자에서 살아 남은 자가 3천 명이

---

63) 이 신에 대해서는 제I권 참조.

되지 못하는 형편이었다. 이 전투에서 스파르타인 부대의 전사자는 모두 31명, 테게아군은 16명, 아테네군은 52명이었다. [64]

이국군 중에서 가장 용감하게 싸운 것은 보병으로서는 페르시아인 부대, 기병으로서는 사카이인 부대였고, 개인으로서는 마르도니오스였다고 전해진다. 그리스측에서는 테게아군과 아테네군 모두 잘 싸웠지만, 발군의 무용을 발휘한 것은 스파르타군이었다. 내가 이렇게 말하는 근거는 단 하나, 위의 부대 모두 마주쳤던 적을 격파했지만 스파르타군은 적의 최강 부대를 쳐부수었다는 것이다. 아울러 내가 볼 때 개인으로서 발군의 무공을 세운 자는 아리스토다모스로, 그는 테르모필라이 전투에서 300명 중에서 단지 홀로 살아 남아 치욕과 오명을 뒤집어쓰고 있었던 사람이다. [65] 그 다음으로 공을 세운 자는 포세이도니오스, 필로키온, 아몸파레토스 등의 스파르타인이었다. 그런데 이 사람들 중 누가 가장 용감했는가를 논한다면, 전투에 참가하고 있었던 스파르타인들의 판정으로는 아리스토다모스는 실추된 명예를 회복하기 위해 분명히 죽음을 바라며 광란의 상태로 전열에서 뛰쳐나와 큰 공을 세웠지만 포세이도니오스는 자신의 죽음을 바라지 않고 훌륭한 활약을 했기 때문에 그런 의미에서 포세이도니오스 쪽이 더 뛰어나다는 것이었다. 그러나 스파르타인들의 이러한 판정에는 질투심이 섞여 있을 것이다. 여하튼 이 전투에서 전사한 자들 중 아리스토다모스를 제외하고는 모두 그 명예를 높이 기렸는데, 다만 앞에서 말한 이유에서 스스로 죽음을 구했던 아리스토다모스만은 그 은전(恩典)을 받지 못했다.

이상이 플라타이아 전투에서 가장 이름을 떨친 사람들이었다. 당시 스파르타인 사이에서뿐만 아니라 다른 그리스인들도 포함해서 그리스 제일의 미남으로 손꼽히며 이 전투에 참전하고 있던 칼리크라테스가

---

64) 페르시아에 비해 그리스군의 손해가 매우 적은 데 대해 예로부터 의문이 제기되어 왔다. 플루타르코스는 〈아리스테이데스전〉에서 이때에 전사한 그리스군은 모두 1360명이라는 숫자를 들고 있다.

65) 제7권 참조.

위의 대열에 끼이지 못한 것은, 그가 이 전투에 참여해 죽은 것이 아니었기 때문이다. 이 사람은 때마침 파우사니아스가 희생을 올리고 있을 동안 전열 속에 앉아 있었는데, 그때 화살이 옆구리에 날아와 다쳤던 것이다. 그는 전우들이 싸우고 있을 때 후방으로 옮겨졌는데, 좀체로 죽지 않았다. 그는 아림네스토스라는 플라타이아인을 향해 자신은 그리스를 위해 죽는 것은 슬프지 않으나 팔을 마음껏 휘두를 수 없다는 것과 수훈을 세우고자 그렇게 바라고 있었는데 그다운 활약을 할 수 없는 것이 서글프다고 말했다.

아테네인 중에서 공을 세운 자는 데켈레이아 구(區) 출신인 에우티키데스의 아들 소파네스였다고 한다. 일찍이 이 데켈레이아 구의 주민들은 아테네인 자신이 전하는 바인데——후세까지 그 공덕이 남는 활약을 했다 한다. 그 옛날 틴다레오스의 자식들이 헬레네를 데리고 돌아가고자 대군을 이끌고 아티카에 침입하여,[66] 헬레네의 은신처를 알지 못한 채 한쪽 끝에서부터 각구의 주민들을 퇴거시켰다. 이때 데켈레이아 주민들은——일설에 의하면 데켈로스[67] 자신이었다고 한다——테우스의 폭정에 분노하고, 나아가서는 아테네(아티카) 전역을 걱정하여[68] 침입자에게 모든 것을 고해 바치고 아피드나이[69]로 안내하였으며, 티타코스라는 그곳의 토착민 남자는 테세우스를 배반하고 그 도시를 틴다

---

66) 아직 어렸던 헬레네를 테세우스가 유괴하여, 아티카의 아피드나이(아피드나)에 숨겼다는 전설. 트로이 전설의 헬레네 유괴에 앞선 사건으로서 이야기되고 있다. 헬레네의 형제인 카스토르, 폴리테우케스 두 쌍둥이(이른바 디오스크로이)가 그녀를 되찾아오기 위해 아티카에 침입하여 테세우스의 부재를 틈타 다시 빼앗아 왔다고 한다.

67) 데켈레이아의 조상으로, 그 지방의 왕이었다고 한다.

68) 이것이 테세우스의 헬레네 약탈만을 가리키는 것인지, 혹은 그보다 더 넓은 의미인지는 텍스트로부터는 확실히 판단할 수 없다. 그러나 테세우스는 아티카의 통치를 완성하고 아테네의 중앙집권을 확립한 인물로, 지방의 권력자들로부터는 원망을 듣고 있었으리라고 생각된다.

69) 아티카 지방의 동북쪽 모퉁이에 있고, 데켈레이아의 동북쪽에 해당한다.

레오스의 자식들에게 인도했다고 한다. 이 공적에 의해 데겔레이아인
은 스파르타에 의해 조세 면제와 특별 관람의 특권이 주어져 오늘에
이르고 있고, 이보다 훨씬 뒤 아테네와 펠로폰네소스 사이에 전쟁이
일어났을 때에도 스파르타군은 아티카의 다른 지구는 유린했어도 데켈
레이아만은 손을 대지 않았을 정도이다.

그런데 이 구(區) 출신으로 당시 아테네군 중에서 눈부신 수훈을 세
웠던 소파네스에 대해서는 두 가지 설이 전해지고 있다. 그 한 가지
설에 의하면 그는 언제나 철제 닻을 청동제 사슬로 갑옷의 띠에 연결
시켜 두고, 전장에서 적에 접근하면 이것을 지상에 던져 적이 습격해
와도 그 전열에서 위치를 옮길 수 없게 하고 적이 도망치면 닻을 끌어
올리고 추격했다는 것이다. 이것이 첫번째 설인데, 또 한 가지 설은
위의 설과는 달리 그는 철제 닻을 갑옷에 연결시킨 것이 아니라 끊임
없이 움직이고 결코 정지하는 일이 없는 큰 방패에 닻의 문장을 붙여
두고 있었다고 한다.

소파네스의 또 하나의 유명한 공적은, 아테네군이 아이기나를 포위
했을 때 5종경기에 능숙한 자로서 그 명성을 구가하던 에우리바테스라
는 아르고스인에게 일 대 일 기마전을 벌이자고 제안하여 이자를 쓰러
뜨린 것이다.[70] 그러나 이 소파네스 자신도 그 훨씬 뒤에 글라우콘의
아들 레아그로스와 함께 아테네군을 지휘하여 다톤에서 금 광산의 소
유권을 둘러싸고 싸울 때 용감히 분전했으나 결국 에도노이인의 손에
전사했다.[71]

그리스군이 플라타이아에서 이국군을 격멸했을 때의 일인데, 한 여
인이 페르시아 진영에서 그리스군 쪽으로 탈주해 왔다. 이 여자는 테

---

70) 제6권 참조.
71) 이 사건은 투키디데스의 《펠로폰네소스 전쟁사》 제1권, 제4권에 기록되어
있다. 아테네에 반기를 든 타소스와 아테네가 금 광산을 둘러싸고 싸움을
벌여 아테네가 패했다. 다톤은 트라키아의 스트리몬 하구 근처, 타소스 섬
맞은편 지점에 있다. 에도노이인에 대해서는 제5권 참조.

아스피스의 아들인 파란다테스[72]라는 페르시아인의 첩이었는데, 페르시아군이 궤멸되고 그리스군이 승리하게 되었음을 알게 되자 자신은 물론 시녀들에게도 많은 황금 장식품을 치장시키고 자신이 갖고 있는 것 중에서 가장 좋은 의상을 골라 입은 후 마차에서 내리자 아직 적병을 살육 중이던 스파르타군 쪽으로 향했다. 그리고 모든 지휘를 맡고 있는 파우사니아스의 모습을 발견하자, 이미 이때까지 여러 번에 걸쳐 이야기를 들어 그의 이름과 나라를 알고 있었기 때문에 곧 그가 파우사니아스라는 것을 깨닫고 그의 무릎에 매달리며 이렇게 말했다.

"스파르타의 왕이시여, 전하의 자비하심을 구하는 저를, 이미 전쟁 포로로 전락한 페르시아인의 노예 상태에서 구해 주소서. 저 신들도, 영령(英靈)도 숭배할 줄 모르는 자들을 없애 주신 것만으로도 저로서는 감사하기 짝이 없는 일이옵니다. 저는 코스 섬 태생으로, 아버지의 이름은 헤게토리데스이고, 할아버지의 이름은 안타고라스입니다. 사실을 말씀드리오면, 저 페르시아 놈이 강제로 저를 끌고 와 그의 첩으로 삼아 버렸던 것이옵니다."

그러자 파우사니아스는 다음과 같이 답했다.

"여인이여, 안심해도 좋다. 그대는 내 자비를 호소해 왔고, 또 만약 그대가 말한 것이 진실이고 그대가 코스의 헤게토리데스의 딸이라면, 그대는 그 방면에 사는 자 중에서는 가장 나와 친근한 벗의 여식이기 때문이다."

파우사니아스는 이렇게 말하고 그 자리에 있던 감독관[73]들에게 그 여자의 신병을 인계했는데, 후에 그 여자가 희망한 대로 아이기나로 보내 주었다.

그녀가 온 직후에, 만티네아인 부대가 이미 모든 것이 끝나 버린 전쟁터에 도착했다.[74] 전투에 맞춰 제시간에 오지 못한 것을 알게 된 그

---

72) 이 인물은 제7권에서도 볼 수 있다. 다레이오스의 조카.
73) 스파르타에서는 출정시 5인의 감독관 중 2인이 왕을 수행하게 되어 있었다.

들은 몹시 비탄해하며, 자신들은 당연히 처벌받아야 한다고 말했다. 그리고 아르타바조스가 이끄는 페르시아군이 도망 중임을 알고 그들을 테살리아까지 추격하려 했지만, 스파르타군은 이를 허락치 않았다. 만티네아인은 귀국 후 군의 지휘관들을 국외로 추방시켜 버렸다.

만티네아군에 이어 엘리스인 부대가 도착했지만 그들도 만티네아인과 똑같이 실망감을 안고 귀국했는데, 그들도 귀국 후 지휘관들을 추방해 버렸다. 만티네아, 엘리스 양 부대에게는 이러한 일이 있었다.

플라타이아의 아이기나군의 진영에 피테아스의 아들인 람폰이라는 자가 있었는데, 아이기나에서는 상류 계급에 속하는 인물이었다. 이 남자가 실로 충격적인 제안을 가지고 파우사니아스 곁으로 달려와 이렇게 말했다.

"클레옴브로토스의 아드님이시여, 전하께서는 더할 나위 없이 훌륭한 대사업(大事業)을 성취해 내셨습니다. 신께서 전하로 하여금 그리스를 구하고 유사 이래 그 어떤 그리스인도 미치지 못할 위대한 공훈을 세우시도록 허락하셨던 것입니다. 그런데 이 공훈에 더하여 전하의 명성을 더욱 높이고, 또한 금후 이국인들이 그리스인에 대해 포악한 행동을 못 하도록 하기 위해 또 한 가지 일이 남아 있습니다. 마르도니오스와 크세르크세스는 테르모필라이에서 레오니다스님의 목을 자르지 않았습니까? 전하께서도 이와 같은 일을 하여 보복을 하신다면, 첫째로는 스파르타의 전 국민으로부터, 다음으로는 전 그리스인으로부터 칭송을 받게 되실 것입니다. 그리고 마르도니오스를 책형(磔刑)에 처함으로써 숙부이신 레오니다스님의 원수도 또한 갚으실 수 있을 것입니다."

람폰은 이러한 제안이 받아들여지리라 믿고 이렇게 말했지만, 파우사니아스는 그에 답해 이렇게 말했다.

---

74) 다음의 엘리스 부대와 함께 펠로폰네소스에서 뒤늦게 도착했던 것이다. 양 도시에서는 친페르시아파의 세력이 강해 형세를 관망하고 있었기 때문이었다는 설도 있다.

"아이기나의 친구여, 그대의 호의와 배려에 대해서는 대단히 고맙게 생각하지만 그대는 올바른 사려가 부족하오. 맨 처음 나의 일이나 조국, 공훈 등을 크게 치켜 올려 세운 것은 좋았지만, 그 후 죽은 시체에 모욕을 가하라든지, 그렇게 하면 내 명성이 더욱 높아질 것이라는 등의 말을 하여 모든 것이 수포로 돌아가도록 만들었기 때문이오. 그러한 행위는 그리스인보다도 오랑캐에 어울리는 짓이오. 아니, 오랑캐에조차 그러한 일이 있음을 우리는 불쾌하게 생각하고 있소. 나는 그러한 일까지 하여 아이기나인을 비롯하여 그러한 행위를 바라는 자들을 흡족하게 해주고 싶지 않소. 나는 경건하고 도리에 맞는 언행으로써 스파르타의 마음만 기쁘게 할 수 있다면 그것으로 족하오. 분명히 말해 두지만, 그대가 말한 레오니다스님의 복수는 이미 충분히 갚았소. 여기에 누워 있는 무수한 적병의 목숨으로 레오니다스님을 비롯하여 테르모필라이에서 죽은 장병들의 영혼은 충분히 그 보답을 받았소. 이후 다시는 이 같은 제안을 가지고 내 곁에 오지도 말고, 내게 건의하지도 마시오. 그리고 처벌받지 않는 걸 고맙게 여기시오."

람폰은 파우사니아스의 말을 듣고 물러갔다. 파우사니아스는 포고령을 내려 전리품에 손을 대는 것을 금하고, 국가 노예에게 명하여 금품을 모으게 했다. 노예들은 진영 일대에 흩어져 수색한 끝에 금은제의 가구를 갖춘 막사나 금은 장식이 붙은 침대, 금제 혼주기, 술잔, 그밖의 술그릇 등을 발견했다. 마차 속에서 발견한 자루 안에는 금은제의 냄비가 들어 있었다. 또한 땅 위에 늘어진 시체들로부터는 어디에서고 황금제 팔찌, 목걸이, 페르시아풍의 단검 등을 떼어 냈으나 자수(刺繡)를 놓은 그 의상에는 눈길도 돌리지 않았다. 그때 노예들이 훔쳐 아이기나인에게 팔아 넘긴 금품이 다량에 달했다. 물론 숨길 수 없는 것은 모두 인도했는데, 그 양도 적지 않았다. 아이기나인이 거대한 부(富)를 축적한 것은 이때의 일에서 비롯된 것으로 그들은 노예들로부터 청동(靑銅)의 값으로 황금을 사들였기 때문이다.[75]

그리스군은 금품을 다 모으자, 그 10분의 1을 떼내어 이것으로 황금

제 솥을 만들어 봉납했다. 이 솥은 청동으로 제조된 세 마리의 뱀 위에 자리잡고 있고 제단 가까이에 놓여 있다. 또한 올림피아의 신들에 대한 신찬료(神饌料)를 떼내어 이것으로 10페키스 높이의 청동 제우스상(像)을 만들어 헌납하고, 또한 지협의 신에 대해서는 6페키스 높이의 포세이돈 청동상을 만들어 바쳤다. 이것을 제외한 나머지를 각각 수훈에 따라 분배했는데, 분배된 것은 페르시아인들의 첩(妾)과 금은 기타 귀중품 및 가축류였다. 플라타이아 전투에서 특히 공적을 세운 자들에게 어느 정도의 특별 상여가 주어졌는지는 어디에서도 전해지지 않고 있지만 나는 당연히 주어졌으리라고 생각한다. 예컨대 파우사니 아스에게는 여자, 말, 탈란톤, 낙타 및 기타 귀중품도 모두 똑같이 몇 사람분에 해당하는 양이 특별히 주어졌던 것이다.

또한 이런 일도 있었다고 전해지고 있다. 크세르크세스는 그리스를 탈출할 때, 자신의 가구와 집기를 마르도니오스에게 남겼다고 한다. 파우사니아스는 금은 그릇과 화려한 커튼 등을 갖춘 마르도니오스의 가구와 집기를 보자, 빵을 굽는 기술자와 요리사에게 명하여 그들이 언제나 마르도니오스에게 만들어 올렸던 것과 똑같은 요리를 준비케 했다. 이들이 명대로 하자 파우사니아스는 사치스럽게 장식된 소파에 금은 테이블, 식사용의 화려한 집기, 그리고 나란히 놓인 산해진미에 경악하고, 장난삼아 자신의 하인에게 명하여 라코니아풍의 식사를 만들게 했다. 요리가 만들어져 식탁에 올려지자 두 식탁의 차가 너무나 심하므로 파우사니아스는 웃음을 터뜨리고 그리스군의 지휘관들을 불러들였다. 지휘관들이 모이자, 파우사니아스는 두 요리를 보이면서 이렇게 말했다.

"그리스인 여러분, 여러분들을 모이시게 한 것은 다름이 아니오. 이러한 생활을 하면서 이렇게 못사는 우리들에게 물품을 빼앗기러 와준

---

75) 물론 이것은 아이기나에 악의를 품은 풍문으로, 아이기나가 일시 번영을 누린 것은 기원전 7~6세기에 있어서의 활발한 통상 활동에 의한 것이었다.

저 페르시아 지휘관의 어리석음을 그대들에게 보여 주기 위해서였소."

파우사니아스는 그리스군의 지휘관들에게 이렇게 말했다고 전해진다.

그러나 그 후 상당한 시일이 지나서 다수의 플라타이아인이 금은 및 기타 재보(財寶)가 든 상자를 발견했다. 또한 그 후 다시 얼마간의 세월이 흐른 뒤 다음과 같은 사실도 밝혀졌다. 플라타이아인은 적의 전사자들의 뼈를 한곳에 모았는데, 살이 떨어져 나간 시체에서 봉합선이 전혀 없고 모두 한 개의 뼈로 이루어진 두개골이 발견됐던 것이다. 또한 앞이빨도 어금니도 하나의 뼈로 이루어진 턱과 그 위턱이 나타났고, 나아가 5페키스[76]나 되는 남자의 뼈도 발견됐다.

마르도니오스의 시체는 전투가 있은 다음날 소실되고 말았는데, 그 것이 누구의 짓인지 나로서도 확실히 판별할 수 없다. 그러나 나는 이 때까지 마르도니오스를 장사 지냈다는, 여러 나라의 많은 사람들의 이름을 듣고 있고, 또한 그 행위에 의해 마르도니오스의 아들인 아르톤 테스로부터 막대한 은상(恩賞)을 받은 자가 많다는 것도 알고 있다. 그러나 결국 그들 중 과연 누가 마르도니오스의 시체를 남몰래 수습하여 묻었는지, 나는 확실한 정보를 입수하지 못했다. 다만 에페소스인인 디오니소파네스라는 자가 마르도니오스를 장사 지냈다는 상당히 확실한 소문이 전해지고 있다. 여하튼 마르도니오스는 이렇게 (남몰래) 묻혔던 것이다.

그리스군은 플라타이아에서 전리품의 분배를 끝낸 뒤 각국별로 자군의 전사자를 매장했다. 스파르타군은 세 개의 묘를 파고 포세이도니오스, 아몸파레토스, 필로키온, 칼리트라케스 등의 용사를 비롯한 장병들을 매장했는데, 그 중 하나에는 젊은 층(에이레네스)[77]의 스파르타

---

76) 2,3미터 이상이라는 이야기가 된다. 제7권에 아르타카이에스라는 페르시아에서 제일 큰 남자 이야기가 나오는데, 그조차 5페키스는 되지 못했다.

77) 에이레네스 또는 이레네스(단수형은 에이렌 또는 이렌)란 20~30세의 스파르타인을 가리킨다. 30세 이상이 되어야 한 사람의 어른 대접을 받았기 때문에 이 젊은 층은 소년과 어른의 중간에 위치하여 아직 독립된 가정을 가질 수 없었고, 또 집회에서 발언할 수도 없었다.

인, 다른 또 하나의 묘에는 그 이외의 스파르타인, 세번째 묘에는 국가 노예가 매장됐다. 스파르타인은 이런 식으로 전사자를 매장했다. 그러나 테게아인은 전부 일괄해서 매장했고, 아테네인도 전원을 합장했으며, 메가라인과 플레이우스인은 적의 기병대에게 살해된 전사자들을 매장했다.

위에 열거한 여러 나라의 묘에는 실제로 전사자의 유체가 수습되어 매장되었지만, 그 밖의 나라 사람들의 묘는 현재 플라타이아에 있기는 하지만, 내가 듣기로는 각각의 나라 사람들이 전투에 참가하지 않은 것을 부끄럽게 여기고 자손들을 생각해서 거짓 묘를 만들었다고 한다. 플라타이아에는 아이기나인의 묘라 불리는 것이 있는데, 실제로 이것은 10년이 지난 뒤에 아이기나인의 영사(領事) 역할을 맡고 있던 아우토디쿠스의 아들 클레아데스라는 플라타이아인이 아이기나인의 요청에 의해 만든 것이라고 나는 듣고 있다.

플라타이아에서 전사자의 유해를 모두 매장하고 나자 그리스군은 곧 회의를 열고 테베로 군대를 진격시킨 뒤 페르시아측에 붙었던 자들, 그 중에서도 그 원흉이라 할 수 있는 티마게니다스와 아타기노스의 인도를 요구하기로 결정했다. 그리고 만약 인도하지 않을 경우에는 도시를 함락시킬 때까지 철수하지 않을 결심이었다. 위와 같은 결정을 하곤 전투 개시일로부터 헤아려 11일째 되던 날 테베에 도착하여 위에 언급한 자들의 인도를 요구하며 테베를 포위했다. 그러나 테베인들이 인도를 거부하므로 그리스군은 그 주변 지역을 유린하고 성벽을 향해 공격을 개시했다.

그리스군에 의한 유린이 계속되자, 20일째 되던 날 티마게니다스는 테베인들을 향해 다음과 같이 말했다.

"테베인 여러분, 그리스군은 테베를 함락시키든지, 그대들이 우리의 신병을 그들에게 인도할 때까지는 포위를 풀지 않기로 결의하고 있으므로 우리는 우리 때문에 보이오티아 전역이 이 이상의 피해를 입기를 원하지 않소. 그러므로 그들이 만약 돈을 받자는 그 구실로서 우리의 인도를 요구하고 있는 것이라면 국고(國庫)에서 지출하여 그들에게 돈을 주도록 합시다. 본래 우리는 국가의 총의(總意)에 의해 페르시아측에 가담했던 것이고, 우리만의 발의에 의한 것은 아니었소. 그러나 만약 진실로 우리의 신병을 요구하며 포위하고 있는 것이라면 우리로서도 해명을 위해 그들에게 몸을 맡길 각오이오."

그의 이 같은 발언은 매우 타당하고 시의(時宜)에 맞는 것이라 생각됐기 때문에 테베인들은 곧 파우사니아스에게 당사자들을 인도할 뜻이 있음을 통고했다.

이러한 조건으로 협정이 성립되자 아타기노스는 도시에서 도망쳤다. 그의 자식들이 파우사니아스 앞에 끌려왔지만, 그는 자식들에게는 페르시아측에 가담한 죄가 없다 하며 이들을 방면했다. 테베인들이 인도한 그 밖의 사람들은 변명의 기회가 주어지리라 기대하고 돈을 쓰면 죄를 면할 수 있을 것이라고 믿고 있었다. 그러나 파우사니아스는 그들을 인계받자 그들의 터무니없는 생각을 알아내고 동맹군을 모두 떠나 보낸 뒤 문제의 이 테베인들을 코린토스로 연행한 다음 처형해 버렸다.

이상이 플라타이아와 테베에서 일어났던 사건이다.

한편 파르나케스의 아들 아르타바조스는 플라타이아에서 이미 멀리까지 도망가 있었다. 테살리아인은 자국 내에 도착한 그를 연회를 베풀며 환대하고, 플라타이아에서 일어난 일을 모른 채 그에게 다른 부대의 소식을 물었다.

아르타바조스는 전쟁의 진상을 그대로 말하면 자신도, 예하의 부대도 파멸당할 우려가 있다고 생각했다. 그들이 사실을 알게 되면 틀림없이 한 사람도 빠짐없이 모두 공격을 가해 오리라 생각했던 것이다. 그래서 그는 앞서 포키스인에게 했던 것처럼 아무것도 말하지 않고 다만 이렇게 말했다.

"테살리아 여러분, 보시는 대로 나는 긴급히 트라키아를 향해 가고 있는 중이오. 즉 어떤 특별한 용무로 파견 부대를 이끌고 길을 재촉하고 있는 중이오. 마르도니오스 자신과 그 부대도 곧 내 뒤를 따라 이 윽고 이 나라에 도착할 것이오. 그대들은 그를 환대하고 그에게 호의 를 표하는 것이 좋을 것이오. 그렇게 해두면 이후 결코 후회하는 일이 없을 것이외다."

이런 말을 남긴 뒤 그는 부대를 이끌고 테살리아, 마케도니아를 경 유하여 곧장 트라키아를 목표로 급히 떠났는데, 그가 몹시 서둘렀던 것은 거짓이 아니었고 길도 내륙을 택했다. [78]

드디어 그들은 도중에 트라키아인에게 살해되거나 기아와 피로 때문 에 쓰러진 다수의 부하들을 뒤에 남긴 채 비잔티움에 도착했다. 그리 고 그곳에서 배를 타고 아시아로 건너갔다.

이렇게 하여 아르타바조스는 아시아로 귀환했는데, 한편 플라타이아 에서 패전한 바로 그날 페르시아군은 이오니아의 미칼레에서도 뼈아픈 패배를 맛보았다.

미칼레 전투

스파르타인 레오티키데스가 이끄는 그리스 해상 부대가 델로스에 이 르러 정박하고 있을 때, 사모스로부터 트라시클레스의 아들 람폰, 아 르케스트라티데스의 아들 아테나고라스, 아리스타고라스의 아들 헤게 시스트라토스 등 3인이 사자로서 그리스군을 방문했다. 이 3인은 페르 시아군 및 페르시아측이 사모스의 독재자로서 옹립한 안드로다마스의 아들 테오메스토르[79] 몰래 사모스인들이 파견한 것이었다. 그들이 그리 스의 지휘관들을 면담하게 되자 헤게시스트라토스가 온갖 논리를 동원 하며 그들에게 다음과 같이 호소했다. 즉 이오니아인들은 그리스군의 모습을 보기만 해도 페르시아에 반기를 들 것이고 페르시아군은 도저 히 이에 저항할 수 없을 것이며, 만약 저항한다면 그리스군에 있어서

---

78) 해변을 따라가는 것보다 가까웠기 때문이다.
79) 살라미스 해전에서 선전(善戰)한 공으로 사모스의 독재자로 옹립되었던 것 이다(제8권 참조).

이만큼 좋은 기회는 다시 없으리라는 것이었다. 그리고 헤게시스트라토스는 그들이 공통으로 숭상하고 있는 신들의 이름을 부르며, 똑같이 그리스인인 자신들을 예속 상태에서 구출하고 페르시아인을 격퇴해 주기 바란다고 그리스군의 지휘관들에게 촉구했다. 게다가 이것은 그리스군에게 있어서는 매우 쉬운 일일 것인데, 왜냐하면 페르시아군의 함선은 성능이 나빠 도저히 그리스군의 상대가 되지 않을 것이기 때문이라고 말했다. 그리고 자신들이 그리스군을 함정에 빠뜨릴지도 모른다는 의심을 받는다면 인질로서 배에 실려 갈 각오도 되어 있다고 했다.

사모스에서 온 이 남자가 필사적으로 탄원하자, 레오티키데스는 상대방의 말을 믿었는지 혹은 때마침 신이 이렇게 하도록 시켰는지 —— 이렇게 물었다.

"사모스에서 온 친구여, 그대 이름은 무엇이오?"

상대방이 헤게시스트라토스라고 대답하자, 레오티키데스는 그가 더 말을 이으려는 것을 막고 이렇게 말했다.

"그대의 이름을 좋은 전조(前兆)로서 받아들이도록 하겠소.[80] 사모스의 친구여, 그대도, 그대와 동행해 온 두 동료도, 사모스인이 열의를 가지고 우리에게 협력하여 적과 맞서겠다고 맹세를 한 후 돌아가 주기 바라오."

이 말이 떨어지기가 무섭게 그들은 맹세했다. 즉 사모스인들은 그리스인과의 동맹에 대하여 신의를 지킬 것을 약속하고 맹세를 했던 것이다.

이 일이 끝난 뒤 그 중 두 사람은 배로 귀국했다. 그리고 헤게시스트라토스만은 그 이름이 좋은 전조를 보인다 하여 그리스군과 함께 항해하라고 레오티키데스가 명했다. 그리스군은 그날은 움직이지 않고 다음날 희생을 바치고 길조를 얻었다. 이때 그리스군을 위해 점을 친

---

80) 헤게시스트라토스라는 이름이 '군(軍)을 안내하는 자'라는 뜻이기 때문이었다.

사람은 이오니아 만(灣)에 임한 아폴로니아[81]인인 에우에니오스의 아들 데이포노스였는데, 그의 부친인 에우에니오스에게는 다음과 같은 일이 있었다.

아폴로니아에서는 태양신으로서 받들어지고 있는 신성한 가축들[82]이 사육되고 있는데, 이 가축들은 낮에는 라크몬 산에서 발(發)하여 아폴로니아 땅을 지나 오리코스 항구 부근에서 바다로 흘러들어가는 강가에서 풀을 뜯고, 밤에는 최대의 재산가들과 최고 가문에서 특별히 선출된 시민이 1년 교대로 한 사람씩 그 경계를 맡고 있다. 아폴로니아의 주민들은 어떤 신탁 때문에 이 가축들을 매우 소중히 다루고 있는 것이다. 가축들은 밤에는 도시에서 떨어진 동굴 속에서 잠을 잔다. 그런데 그 당시는 이 에우에니오스가 선출되어 여기에서 가축들을 지키고 있었다. 그런 어느 날 에우에니오스가 밤에 파수를 서다가 잠시 잠든 사이에 이리가 동굴 속에 들어가 가축 60마리 정도를 죽이고 말았다. 에우에니오스는 이 일을 알게 되자 달리 가축을 사 이를 메울 요량으로 이 일을 감추고 누구에게도 말하지 않았다. 그러나 이 사건은 아폴로니아 주민들에게 결국 알려지고 말았다. 그들은 이 사실을 알게 되자 에우에니오스를 법정에 세우고 불침번을 서다가 잔 죄를 물어 시력(視力)을 빼앗는다는 판결을 내렸다. 그런데 그를 장님으로 만들자 그후 우연히도 이 나라의 가축들이 새끼를 낳지 못하고, 전답도 곡식을 생산해 내지 못하게 되었다. 그러자 아폴로니아의 주민들이 현재 일어나고 있는 재난의 원인에 대해 신탁을 청했던바, 도도네에서도, 델포이에서도 그들이 신성한 가축을 지키고 있던 에우에니오스의 시력을 부당히 빼앗은 것이 그 원인이라는 신탁이 내려졌다. 이리를 보낸 것

---

81) 오늘날의 알바니아 중앙에서 약간 남쪽으로 있으며, 서쪽 바다를 사이에 두고 이탈리아의 브린디지와 마주 보고 있다.

82) 《오디세이아》 제12권에서 이야기되고 있는 트리나키아에 있어서의 태양신 성우(聖牛)의 이야기를 연상시킨다. 그러나 여기에서의 가축은 양을 가리킬 것이다.

은 신(神) 자신이었으며, 그들이 저지른 죄에 대해 에우에니오스가 스
스로 택해 정당하다고 인정하는 보상을 하지 않는 한 언제까지나 그를
위해 보복을 가할 것이라고 했다. 그리고 그들이 그 보상을 하면 신들
도 그에게 많은 사람들이 그를 행복한 사람이라고 찬탄하게 할 그러한
선물을 주리라는 것이었다.

　이러한 신탁이 내려지자 아폴로니아인들은 이것을 비밀로 하고 몇
명의 시민에게 일의 처리를 위임했다. 일을 위임받은 자들은 이 일을
다음과 같이 처리했다. 광장 벤치에 앉아 있는 에우에니오스 곁으로
다가가 그 옆에 앉은 다음 여러 가지 이야기를 하면서 이윽고 그의 불
행에 대해 동정의 말을 던졌다. 이렇게 하여 점차 이야기가 핵심으로
접근해 가게 되자, 만약 아폴로니아인들이 그에게 저지른 죄를 보상하
겠다고 제안한다면 어떠한 대가를 받기를 바라느냐고 물었다. 그러자
신탁에 관해 전혀 듣지 못한 그는 자신의 희망으로서 아폴로니아 영내
에서 가장 좋은 두 곳의 땅 소유자라고 그가 알고 있는 시민의 이름을
들고, 이 땅을 얻은 다음 더불어 이 도시에서 그가 알고 있는 가장 훌
륭한 집을 손에 넣을 수 있다면, 요컨대 이 정도의 것을 얻을 수 있다
면 그것으로 한(恨)은 풀어질 수 있을 것이고, 이만큼의 보상이면 자
신으로서는 충분하다고 생각한다고 말했다.

　에우에니오스가 이렇게 말하자, 곁에 앉아 있던 자들이 즉시 이렇게
말했다.

　"에우에니오스여, 아폴로니아 주민들이 받은 신탁에 따라 그대를 장
님으로 만든 데 대한 보상으로서 그대가 방금 말한 것을 그대에게 주
기로 하겠소."

　에우에니오스는 이 말을 듣고 비로소 일의 전말을 알게 되자 속았다
고 분개했다. 그러나 결국 일을 위임받은 자들은 그가 희망한 것을 소
유자로부터 사들여 그에게 주었다. 그 후 곧 그는 신이 부여한 예언의
힘을 지니게 되었고, 또 이를 통해 그 이름이 널리 알려지게 되었던
것이다.

이 에우에니오스의 아들인 데이포노스가 코린토스군에 고용되어 군대를 위해 점을 치고 있었던 것이다. 다만 나는 이 데이포노스가 실은 에우에니오스의 아들이 아니고 에우에니오스의 이름을 사칭하고 그리스 전역을 두루 돌아다니며 돈을 벌었다는 이야기도 듣고 있다.

한편 희생이 그리스군에게 길조를 나타내자 그리스 해상 부대는 델포스를 출발하여 사모스로 향했다. 이윽고 사모스 섬 안의 칼라모이라는 장소 근처에 도착하자, 여기에 있는 헤라 신전 앞에 정박하고 해전 준비를 서둘렀다.

그러나 페르시아군은 그리스군이 접근해 오는 것을 알게 되자 그들도 또한 앞서 철수시켰던 페니키아군 이외의 함선을 본토를 향해 출항시켰다. 페르시아군은 회의 결과 도저히 그리스군을 당할 수 없다는 판단을 내리고 해전을 피하는 것이 상책이라고 생각했기 때문이었다. 그리고 함대를 본토를 향해 철수시킨 것은, 크세르크세스의 명에 의해 원정군 중에서 뒤에 남아 이오니아의 경비를 맡고 있었던 육상 부대가 미칼레에 주둔하고 있었으므로 그 엄호하에 들어가려 했던 것이다. 이 부대의 병력은 6만이었고, 그 지휘를 맡고 있었던 자는 페르시아인 중에서 발군의 용모와 체구를 지니고 있었던 티그라네스[83]였다. 페르시아 해상 부대의 지휘관들은 이 부대의 엄호 밑으로 도망쳐 들어가 배를 육지로 끌어올리고 함선을 지킴과 동시에 자군의 피난처를 확보하기 위해 주위에 방벽을 둘러치기로 했다.

위와 같은 계획을 세우고 난 뒤 곧 그들은 출항했다. 여신(포트니아이)[84]의 신전을 지나 미칼레 영내의 가이손[85]과 스콜로포에이스에 도착

---

83) 제7권 참조.
84) 포트니아이란 이름은 여느 여신에게도 통용되는 명칭이지만 여기에서는 데메테르와 페르세포네 두 여신이나, 혹은 어머니를 죽인 오레스테스를 괴롭힌 것으로 유명한 원령(怨靈)들, 즉 이른바 에우메니데스를 가리키는 것으로 생각된다.
85) 미칼레 남쪽을 흐르는 작은 개울의 이름인 듯하다. 다음의 스콜로포에이스는 그 부근의 지명일 것이다.

하자——여기에는 그 옛날 파시클레스의 아들인 필리스토스가 코드로스의 아들인 네일레오스(넬레오스)[86]를 수행하여 밀레토스 시를 건설하러 갈 때 건립한 엘레우시스의 데메테르 신전이 있다——여기에서 배를 육지로 끌어올리고 과수(果樹)를 자른 뒤 목재와 석재(石材)를 이용해 방벽을 두르고, 방벽 주위에 끝이 날카로운 말뚝을 박았다. 이렇게 하여 페르시아군은 적의 포위를 받든지, 또는 이것을 돌파하든지 그 두 가지 중 어느 한쪽의 경우에 대비하여 모든 준비를 마쳤다.

　그리스군은 페르시아 함대가 본토를 향해 떠나 버린 것을 알게 되자, 적을 놓친 것을 애석해하고, 되돌아가야 할 것인지, 헬레스폰토스로 향해야 할 것인지 그 방향을 정하지 못하고 있었다. 그러나 결국 그 어느 계책도 택하지 않고 본토로 진공해 가기로 결정했다. 그들은 해전에 대비하여 교판(橋板)[87] 등의 필요한 장비를 갖추고 미칼레로 향했다. 적의 진영을 향해 가까이 다가가도 누구 한 사람 이쪽으로 향해 오지 않았다. 레오티키데스는 함선은 방벽 내의 육지로 끌어올려져 있고 해안 일대에는 대규모의 지상군이 포진해 있는 것을 발견하자, 우선 가능한 한 해안에 접근하여 자신의 배를 계속 전진시키면서 포고자(布告者)로 하여금 이오니아인을 향해 다음과 같은 내용을 외치게 했다.

　"이오니아인 여러분, 이 소리를 듣는 사람은 모두 내가 말하는 바를 유념해 주기 바라오. 지금부터 내가 그대들에게 지시하는 것은 페르시아인들은 전혀 알아듣지 못할 것이기 때문이오. 우리가 전투를 하게 된다면 그대들은 무엇보다도 먼저 자유롭게 된다는 걸 염두에 두어야만 할 것이오. 이에 대해서는 우리의 암호인 '헤라'를 잊지 말기 바라며, 또 이 내 말을 듣지 못한 사람에게는 들은 사람들이 전해 주기 바라오."

　이렇게 한 의도는 아르테미시온에 있어서의 테미스토클레스의 의도

---

86) 형제인 메돈 때문에 아티카에서 쫓겨나 밀레토스를 비롯한 이오니아의 여러 도시를 개척했다고 전해진다.
87) 적선에 오르기 위한 사닥다리 형태의 판자.

와 같았다. 즉 이 말이 페르시아군에 알려지지 않게 된다면 이오니아
인을 설득하게 될 것이고, 또한 페르시아군에게 통보되면 페르시아군
이 이오니아인 부대에 대해 불신감을 품게 될 것이라는 것이었다.

　레오티키데스의 권고에 이어 그리스군은 다음과 같이 행동했다. 그
들은 배를 해안에 대고 상륙했다. 그리스군이 전투 배치에 들어가자
페르시아군은 그리스군이 전투 준비를 서두르고 이오니아인을 대상으
로 공작을 꾸미는 것을 목격하고, 먼저 사모스인이 그리스측에 마음을
두고 있는 게 아닌가 의심을 품고 그들의 무장을 해제시켰다. 그들이
사모스인에 대해 의혹을 품은 이유는, 아티카에 남아 있다가 크세르크
세스군에 사로잡혔던 아테네의 포로들이 배로 운반되어 왔을 때, 사모
스인이 이들을 모두 사들인 다음 여장(旅裝)을 갖추게 하고 아테네로
돌려보내 주었기 때문이다. 크세르크세스의 적에 해당하는 500명 정도
의 사람들을 자유의 몸으로 만들어 주었기 때문에 크게 의심을 산 것
도 무리는 아니었다. 페르시아군은 또한 미칼레 산꼭대기로 통하는 도
로의 경비를 밀레토스인에게 명했다. 밀레토스인이 그 주위의 지리에
정통하다는 것이 그 구실이었지만, 실은 그들을 본진에서 격리해 두고
싶었기 때문이었다. 페르시아군은, 기회가 있으면 불온한 행동으로 나
올 우려가 있다고 생각한 이오니아인에 대해서는 이러한 예방 조치를
취하고 자신들은 방패를 늘어 세우고 방벽을 구축했다.

　그리스군은 준비가 끝나자 페르시아군을 향해 진격을 개시했다. 그
런데 그 진군 중에 어떤 풍설이 전군에 유포되고, 또한 해변가에서 전
령의 지팡이[88]가 발견됐다. 그리스 전군에 전해진 풍설이란, 그리스군
이 마르도니오스군과 보이오티아에서 싸워 이를 격파했다는 것이었다.
인간 세상의 사건에 신묘한 힘이 작용한다는 것은 여러 가지 사례에서
분명히 나타나는 것이지만, 지금의 경우도 플라타이아에 있어서의 페
르시아군의 패전과 미칼레에서 바로 일어나려 하고 있었던 참극이 기

---

88) 이것은 신들의 전령인 헤르메스의 개입을 나타낸 것으로 해석됐을 것이다.

묘하게도 날짜를 같이하고, 풍설이 미칼레의 그리스군에게 전해진 결과 군대의 사기가 갑자기 높아져 점점 위험을 두려워하지 않는 용기를 갖게 된 사실을 보면 더한층 그러한 느낌이 짙어진다.

또 한 가지 서로 일치한 것은 두 전쟁터 모두 그 부근에 엘레우시스의 데메테르 신전이 있었다는 것이다. 즉 플라타이아 지역에 있어서의 전투가 데메테르 신전 바로 가까이에서 행해졌다는 것은 앞서 서술한 바 그대로이지만, 미칼레에서도 그와 비슷한 상황이 벌어지게 되어 있었다. 또한 이 부대에 도달한, 파우사니아스 예하의 그리스군이 승리를 거두었다는 소문도 정확한 것이었다. 플라타이아의 전투는 그날 아직 이른 시각에 행해졌지만, 미칼레의 전투는 오후가 되어서부터 벌어졌다. 두 전투가 같은 달, 같은 날에 일어난 것은 그 후 곧 그들의 조사 결과 분명해졌다. 이 소문이 전해지기 이전에 그들이 품고 있었던 위구심은 자신들의 몸에 관한 것이기보다도 (본국의) 그리스 부대를 염려한 데서 나온 것으로, 그리스 부대가 마르도니오스에게 굴복할까 두려웠기 때문이었다. 그러나 앞서의 소문이 전해지기에 이르자 그 공격 속도가 빨라지게 되었다. 이리하여 그리스, 페르시아 양군 모두 섬 지방과 헬레스폰토스의 확보가 이 싸움에 걸려 있었기 때문에 무서운 의욕으로 전투에 임했다.

거의 모든 전선의 반을 차지한 아테네군과 그에 인접해 포진한 부대의 진격로는 해안 지대와 평탄한 땅을 지나고 있었고, 스파르타군과 그에 인접한 부대는 협곡과 구릉을 넘어 진격했다. 그 때문에 스파르타군이 아직 구릉을 우회하고 있는 사이에 한쪽 날개에 있는 부대는 이미 전투에 들어가 있었다. 한편 페르시아군은 늘어 세운 방패가 쓰러지지 않은 동안은 잘 방어하고 그 전투 양상도 공격군에 비해 손색이 없었다. 그러나 아테네군과 이에 인접한 모든 부대가, 이 전투의 수훈은 자기들이 세워야 하고 스파르타군에게는 양보할 수 없다고 서로 격려하며 점차 격렬하게 공격을 가하기에 이르자, 전투 양상이 조금씩 변하기 시작했다. 이들 모든 부대가 나란히 늘어서 있는 방패를 넘어 뜨리고 페르시아 진영 내로 눈덩이가 무너져 내리듯 몰려들어 가자, 페르시아군은 이를 맞아 장시간에 걸쳐 방어전을 펼쳤지만 마침내 방벽 안으로 도망쳐 들어갔다. 아테네군, 코린토스군, 시키온군, 트로이젠군——이 순서로 배치되어 있었다——은 적의 뒤를 쫓아 적과 동시에 방벽 안으로 돌입했다.

이 방벽도 탈취되자 페르시아군 이외의 이국군은 더 이상의 저항을 포기하고 앞을 다투어 도망쳤다. 단지 페르시아인 부대만이 몇 명씩 집단을 이루어 차례로 방벽 안으로 돌입하는 그리스군을 상대로 싸움을 계속했다. 페르시아인 부대의 지휘관 중 두 사람은 도망치고 두 사람은 전사했다. 해상 부대를 지휘하고 있었던 아르타윈테스와 이타미트레스는 도망쳤지만, 마르돈테스와 육상 부대의 지휘관인 티그라네스는 교전 중에 칼에 맞아 죽었던 것이다.

스파르타와 그 인접 부대가 도착한 것은 페르시아인 부대가 아직 전투를 계속하고 있을 때로, 그들은 앞서 온 부대와 협력하여 이 전투를 결말지어 버렸다. 이 전투에서 그리스군 자체도 많은 전사자를 냈는데, 그 중에는 시키온 병사 다수와 그 지휘관인 페릴라오스도 있었다.

전투에 나선 사모스 병사들은 페르시아 진영 내에서 무기를 몰수당하고 있었는데, 전투가 시작되자마자 처음부터 형세가 용이하게 결정되지 못하는 것을 보고 그리스군을 돕기 위해 힘이 닿는 한 최선을 다했다. 다른 이오니아인 부대도 솔선수범하는 사모스인들의 행동을 보고 페르시아군에 반기를 들고 이국군을 공격했다.

밀레토스인 부대는 페르시아군에 의해 문제의 통로 경비를 명령받고 있었는데, 이것은 후에 실제 그들에게 일어난 그러한 사태가 일어날 것을 상정하고 그럴 경우에 길 안내인을 확보하여 미칼레 산정(山頂)으로 도피하려는 의도에서 나온 것이었다. 밀레토스인 부대는 위와 같은 이유와, 나아가 진영 내에서 불온한 행동을 기도하게 해서는 안 된다는 배려에서 이러한 역할을 담당하도록 명령받고 있었던 것인데, 그들은 명령받고 있었던 것과는 전혀 반대의 행동으로 나와 도주하는 페르시아군을 예정했던 길과 다른, 적 부대 방향으로 통하는 길로 안내하고, 마침내는 그들 자신이 페르시아군에게 가장 가혹한 적이 되어 페르시아 병사들을 살육했다. 이로써 이오니아는 재차 페르시아에 대해 반란을 일으킨 셈이 되었다.

이 전투에서 그리스군 중 가장 큰 공을 세운 것은 아테네인 부대였고, 아테네인 중에서는 판크라티온[89]에 뛰어난, 에우토이노스의 아들 헤르몰리코스가 가장 큰 공을 세웠다. 이 헤르몰리코스는 그 후 아테네와 카리스토스[90] 사이에 전쟁이 일어났을 때, 카리스토스 영내의 키르노스 전투에서 전사하여 게라이스토스 곶[91]에 매장됐다. 아테네군 다음으로는 코린토스, 트로이젠, 시키온 등의 여러 부대의 활약이 눈부셨다.

그리스군은 저항하거나 도주하는 이국군 다수를 살해한 후, 적의 함선과 방벽을 모두 불태워 버렸다. 그리고 전리품은 그 이전에 미리 해변으로 끌어냈는데, 그때 재보가 든 상자도 여러 개 발견됐다. 아울러 방벽과 함선도 불태워 버린 후 그리스군은 바다를 통해 철수했다.

그리스군은 사모스에 도착하자 이오니아의 주민을 퇴거시키는 방안을 검토하고, 이오니아는 이국군의 손에 맡기기로 했다. 그리고 주민을 현재 그리스군의 세력하에 있는 그리스 지역 어딘가로 이주시키는 것이 어떨지를 협의했다. 그리스군이 언제까지나 이오니아를 위해 경계를 맡아 줄 수도 없다고 생각됐고, 또한 그들의 보호가 없으면 이오니아인이 페르시아인으로부터 보복을 받지 않고 무사할 수 있으리라는 전망이 전혀 서지 않았기 때문이다. 이때 펠로폰네소스군의 요직에 있는 자들은 페르시아측에 가담한 그리스 여러 도시의 통상지(通商地)의 주민을 퇴거시키고 이 지역에 이오니아인을 이주시키는 것이 좋겠다는 의견을 제시했다. 그러나 아테네인은 이오니아를 명도(明渡)하는 것에 결사 반대하고, 펠로폰네소스인이 자국의 식민지에 대해 간섭하는 것

---

89) 레슬링과 전투가 복합된 격렬한 경기.
90) 에우보이아 섬 남부의 도시. 이 전쟁은 기원전 476년의 일인 듯하다.
91) 에우보이아 남단의 곶.

도 좋아하지 않았다. 아테네인이 이렇듯 강경히 반대했기 때문에 펠로
폰네소스도 마침내 양보했다. 이리하여 사모스, 키오스, 레스보스를
비롯하여 그리스군에 가담하여 참전하고 있었던 그 밖의 섬의 주민들
을, 충성을 맹세하게 하고 배반하지 않을 것을 확약받은 뒤에 동맹국
에 가담시켰다. 이렇게 모든 나라의 서약을 성립시킨 뒤에 (헬레스폰
토스의) 선교를 파괴하기 위해 떠났다. 다리가 아직 설치되어 있을 것
으로 생각했기 때문이었다.

한편 전쟁터를 피해 미칼레 산정으로 도망쳐 들어갔던 이국인 ——그
수는 얼마 되지 않았지만 ——은 사르데스로 돌아가고 있었다. 행군 도
중의 일인데, 마침 그 패전의 현장에 있었던, 다레이오스의 아들 마시
스테스[92]가 지휘관인 아르타윈테스를 향해 온갖 욕설을 다 퍼붓는 가운
데, 특히 이러한 유의 지휘는 여자가 하는 것만도 못한 것이며 어떠한
벌로도 책임질 수 없을 정도로 왕가(王家)에 막대한 위해(危害)를 미쳤
다고 말했다. 그런데 페르시아에서는 여자보다도 못하다고 말하는 것
이 최대의 치욕으로 간주되고 있다. 호되게 매도당하자 이에 격노한
아르타윈테스는 마시스테스를 죽이고자 그를 향해 단검을 던지려 했
다. 그때 아르타윈테스 뒤에 서 있던 프락실라오스의 아들인 크세(이)
나고라스라는 할리카르나소스인이 아르타윈테스가 마시스테스에게 덤
벼들려는 것을 보고 그의 몸통을 잡고 들어올려 땅 위로 내던졌다. 그
사이에 마시스테스의 친위대들이 마시스테스 앞을 가로막았다. 이런
활약에 의해 크세(이)나고라스는 본인인 마시스테스는 물론, 형제의
목숨을 구함으로 해서 크세르크세스의 신임을 얻게 되었다. 실제 그는
이 행위로 인해 왕으로부터 임명을 받고 킬리키아 전역을 지배하게 되
었다. 진군 중이던 이 부대에서는 위의 일 이상의 사건은 일어나지 않
았고, 일행은 마침내 사르데스에 도착했다. 그리고 사르데스에서는 페
르시아 왕이 해전에 패해 아테네에서 도망쳐 온 이래 줄곧 그곳에 머

---

92) 다레이오스와 아토사의 아들(제7권 참조).

무르고 있었다.

크세르크세스의 사련(邪戀)

그런데 크세르크세스는 사르데스에 체재하는 동안에 역시 그곳에 있었던 마시스테스의 아내를 연모했다. 크세르크세스는 여러 번 시종을 보내 그녀에게 구애했지만 설득하지 못했고, 동생인 마시스테스를 의식해서 폭력에 호소할 수도 없었다. 그녀도 이것을 잘 알고 그가 폭력을 가해 오지 못하리라고 믿고 있었다. 그러자 크세르크세스는 그러한 방식의 접근을 포기하고 자신의 아들인 다레이오스[93]를, 마시스테스의 딸과 결혼시키기로 했다. 그렇게 하면 그녀를 쉽게 손에 넣을 수 있으리라 생각했던 것이다. 크세르크세스는 그 혼인식을 모든 통상적인 절차대로 끝맺고 난 다음 수사로 돌아갔다.

그러나 수사에 도착하여 다레이오스를 위해 마시스테스의 딸을 궁궐에 맞이하자, 마시스테스의 아내에 대한 사모의 정이 사라지고 이번에는 일변하여 다레이오스의 아내가 된 마시스테스의 딸을 마음에 두게 되었고, 마침내 이 여자를 자신의 것으로 만들게 되었다. 그녀의 이름은 아르타원테였다.

이 일은 마침내 다음과 같이하여 알려지게 되었다. 크세르크세스의 아내인 아메스트리스가 갖가지 색깔로 수놓아진 아름답고 큰 상의를 손수 만들어 크세르크세스에게 선물했다. 이 선물을 흡족히 여긴 크세르크세스가 이 옷을 입고 아르타원테를 찾았다. 그녀 곁에서도 커다란 즐거움을 누린 크세르크세스는 자신을 즐겁게 해준 데 대한 보답으로 그녀가 바라는 것이 있으면 무엇이든 주겠다고 말했던 것이다. 그러자 그녀는——그 가문 전체가 화를 입을 운명에 처해 있었던 것임에 틀림없을 것이다——크세르크세스에게, 진실로 바라는 것을 말씀드리면 그

---

93) 크세르크세스의 세 자식 중 장남. 후에 아르타바조스의 사주에 의해 동생인 아르타크세르크세스에 의해 살해된다.

것을 주시겠느냐고 물었다. 크세르크세스는 그녀가 자신의 상의를 욕심내고 있는 줄은 꿈에도 생각지 못하고 바라는 것을 꼭 주겠다고 맹세했다. 크세르크세스가 맹세를 하자, 그녀는 태연히 그 상의를 원한다고 말했다. 크세르크세스는 그것을 주지 않고 사태를 마무리짓고자 온갖 수단을 다 동원했는데, 그 이유는 다름 아니라 아메스트리스에 대한 두려움 때문이었다. 이미 전부터 이 일에 대해 깊은 의혹을 품고 있는 아내에게 이것으로 인해 움직일 수 없는 증거를 잡히게 될 것을 염려했던 것이다. 그래서 그 대신 도시를 주겠다, 황금을 달라는 대로 주겠다, 또한 그녀 이외에는 그 누구의 지휘도 받을 수 없는 군대를 주겠다——군대를 선물로 주는 것은 페르시아 특유의 풍습이다——는 등 여러 가지 말로 달랬지만 그녀가 응하지 않자, 마침내 그 상의를 주고 말았다. 그녀는 그 선물을 받고 몹시 기뻐하며 언제나 그것을 입고 자랑했다.

  드디어 아메스트리스가 소문을 듣고 그 옷이 그녀에게 있음을 알게 되었다. 그러나 일의 전말을 추측한 아메스트리스는 문제의 그녀에게는 원한을 품지 않고, 그 어머니가 원흉이며 그렇게 일을 꾸민 것도 그녀라고 생각하고 마시스테스의 아내를 살해하고자 했다. 그녀는 남편인 크세르크세스가 국왕 주최의 연회를 베풀 시기를 기다렸다. 이 연회는 1년에 한 번, 국왕의 탄생일에 개최되는 것으로, 이 연회를 페르시아어로 '틱타'라고 하는데, 이것은 그리스어로 '완벽한'이라는 뜻이다. 이날만은 왕도 머리에 향유를 바르고[94] 페르시아 국민에게 선물을 내린다. 그런데 아메스트리스는 이날을 기다려 크세르크세스에게 마시스테스의 아내를 자기에게 달라고 말했다. 그러나 크세르크세스는 동생의 아내이기도 하고, 또한 이 사건에 대해서 아무런 죄도 없는 그녀를 그녀에게 넘기는 것은 결코 허락할 수 없는 일이라고 생각했다.

---

94) 평상시에는 머리에 티아라라는 것을 쓰고 위엄 있는 복장을 갖추는데, 이 날만은 일종의 신분에 구애받지 않는 술자리가 벌어져 왕도 티아라를 벗고 머리에 향유를 바른다는 의미일 것이다.

왜냐하면 그는 아내가 요구하는 목적이 무엇인지 잘 알고 있었기 때문이다.

그러나 아메스트리스는 끝까지 양보하지 않고 이를 요구했다. 페르시아에서는 국왕 주최의 연회가 있는 날에 무엇인가 요구하는 자에게는 그 바라는 것을 주어야 하는 관습이 있기 때문에, 크세르크세스는 할 수 없이 아내의 요구를 승낙하여 그녀를 넘기기로 했다. 그는 아내에게는 좋을 대로 하라고 말한 뒤, 동생을 부른 다음 이렇게 말했다.

"마시스테스여, 자네는 다레이오스의 아들이자 나의 동생이고, 게다가 실로 훌륭한 인물이기도 하네. 그러니 지금 자네가 아내로 삼고 있는 여자와 헤어지도록 하게. 현재의 아내 대신 내 딸을 줄 테니 그 아이를 아내로 맞도록 하게. 자네의 현재 아내를 그대로 두는 것을 허락할 수 없으니 아내의 자리에서 쫓아내도록 하게."

마시스테스는 이 말을 듣고 크게 놀라며 다음과 같이 말했다.

"전하, 어찌 제게 곤혹스런 말씀을 하십니까! 아내는 제게 자식과 딸을 낳아 길러 주었고, 그 중 딸 하나는 전하의 뜻에 의해 전하의 아드님과 결혼하게 되었을 뿐만 아니라, 아내는 제가 원하는 바 모든 것이온데, 그런 아내와 헤어지고 전하의 따님과 결혼하라니요? 왕이시여, 제가 따님을 맞이할 만한 인물이라고 생각해 주신 것은 실로 명예로운 일이지만, 지금 명하신 두 가지 일은 모두 받아들일 수 없습니다. 전하께선 제발 제게 무리한 일을 강요하지 마십시오. 따님에게는 저에 못지않은 다른 훌륭한 사윗감이 나타날 것이오니, 아내와 그대로 살게 해주십시오."

마시스테스가 이렇게 대답하자 크세르크세스는 화를 내며 말했다.

"잘 알았네, 마시스테스. 그러면 이렇게 해주겠네. 딸을 자네에게는 주지 않을 뿐만 아니라, 또 자네의 아내와도 더 이상 함께 살지 못하게 하겠네. 그리하여 주는 것을 고맙게 받는 방법을 가르쳐 주도록 하겠네."

마시스테스는 이 말을 듣자 다음과 같이 말하고 밖으로 나갔다.

"전하, 제 목숨만은 남겨 주셨습니다!"[95]

크세르크세스가 한창 동생과 이야기하고 있는 사이에, 아메스트리스는 크세르크세스의 친위병을 불러 마시스테스의 아내에게 잔혹한 폭행을 가하게 했다. 두 유방을 잘라 개에게 던져 주고, 코와 귀, 입술도 그렇게 한 다음 혀까지 잘라 내 처참하게 변한 모습 그대로 집으로 돌려보냈다.[96]

마시스테스는 아직 이 일을 듣지 못하고 있었는데, 무엇인가 좋지 못한 일이 일어날 것 같은 예감이 들어 급히 집으로 달려갔다. 그리고 참혹하게 변해 버린 아내를 보자 곧 자식들과 협의한 뒤 자식들을 비롯하여 그 밖의 가속들을 데리고 박트라[97]로 향했는데, 이것은 박트리아 지구로 하여금 반란을 유도해 가능한 한 왕에게 큰 피해를 주고자 해서였다. 생각건대 만약 그에게 형의 생각을 앞질러 박트리아 및 사카이인 나라에 도착할 시간만 있었다면 이 계획은 실현됐을 것이다. 그는 이들 지방에서는 인망이 높았고 또한 박트리아의 총독이기도 했기 때문이다. 그러나 크세르크세스는 마시스테스의 이러한 행동을 들어 알게 되자, 그에게 토벌군을 보내 도중에서 마시스테스 이하 그 자식 및 그 군대를 모두 없애 버렸다.

크세르크세스의 사랑과 마시스테스의 죽음에 대한 이야기는 이상과 같다.

그리스군의 세스토스 공략

한편 헬레스폰토스를 목표로 미칼레를 떠난 그리스군은 역풍(逆風)의 방해를 받아 우선 렉톤[98] 부근에 정박해 있다가 아비도스에 도착했

---

95) 이 말의 의미는 명확하지 않지만, 자신의 목숨이 붙어 있는 한 이 잔혹한 처사에 보복하겠다는 뜻이 포함되어 있을 것이다.
96) 아메스트리스의 잔혹성을 나타내는 다른 이야기가 제7권에 나와 있다.
97) 박트리아 지방의 수도, 박트리아는 동방에 있어서의 페르시아의 유력한 거점이었다.

다. 그러나 아직 설치되어 있으리라 기대했던 헬레스폰토스의 선교는
이미 파괴되어 있었다. 레오티키데스 예하의 펠로폰네소스 부대는 그
리스로 돌아가기로 결정했지만, 크산티포스[99]가 이끄는 아테네 부대는
잔류하여 케르소네소스를 공격하기로 했다. 그리하여 한쪽은 철수하
고, 아테네군은 아비도스에서 케르소네소스로 건너가 세스토스를 포위
했다.

이 도시에는 이 부근의 도시 중에서 가장 견고한 성벽이 있었기 때
문에 그리스군이 헬레스폰토스에 나타났다는 소식을 듣자마자 인근 도
시에서 병력이 이 도시로 모여들었는데, 그 중에서 카르디아로부터는
페르시아인 오이오바조스가 와서 선교를 만드는 데 사용했던 줄들을
세스토스로 운반해 놓았다. 이 도시에 살고 있었던 주민은 토착민인
아이올리스인이었는데, 페르시아인 및 기타 동맹 부대의 대군도 이 도
시에 머물러 있었다.

이 지구에서 독재권을 휘두르고 있었던 자는 크세르크세스가 임명한
아르타윅테스라는 페르시아인이었는데, 이자는 잔학무도한 자로서 아
테네 원정을 떠난 왕을 속여 엘라이우스에서 이피클로스의 아들인 프
로테실라오스[100]의 재보를 횡령하기까지 한 인물이었다. 케르소네소스
의 엘라이우스에는 프로테실라오스의 묘가 있고, 그 묘 주위는 성지로
되어 있다. 여기에는 막대한 재보가 매장되어 있고, 금은제 술잔, 청
동제 집기, 의류 및 기타 봉납품이 있었는데, 그것을 아르타윅테스가
왕의 허가를 얻어 약탈했던 것이다. 그는 다음과 같은 말로 크세르크
세스를 속였다.

"전하, 이 땅에는 일찍이 수없이 전하의 영토를 침략하고 그 때문에

---

98) 미시아 지방이 서남방으로 돌출한 끝의 곳으로, 레스보스 섬의 북안과 마
  주 보고 있다.
99) 페리클레스의 부친.
100) 트로이 전쟁에 참가한 영웅. 트로이에 상륙하자마자 전사했다. 엘라이우스
  시(市)에서는 신으로서 숭상되었고, 여기에 그 신탁소가 있었다.

그에 합당한 벌을 받아 전사한 그리스인의 집이 있습니다. 부디 제게 그자의 집을 하사해 주십시오. 그렇게 하면 금후 전하의 영토를 침략해서는 안 된다는 교훈이 될 것입니다."

이러한 말을 구사하면 그의 본심을 의심받지 않은 채 크세르크세스를 설복시켜 어느 사람의 집을 얻을 수 있을 게 당연했다. 프로테실라오스가 왕의 영토를 침략했다고 말한 것은, 페르시아인의 통념으로서는 아시아 전역은 페르시아령이며 역대 왕의 영토였기 때문이었다. 그리하여 왕의 허락을 얻자 아르타윅테스는 재보를 엘라이우스에서 세스토스로 옮기고 성지는 농장으로 바꾸어 버린 뒤, 엘라이우스에 갈 때마다 그 묘역으로 여자를 끌어들여 음락(淫樂)을 탐했다.

그런데 이때 아테네군의 포위를 받은 그는 농성 준비도 되어 있지 않았을 뿐더러 그리스군이 공격해 올 줄은 꿈에도 생각지 않고 있었다. 아테네군은 말하자면 전혀 무방비 상태의 아르타윅테스를 느닷없이 들이쳤던 것이다.

그러나 포위 기간이 길어져 가을을 맞게 됨에 따라 고국을 떠나 낯선 땅에 왔고 게다가 성이 쉽게 공략되지 않자, 사기가 저하되어 아테네 장병들이 지휘관들에게 철수를 요청했다. 그러나 지휘관들은 도시를 함락시키거나 아테네로부터 공식적으로 철수 명령이 오지 않는 한 철수할 수 없다고 말했다. 이리하여 그들은 현재 상태를 감수할 수밖에 없었다.

그러나 성벽 내의 농성 부대도 바야흐로 최악의 사태에 빠져들어 침대의 가죽띠를 삶아 먹는 등의 참상을 겪고 있었다. 그러나 이윽고 그것조차 다 떨어지자 아르타윅테스와 오이오바조스를 비롯한 페르시아인들은 적의 포위망이 가장 허술한 뒤쪽 성벽으로 내려간 뒤 야음을 틈타 도주했다. 날이 밝자 케르소네소스군은 망루의 신호를 통해 이 일을 아테네군에게 알리고 성문을 열었다. 대부분의 아테네군은 도망자들을 추격했고, 일부는 도시를 확보했다.

오이오바조스는 트라키아로 도주했는데, 트라키아족의 압신토스인[101]

이 그를 잡아 그 지방의 신(神)인 플레이스토로스에게 그 나라 고유의
방식에 따라 희생물로 바치고, 그 부하들도 별도의 방식으로 살해해
버렸다.

　이 사람들보다 늦게 도주한 아르타윅테스 일행은 아이고스포타모이[102]
를 조금 지난 곳에서 발견되어 장시간에 걸쳐 싸웠지만 혹은 전사하고
혹은 생포되었다. 그리스군은 포로들을 묶어 세스토스로 보냈는데, 그
중에는 아르타윅테스와 그의 아들도 끼여 있었다.

　그런데 이 포로들의 감시를 맡고 있던 자 중 한 사람이 소금에 절인
물고기를 굽고 있을 때 다음과 같은 이상한 일이 벌어졌다고 케르소네
소스인이 전하고 있다. 불 위에 놓인 소금에 절인 물고기가 마치 갓
잡은 물고기처럼 뛰어오르며 팔딱거렸던 것이다. 그 남자 주위에 모여
든 일동이 놀라자, 그 모습을 본 아르타윅테스가 물고기를 굽고 있던
자를 부른 뒤 이렇게 말했다.

　"아테네인이여, 이 일을 무서워할 것은 없소. 이 일은 그대에게 나
타난 것이 아니오. 이것은 엘라이우스에 있는 프로테실라오스가 이미
이 세상 사람이 아니고 소금에 절여진 몸이지만, 자신의 원수에게 보
복할 수 있는 힘을 신으로부터 부여받고 있음을 내게 보여 주고자 하
고 있는 것이오. 따라서 나는 지금 스스로 보상금을 정하고자 하는데,
신전으로부터 내가 빼앗은 재보의 대가로서는 100탈란톤을 프로테실라
오스에게 봉납하고, 또한 만약 내 목숨을 구하게 된다면 나와 자식의
몸값으로서 200탈란톤을 아테네에 지불하겠소."

　그는 이렇게 약속했지만, 지휘관인 크산티포스를 설득하진 못했다.
엘라이우스의 주민이 프로테실라오스의 원수를 갚고자 아르타윅테스의
처형을 탄원했고, 지휘관 자신도 그럴 생각이었기 때문이다. 그리하여

---

101) 이 부족에 대해서는 제6권에 서술되어 있다.
102) 세스토스 북방에 있고, 같은 이름의 하구에 있는 항구 도시. 기원전 405
　　년, 아테네가 여기에서 최후의 해전에 패해 펠로폰네소스 전쟁에 종지부
　　를 찍었다.

그를 크세르크세스가 해협에 설치했던 선교의 한쪽 끝에 해당하는 곳
——일설에는 마디토스가 내려다보이는 언덕 위라고 한다——으로 끌
고 가 판자 위에 못으로 박은 다음 높이 매달았다.[103] 또한 그 자식은
아르타윅테스의 눈앞에서 돌로 쳐죽였다.

아테네군은 위와 같은 조치를 취하고 귀항했는데, 가지고 돌아온 귀
중품 중에는 선교에 사용했던 줄도 들어 있었다. 그들은 이것을 신전
에 봉납하고자 했던 것이다. 이해[104]에는 위의 일 이외에는 별다른 사
건이 없었다.

이 책형에 처해진 아르타윅테스의 조상 중에 아르템바레스[105]라는 자
가 있었다. 그가 바로 다음에 실려 있는 내용을 제안했는데, 그 제안
은 곧바로 페르시아인에게 호응을 얻어 키루스에게 품신되었다. 그 내
용은 다음과 같다.

"제우스신께서 (민족으로서는) 페르시아인에게, 개인으로서는 아스
티아게스를 멸하고 키루스 전하께 (아시아의) 패권을 부여하려 하고
계시오니 이 좁고 거친 땅을 떠나 보다 비옥한 땅으로 이주하는 것이
어떻겠습니까? 우리 나라 가까이에도, 멀리에도 많은 땅이 있으니만
큼, 그 하나를 손에 넣으면 우리는 현재보다 한층 더 많은 점에서 세
상 사람들의 존경을 받게 될 것입니다. 지배자의 위치에 있는 민족이
이런 일을 하는 것은 당연한 일입니다. 우리가 많은 인간과 아시아 전
역에 군림하고 있는 지금보다 더 좋은 기회가 언제 또 오겠습니까?"

키루스는 그 말을 듣자 그러한 건의에 그다지 놀라지 않고 그렇게
하는 것이 좋은 것이라고 말했지만, 다만 그렇게 할 경우에는 자신들
이 더 이상 지배자가 되지 못하고 다른 민족의 지배를 받을 것을 각오
해 두어야 할 것이라고 경고했다. 부드러운 땅에서는 부드러운 인간이

---

103) 이것은 약간 표현을 달리하여 제7권에 서술되어 있다.
104) 기원전 479년.
105) 제1권에 있는 것처럼 소년 시대의 키루스가 괴롭힌 아이의 아버지의 이름
　　과 같은데, 동일 인물인지 어떤지는 불확실하다.

나오듯이, 훌륭한 작물과 전쟁에 강한 남자는 그러한 땅에서는 나오지 않는다는 것이었다. 이리하여 페르시아인들은 자신들의 생각이 키루스에 미치지 못했음을 인정하고 키루스 앞을 물러 나와 비옥한 땅을 일구며 타국에 예속해서 사느니보다 척박한 땅에 살며 다른 민족을 지배하는 길을 택하기로 했던 것이다. *

□ 부 록

그리스의 도량형

1. 길이의 단위

그리스에서의 길이의 기본 단위는 푸스(발의 길이)였는데, 이것도 시대와 장소에 따라 달랐다.

　　예) 아티카(아테네 지방) 단위＝29.6cm

　　　　올림피아 단위＝32.05cm

　　　　아이기나 단위＝33cm

　　　　사모스 단위＝35cm

아래의 표에 열거되어 있는 것은 모두 아티카 단위에 기초해서 계산한 것이다.

단 위	닥틸로스	피 스	스타디온	미 터	비 고
닥틸로스	1	1/16		1.85cm	손가락의 폭
콘딜로스	2	1/8		3.70cm	제1관절과 제2관절 사이의 폭
팔라스테 (파라메)	4	1/4		7.4cm	손가락 네 개의 폭
디카스 (헤미포디온)	8	1/2		14.8cm	1/2푸스
리카스	10	5/8		18.5cm	엄지손가락과 집게손가락을 벌린 길이
스피타메	12	3/4		22.2cm	엄지손가락과 새끼손가락을 벌린 길이

푸스	16	1	1/600	29.6cm	발의 길이
피그메	18	1과 1/8		33.3cm	어깨에서 손가락 뿌리가 시작되는 부분까지
피곤	20	1과 1/4		37.0cm	어깨에서 주먹 쥔 손끝까지
페키스	24	1과 1/2		44.4cm	어깨에서 손가락 끝까지
베마	40	2와 1/2		74cm	보폭
오르기아		6	1/100	177.6cm	좌우로 벌린 양손 끝 사이의 길이
아카이나		10	1/60	296cm	
함마		60	1/10	17.76m	
플레트론		100	1/6	29.6m	
스타디온		600	1	177.6m	
디아울로스		1,200	2	355.2m	
히피콘		2,400	4	710.4m	
파라산게스		18,000	30	5,328m	
스코이노스			60	10,656m	이집트 단위
스타토모스			150	약 27km	행정(行程) 단위

2. 넓이의 단위

넓이의 단위는 길이의 단위를 기초로 하고 있다.

단 위	미터법	비 고
플레트론	약 10아르	100평방푸스 ※ 1아르는 100평방미터
메딤노스	약 24아르	1메딤노스 양의 밀을 파종할 수 있는 넓이(키레나이카의 단위)
아루라	약 28아르	100평방페키스, 이집트 단위
기에스	약 5헥타르	

3. 부피의 단위

부피의 단위와 길이의 단위는 분명치 않다. 사물이 고체인가 액체인가에 따라 단위 호칭이 다르다. 그러나 부피가 적을 경우에는 공통된 단위가 사용되고 있다.

이것도 또한 길이 단위와 마찬가지로 시대와 장소에 따라 기본 단위 치가 달랐다.

예)1코이니쿠스 { 아이기나 단위=1.01리터
아티카 단위=1.094리터
스파르타 단위=1.52리터

아래의 표는 아티카 단위에 기초해서 미터법으로 환산한 것이다.

	단 위	키아토스	코틸레	코이니쿠스	쿠 스	리 터	비 고
공통단위	키아토스	1				0.045	
	오크시바폰	1과 1/2				0.068	
	헤미코틸리온	3	1/2			0.137	코릴레의 반(半)
	코틸레	6	1			0.2736	
	크세스테스	12	2			0.547	
고체단위	코이니쿠스		4	1		1.094	성인 남자가 하루에 먹는 곡물의 양
	헤미에크톤		16	4		4.376	헤크테우스의 반
	헤크테우스		32	8		8.75	
	메딤노스		192	48		52.53	페르시아 단위
	아르타베			51~26			
액체단위	테미쿠스		6		1/2	1.64	쿠스의 반
	쿠스		12		1	3.28	
	암포레우스 (메토레테스)		144		12	39.39	

4. 무게의 단위

중량의 단위와 길이의 단위간의 관계, 화폐의 중량 단위와 보통 중 량 단위간의 관계는 분명치 않다. 길이의 단위와 마찬가지로 중량 단 위의 기본치는 시대와 장소에 따라 크게 달랐다.

주요 단위는 아티카 단위(1탈란톤=26.196kg, 1믐나=4.37g)와 아이기나 단위(1탈란톤=37.44kg, 1믐나=6.2kg) 두 종류가 있다. 전자는 아티카, 칼 키디케, 시켈리아, 키레네, 에우보이아 등지에서 사용됐다. 후자는 펠

로폰네소스, 에게 해 제도(諸島), 중부 그리스 등지에서 사용됐다. 이
것은 기원전 5세기경부터 아티카 단위가 유포됨에 따라 점차 사용 빈
도가 감소되어 갔다.

단 위	오볼로스	드라크마	그 램	
			아티카 단위	아이기나 단위
칼쿠스	1/8		0.091	0.13
테타르테모리온	1/4		0.182	0.26
헤미오볼로스	1/2		0.365	0.52
오볼로스	1	1/6	0.73	1.04
드라크마	6	1	4.37	6.24
스타테르	12	2	8.74	12.48
믐나	600	100	436.6	624
탈란톤	36,000	6,000	26,195	37,440

✻ 옮긴이 소개

박광순

충북 청주 출생.
서울대학교 사범대학 역사교육학과 졸업.
범우사, 기린원 등에서 편집국장 및 편집주간 역임.
저술 및 전문 번역가로 활동함.
역서로는 《헤로도토스 역사》 《역사학 입문》 《펠로폰네소스 전쟁사》
《갈리아 전기》 《수탈된 대지》 《조선사회 경제사》 《새로운 세계사》
《역사의 연구》 《세계의 기적》 《서구의 몰락》 《나의 생애 (트로츠키)》
《게르마니아》 《타키투스의 연대기》 《콜럼버스 항해록》 《사막의 반란》
《카이사르의 내란기》 《인생의 힌트》 《제갈공명 병법》 등이 있다.

역사 (하)

발행일 | 2022년 7월 15일 초판 1쇄 발행

지은이 | 헤로도토스　　　　　**옮긴이** | 박광순
펴낸이 | 윤형두 · 윤재민　　　**펴낸곳** | 종합출판 범우(주)
교 정 | 이정가　　　　　　　**인쇄처** | 태원인쇄

등록번호 | 제406-2004-000012호 (2004년 1월 6일)
　　　　　　 (10881) 경기도 파주시 광인사길 9-13 (문발동)
대표전화 | 031-955-6900　　　**팩 스** | 031-955-6905
홈페이지 | www.bumwoosa.co.kr　**이메일** | bumwoosa1966@naver.com

ISBN　978-89-6365-436-2　03980